高等学校"十三五"规划教材

无机及分析化学

张　玲　主编

化学工业出版社
·北京·

《无机及分析化学》是高等学校“十三五”规划教材，全书共分14章，包括气体、化学热力学初步与化学平衡、定量分析化学导论、电离平衡及酸碱滴定、沉淀溶解平衡和沉淀滴定及重量分析法、氧化还原反应及氧化还原滴定、原子结构、分子结构、配位反应及配位滴定、氢及稀有气体、s区元素、p区元素、d区元素、f区元素等内容。本书注重基础知识，秉持精选原则。在充分体现两个二级学科（无机化学和分析化学）特色的同时，注重将这两个学科的知识充分融合，避免重复。书中对例题和习题的选择注重结合实际，还在部分章节后面加入了拓展阅读材料，以增强学生的学习兴趣。

《无机及分析化学》的特色是体现了无机化学与分析化学的紧密联系，具有较好的科学性、整体性和系统性。部分习题附有答案，以二维码形式呈现。

《无机及分析化学》可作为高等院校环境、地理、生物、水利等专业学生的教材。

图书在版编目（CIP）数据

无机及分析化学/张玲主编．—北京：化学工业出版社，2019.8（2024.8重印）
高等学校“十三五”规划教材
ISBN 978-7-122-34669-8

Ⅰ.①无… Ⅱ.①张… Ⅲ.①无机化学-高等学校-教材②分析化学-高等学校-教材 Ⅳ.①O61②O65

中国版本图书馆CIP数据核字（2019）第119392号

责任编辑：李 琰　　装帧设计：关 飞
责任校对：杜杏然

出版发行：化学工业出版社（北京市东城区青年湖南街13号　邮政编码100011）
印　　装：北京盛通数码印刷有限公司
787mm×1092mm　1/16　印张 $18\frac{1}{2}$　彩插1　字数461千字　2024年8月北京第1版第4次印刷

购书咨询：010-64518888　　售后服务：010-64518899
网　　址：http://www.cip.com.cn
凡购买本书，如有缺损质量问题，本社销售中心负责调换。

定　　价：49.80元

编写人员名单

主　　　编　张　玲

副　主　编　李曦峰　蒋颖魁　苗　晶

参加编写人员　（按姓氏拼音顺序）

冯祥军　何　芳　蒋颖魁　柳彩云

李士伟　李曦峰　苗　晶　许伟颖

姚　伟　张芬芬　张　玲　张永芳

赵艳侠

前言

《无机及分析化学》是高等学校“十三五”规划教材，也是环境、地理、生物、水利等专业的必修基础课程。本课程是上述专业学生学习的第一门化学基础课程，将为后续的有机化学、物理化学及其他专业课程的学习奠定基础。

根据本课程的任务和目的要求，我们确定了本教材的编写原则。

1. 选材精炼，突出重点。选用的内容既要适应相关专业的培养目标，也要适应当前学生的实际情况，在充分考虑与现行高中教材的衔接的基础上，大体和国内外《无机及分析化学》教材的内容相当，体现精选的原则。

2. 内容设置难度适中。在充分考虑相关专业的培养目标和学生实际情况的基础上，注重内容的实用性。如，就化学热力学初步与化学平衡一章来说，本章的教学目的是教会学生初步运用化学热力学知识解决和分析无机化学的相关问题，因而本教材没有使用数学推导讲解有关化学热力学的某些内容。

3. 把分析化学（四大滴定）和无机化学的内容充分融合，避免重复。既充分体现无机化学和分析化学两个二级学科特色，又注重将这两个学科紧密联系的原则。行文叙述力求深入浅出、循序渐进，使得本书的理论内容具有较好的科学性、整体性和系统性，有利于教学质量的提高和学生能力的培养。

4. 去掉仪器分析部分的内容。随着科学技术的发展，仪器分析的应用日益普遍，《仪器分析》已成为高等学校的独立课程。为克服不同课程内容重复的弊端，也考虑到学时有限的问题，本书没有将仪器分析的内容列入其中。

5. 便于学生自学。本教材除了注意图文并茂外，每章均列出了学习要求。在例题和习题的选择上，注重兼顾各专业的需要，内容尽量结合实际，以便增强学生的学习兴趣，同时还注意难易结合，以满足层次不同的学生。另外，部分习题附有答案，以二维码形式呈现供学生参考。为了开阔学生视野，增强学习兴趣，在部分章节之后还加入了阅读材料。

为了拓展学生的知识面，同时满足不同专业的特色要求，本教材所选内容略多于 64 学时，带有 * 号部分作为选用或阅读材料。各任课教师可从实际出发选用自己认为适用的章节。本书的编排顺序只供参考，任课教师可自行安排。

本书的无机化学理论部分主要由张玲和蒋颖魁编写，元素部分主要由李曦峰编写，分析化学部分主要由苗晶编写。最后由张玲负责全书统稿。参与本书编写和校对的还有冯祥军、张芬芬、李士伟、何芳、张永芳、姚伟、许伟颖、柳彩云、赵艳侠等。

山东大学的岳钦艳教授对本书的编写提出了宝贵的意见和建议，在此表示衷心的感谢。

在本书的编写过程中，济南大学水利与环境学院以及教务处各级领导给予了极大的关心和支持，同时也得到了其他院校同行的支持和鼓励，对此深表谢意。

由衷地感谢化学工业出版社的编辑及相关专家对本书提出的修改意见和建议，为我们完善书稿内容提供了有力的帮助。

由于编者水平有限，教材中疏漏与不足之处在所难免，恳请读者批评指正。

编者

2019 年 1 月

目录

第1章　气体 / 1

第2章　化学热力学初步与化学平衡 / 10

第3章 定量分析化学导论 / 27

第4章 电离平衡及酸碱滴定 / 46

第 5 章 沉淀溶解平衡和沉淀滴定及重量分析法 / 78

第 6 章 氧化还原反应及氧化还原滴定 / 99

第 7 章 原子结构 / 125

第8章 分子结构 / 140

第9章 配位反应及配位滴定 / 162

第 12 章 p 区元素 / 206

第 13 章 d 区元素 / 232

*第 14 章　f 区元素 / 262

附录 / 267

参考文献 / 281

第1章
气 体

学习要求

① 掌握理想气体状态方程及其应用；
② 掌握道尔顿分压定律；
③ 了解气体扩散定律和真实气体状态方程。

在通常温度和压力条件下，物质以三种不同的物理聚集状态存在，即气态、液态和固态。在特殊条件下，还可以以等离子态形式存在。物质的存在状态对其化学性质是有影响的，与固体和液体相比，气体是一种较简单的聚集状态，它与人类的生产、生活和科学研究密切相关。在认识物质世界的过程中，科学家对气体给予了特别的关注。气体的最基本特征是具有可压缩性和扩散性。主要表现在以下几方面：①气体没有固定的体积和形状；②不同的气体能以任意比例相互均匀地混合；③气体是最容易被压缩的一种聚集状态。气体的密度比液体和固体的密度小很多。温度和压力是影响气体体积的重要参数，因此，研究温度和压力对气体体积的影响显得十分重要。表示气体体积、压力和温度之间关系的方程式称为气体状态方程。

1.1 理想气体状态方程

在中学时期就学过不少有关理想气体状态方程的知识，但需要指出的是，气体状态方程是以波义耳定律（Boyle's law）和查理-盖·吕萨克定律为依据的，实际上是一个近似方程。严格来说，只有在分子本身体积极小（接近于没有体积），分子间的作用力极小（可忽略）的情况下，气体状态方程式才是准确的，这时的气体称为理想气体（ideal gas），$pV=nRT$ 称为理想气体状态方程。

事实上，气体分子之间是有相互吸引和排斥的，气体分子本身也是有体积的，但是在较高温度（不低于0℃）、较低压力（如不高于101.3kPa）的情况下，这两个因素可以忽略不计，用 $pV=nRT$ 计算的结果能接近实际情况。

遵从理想气体状态方程是理想气体的基本特征。理想气体状态方程里有四个变量：气体的压力 p、气体的体积 V、气体物质的量 n 以及温度 T，一个 R 常量（气体常数 R），只要其中三个变量确定，理想气体就处于一个确定“状态”，因而该方程叫作理想气体状态方程。温度 T 和物质的量 n 的单位是固定不变的，分别为 K 和 mol，而气体的压力 p 和体积 V 的单位却有许多取法，这时，状态方程中的气体常量 R 的取值（包括单位）也就跟着变，在进行运算时，必须注意 R 的正确取值，表 1-1 列出了 R 的取值。

表 1-1　R 的取值

p 的单位	V 的单位	R 的取值
atm	L	$0.08206 L \cdot atm \cdot mol^{-1} \cdot K^{-1}$
atm	cm^3	$82.06 cm^3 \cdot atm \cdot mol^{-1} \cdot K^{-1}$
Pa	L	$0.008314 L \cdot Pa \cdot mol^{-1} \cdot K^{-1}$
kPa	L	$8.314 L \cdot kPa \cdot mol^{-1} \cdot K^{-1}$
Pa	m^3	$8.314 m^3 \cdot Pa \cdot mol^{-1} \cdot K^{-1}$
Pa	L	$8314.3 L \cdot Pa \cdot mol^{-1} \cdot K^{-1}$

注：1atm＝101.325Pa。

例题 1-1　一个 298.15K 的敞开广口瓶里的气体需加热到什么温度才能使二分之一的气体逸出瓶外？

解：设加热到温度 T_2 才能使二分之一的气体逸出瓶外，由 $pV=nRT$；V、p 一定时，

$n_1T_1=n_2T_2$；

T_2 时瓶内气体物质的量为 $n_1/2$，

$T_2=2T_1=298.15K\times2=596.3K$。

1.2　气体分压定律

在日常的生产和生活中，经常遇到以任意比例混合的气体混合物，例如，空气就是氧气、氮气、稀有气体等几种气体的混合物；合成氨的原料气是氢气和氮气的混合物。混合气体中各组分的相对含量，可以用气体的分体积或体积分数来表示，也可以用组分气体的分压来表示。

1.2.1　分体积、体积分数与摩尔分数

在恒温时，于固定的压力下，将 0.03L 氮气和 0.02L 氧气混合，所得混合气体积为 0.05L，即混合气体总体积（V_t）等于每一组分气体的分体积（V_i）之和。

$$V_t=V_1+V_2+V_3+\cdots+V_i$$

分体积是指在相同温度下，组分气体具有和混合气体相同的压力时所占的体积。每一组分气体的体积分数就是该组分气体的分体积与总体积之比。

体积分数常用 X_i 表示：

$$X_i=\frac{V_i}{V_t}$$

某组分气体的物质的量与混合气体的总物质的量之比，称为该组分气体的摩尔分数。

$$x_i=\frac{n_i}{n_t}$$

如氮气和氧气混合后，则 $n_t=n(O_2)+n(N_2)$，$\frac{n(O_2)}{n_t}$是氧气在混合气体中的摩尔分数，$\frac{n(N_2)}{n_t}$是氮气在混合气体中的摩尔分数。

1.2.2 分压定律

如图 1-1 所示，把等体积的不同压力和物质的量的氢气和氦气混合后，如果体积不变，则混合气体的总压力为氢气和氦气的压力之和。

气体的特性是能够均匀地布满它占有的空间，因此，任何容器的气体混合物中，只要不发生化学反应，就像单独存在一样，每一种气体都均匀地分布在整个容器中，占据与混合气体相同的总体积。组分气体 B 在相同温度下占有与混合气体相同体积时所产生的压力，叫作组分气体 B 的分压。1801 年道尔顿（Dalton）指出，混合气体的总压（p_t）等于混合气体中各组分气体分压之和——Dalton 分压定律（Dalton's law of partial pressure）。

$$p_t=p_1+p_2+\cdots+p_n \quad 或 \quad p=\sum p_B$$

其中
$$p_1=\frac{n_1RT}{V},p_2=\frac{n_2RT}{V},\cdots,\frac{p_i}{p_t}=\frac{n_i}{n_t}$$

根据：$p=\frac{nRT}{V}$得到：

$$p_t=\frac{n_1RT}{V}+\frac{n_2RT}{V}+\cdots=(n_1+n_2+\cdots)\frac{RT}{V}$$

得到：
$$n_t=n_1+n_2+\cdots+n_i$$

$$\frac{p_B}{p_t}=\frac{n_B}{n_t}=x_B \quad p_B=\frac{n_B}{n_t}p_t=x_Bp_t$$

式中，x_B 为 B 的摩尔分数。

所以：$p_iV=p_tV_i$

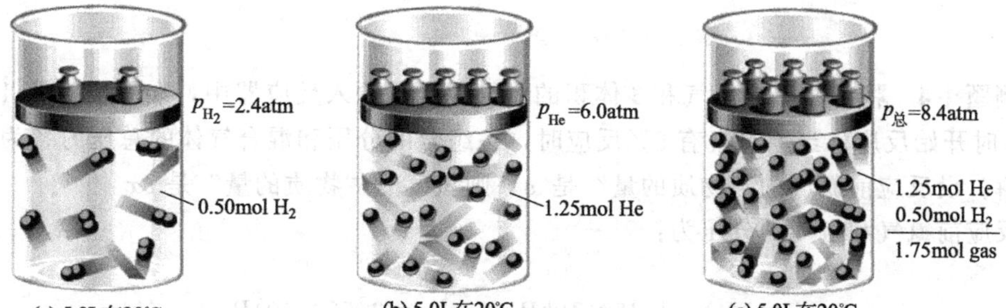

图 1-1 Dalton 分压定律示意图

例题 1-2 某潜水员潜至海水 30m 处作业，海水的密度为 $1.03\times10^3 kg\cdot m^{-3}$，温度为 20℃。在这种条件下，若维持 O_2、He 混合气中 $p(O_2)=21kPa$，以 1.000L 混合气体为基准，计算氧气的分体积和氦的质量（重力加速度取 $9.807m\cdot s^{-2}$）。

解： $T=(273+20)\text{K}=293\text{K}$

海水深 30m 处的压力是由 30m 高的海水和海面的大气共同产生。海面上的空气压力为 101kPa，则：

$$p=\rho g h_w+p^{\ominus}=1.03\times10^3\text{kg}\cdot\text{m}^{-3}\times9.807\text{m}\cdot\text{s}^{-2}\times30\text{m}+101\text{kPa}=3.03\times10^5\text{kg}\cdot\text{m}^{-1}\cdot\text{s}^{-2}+101\text{kPa}=303\text{kPa}+101\text{kPa}=404\text{kPa}$$

$$p(O_2)=21\text{kPa}\qquad \frac{p(O_2)}{p}=\frac{V(O_2)}{V}=x_i=\frac{21\text{kPa}}{404\text{kPa}}\times100\%=5.2\%$$

混合气体体积为 1.000L 时，$V(O_2)=52\text{mL}=0.052\text{L}$；$V(\text{He})=1\text{L}-0.052\text{L}=0.948\text{L}$

$$M(\text{He})=4.0026\text{g}\cdot\text{mol}^{-1}$$

$$\frac{p(\text{He})}{p}=\frac{V(\text{He})}{V}=\frac{0.948\text{L}}{1\text{L}}=0.948$$

$$p(\text{He})=404\text{kPa}\times0.948=383.0\text{kPa}$$

$$m(\text{He})=\frac{M(\text{He})pV(\text{He})}{RT}=\frac{4.0026\text{g}\cdot\text{mol}^{-1}\times383.0\text{kPa}\times0.948\text{L}}{8.314\text{J}\cdot\text{K}^{-1}\cdot\text{mol}^{-1}\times293\text{K}}$$

$$m(\text{He})=0.60\text{g}$$

例题 1-3 某容器中含有 NH_3、O_2、N_2 的混合气体。其中 $n(NH_3)=0.320\text{mol}$，$n(O_2)=0.180\text{mol}$，$n(N_2)=0.700\text{mol}$。混合气体的总压 $p=133.0\text{kPa}$。试计算各组分气体的分压。

解： $n=n(NH_3)+n(O_2)+n(N_2)=0.320\text{mol}+0.180\text{mol}+0.700\text{mol}=1.200\text{mol}$

$$p(O_2)=\frac{n(O_2)}{n}p=\frac{0.180\text{mol}}{1.200\text{mol}}\times133.0\text{kPa}=20.0\text{kPa}$$

同理 $$p(NH_3)=\frac{n(NH_3)}{n}p=\frac{0.320\text{mol}}{1.200\text{mol}}\times133.0\text{kPa}=35.5\text{kPa}$$

$$p(N_2)=p-p(NH_3)-p(O_2)=(133.0-35.5-20.0)\text{kPa}=77.5\text{kPa}$$

例题 1-4 将 1 体积的氮气和 3 体积的氢气混合物放入反应器中，在总压力为 $1.42\times10^6\text{Pa}$ 时开始反应，当原料气有 9%反应时，各组分的分压和混合气体的总压力各为多少？

解： 设反应前氮气的“物质的量”是 x，则氢气的“物质的量”是 $3x$，

反应前氮气和氢气的分压为：

$$p(N_2)=1.42\times10^6\text{Pa}\times\frac{1}{1+3}=3.55\times10^5\text{Pa}$$

$$p(H_2)=1.42\times10^6\text{Pa}\times\frac{3}{1+3}=1.065\times10^6\text{Pa}$$

反应后，由于已有 9%发生反应，它们的分压比反应前减少 9%。故反应后两者的分压分别为：

$$p(N_2)=3.55\times10^5\,Pa\times(1-9\%)=3.23\times10^5\,Pa$$
$$p(H_2)=1.065\times10^6\,Pa\times(1-9\%)=9.69\times10^5\,Pa$$

根据氮气和氢气反应式：$N_2+3H_2 \xlongequal{} 2NH_3$

可见氨生成的物质的量为氮气消耗的物质的量的 2 倍。因此，生成的氨的分压为氮气分压减小值的 2 倍。即

$$p(NH_3)=2\times(3.55-3.23)\times10^5\,Pa=6.40\times10^4\,Pa$$

因此混合气体的总压力：

$$p_t=p(N_2)+p(H_2)+p(NH_3)=(3.23+9.69+0.64)\times10^5\,Pa=1.36\times10^6\,Pa。$$

1.2.3 分压定律的应用

用排水集气法收集气体时(如图 1-2 所示)，所收集的气体是含有水蒸气的混合物，要计算有关气体的压力或物质的量，必须考虑水蒸气的存在。

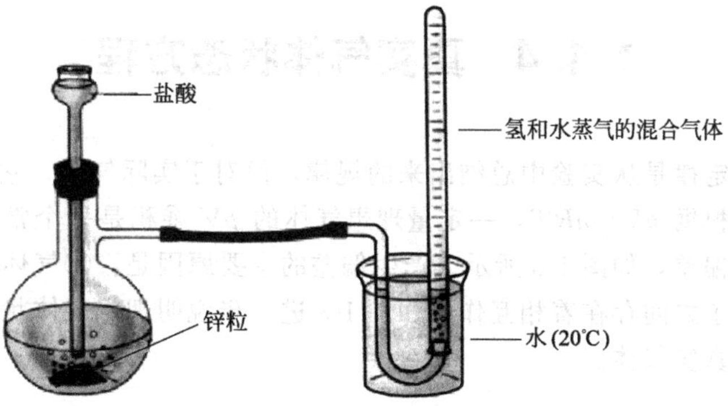

图 1-2 排水集气法收集氢气

例题 1-5 在 290K 和 1.01×10^5 Pa 时，水面上收集了 0.15L 氮气。经干燥后重 0.172g，求氮气的分子量和干燥后的体积(干燥后温度、压力不变)。

解：查手册知 290K 时饱和水蒸气压为 1.93×10^3 Pa，

所以： $$p(N_2)=1.01\times10^5\,Pa-1.93\times10^3\,Pa=1\times10^5\,Pa$$

$$pV=nRT \qquad n=\frac{m}{M}$$

经干燥后的氮气，在总压不变的情况下除去了水蒸气。因此，只具有分体积。

$$p_iV=p_tV_i$$

$$V(N_2)=\frac{1\times10^5\,Pa\times0.15L}{1.01\times10^5\,Pa}=0.148L$$

$$M=\frac{mRT}{pV}=\frac{0.172g\times8.314m^3\cdot Pa\cdot mol^{-1}\cdot K^{-1}\times290K}{1\times10^5\,Pa\times0.148L}=28.0g\cdot mol^{-1}$$

1.3 气体扩散定律

一种气体可以自发地同另一种气体相混合，而且可以渗透，这种现象称为气体扩散。但是，各种气体扩散的速度是不同的，1831 年英国化学家格雷姆(Graham Thomas，1805—1869)进行了一系列的实验得到结论：在同温同压下某种气态物质的扩散速度与其密度的平方根成反比。这个结论称为气体的扩散定律(law of gas diffusion)，用数学公式表示：

$$\frac{u(\mathrm{A})}{u(\mathrm{B})}=\sqrt{\frac{\rho(\mathrm{B})}{\rho(\mathrm{A})}}$$

式中，u 为扩散速度；ρ 为气体密度。

同温同压下，气体的密度 ρ 与其分子量 M 成正比，所以上式可以写成：

$$\frac{u(\mathrm{A})}{u(\mathrm{B})}=\sqrt{\frac{M(\mathrm{B})}{M(\mathrm{A})}}$$

气体扩散定律可以应用于分子量测定和同位素分离。

* 1.4 真实气体状态方程

尽管理想气体定律是从实验中总结出来的规律，但对于实际气体，它的适用性将受到局限，恒温条件下，根据 $pV=nRT$，一定量理想气体的 pV 乘积是一个常数，但实际气体却与理想气体有一定偏差，如图 1-3 所示。产生偏差的主要原因是：①气体分子本身体积的影响；②实际气体分子之间存在着相互作用。图 1-3 进一步说明理想气体状态方程式仅在足够低的压力下适用于真实气体。

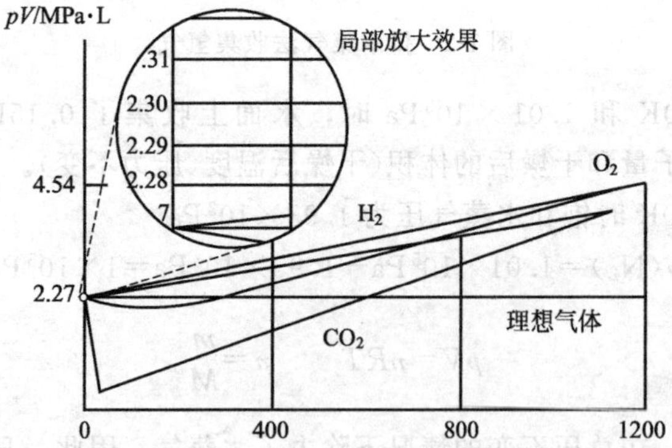

图 1-3 气体的 pV-p 变化关系图

由于气体分子之间既存在着吸引力又存在着排斥力，当排斥力起主要作用时，因为在排斥力的作用下，即使增大一定的压力，由于排斥力的抵抗，气体的体积也不会变小，所以 V 实际偏大，产生正偏差，故 $pV>nRT$；当吸引力起主要作用时，这是由于分子之间存在的吸引力，使分子对外界的压力变小。所以 p 实际偏小，产生负偏差，故 $pV<nRT$。

为解决实际气体偏离理想气体状态方程的问题，1873 年荷兰科学家范德华(Van der Waals)针对引起实际气体与理想气体产生偏差的两个主要原因，即气体分子本身的体积和气体分子之间作用力，对理想气体状态方程进行了如下校正。

① 由于气体处于高压时就不能忽略气体分子的体积，且气体分子是有体积的(其他分子不能进入的空间)，故扣除这一空间才是分子运动的自由空间：

$$[V(\text{real})-nb]=V(\text{ideal})\text{，即理想气体的体积。}$$

b 为 1mol 气体分子自身体积的影响。忽略分子间作用力，理性气体状态方程式被修正为：

$$p[V(\text{real})-nb]=nRT$$

② 由于气体分子间的引力，分子对器壁的碰撞次数减少，而碰撞次数与分子的物质的量浓度(n/V)成正比；而气体分子对器壁碰撞产生的压力也与气体的物质的量浓度 n/V 成正比。所以由于分子引力所产生的压力校正项为 $a(n/V)^2$：

$$p(\text{ideal})=p(\text{real})+a(n/V)^2$$

对这两种因素修正之后得到实际气体的状态方程(Van der Waals 方程)：

$$\left[p(\text{real})+a\frac{n^2}{V^2}\right][V(\text{real})-nb]=nRT$$

其中 a、b 分别称为 Van der Waals 常量(对不同气体可由实验确定，常见气体的范德华常数也可查相关手册)，表 1-2 列出了几种常见气体的 Van der Waals 常量。

实践表明，经过修正的气态方程即范德华方程式比理想气体状态方程可以应用到更广泛的温度和压强范围内，尽管它还不是精确的计算公式，但计算结果比较接近于实际情况。

表 1-2　几种常见气体的 Van der Waals 常量

气体	$10\times a/\text{Pa}\cdot\text{m}^6\cdot\text{mol}^{-2}$	$10^4\times b/\text{m}^3\cdot\text{mol}^{-1}$
He	0.03457	0.2370
H_2	0.2476	0.2661
Ar	1.363	0.3219
O_2	1.378	0.3183
N_2	1.408	0.3913
CH_4	2.283	0.4278
CO_2	3.640	0.4267
HCl	3.716	0.4081
NH_3	4.225	0.3707
NO_2	5.354	0.4424
H_2O	5.536	0.3049
C_2H_6	5.562	0.6380
SO_2	6.803	0.5636
C_2H_5OH	12.18	0.8407

阅读材料：物质状态

物质状态是指一种物质出现不同的相。物质是由分子、原子构成的。通常所见的物质有三态：气态、液态、固态。另外，物质还有“等离子态”“超临界态”“超固态”以及“中子态”。

固态：严格地说，物理上的固态应当指“结晶态”，也就是各种各样晶体所具有的状态。最常见的晶体是食盐(氯化钠 NaCl)。你拿一粒食盐观察(最好是粗制盐)，可以看到它由许多立方形晶体构成。如果你到地质博物馆还可以看到许多颜色、形状各异的规则晶体，十分漂亮。物质在固态时的突出特征是有一定的体积和几何形状，在不同方向上物理性质可以不同(称为“各向异性”)；有一定的熔点。在固体中，分子或原子有规则地周期性排列着，就像我们全体做操时，人与人之间都等距离地排列一样。每个人在一定位置上运动，就像每个分子或原子在各自固定的位置上做振动一样。将晶体的这种结构称为“空间点阵”结构。

液态：液体有流动性，把它放在什么形状的容器中它就有什么形状。此外与固体不同，液体还有“各向同性”特点(不同方向上物理性质相同)，这是因为，物体由固态变成液态的时候，由于温度的升高使得分子或原子运动剧烈，而不可能再保持原来的固定位置，于是就产生了流动。但这时分子或原子间的吸引力还比较大，使它们不会分散远离，于是液体仍有一定的体积。实际上，在液体内部许多小的区域仍存在类似晶体的结构——“类晶区”。流动性是“类晶区”彼此间可以移动形成的。打个比喻，在柏油路上迭行的“车流”，每辆汽车内的人是有固定位置的一个“类晶区”，而车与车之间可以相对运动，这就造成了车队整体的流动。

气态：液体加热会变成气态。这时分子或原子运动更剧烈，“类晶区”也不存在了。由于分子或原子间的距离增大，它们之间的引力可以忽略，因此气态时主要表现为分子或原子各自的无规则运动，这导致了气体特性：有流动性，没有固定的形状和体积，能自动地充满任何容器；容易压缩；物理性质“各向同性”。

显然，液态是处于固态和气态之间的形态。

等离子态：物质原子内的电子在脱离原子核的吸引而形成带负电的自由电子和带正电的离子共存的状态，此时，电子和离子带的电荷相反，但数量相等，这种状态称作等离子态。等离子态是由等量的带负电的电子和带正电的离子组成，通常称处于等离子态的物质为等离子体。宇宙中大部分发光的星球内部温度和压力都很高，这些星球内部的物质几乎都处于等离子态。等离子体在宇宙中广泛存在。用人工方式也可以产生等离子体，如霓虹灯放电、原子核聚变、紫外线和X射线照射气体，都可以产生等离子体。等离子态常被称为“超气态”，它和气体有很多相似之处，比如：没有确定形状和体积，具有流动性，但等离子也有很多独特的性质。等离子体在工业、农业和军事上都有广泛的用途，如利用等离子弧进行切割、焊接、喷涂，利用等离子体制造各种新颖的光源和显示器等。如果利用这种显示器制造电视，那么电视机可以像画一样挂在墙上。用等离子体技术处理高分子材料，包括塑料和纺织物，既能改变材料的表面性质，又能保留原材料的优异性能，而且无污染。在军事上可以利用等离子体来规避探测系统，用于飞机等武器装备的隐形。

超固态：在极高的气压下，不但原子之间的空隙被压得消失了，原子外围的电子层也都被“压碎”了，所有的原子核和电子都紧紧地挤在一起，这时候物质里面就不再有什么空隙，这样的物质，科学家把它叫作“超固态”。超固态物质的密度是非常大的。

中子态：假如在超固态物质上再加上巨大的压力，那么原来已经挤得很紧的原子核和电子，就不可能再紧了，这时候原子核只好宣告解散，从里面放出质子和中子。从原子核里放出的质子，在极大的压力下会和电子结合成为中子。这样一来，物质的构造发生了根本的变化，原来是原子核和电子，现在却都变成了中子。这样的状态，叫作“中子态”。中子态物质的密度更是吓人，它比超固态物质还要大十多万倍！一个火柴盒那么大的中子态物质，质量可达30亿吨。

习题

1. 用亚硝酸铵受热分解的方法制取纯氮气：$NH_4NO_2(s) \longrightarrow 2H_2O(g) + N_2(g)$，如果在 19℃、97.8kPa 下，以排水集气法在水面上收集到的氮气体积为 4.16L，计算消耗掉的亚硝酸铵的质量。

2. 某潜水员潜至海水 30m 处作业，海水的密度为 $1.03 \times 10^3 kg \cdot m^{-3}$，温度为 20℃。在这种条件下，若维持 O_2、He 混合气中 $p(O_2) = 21kPa$，以 1.000L 混合气体为基准，计算氧气的分体积和氦的质量(重力加速度取 $9.807 m \cdot s^{-2}$)。

3. 常温常压下充满气体的石英安瓿被整体加热到 800K 时急速用火焰封闭，问：封闭瓶内的气体在常温下的压力是多少(忽略石英安瓿的热膨胀)？

＊4. 分别按理想气体状态方程式和 Van der Waals 方程式计算 1.50mol CO_2 在 30℃占有 20.0L 体积时的压力，并比较两者的相对误差。如果体积减小为 2.00L，其相对误差又如何？

5. 在 300K、$1.013 \times 10^5 Pa$ 时，加热一敞口细颈瓶到 500K，然后封闭其细颈口，并冷却至原来的温度，求这时瓶内的压强？

6. 在 273K 时，将初始压力相同的 4.0L N_2 和 1.0L O_2 压缩到一个容积为 2L 的真空容器中，混合气体的总压为 $3.26 \times 10^5 Pa$，试求(1)两种气体的初压；(2)混合气体中各组分气体的分压；(3)各气体的物质的量。

7. 某气体在 293K 和 $9.97 \times 10^4 Pa$ 时占有体积 $0.19 dm^3$，质量为 0.132g。试求该气体的分子量，并指出它可能是何种气体。

8. 如图 1-4 所示，两端封闭且粗细均匀竖直放置的玻璃管内，有一长为 h 的水银柱，将管内空气分为 a、b 两部分，已知原来两部分气体温度 $T(a) = T(b) = T$，空气柱的长度 $L(b) = 2L(a)$；若将玻璃管浸没在温水中，达到热平衡后，两部分气体同时升高相同的温度，问管内水银柱将如何移动？

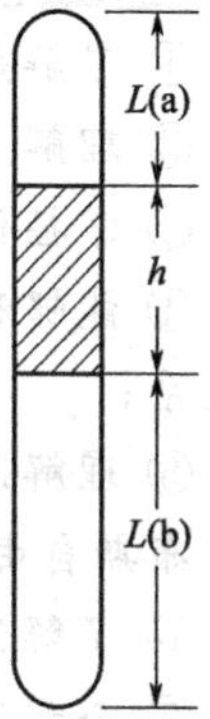

图 1-4(习题 8)

第2章

化学热力学初步与化学平衡

学习要求

① 了解热力学能、焓、熵以及吉布斯自由能等状态函数的基本概念；

② 理解热力学第一、第二和第三定律的基本内容；

③ 掌握化学反应的标准摩尔焓变、熵变以及吉布斯自由能变的计算方法；

④ 能够利用吉布斯-亥姆霍兹公式判断化学反应方向，并理解吉布斯自由能变与温度的关系；

⑤ 理解范特霍夫(Van't Hoff)化学反应等温方程，了解浓度、压力、温度对化学反应吉布斯自由能变的影响；

⑥ 了解化学平衡的特征，掌握标准平衡常数和标准吉布斯自由能变的关系；

⑦ 会利用多重平衡原则求算化学平衡常数，了解温度对化学平衡的影响。

热力学是专门研究能量相互转变过程中所遵循的法则的一门科学，即不需要知道物质内部的结构，只从能量观点出发便可得到一系列规律的一门科学。热力学的基础主要是热力学第一定律和热力学第二定律。这两个定律都是19世纪建立起来的，是人类大量经验的总结，它们有广泛的、牢靠的实验基础，在20世纪初又建立了热力学第三定律。把热力学的定理、原理、方法用来研究化学过程以及伴随这些化学过程而发生的物理变化，就形成了化学热力学。

摆在化学工作者面前的常见问题：①当两种或更多种物质放在一起时，它们能发生反应吗？②如果能发生反应，伴随反应将发生多少能量变化？③如果这个反应能够进行，在一定条件下达到的平衡状态如何？对于指定的反应物，由原料转化成产物的最大的可能转化率有多大？④反应速度的快慢？

化学热力学能解决前三个问题但不涉及第四个问题。例如，根据热力学的计算可以知道，在常温下水蒸气跟碳不能反应生成水煤气(CO和H_2的混合物)，只有在大约1000K时才能发生反应。因此，一般制取水煤气的方法是在大约1300K将水蒸气通过炽热的焦炭。另外，根据热力学还能知道该反应是吸热的，所以在反应过程中要不断供给热量。

又例如，用高炉炼铁的主要反应是：$Fe_2O_3 + 3CO \xlongequal{} 2Fe + 3CO_2$，但生产时从炉顶出来的顶气中含有许多CO。有人曾想通过加高炉体使CO充分与矿石接触，而达到充分利用CO的目的，但没有成功。后来通过热力学的计算，明确了在高炉的生产条件下，该反应不能进行到底，故顶气中含有 CO 是不可避免的。

将来在物理化学课程中还要系统地学习化学热力学。本章只初步介绍化学热力学的原理，以便读者初步地学会用热力学的方法解释一些无机化学现象。

在本章主题开始之前，先介绍一些热力学中常用术语。

2.1 基本概念

2.1.1 体系与环境

在科学研究时必须先确定研究对象，把一部分物质或空间与其余的物质或空间分开，这种分离可以是实际的，也可以是想象的。这种被划定的研究对象称为体系(system)，亦称为物系或系统。与体系密切相关、有相互作用或影响所能及的部分称为环境(surrounding)。

例如，研究硝酸银和氯化钠在水溶液中的反应，含有这两种物质的水溶液就是体系，而溶液之外的一切东西(如烧瓶、溶液上方的空气等)都是环境。根据体系与环境之间的关系，把体系分为三类：

(1) 敞开体系(open system)

体系与环境之间既有物质交换，又有能量交换。

(2) 封闭体系(closed system)

体系与环境之间无物质交换，但有能量交换。

(3) 孤立体系(isolated system)

又称隔离体系，体系与环境之间既没有物质交换，又无能量交换。有时把封闭体系和体系影响所及的环境一起作为孤立体系来考虑。

例如，有一个盛满热水的广口瓶，将瓶中热水选作体系，则此体系为敞开体系，因为既有水分子逸出进入环境中，又与环境交换热量；如果用塞子把瓶口封起来，则此体系成为封闭体系，因为此时它和环境只有热量交换；假如把广口瓶改成保温瓶，则此体系接近于孤立体系。

2.1.2 状态与状态函数

在热力学中用体系的性质来规定其状态，就像通常用温度、压力、体积等来规定气体的性质一样，倘若温度、压力改变，气体性质就改变。当系统的温度、压力、体积、物态、物质的量、相、各种能量等一定时，就说系统处于一个状态(state)。对于一个体系来说，当其处于不同状态时，其性质必然有所不同。这些用来描述规定状态性质的物理量，用数学语言来说，称它们为状态函数(state function)。

一个状态函数就是某体系的一种性质，体系和状态确定后它具有一定值，并且它与体系过去的历史无关。例如，讨论一杯水，这杯水就是体系，当其化学组成一定时，体系的状态可由其体积、温度等来规定。它的温度是 300K，300K 就是体系的一个状态函数。不管这杯水是由 273K 的水加热来的，还是从沸水冷却而来的，反正就是 300K 的水。

体系只要有一个性质在发生随时间的变化，就叫作发生着“过程”，简单地说，状态的变化就是过程。例如，某气体的压力由 101.3kPa 变为 202.6kPa，或某体系发生化学组成的变化，都叫作发生着过程。根据过程进行的特定条件，有恒温过程、恒压过程、恒容过程

(过程中系统的体积始终保持不变)、绝热过程(系统与环境间无热交换的过程)及循环过程(经历一系列变化后又回到始态的过程,循环过程前后所有状态函数变化量均为零)。

当体系发生改变时,状态函数的变化只取决于体系的始态和终态,而与变化的途径无关。习惯上把状态变化所经历的具体步骤称为“途径”。例如,某气体由压力 101.3kPa、体积 $2m^3$ 的始态,变为压力 202.6kPa、体积 $1m^3$ 的终态。可以由不止一种途径来实现,譬如,此过程可以由两种途径来实现(图 2-1)。

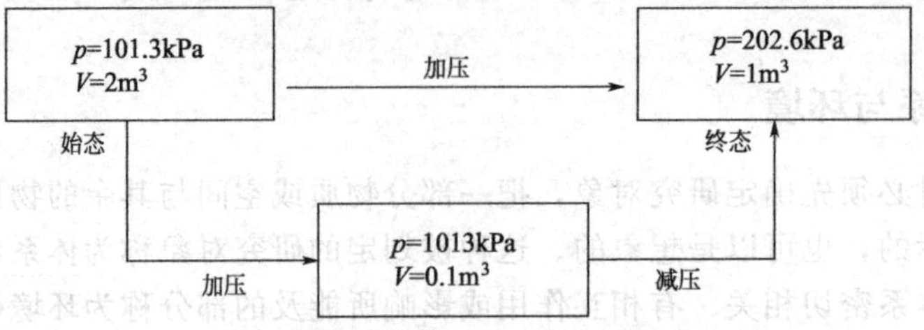

图 2-1 理想气体状态变化的途径

现在只介绍了温度、压力、体积等早已熟悉的状态函数。在本章中还有一些热力学函数,像热力学能(内能)、焓、熵和自由能等,它们也是状态函数。

2.1.3 体系的性质

体系的性质(system property),根据它与体系中物质数量的关系,又可分为两类。

(1) 广度性质

如体积、质量等,此种性质在一定条件下具有加和性。

(2) 强度性质

此种性质的数值没有加和性,如 p、T 等。

注意:由任何两种广度性质之比得出的物理量为强度量,如摩尔体积、密度等。

2.2 热力学第一定律和热化学

2.2.1 热力学第一定律

热力学第一定律的内容就是能量守恒定律,它是人类经验的总结,在 19 世纪中叶,已被大量精确的实验所证明。

热力学第一定律可用文字叙述如下:自然界的一切物质都具有能量,能量有各种不同形式,能够从一种形式转化为另一种形式,但在转化过程中,能量的总值不变。

在任何过程中,能量是不能自生自灭的,或者说任何过程中的总能量是守恒的。也可以说第一类永动机是不可能的——这是热力学第一定律的另一种说法。

热力学体系内部的能量称为热力学能(内能 U),是系统内各种形式的能量的总和,包括分子运动的动能、分子内的转动能、振动能、电子能、核能以及各种粒子之间的相互作用位能等。由于人们对物质运动形式的认识有待于继续不断深入探讨,认识永无穷尽,所以内能的绝对值无法确定。但有一点是肯定无疑的,任何系统在一定状态下内能是一定的,因而热力学能是状态函数。热力学能的绝对值难以确定,也无确定的必要,我们关心的是热力学能

的变化 ΔU，定义 $\Delta U=U$(终态)$-U$(始态)。

体系能量的改变可以由多种方式来表现，但总不外乎热量和其他能量。体系与环境之间因温差而传递的能量称为热量，用符号 Q 表示。体系吸热，$Q>0$；体系放热，$Q<0$。体系与环境之间传递的除热以外的其他能量都称为功，用符号 W 表示。功可分为膨胀功($p\mathrm{d}V$)和非膨胀功两大类。环境对体系做功，$W<0$；体系对环境做功，$W>0$。在 SI 体系中，热量和功的单位都用焦耳(J)或千焦(kJ)，常见的单位卡(cal)，1cal＝4.1840J，这就是著名的热功当量。

由热量和功的定义得知，热量和功总是与状态的变化联系着的。若无过程，而体系处于定态，则不存在体系与环境之间的能量交换，也就没有功和热量。因此功和热量与内能不同，它们不是状态的属性，不是状态函数。

根据内能、功和热的有关知识，内能、热和功之间可以相互转化，但总的能量不变。就能够得到热力学第一定律的数学表达式：

$$\Delta U(\text{体系})=Q-W$$

该式是对于一个封闭的体系来说的。它表明，体系从初始状态变到最终状态时，内能的变化等于供给体系的能量和体系对环境做功耗去的能量之间的差额。体系从环境吸收热量 Q，对环境做功 W，则体系内能的变化就是 ΔU。如果将体系的内能扩展为一切能量，则热力学第一定律就是能量守恒与转化定律。

在热力学中用热量(Q)和功(W)的正、负号表示以热量或功的形式传递能量的方向。习惯如下。

① 体系吸收热量，Q 为正值；反之为负值。

② 体系以做功的形式放出能量，即体系对环境做功，W 为正值；反之为负值。

2.2.2 焓(H)

设一封闭体系在变化中只做体积功，不做其他功，则下式中 W 代表体积功。体系从内能为 U_1 的状态变化到 U_2 的状态，则：

$$\Delta U(\text{体系})=U_1-U_2$$

$$\Delta U(\text{体系})=Q-W$$

如果体系变化是恒容过程(体积不变)，即没有体积功，则 $W=0$，

$$\Delta U(\text{体系})=Q_V$$

Q_V 表示恒容过程的热，$\Delta U(\text{体系})=Q_V$ 表示：体系在恒容过程所吸收的热量全部用来增加体系的内能。

如果体系变化是恒压过程，即 p 为定值，V 由 V_1 变成 V_2，Q 加上注脚 p 以表示为恒压过程的热量。

$$\Delta U(\text{体系})=Q_p-W=Q_p-p(V_2-V_1)$$

$$\Delta U(\text{体系})=U_2-U_1=Q_p-p(V_2-V_1)$$

$$Q_p=(U_2+pV_2)-(U_1+pV_1) \tag{2-1}$$

因为U、p、V都是体系的状态函数，它们的组合$(U+pV)$一定是状态函数。在热力学上将$(U+pV)$定义为新的状态函数，叫作焓，以H来表示。

$$H=U+pV \tag{2-2}$$

焓和体积、内能等一样是体系的性质，在一定状态下每一种物质都有特定的焓。不能测定体系的内能的绝对值，所以也不能测定焓的绝对值。当体系的状态改变时，根据焓的定义，可由下式求得焓变(ΔH)：

$$\Delta H=H_2-H_1=(U_2+pV_2)-(U_1+pV_1) \tag{2-3}$$

对比式(2-1)和式(2-3)得到：

$$\Delta H=Q_p$$

表示，对于一封闭体系在恒压和不做其他功(只做体积功)的条件下变化时，所吸收的热量全部用以使体系的焓增加。绝不能把焓误认为体系中所含的热量，只是当体系不做其他功时，可从体系和环境间的热量传递来衡量体系内部焓的变化。如果化学反应的ΔH为正值，表示体系从环境吸收热能，称此反应为吸热反应。即H(反应物)$<H$(生成物)；如果化学反应的ΔH为负值，表示体系放热给环境，称此反应为放热反应。即H(反应物)$>H$(生成物)。

例题 2-1 1g 火箭燃料联氨(N_2H_4)在氧气中完全燃烧(等容)时，放热 20.7kJ (25℃)。试求 1mol N_2H_4 在 25℃燃烧时的内能变化和等压反应热。

解：

$$N_2H_4(g)+O_2(g) = N_2(g)+2H_2O(l)$$

$$\Delta U=Q_V=-20.7\times32.0=-662(\mathrm{kJ\cdot mol^{-1}})$$

$$\Delta H=Q_p=\Delta U+\Delta n_gRT=-662+(1-1-1)RT\times10^{-3}=-665(\mathrm{kJ\cdot mol^{-1}})$$

2.2.3 热化学

化学反应所释放的热量是日常生活和工农业生产所需能量的主要来源，此外，化学反应的热量问题在化工生产上有重要意义。例如，合成氨反应中要放出许多热量，而在制造其原料氢气的水煤气反应中要吸收热量。化工设计时，前者需要设法把热量传走，后者要设法供应所需的热量。把热力学第一定律具体应用到化学反应上，讨论和计算化学反应的热量变化问题的学科，称为热化学(thermochemistry)。

在恒温或恒容而且不做其他功的条件下，当一个化学反应发生后，若使产物的温度回到反应物的起始温度，这时体系放出或吸收的热量称为反应热。恒容条件的反应热用Q_V表示，恒压条件下的反应热用Q_p表示。化学反应热是重要的热力学数据，是通过实验测定的，所用的主要仪器称为“量热计”。关于反应热的测定问题将由物理化学课解决。

(1) 量热结果的表示法

① 标准摩尔生成焓(生成热)$\Delta_f H_m^{\ominus}$ 在指定温度 298.15K 和 1atm 下，由稳定单质反应生成 1mol 化合物时的反应热，称为标准摩尔生成热(standard molar enthalpy of formation)。一般 298.15K 时的数据有表可查。稳定单质的焓值等于零。角标 f 表示生成(formation)，m 表示摩尔(molar)，右上角标$\ominus$是表示标准状态的符号。

$$H_2(g,1atm)+\frac{1}{2}O_2(g,1atm)=\!=\!=H_2O(l),\ \Delta_f H_m^{\ominus}(H_2O)=-285.8kJ\cdot mol^{-1}$$

常见物质的标准摩尔生成焓 $\Delta_f H_m^{\ominus}$ 已在附录Ⅰ表中列出。

② 摩尔燃烧热 $\Delta_c H_m^{\ominus}$　在标准压力下，反应温度 298.15K 时，物质 B 完全氧化成相同温度的指定产物时的焓变称为标准摩尔燃烧焓(standard molar enthalpy of combustion)。角标 c 表示燃烧(combustion)，m 表示摩尔(molar)，右上角标⊖是表示标准状态的符号。

③ 标准摩尔反应热 $\Delta_r H_m^{\ominus}$　在标准压力下，反应温度 298.15K 时，按化学反应方程式所表示的系数之比完成一次反应，反应的反应进度 $\xi=1mol$ 时的反应焓，就称为标准摩尔反应焓(热)(standard molar enthalpy of reaction)。角标 r 表示生成(reaction)，m 表示摩尔(molar)，右上角标⊖是表示标准状态的符号。举例说明反应进度 ξ 的定义：如，反应 $N_2(g)+3H_2(g)=\!=\!=2NH_3(g)$，若反应过程中有 1mol N_2 和 3mol H_2 完全反应生成 2mol NH_3。

若反应进度以 N_2 的物质的量改变来计算：$\xi=\frac{(0-1)mol}{-1}=1mol$

若以 H_2 的物质的量改变来计算：$\xi=\frac{(0-3)mol}{-3}=1mol$

若以 NH_3 的物质的量改变来计算：$\xi=\frac{(2-0)mol}{2}=1mol$

化学反应的焓变可由下式进行求算：

$$\Delta_r H_m^{\ominus}=\sum v_i \Delta_f H_{m,i}^{\ominus}(产物)-\sum v_j \Delta_f H_{m,j}^{\ominus}(反应物)$$

例题 2-2　已知 $3Fe_2O_3(s)+CO(g)=\!=\!=2Fe_3O_4(s)+CO_2(g)$，求该反应的 $\Delta_r H_m^{\ominus}$。

解：查表查出各反应物和生成物的 $\Delta_f H_m^{\ominus}$

$$\Delta_r H_m^{\ominus}=[2\times\Delta_f H_m^{\ominus}(Fe_3O_4(s))+\Delta_f H_m^{\ominus}(CO_2(g))]-[3\times\Delta_f H_m^{\ominus}(Fe_2O_3(s))+\Delta_f H_m^{\ominus}(CO(g))]$$

$$=[2\times(-1118)+(-393.5)]-[3\times(-824.2)+(-110.5)]$$

$$=-46.4(kJ\cdot mol^{-1})$$

还有其他热焓：如，溶解热、中和焓、稀释溶解热、升华热、键能、晶格能等。

(2) 热化学方程式的写法

表示化学反应与热效应关系的方程式称为热化学方程式(thermochemical equation)。因为 U、H 的数值与体系的状态有关，所以方程式中应该注明物态、温度、压力、组成等。

对于固态还应注明结晶状态。

例如：298.15K 时

$$H_2(g)+\frac{1}{2}O_2(g)=\!=\!=H_2O(l)\quad \Delta_f H_m^{\ominus}=-264.7kJ\cdot mol^{-1}$$

$$C(g)+2S(s)=\!=\!=CS_2(g)\quad \Delta_f H_m^{\ominus}=108.7kJ\cdot mol^{-1}$$

(3) 赫斯(盖斯)定律(Hess's law)

1840 年，G. H. Germain Henri Hess 根据大量的实验事实提出了一个定律：反应的热效应只与起始和终了状态有关，与变化途径无关。不管反应是一步完成的，还是分几步完成的，其热效应相同，这就是著名的赫斯(盖斯)定律。

在使用赫斯定律时应注意，若该化学反应是在恒压(或恒容)下一步完成的，则分步时，各步也要在恒压(或恒容)下进行。

可以说，Hess 定律是一个反应热的加和定律。

一个反应若能分解成 2 步或几步实现，则总反应的 $\Delta_r H_m^{\ominus}$ 等于各分步反应 $\Delta_r H_m^{\ominus}$ 值之和。

例题 2-3 已知(1)C(石墨)$+O_2(g)=\!=\!=CO_2(g)\quad \Delta_r H_{m,1}^{\ominus}=-393.5kJ\cdot mol^{-1}$

(2)$CO(g)+\frac{1}{2}O_2(g)=\!=\!=CO_2(g)\quad \Delta_r H_{m,2}^{\ominus}=-283.0kJ\cdot mol^{-1}$

求：反应(3)C(石墨)$+\frac{1}{2}O_2(g)=\!=\!=CO\ (g)$ 的 $\Delta_r H_{m,3}^{\ominus}$。

解：反应(3)＝反应(1)－反应(2)所以，

$$\Delta_r H_{m,3}^{\ominus}=\Delta_r H_{m,1}^{\ominus}-\Delta_r H_{m,2}^{\ominus}=-110.5kJ\cdot mol^{-1}$$

(4) 键能与反应焓变的关系

①化学反应的实质是反应物分子中化学键的断裂(吸热)和生成物分子中化学键的形成(放热)。

② 键能(bond energy)是指在 $p^{\ominus}$ 和 298.15K 下，将 1mol 的气态分子 AB 的化学键断开，成为气态的中性原子 A 和 B 所需的能量，键焓则是该过程的焓变。

计算公式：

$$\Delta_r H_m^{\ominus}=\sum\nu_i E(\text{产物})-\sum\nu_j E(\text{反应物})$$

说明：不同化合物中，同一化学键的键能未必相同；反应物及生成物的状态也未必能满足定义键能时的反应条件，所以由键能求得的反应热不能代替精确的热力学计算和反应热的实验测得；键能计算反应热只适用于气相反应。

例如：计算乙烯与水作用制备乙醇的反应热。

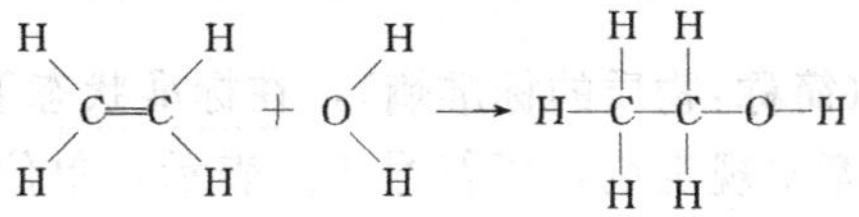

$$\Delta_r H_m^{\ominus}=[5E(\mathrm{C-H})+E(\mathrm{C-C})+E(\mathrm{O-H})+E(\mathrm{C-O})]-[4E(\mathrm{C-H})+E(\mathrm{C=C})+2E(\mathrm{O-H})]$$

2.3 化学反应的方向

2.3.1 反应的自发性

自然界中发生的过程都具有一定的方向性，例如，水从高处流向低处，而不能自动从低处流向高处；热从高温物体传向低温物体，铁在潮湿的空气中锈蚀，锌置换硫酸铜溶液的反应，其反方向也是不会自动进行的。这种在一定条件下不需要外力作用就能自动进行的过程，称为自发变化过程(spontaneous process)，而它们的逆过程是非自发的。

若能知道化学反应是否能自发进行，对于人类利用自然和改造自然会有很大帮助。什么是反应自发性的标准呢？经过大量的研究发现，反应焓变的符号不能作为反应自发性的一般标准。(例如,水结冰是自发的,释放热;水的蒸发是自发的,但是吸热。)其原因是，只考虑了化学反应能量这一个方面的因素；而决定整个化学反应方向的还有另外一个重要因素，“混乱度”的因素。因此，要全面考察化学反应的方向，还必须引入一个新的热力学状态函数——熵(S)。

2.3.2 混乱度和熵

(1) 熵

混乱度是物质体系中物质微粒排列的无规律、不整齐的程度，熵是体系混乱度的量度，是表征体系混乱度的一种状态函数。自发过程，往往是混乱度增加的过程，例如，墨水在清水中的扩散，火柴棒散乱，冰的融化，水的汽化，锌粒在酸溶液中反应溶解等。

① 同一物质：S(气)>S(液)>S(固)。

② 同一物态：S(复杂分子)>S(简单分子)。

③ 同一物质：S(高温)>S(低温)。

④ 同一气体：S(低压气体)>S(高压气体)。

影响物质熵值大小的因素：温度，温度越高，熵值越大；压强，对固体和液体物质的影响很小，对气体物质的影响较大，压强越高，熵值越小；物质的聚集态(对相同量的物质而言)；分子结构的复杂性(对同一系列物质而言)；结构对称性(对同分异构体而言)，分子对称性越高，熵越小。

(2) 熵变(ΔS)

规定任何物质的完美晶体，在绝对 0K 时的熵值为零，这就是著名的热力学第三定律。

有了熵的这个"零点"，则可通过热力学的方法，求出某一状态下的物质的绝对熵 S_T(absolute entropy,又称规定熵)：

$$\Delta S = S_T - S(0)$$

所以：
$$S_T = \Delta S + S(0) = \Delta S + 0 = \Delta S$$

物质的标准摩尔规定熵(简称:物质的标准熵)，在标准状态下(100kPa)，1mol 纯物质的规定熵，称为该物质的标准摩尔规定熵，以符号 $S_m^{\ominus}$ 表示，单位 $J \cdot K^{-1} \cdot mol^{-1}$。一些常见物质的标准摩尔规定熵，可查附录Ⅰ。

$S_m^{\ominus}$ 是在温度为 T（K）时，热力学标准态条件下 1mol 物质的绝对熵($J \cdot K^{-1} \cdot mol^{-1}$)。

例题 2-4 计算 298.15K 时，反应：$2SO_3(g) \xlongequal{} 2SO_2(g) + O_2(g)$ 的标准熵变。

解：
$$2SO_3(g) \xlongequal{} 2SO_2(g) + O_2(g)$$

	$2SO_3(g)$	$2SO_2(g)$	$O_2(g)$
$S_m^{\ominus}/J \cdot mol^{-1} \cdot K^{-1}$	256.2	248.5	205.3

$S_m^{\ominus} = 2 \times 248.5 + 205.3 - 2 \times 256.2 = 189.9 (J \cdot mol^{-1} \cdot K^{-1})$

宏观热力学熵的定义：$\Delta S = \dfrac{Q(\text{可逆})}{T}$(热温商,$J \cdot K^{-1}$)，体系的熵变是等温可逆过程的热温比。在特定的温度之下(如不特别指明,则为 298.15K)，如果参加化学反应的各物质(包括反应物和产物)都处于热力学标准状态($p = p^{\ominus}$)，此时化学反应的过程中的熵变即称作：该反应的标准熵变，以符号 $\Delta_r S^{\ominus}$ 表示。当化学反应进度 $\xi = 1$ 时，化学反应的熵变为化学反应的标准摩尔熵变，以符号 $\Delta_r S_m^{\ominus}$ 表示。

化学反应的标准摩尔熵变的计算：

$$aA + bB \xlongequal{} dD + eE$$

$$\Delta_r S_m^{\ominus} = \sum \nu_i S_m^{\ominus}(\text{生成物}) - \sum \nu_j S_m^{\ominus}(\text{反应物})$$

2.3.3 熵变和化学反应的方向——热力学第二定律

在孤立体系中发生的任何化学反应或化学变化，总是向着熵值增大的方向进行，即孤立体系的自发过程，ΔS(孤立)>0，这就是热力学第二定律。

利用热力学第二定律必须要有一个重要的前提：即体系是一个孤立体系，在有些情况下，似乎出现了一些违反热力学第二定律的自发过程，例如：生物的生长，水结冰。其原因是涉及的不是一个孤立体系。这时候必须将环境和体系加在一起同时考虑：

$$\Delta S(\text{体系}) + \Delta S(\text{环境}) > 0$$

熵作为自发反应方向判据的一个前提条件是体系必须是一个孤立体系，而一般的化学反应都不是在孤立体系中进行的，且计算体系和环境的总的熵变也是非常困难的，故实际情况中，以熵变作为判据并不方便。前已述及：自发的过程，其内在的推动因素有两个方面：其一是能量(焓变)的因素，其二是混乱度即熵的因素。ΔH 仅考虑了能量的因素，不可作为判据，而 ΔS 仅考虑了混乱度的因素，也非全面。为了同时考虑能量和混乱度两方面的因素，1876 年美国化学家 Gibbs J. Willard(1839—1903)提出一个新状态函数——吉布斯自由能 G，作为等温、等压下化学反应方向的判据。

(1) 吉布斯自由能(G)

吉布斯自由能 G 的表达式：$G=H-TS$

$$\Delta G=\Delta H-\Delta(TS)$$

在等温、等压下：$\Delta G=\Delta H-T\Delta S$ (2-4)

(2) 自发反应的方向

ΔG 判据全面、可靠，其适用的条件是等温、等压，大部分的化学反应都可归入这一范畴之中。化学热力学说明：在等温、等压、不做非膨胀功的条件下，自发的化学反应总是向着体系吉布斯自由能降低的方向进行。

ΔG 判据：

$\Delta G<0$，能自发进行。

$\Delta G>0$，不自发进行，要进行需外力推动，但逆向是自发的。

$\Delta G=0$，处于平衡状态。

式(2-4)称为吉布斯-亥姆霍兹公式，从中看到，ΔG 中包含了 ΔH(能量)和 ΔS(混乱度)两方面的影响。

利用吉布斯-亥姆霍兹公式，只要知道反应的 ΔH_T 和 ΔS_T 值，就能计算出不同温度下的 ΔG_T。在一般情况下反应的焓变 ΔH_T 和熵变 ΔS_T 的数值随温度变化很小，故可利用 $\Delta H^{\ominus}_{298.15}$ 和 $\Delta S^{\ominus}_{298.15}$ 代替任意温度下的 $\Delta_r H_T$ 和 $\Delta_r S_T$。而且由于本课程的要求所限，在本章的计算只用各物质分压为一标准大气压下的 $\Delta_r G^{\ominus}_T$。这样式(2-4)可改写为：

$$\Delta_r G^{\ominus}_T=\Delta H^{\ominus}_{298.15}-T\Delta S^{\ominus}_{298.15} \qquad (2\text{-}5)$$

利用式(2-5)就可以计算出各物质分压为一标准大气压下的某一反应自发进行的最低温度：

$$\Delta_r G^{\ominus}_T<0，即\ T>\frac{\Delta H^{\ominus}_{298.15}}{\Delta S^{\ominus}_{298.15}}$$

(3) 化学反应的标准摩尔吉布斯自由能变

① 物质的标准生成吉布斯自由能 $\Delta_f G^{\ominus}_m$ 与焓一样，在特定状态下物质(所含)的吉布斯自由能的绝对值是无法求得的。人们采取的办法是求取其相对值。规定：在标准状态下，由最稳定的单质生成单位量(1mol)的纯物质的反应过程中的标准吉布斯自由能变，为该物质的标准生成吉布斯自由能(standard generated Gibbs free energy)，记作：$\Delta_f G^{\ominus}_m$(kJ·mol^{-1})。书末附录Ⅰ中列出了部分物质的 298K 时的 $\Delta_f G^{\ominus}_m$值。

② 化学反应的标准摩尔吉布斯自由能变 $\Delta_r G^{\ominus}_{m,T}$ 及其计算　对于反应：$a\mathrm{A}+b\mathrm{B}=\!=\!=d\mathrm{D}+e\mathrm{E}$

当反应体系中的所有物质都处于热力学标准状态时，反应的吉布斯自由能变，称为该反应的标准吉布斯自由能变 $\Delta_r G^{\ominus}_{298.15}$。当反应进度为 $\xi=1$mol 时，称为该反应的标准摩尔反应吉布斯自由能变，记作 $\Delta_r G^{\ominus}_{m,298.15}$。

$$\Delta_r G^{\ominus}_{m,298.15} = \sum \nu_i G^{\ominus}_{m,298.15}(\text{生成物}) - \sum \nu_j G^{\ominus}_{m,298.15}(\text{反应物})$$

注意：$\Delta_r H^{\ominus}_m$ 和 $\Delta_r S^{\ominus}_m$ 与温度的关系不大，$\Delta_r G^{\ominus}_{m,T}$ 与温度的关系很大。

例题 2-5 计算反应：$4NH_3(g) + 5O_2(g) \xlongequal{} 4NO(g) + 6H_2O(l)$ 的 $\Delta_r G^{\ominus}_{298.15}$，并判断反应方向。

解：查表知 $4NH_3(g) + 5O_2(g) \xlongequal{} 4NO(g) + 6H_2O(l)$

$\Delta_f G^{\ominus}_{298.15}/\text{kJ}\cdot\text{mol}^{-1}$ −16.5 0 86.6 −237.2

$\Delta_r G^{\ominus}_{298.15} = 6\times(-237.2) + 4\times 86.6 - 4\times(-16.5) - 5\times 0 = -1010.8\text{kJ}\cdot\text{mol}^{-1} < 0$

在 298.15K 和热力学标准态条件下，该反应自发地从左向右进行。

例题 2-6 已知：N_2（g）、H_2（g）、NH_3（g）的 $\Delta_f H^{\ominus}_m$ 分别为 0.00、0.00 和 −46.19kJ/mol，$S^{\ominus}_m$ 分别为 191.46J·mol^{-1}·K^{-1}、130.59J·mol^{-1}·K^{-1}、192.5J·mol^{-1}·K^{-1}。计算反应：$N_2(g) + 3H_2(g) \longrightarrow 2NH_3(g)$ 在 373K 时的 $\Delta_r G^{\ominus}_{m,373}$。

解：

$$\Delta_r H^{\ominus}_m = 2\times(-46.19) = -92.38(\text{kJ}\cdot\text{mol}^{-1})$$

$$\Delta_r S^{\ominus}_m = 2\times 192.5 - 191.49 - 3\times 130.59 = -198.26(\text{kJ}\cdot\text{mol}^{-1}\cdot\text{K}^{-1})$$

所以

$$\Delta_r G^{\ominus}_{m,373} = \Delta_r H^{\ominus}_m - 373\Delta_r S^{\ominus}_m$$
$$= -92.38 - 373\times(-198.26)\times 10^{-3} = -18.43\ (\text{kJ}\cdot\text{mol}^{-1})$$

2.3.4 化学反应的可逆性与化学平衡

什么是“化学反应的可逆性”？例如 $CO + H_2O \longrightarrow CO_2 + H_2$，也可以：$CO_2 + H_2 \longrightarrow CO + H_2O$，既能正向进行，又能逆向进行的反应，叫“可逆反应”。化学反应的这种性质，称为化学反应的“可逆性”。几乎所有的化学反应都是可逆的。所不同的只是程度上的差别，有的可逆程度大些(如上例)，有的可逆程度小些(例如：$Ag^+ + Cl^- \xlongequal{} AgCl\downarrow$)。很少有化学反应能“进行到底”。

什么是化学平衡？所谓化学平衡，指的是这样一种状态，此时：正向反应的速率与逆向反应的速率相等，参与反应的物质的浓度保持一定，是动态的平衡，而非化学反应停止。化学反应的可逆性的定量表征：平衡常数(K)。

对于如下反应：$aA + bB \xlongequal{} dD + eE$，当在一定温度下达到平衡时有：

$$\frac{[D]^d[E]^e}{[A]^a[B]^b} = K_c$$

K_c 称为(浓度)经验平衡常数。在一定温度下，当可逆反应达平衡时，各生成物浓度幂的乘积与各反应物浓度幂的乘积之比为一常数，称为平衡常数。K_c 与物质的浓度无关；在平衡常数的表达式中，不包括纯固体、纯液体及稀溶液溶剂的浓度，只包括气体的分压和溶液的浓度。K_c 值的大小是反应进行程度的衡量标志。K_c 值越大，表示达到平衡时生成物的浓度越大。所以，K_c 值的大小可以推断正反应完成的程度。在同一温度下，平衡常数的数值，不随压力(浓度)的变化而改变，是一个定值(常数)。平衡常数与反应的标准摩尔吉布斯自由能相关，是化学反应的热力学性质之一。

对气体反应常用气体的分压代替浓度。如，对反应：

$$H_2(g)+I_2(g) \longrightarrow 2HI(g)$$

$$\frac{p^2(HI)}{p(H_2)p(I_2)}=K_p$$，K_p 称为压力平衡常数。

2.3.5 范特霍夫(Van′t Hoff)化学反应等温方程式

(1) 范特霍夫(Van′t Hoff)等温方程式

荷兰物理化学家范特霍夫(Van't Hoff)于 1875—1887 年建立了化学平衡理论，并对立体化学、物理化学、化学动力学的发展作出了重大贡献，于 1901 年获诺贝尔奖。

范特霍夫(Van't Hoff)化学反应等温方程式给出了 $\Delta_r G$ 的计算式。

对于非标准态下任一化学反应：

$$bB+dD \longrightarrow eE+fF$$

$$\Delta_r G=\Delta_r G^{\ominus}+RT\ln\frac{c_E^e c_F^f}{c_B^b c_D^d}$$

这就是著名的范特霍夫化学反应等温方程式，简称范特霍夫(Van't Hoff)等温式。

令，$J=\frac{c_E^e c_F^f}{c_B^b c_D^d}$，$J$ 称为某一反应的反应商。

$$\Delta_r G=\Delta_r G^{\ominus}+RT\ln J$$

当 $\Delta_r G^{\ominus}+RT\ln\frac{c_E^e c_F^f}{c_B^b c_D^d}=0$ 时，反应达到平衡状态，所以，

$\Delta_r G^{\ominus}=-RT\ln K^{\ominus}$，$K^{\ominus}$称为标准平衡常数。

这时，$J=K^{\ominus}$，反应达到平衡状态；

$J>K^{\ominus}$时平衡向左移动；

$J<K^{\ominus}$时平衡向右移动。

对于不同类型的反应，$K^{\ominus}$的表达式也有所不同。

① 气体反应　对于理想气体(或低压下的真实气体)

$$K^{\ominus}=\frac{(p_E/p^{\ominus})^e(p_F/p^{\ominus})^f}{(p_B/p^{\ominus})^b(p_D/p^{\ominus})^d}=\frac{p_E^e\ p_F^f}{p_B^b\ p_D^d}\times\left(\frac{1}{p^{\ominus}}\right)^{\sum\nu}$$

② 溶液反应　对于理想溶液(或浓度稀的真实溶液)

$$K^{\ominus}=\frac{[E]^e[F]^f}{[B]^b[D]^d}$$

③ 复相反应　复相反应是指反应体系中存在两个或两个以上相的反应。如反应

$$CaCO_3(s)+2H^+(aq) \longrightarrow Ca^{2+}(aq)+CO_2(g)+H_2O(l)$$

$$K^{\ominus}=\frac{[Ca^{2+}]\{p(CO_2)/p^{\ominus}\}}{[H^+]^2}$$

所以看得出来，$K^{\ominus}$是无量纲的物理量。

(2) 多重平衡规则

如果某反应可以由几个反应相加得到，则该反应的平衡常数等于几个平衡常数之积。这种关系就称为多重平衡规则。

设三个反应，如果反应(3)＝反应(1)＋反应(2)

$$\Delta_r G_3^{\ominus}=\Delta_r G_1^{\ominus}+\Delta_r G_2^{\ominus}$$

$$-RT\ln K_3^{\ominus}=-RT\ln K_1^{\ominus}+(-RT\ln K_2^{\ominus})$$

$$K_3^{\ominus}=K_1^{\ominus}K_2^{\ominus}$$

同理，如果反应(4)＝反应(1)－反应(2)，则 $K_4^{\ominus}=\dfrac{K_1^{\ominus}}{K_2^{\ominus}}$

2.3.6 化学平衡的移动

化学平衡是动态的平衡，而非化学反应停止，是一个相对的、有条件的状态。一旦平衡的条件发生了变化，“平衡”就被打破，化学反应就要向某个方向进行。因条件改变，从旧的平衡状态转变到新的平衡状态的过程称为平衡的移动。

研究化学平衡，就是要做平衡的转化工作，使得化学平衡向着有利于生产需要的方向转化。

那么如何使平衡向着需要的方向转化？这就要回到关于化学反应方向和限度的问题上。前面已经讨论过，一个可逆反应在一定温度下进行的方向和限度仅由 J 和 $K^{\ominus}$ 的相对大小来决定，当 $J=K^{\ominus}$ 时，$\Delta G=0$，反应达到平衡状态。如果要使平衡向正反应的方向移动，只有改变条件，使得 $J<K^{\ominus}$，则 $\Delta G<0$，正向就能自发进行，平衡向正反应的方向移动。这可以采用两个途径来实现：第一，改变反应物或产物的浓度或分压，使 $J<K^{\ominus}$；第二，改变温度，使 $K^{\ominus}$ 的数值增加而大于 J，因为 $K^{\ominus}$ 是随温度而变化的。可见浓度、压力、温度等因素都可以引起化学平衡的移动。

(1) 浓度对化学平衡的影响

浓度对化学平衡的影响可以概括如下：在其他条件不变的情况下，增加反应物浓度或减小生成物浓度，平衡向正反应方向移动；减小反应物浓度或增加生成物浓度，平衡向负反应方向进行。

通过计算，可以帮助我们进一步了解改变浓度对化学平衡的影响。

例题 2-7 在 737K 时，$CO(g)+H_2O(g)\!=\!=\!=CO_2(g)+H_2(g)$，平衡常数 $K_c=9$，如反应开始时 CO 和 H_2O 浓度都是 $0.020\text{mol}\cdot\text{L}^{-1}$，计算该条件下 CO 的转化率。若其他条件不变，仅把 H_2O 的初始的浓度扩大四倍，计算这时 CO 的转化率。

解：(1)设反应平衡时，CO_2 的浓度为 x。根据题意得到如下数据：

	$CO(g)$	$+H_2O(g)$	$=\!=\!=CO_2(g)$	$+H_2(g)$
初始浓度/$\text{mol}\cdot\text{L}^{-1}$	0.02	0.02		
平衡浓度/$\text{mol}\cdot\text{L}^{-1}$	$0.02-x$	$0.02-x$	x	x

$$K_c=\frac{[H_2][CO_2]}{[CO][H_2O]}=\frac{x\quad x}{(0.02-x)\times(0.02-x)}=9$$

$$x=0.015\text{，转化率：}\frac{0.015}{0.02}\times100\%=75\%$$

(2)设反应平衡时，CO_2 的浓度为 y。根据题意得到如下数据：

	$CO(g)$	$+$	$H_2O(g)$	$=\!=\!=CO_2(g)$	$+H_2(g)$
初始浓度/$mol\cdot L^{-1}$	0.02		0.02		
平衡浓度/$mol\cdot L^{-1}$	$0.02-y$		$0.08-y$	y	y

$$K_c=\frac{[H_2][CO_2]}{[CO][H_2O]}=\frac{y\ \ y}{(0.02-y)\times(0.08-y)}=9$$

$$y=0.0194，转化率：\frac{0.0194}{0.02}\times 100\%\approx 97\%$$

(2) 压力对化学平衡的影响

压力对化学平衡的影响比较复杂，总体来说，对于有气态物质参加的反应，增加反应体系的总压力，平衡向气态分子数减少的反应方向移动；降低总压力，平衡向气态分子数增加的反应方向移动。如果反应前后气体分子的总数不变，则总压力的变化对化学平衡没有影响。

(3) 温度对化学平衡的影响

温度对化学平衡的影响与前两种情况有着本质区别。改变浓度或压力只是改变平衡点，而温度的变化，却导致了平衡常数数值的改变。可以从热力学的知识导出这个结论。

对于给定的平衡体系来说：

$$\Delta_r G^\ominus=-RT\ln K^\ominus$$

$$\Delta_r G^\ominus=\Delta_r H^\ominus-T\Delta_r S^\ominus$$

合并两式：得

$$\ln K^\ominus=-\frac{\Delta_r H^\ominus}{RT}+\frac{\Delta_r S^\ominus}{R}$$

某一可逆反应，在温度 T_1 和 T_2 时，它的平衡常数为 $K_1^\ominus$ 和 $K_2^\ominus$，并假设 $\Delta_r H^\ominus$ 和 $\Delta_r S^\ominus$ 不随温度而变，则有：

$$\ln K_1^\ominus=-\frac{\Delta_r H^\ominus}{RT_1}+\frac{\Delta_r S^\ominus}{R}$$

$$\ln K_2^\ominus=-\frac{\Delta_r H^\ominus}{RT_2}+\frac{\Delta_r S^\ominus}{R}$$

两式相减得：

$$\ln\frac{K_2^\ominus}{K_1^\ominus}=\frac{\Delta_r H^\ominus}{R}\left(\frac{1}{T_1}-\frac{1}{T_2}\right) \quad (2\text{-}6)$$

式(2-6)清楚地表明了温度对平衡常数的影响。如果是吸热反应($\Delta H>0$)，平衡常数随温度升高而增大；如果是放热反应($\Delta H<0$)，平衡常数随温度升高而减小。

(4) 勒夏特列(Le Chatelier)原理

1887 年法国化学家勒夏特列(Le Chatelier)提出：假如改变平衡体系中的条件之一温度、压力或浓度，平衡就向减弱这个改变的方向移动。这就是著名的勒夏特列原理。勒夏特列原理是一条普遍的规律，它对于所有的动态平衡(包括物理平衡)都是适用的，但必须注意，它只能应用在已经达到平衡的体系，对于未达到平衡的体系是不能用的。

阅读材料：软硬酸碱理论

19世纪50～60年代，热力学的基本规律已明确，但是一些热力学概念还比较模糊，数字处理很繁琐，不能用来解决稍微复杂一点的问题，例如化学反应的方向问题。当时，大多数化学家正致力于有机化学的研究，也有一些人试图解决化学反应的方向问题。

在这一时期，丹麦人汤姆生和贝特罗试图从化学反应的热效应来解释化学反应的方向性。他们认为，反应热是反应物化学亲和力的量度，每个简单或复杂的纯化学作用，都伴随着热量的产生。贝特罗更为明确地阐述了与这相同的观点，并称之为“最大功原理”，他认为任何一种无外部能量影响的纯化学变化，向着产生释放出最大能量的物质的方向进行。虽然这时他发现了一些吸热反应也可以自发地进行，但他却主观地假定其中伴有放热的物理过程，最终他承认了这一论断的错误。

19世纪60～80年代，霍斯特曼、勒夏特列和范特霍夫在这一方面也做了一定的贡献。首先，霍斯特曼在研究氯化铵的升华过程中发现，在热分解反应中，其分解压力和温度有一定的关系，符合克拉贝龙方程(克劳修斯-克拉贝龙方程)：$\dfrac{dp}{dt}=\dfrac{Q}{T(V_1-V_2)}$，其中$Q$代表分解热，$V_1$、$V_2$代表分解前后的总体积。范特霍夫依据上述方程式导出下式：$\ln K=-\left(\dfrac{Q}{RT}\right)+c$，此式(范特霍夫方程)可应用于任何反应过程，其中，Q代表体系的吸收的热(即升华热)。范特霍夫称上式为动态平衡原理，并对它加以解释，他说，在物质的两种不同状态之间的任何平衡，因温度下降，向着产生热量的平衡方向移动。1874年和1879年，穆迪埃和罗宾也分别提出了这样的原理。穆迪埃提出，压力的增加，有利于体积相应减少的反应发生。在这之后，勒夏特列又进一步阐释了这一原理。他说，处于化学平衡中的任何体系，由于平衡中的多个因素中的一个因素的变动，在一个方向上会导致一种转化，如果这种转化是唯一的，那么将会引起一种和该因素变动符号相反的变化。

然而，在这一方面做出突出贡献的是吉布斯，他在热力学发展史上的地位极其重要。吉布斯在热力学上的贡献可以归纳四个方面。第一，在克劳修斯等人建立的第二定律的基础上，吉布斯引出了平衡的判断依据，并将熵的判断依据正确地限制在孤立体系的范围内，使一般实际问题有了进行普遍处理的可能。第二，用内能、熵、体积代替温度、压力、体积作为变量对体系状态进行描述，并指出汤姆生用温度、压力和体积对体系状态进行描述是不完全的。他倡导了当时的科学家们不熟悉的状态方程，并且在内能、熵和体积的三维坐标图中，给出了完全描述体系全部热力学性质的曲面。第三，吉布斯在热力学中引入了“浓度”这一变量，并将物质的浓度对内能的导数定义为“热力学势”。这样，就使热力学可用于处理多组分的多相体系，化学平衡的问题也就有了处理的条件。第四，他进一步讨论了体系在电、磁和表面的影响下的平衡问题。吉布斯对平衡的研究成果主要发表在他的三篇文章之中。1873年，他先后将前两篇发表在康涅狄格州学院的学报上，立即引起了麦克斯韦的注意。吉布斯前两篇文章可以说只是一个准备，1876年和1878年分两部分发表了第三篇文章——《关于复相物质的平衡》，文章长达300多页，包括700多个公式。前两篇文章是讨论单一的化学物质体系，这篇文章则对多组分复相体系进行了讨论。由于热力学势的引入，只要将单组分体系状态方程稍加变化，便可以对多组分体系的问题进行处理了。

对于吉布斯的工作，勒夏特列认为这是一个新领域的开辟，其重要性可以与质量不灭定律相提并论。然而，吉布斯的三篇文章发表之后，其重大意义并未被多数科学家们所认识到，直到1891年，该文章才被奥斯特瓦德译成德文，1899年勒夏特列又将其译成法文出版之后，情况顿然改变。在吉布斯之后，热力学仍然只能处理理想状态的体系。这时，美国人路易斯分别于1901年和1907年发表文章，提出了“逸度”与“活度”的概念。路易斯所提出的逸度与活度的概念，使吉布斯的理论得到了补充和发展，从而使人们有可能将理想体系的偏差进行统一，使实际体系在形式上具有了与理想体系完全相同的热力学关系式。

习题

1. 选择题

(1)系统从状态A到状态B经Ⅰ、Ⅱ两条不同的途径，则有(　　)。

A. $Q_Ⅰ=Q_Ⅱ$　B. $W_Ⅰ=W_Ⅱ$　C. $Q_Ⅰ-W_Ⅰ=Q_Ⅱ-W_Ⅱ$　D. $\Delta H=0$

(2)已知反应 $H_2(g)+\frac{1}{2}O_2(g)=H_2O(l)$ 的等压反应热为 $\Delta_r H$，则下列说法中不正确的是(　　)。

A. $\Delta_r H$ 是 $H_2O(l)$ 的生成热　B. $\Delta_r H<\Delta_r U$　C. $\Delta_r H=Q_p$　D. $\Delta_r H>\Delta_r U$

(3)热化学方程式 $C_6H_{12}O_6(s)+6O_2(g)\longrightarrow 6CO_2(g)+6H_2O(l)$ $\Delta H^\ominus=-2801.9\ kJ\cdot mol^{-1}$，这意味着该反应是(　　)。

A. 环境对系统做功　B. 系统对环境做功　C. 吸热反应　D. 放热反应

(4)在25℃、100kPa下，$CaO(s)+H_2O(l)=Ca(OH)_2(s)$ 反应能自发进行，而在高温下，逆向是自发进行的，则说明该反应(　　)。

A. $\Delta H^\ominus=0$，$\Delta S^\ominus=0$　B. $\Delta H^\ominus>0$，$\Delta S^\ominus>0$　C. $\Delta H^\ominus>0$，$\Delta S^\ominus<0$　D. $\Delta H^\ominus<0$，$\Delta S^\ominus<0$

(5)某一体系从A态变化到B态，可经过途径1或2，则其 ΔG 值(　　)。

A. 由途径1决定　B. 由途径2决定　C. 与途径1和途径2无关

D. 由途径1和途径2共同决定

(6)下列概念中，不属于状态函数的是(　　)。

A. 焓　B. 自由能　C. 熵　D. 压力　E. 热

(7)等温等压下，化学反应自发正向进行的条件是(　　)。

A. $\Delta S^\ominus>0$　B. $\Delta S^\ominus<0$　C. $\Delta H^\ominus<\Delta S^\ominus$　D. $\Delta H-T\Delta S<0$

(8)任何化学反应在等压或等容条件下，无论是一步完成，还是分成几步完成，该反应的热效应总是相同的，这一规律称为(　　)。

A. 朗伯-比尔定律　B. 热力学第二定律　C. 赫斯定律　D. 阿仑尼乌斯定律

(9)达到化学反应平衡的条件是(　　)。

A. 反向反应停止　B. 反应物与产物浓度相等

C. 反应停止产生热　D. 逆向反应速率等于正向反应速率

(10)能改变可逆反应 $A+B=C+D$ 的标准平衡常数的是(　　)。

A. 改变系统的总压力　B. 加入催化剂　C. 改变A、B、C、D的浓度

D. 升高或降低温度

(11)下述平衡反应中，如反应物和生成物都是气体，增加压力时，不受影响的反应是(　　)。

A. $N_2+3H_2=2NH_3$　B. $2CO+O_2=2CO_2$

C. $2H_2+O_2=2H_2O$　D. $N_2+O_2=2NO$

(12)已知反应 $H_2(g)+S(s)=H_2S(g)$ 和 $S(s)+O_2(g)=SO_2(g)$ 的平衡常数分别为 $K_1^\ominus$ 和 $K_2^\ominus$，则

反应 $H_2(g)+SO_2(g)$ ═══ $O_2(g)+H_2S(g)$ 的平衡常数为（　　）。

A. $K_1^{\ominus}-K_2^{\ominus}$　　B. $K_1^{\ominus}K_2^{\ominus}$　　C. $\frac{K_1^{\ominus}}{K_2^{\ominus}}$　　D. $\frac{K_2^{\ominus}}{K_1^{\ominus}}$

(13)将 NH_4Cl 固体置于抽空的密闭容器中，加热到 324℃时发生 $NH_4Cl(s)$ ═══ $NH_3(g)+HCl(g)$，达到平衡时系统的总压力为 100kPa，该反应在 324℃时的标准平衡常数 $K^{\ominus}$ 为（　　）。

A. 100　　B. 2500　　C. 1　　D. 0.25　　E. 50

(14)已知 $\Delta_f H_m^{\ominus}(NO)=91.3kJ\cdot mol^{-1}$，则 $NO(g) \longrightarrow \frac{1}{2}N_2(g)+\frac{1}{2}O_2(g)$ 的 $\Delta_r H_m^{\ominus}$ 为（　　）。

A. $45.65kJ\cdot mol^{-1}$　　B. $-45.65kJ\cdot mol^{-1}$　　C. $91.3kJ\cdot mol^{-1}$　　D. $-91.3kJ\cdot mol^{-1}$

2. 已知 298.15K 和标准压力下，环丙烷（C_3H_6, g）、石墨及氢气（g）的 $\Delta_c H_m^{\ominus}$ 为 $-2029kJ\cdot mol^{-1}$，$-393.5kJ\cdot mol^{-1}$ 及 $-285.9kJ\cdot mol^{-1}$，求环丙烷的 $\Delta_f H_m^{\ominus}$。

3. 在 298.15K，标准状态下，1molH_2 完全燃烧生成水，放热 285.84kJ。此反应可分别表示为：

(A) $H_2(g)+\frac{1}{2}O_2(g)$ ═══ $H_2O(l)$；　　(B) $2H_2(g)+O_2(g)$ ═══ $2H_2O(l)$

若过程（A）中有 1mol H_2 燃烧，过程（B）中有 10mol H_2 燃烧，两过程的 $\Delta H^{\ominus}(A)$ 和 $\Delta H^{\ominus}(B)$ 为多少？

4. 萘燃烧的化学反应方程式为：$C_{10}H_8(s)+12O_2(g)$ ═══ $10CO_2(g)+4H_2O(l)$。则 298.15K 时，Q_p 和 Q_V 的差值为多少($kJ\cdot mol^{-1}$)？

5. 已知反应 $CaCO_3(s)$ ═══ $CaO(s)+CO_2(g)$ 的 $\Delta_r H_{m,298}^{\ominus}=178.3kJ\cdot mol^{-1}$，$\Delta_r S_{m,298}^{\ominus}=160.4J\cdot K^{-1}mol^{-1}$，求反应在 298.15K 及 1200K 时的 $\Delta_r G_m^{\ominus}$ 及反应进行的最低温度。

6. 已知：$\Delta_f H^{\ominus}[(NH_4)_2Cr_2O_7]=-1807.49kJ\cdot mol^{-1}$；$\Delta_f H^{\ominus}(Cr_2O_3)=-1129.68kJ\cdot mol^{-1}$；$\Delta_f H^{\ominus}(H_2O)=-97.49kJ\cdot mol^{-1}$，求下列反应的热效应。

$$(NH_4)_2Cr_2O_7(s) \text{═══} N_2(g)+Cr_2O_3(g)+4H_2O(l)$$

7. 讨论下列反应：$2Cl_2(g)+2H_2O(g)$ ═══ $4HCl(g)+O_2(g)$　　$\Delta_r H_m>0$。

将 Cl_2、$H_2O(g)$、HCl、O_2 四种气体混合，反应达到平衡时，下列左面的操作条件改变对反应达到平衡有何影响(温度不变)：

① 增大容器体积；②减小容器体积；③加 O_2；④加催化剂。

第3章
定量分析化学导论

学习要求

① 了解分析化学的任务和作用，了解定量分析方法的分类；
② 掌握分析结果有限实验数据的处理方法；
③ 理解有效数字的意义，掌握其运算规则；
④ 了解定量分析误差的产生原因及减小的方法，了解提高分析结果准确度的方法；
⑤ 了解定量分析过程和分析结果的表示方法。

分析化学是研究物质的化学组成、含量、结构及有关理论的一门科学，是化学学科的一个重要分支。作为化学的重要分支学科，它不仅对化学各学科的发展起了重要作用，而且具有极高的实用价值，对人类的物质文明做出了重要贡献。在地质普查、矿产勘探、冶金、化学工业、能源、农业、医药、临床化验、环境保护、商品检验、考古分析、法医刑侦鉴定等领域的应用十分广泛。

3.1 分析方法的分类

根据分析任务、对象、原理、目的和用途分类的不同，分析方法有许多种类。

(1) 按分析任务分类

根据分析任务的不同，分析方法可以分为定性分析、定量分析和结构分析。定性分析的主要任务是识别和鉴定物质由哪些元素、原子团、官能团或化合物组成，解决物质由什么组成的问题。定量分析的任务主要是测定物质中各组分的含量。结构分析的任务是研究物质的微观分子结构。

(2) 按分析对象分类

根据分析对象不同，分析方法可以分为无机分析和有机分析。无机分析的对象为无机物，研究物质是由何种元素组成以及各组分的含量，有时也分析各元素的存在状态等。有机分析的对象为有机物，不仅要考虑元素组成，还要研究其官能团和微观结构。

(3) 按分析方法的原理分类

分析方法按其测定原理和操作方法的不同可分为化学分析和仪器分析两大类。

① 化学分析　化学分析法是以化学反应为基础的分析方法，包括重量分析法和容量分

析法。重量分析法是通过化学反应及一系列操作步骤使试样中的待测组分转化为另一种化学组成恒定的化合物，再称量该化合物的质量，从而计算出待测组分的含量。容量分析法（也称滴定分析法）是将已知浓度的标准溶液，滴加到待测物质溶液中，使两者定量完成反应，根据用去的标准溶液的准确体积和浓度即可计算出待测组分的含量(分为四大滴定)。其特点：准确度高，适用于常量分析。

② 仪器分析　仪器分析法是以物质的物理或物理化学性质为基础建立起来的分析方法。

常用的仪器分析法又可分为光化学分析、电化学分析、色谱分析等。光化学分析包括吸光光度法、发射光谱法、原子吸收光谱法、荧光分析法、红外光谱法、紫外光谱法等。电化学分析包括电导分析、电位分析、电解分析、极谱分析等。色谱分析包括气相色谱法和高效液相色谱法。仪器分析法还包括热分析、质谱分析、核磁共振光谱、电子能谱、电子探针、扫描电子显微镜等。其特点：快、简单、灵敏度高，适用于微量分析(仪器分析化学中学习)。

(4) 按试样用量和被测组分含量分类

根据试样用量和被测组分含量的不同，分析方法分为常量分析、半微量分析、微量分析和超微量分析，见表 3-1。

表 3-1　各种分析方法的试样用量和被测组分的含量

分析方法	试样质量	试样体积	被测组分的含量
常量分析	>0.1g	>10mL	>1%
半微量分析	0.01～0.1g	1～10mL	0.01%～1%
微量分析	0.1～10mg	0.01～1mL	<0.01%
超微量分析	<0.1mg	<0.01mL	—

(5) 按分析目的和用途分类

按分析目的和用途不同，分析方法分为例行分析、标准分析和仲裁分析。

① 例行分析(常规分析或快速分析)　例行分析主要用于控制生产工艺过程中的关键部位，要求短时间内报出结果，一般允许误差较宽。特点：快。要求：速度要快，准确度可差些，多用于车间控制。

② 标准分析　标准分析主要用于测定原料、半成品、成品的化学组成。所得结果作为进行工艺计算、财务核算和评定产品质量等的依据，也用于校核或仲裁分析。特点：准确度要高。标准分析方法是由国家技术监督局或有关主管业务的部委审核、批准的，并作为“法律”公布实施。前者称为国家标准(代号 GB)，后者称为部颁标准。

例如：建材部颁标准(代号 JC)，化工部颁标准(代号 HG)，石油部颁标准(代号 SY)等。此外，也允许有地方或企业标准，但只在一定范围内有效。

标准分析不是永恒不变的，而是随着科学技术的发展，不断地进行修订的。新标准公布之后，旧标准即行废止。

③ 仲裁分析(裁判分析)　仲裁分析指在不同单位对分析结果有争议时，要求有关单位用指定的方法进行准确的分析，以判断原分析结果的可靠性。其特点：准确度高。

3.2　定量分析过程和分析结果的表示

3.2.1　定量分析过程

定量分析过程分为如下几个步骤。

(1) 试样的采取和制备

根据分析试样聚集态(气态、液态、固体)的不同，采用不同的取样方法。要求分析试样的组成必须能代表全部物料的平均组成，即试样应具有高度的代表性。否则分析结果再准确也是毫无意义的。

(2) 称量和试样的分解

在一般分析工作中，通常先要将试样分解，制成溶液。试样的分解工作是分析工作的重要步骤之一。

在分解试样时必须注意：试样分解必须完全，试样分解过程中待测组分不应挥发，不应引入被测组分和干扰物质。由于试样的性质不同，分解的方法也有所不同，方法有溶解和熔融两种。

(3) 干扰组分的掩蔽、分离和测定

首先根据测定的具体要求，明确分析目的和要求，确定测定组分、准确度以及要求完成的时间。再根据被测组分的性质选择合适的分析方法。之后再分析共存组分的影响，选择消除干扰的方法，或通过分离除去干扰组分之后，再进行测定。

(4) 分析结果的数据处理

利用分析测定的数据，计算样品中待测组分的含量。

3.2.2 定量分析结果的表示

(1) 待测组分的化学表示形式

① 以实际存在形式的含量表示　例如，测得试样中氮的含量以后，根据实际情况，以 NH_3、NO_3^-、N_2O_5、NO_2^- 或 N_2O_3 等形式的含量表示分析结果。

② 元素形式的含量表示　在金属材料和有机分析中，常以元素形式(如 Fe、Cu、Mo、W 和 C、H、O、N、S 等)的含量表示。

③ 氧化物形式的含量表示　例如在矿石分析中，各种元素的含量常以其氧化物形式(如 K_2O、Na_2O、CaO、MgO、Fe_2O_3、Al_2O_3、SO_3、P_2O_5 和 SiO_2 等)。

④ 以化合物形式的含量表示　例如 NaOH、$NaHCO_3$、Na_2CO_3 等。

⑤ 以所需要的组分的含量表示　工业生产中有时采用。例如，分析铁矿石的目的是寻找炼铁的原料，这时就以金属铁的含量来表示分析结果。

⑥ 以离子形式的含量表示　电解质溶液的分析结果，常以所存在离子的含量表示，如以 K^+、Na^+、Ca^{2+}、Mg^{2+}、SO_4^{2-}、Cl^- 等的含量表示。

(2) 待测组分含量的表示方法

① 固体试样——质量分数

$$\omega(B)=\frac{m(B)}{m(S)}$$

式中，$m(B)$为待测物质 B 的质量；$m(S)$为试样的质量，实际工作中通常使用百分号表示。

② 气体试样——体积分数

$$\varphi(\mathrm{B})=\frac{V(\mathrm{B})}{V}$$

式中，$V(\mathrm{B})$为待测物质B的体积；V为试样的体积。

③ 液体试样　常用物质的量浓度、质量摩尔浓度、质量分数、体积分数、摩尔分数和质量浓度表示。

a. 物质的量浓度　表示待测组分的物质的量除以试液的体积，常用单位 $\mathrm{mol \cdot L^{-1}}$。

b. 质量摩尔浓度　表示待测组分的物质的量除以试液的质量，常用单位 $\mathrm{mol \cdot kg^{-1}}$。

c. 质量分数　表示待测组分的质量除以试液的质量，量纲为1。

d. 体积分数　表示待测组分的体积除以试液的体积，量纲为1。

e. 摩尔分数　表示待测组分的物质的量除以试液的物质的量，量纲为1。

f. 质量浓度　表示单位体积中某种物质的质量，以 $\mathrm{g \cdot L^{-1}}$、$\mathrm{mg \cdot mL^{-1}}$、$\mathrm{\mu g \cdot mL^{-1}}$或$\mathrm{\mu g \cdot L^{-1}}$、$\mathrm{ng \cdot mL^{-1}}$和$\mathrm{pg \cdot mL^{-1}}$等表示。

3.3 定量分析误差

测量误差是客观存在的，也就是说在分析过程中会不可避免地产生误差。测量结果只能接近于真实值，而难以达到真实值。因此，定量分析中应该了解误差产生的原因和规律，以采取合理、有效措施减小误差，提高准确度；对分析结果进行合理、科学的分析，以提高分析结果的可靠程度，使之满足生产和科研等方面的要求是非常有必要的。

3.3.1 误差产生的原因及减免方法

根据误差性质的不同，误差分为系统误差、偶然误差和过失误差。

（1）系统误差产生的原因、特点及减免方法

系统误差产生的原因：分析过程中某种固定的原因。特性：单向性(符号不变，要么正，要么负)、重复出现、数值不变。

系统误差的分类：①方法误差——选择的分析方法不够完善引起的；②试剂误差——所用试剂或蒸馏水不纯，引入微量的待测组分或干扰物质而造成的；③仪器误差——仪器本身不够精确；④主观误差——操作人员主观因素造成。

减免方法：①方法误差——采用标准方法或对照实验。对照实验就是用已知含量的标准试样，按所选用的测定方法进行分析；②试剂误差——做空白实验。空白实验是指在不加试样的情况下，按照试样的分析方法进行分析，所得结果称空白值，从试样的分析结果中扣除空白值；③仪器误差——校准仪器；④操作及主观误差——对照实验。

（2）偶然误差产生的原因、特点及减免方法

偶然误差产生的原因：一些随机的难以控制的偶然因素。特性：①不恒定，无法校正；无确定的原因；无一定的大小和方向；不重复出现。②多次测定服从正态分布规律。大小相近的正误差和负误差出现的概率相等；小误差出现的频率较高，而大误差出现的概率较低，很大误差出现的概率近于零。

减免方法：增加平行测定的次数，取其平均值，可以减少随机误差，即：多次测定取平均值。

(3) 过失误差

过失误差由于工作粗枝大叶，不按操作规程办事等原因造成，主要是由测量者的疏忽所造成，例如，加错药品、读错刻度、计算错误等。数据处理时应剔除由于过失所引起的过失误差，也可以采用统计学的方法来判断可疑值是否由过失所造成。

3.3.2 误差的表示方法

(1) 准确度与误差

准确度是指分析结果与真实值的接近程度，它说明分析结果的可靠性。分析结果与真实值之间的差值越小，则分析结果的准确度越高。准确度的高低可以用误差来衡量。

误差是指分析结果(x)与真实值(μ)的差值。误差一般用绝对误差和相对误差来表示。

$$\text{绝对误差}(E)\text{：} E=x-\mu$$

$$\text{相对误差}(E_r)\text{：} E_r=\frac{E}{\mu}\times 100\%=\frac{x-\mu}{\mu}\times 100\%$$

说明：①用相对误差来比较各种情况下测定结果的准确度更为确切；②误差有正负之分。误差为正值，测定结果偏高；误差为负值，测定结果偏低。

例如，分析天平能称准至±0.0001g，如某物质量：(0.5180±0.0001)g，

$$\text{绝对误差}=\pm 0.0001\text{g}$$

$$\text{相对误差}=\frac{\pm 0.0001\text{g}}{0.5180\text{g}}\times 100\%=\pm 0.02\%$$

若某物质量：(0.518±0.001)g

$$\text{绝对误差}=\pm 0.001\text{g}$$

$$\text{相对误差}=\frac{\pm 0.001\text{g}}{0.518\text{g}}\times 100\%=\pm 0.2\%$$

(2) 精密度与偏差

精密度是指在相同条件下，几次平行测定(多次重复测定)结果相互接近程度。偏差是指个别测定值(x_i)与几次平行测定结果的平均值$\bar{x}$之间的差值。精密度的高低用偏差来衡量。

$$\text{绝对偏差}(d_i)=x_i-\bar{x}$$

$$\text{相对偏差}(d_r)=\frac{d_i}{\bar{x}}\times 100\%$$

① 平均偏差　平均偏差又称算术平均偏差，用来表示一组数据的精密度。

同一种样品在相同条件下重复测定几次，其结果：x_1、x_2、x_3、…、x_n

$$\bar{x}=\frac{x_1+x_2+\cdots+x_n}{n}=\frac{\sum_{i=1}^{n}x_i}{n}$$

$$d_1=x_1-\bar{x}\quad d_2=x_2-\bar{x}\cdots d_n=x_n-\bar{x}$$

平均偏差：单次测量结果偏差的绝对值的平均值。

$$n \text{ 有限次}: \bar{d}=\frac{|d_1|+|d_2|+|d_3|+\cdots+|d_n|}{n}=\frac{1}{n}\sum_{i=1}^{n}|x_i-\bar{x}|$$

$$\text{相对平均偏差} \quad d_{\bar{r}}=\frac{\bar{d}}{\bar{x}}\times 100\%$$

$$n\to\infty \quad \delta=\frac{\sum|x_i-\mu|}{n}$$

② 标准偏差(均方根偏差) $n\to\infty \quad \sigma=\sqrt{\frac{\sum(x_i-\mu)^2}{n}}$；$n$ 有限次 $S=\sqrt{\frac{\sum(x_i-\bar{x})^2}{n-1}}$

式中，x_i 为单次测定值；μ 为总体平均值；n 为测定次数。

相对标准偏差（变异系数）：RSD（或 ν）$=\frac{S}{\bar{x}}\times 100\%$

③ 平均值的标准偏差 $n\to\infty$：$\sigma_{\bar{x}}=\frac{\sigma}{\sqrt{n}}$；$n$ 有限次：$S_{\bar{x}}=\frac{S}{\sqrt{n}}$。

(3) 准确度和精密度的关系

精密度是保证准确度的先决条件，精密度高不一定准确度高，准确度高则一定要求精密度高，只有精密度和准确度都高的测定数据才是可信的。图 3-1 简单描述了准确度和精密度的关系。

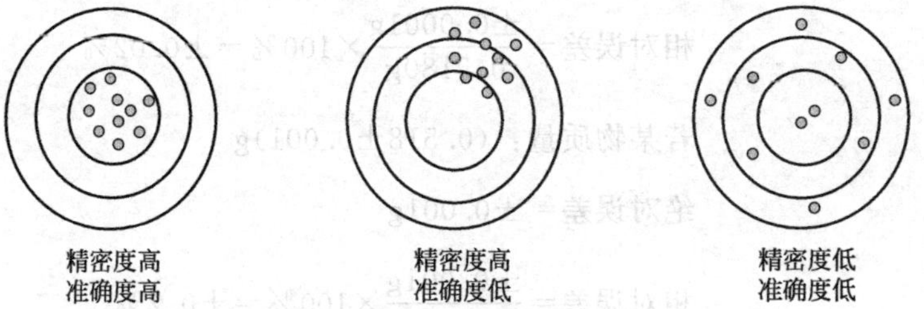

图 3-1 准确度和精密度的关系

有两组测定数据如下：

	d_1	d_2	d_3	d_4	d_5	d_6	d_7	d_8	d_9	d_{10}	$d_平$
甲组	0.1	0.4	0.0	−0.3	0.2	−0.2	−0.3	0.2	−0.4	0.3	0.24
乙组	−0.1	−0.2	0.9	0.0	0.1	0.1	0.0	0.1	−0.7	−0.2	0.24

问哪一组精密度好？

S(甲)$=0.29$

S(乙)$=0.40$

可见甲组数据精密度好。

3.4 有效数字及计算规则

在定量分析中，分析结果表达的不仅是待测组分的含量，还包含着测量的准确程度。因此在实验记录和分析结果的处理中，保留几位数字不是随意的，需要根据所用方法的准确度和仪器的精密度来决定，这就需要了解有效数字的问题。

例如：用重量法测定硅酸盐中 SiO_2 时，若称取试样质量为：0.4538g，经过一系列处理得 SiO_2 质量为 0.1374g，则硅酸盐中 SiO_2 质量分数。

$$\frac{0.1374\text{g}}{0.4538\text{g}}\times 100\% = 30.27765535\%$$

$$w(SiO_2) = 30.2777\%(\times)$$
$$= 30.28\%(\surd)$$

(1) 有效数字的意义及位数

有效数字是在测量和运算中得到的，具有实际意义的数值。有效数字＝各位确定数字＋最后一位可疑数字。所谓可疑数字，除另外说明外，一般可理解为该数字上有±1 单位的误差。

例如，用分析天平称量一坩埚的质量为 19.0546g，真实质量为(19.0546±0.0001)g，即在 19.0545～19.0547g，因为分析天平能准称至±0.0001g。

(2) 有效数字的运算规则

为了正确判别和写出测量数值的有效数字，首先必须明确以下几点。

① 实验过程测量值或计算值、数据的位数与测定的准确度有关。记录的数字不仅表示数量的大小，还要正确地反映测量的精确程度。

② 非零数字都是有效数字。

③ 数字零在数据中具有双重作用：

位于数值中间或后面的“0”均为有效数字。

如 1.008	10.98%	100.08	6.5004	0.5000
4 位	4 位	5 位	5 位	4 位

位于数值前的“0”不是有效数字，因为它仅起到定位作用。

如	0.0041	0.0562
	2 位	3 位

④ 改变单位不改变有效数字的位数，如 19.02mL 为 19.02×10^{-3}L。

⑤ 对于 pH、pK、lg$K$ 等对数值的有效位数，只由小数点后面的位数决定。整数部分是 10 的幂数，与有效位数无关。如 pH＝12.68 只有两位有效数字，即 $[H^+]=2.1\times 10^{-13}\text{mol}\cdot\text{L}^{-1}$。

⑥ 在许多计算中常涉及倍数、分数、各种常数，可视为无限多位有效数字，即足够有效。一般认为其值是准确数值。准确数值的有效位数是无限的，需要几位就算作几位。

(3) 数字的修约规则

定义：舍弃多余的数的过程叫作数字的修约。

方法：采用“四舍六入五留双，五后非零须进一”的原则进行修约。

例如：修约为两位有效数字

修约前	被修约的数	修约后
3.148	≤4 舍弃	3.1
7.396	≥6 进位	7.4

75.5	5 后无数字，进位后为偶数	76
74.5	5 后无数字，进位后为奇数	74
2.451	5 后有数字，进位	2.5
83.5009	5 后有数字，进位	84

（4）加减运算

原则：几个数据相加或相减时，它们的和或差的有效数字的保留，应以小数点后位数最少的数据为根据，即取决于绝对误差最大的那个数据。

例：$0.0121+25.64+1.057=26.7091$

	绝对误差
0.0122	0.0001
25.64	0.01
1.057	0.001

$0.0121+25.64+1.057=0.01+25.64+1.06=26.71$

（5）乘除运算

原则：几个数据的乘除运算中，所得结果的有效数字的位数取决于有效数字位数最少的那个数，即相对误差最大的那个数据。

例：$\dfrac{0.0325\times5.103}{139.8}=0.00119$

相对误差：

$$0.0325\pm\frac{0.0001}{0.0325}\times100\%=\pm0.3\%$$

$$5.103\pm\frac{0.01}{5.103}\times100\%=\pm0.02\%$$

$$139.8\pm\frac{0.1}{139.8}\times100\%=\pm0.07\%$$

（6）有效数字规则在化学中的应用

① 正确地记录测量数据　反映出测量仪器精度。

a. 体积　容量分析量器：滴定管（量出式）、移液管（量出式）、容量瓶（量入式），体积 ±(0.01～0.02)mL。

*5mL 以上滴定管应记到小数点后两位，即±0.01mL；滴定管读取的体积为 24mL 时，应记为 24.00mL。

*10mL 以上的容量瓶总体积可记到四位有效数字。如常用的 50.00mL、100.0mL、250.0mL。

*50mL 以下的无分度移液管，应记到小数点后两位。如 50.00mL、25.00mL、5.00mL 等。

*50mL 以上的量筒只能记到个位数；5mL、10mL 量筒则应记到小数点后一位。

b. 质量　分析天平（万分之一）称取样品，质量±0.0001g，如 0.5000g；托盘天平±0.1g，如 1.0g 试剂。

c. pH　精密酸度计，±0.001；普通酸度计，±0.01；pH 试纸±0.1。

d. 电位　±0.0001。

e. 吸光度　±0.001。

② 正确表示分析结果

含量	分析结果有效数字
高含量组分(>10%)	4 位
中等含量组分(1%～10%)	3 位
微量组分(<1%)	2 位
溶液中某组分的浓度	4 位

a. 若某一数据第一位有效数字等于或大于 8，则有效数字的位数可多算一位。如：9.98，按 4 位算。

b. 表示各种误差时，取一位有效数字已足够，最多取二位。

c. 计算中，原子量、分子量取 4 位有效数字。例：银的原子量 107.8682→107.9；铝的原子量：26.981539→26.98。

3.5 定量分析结果的数据处理

凡是测量都有误差，用数字表示的测量结果都具有不确定性，因此就需要对测定数据进行科学、合理的处理。数据处理的目的是通过对有限次测量数据合理的分析，对总体做出科学的论断，使人们能够判断出测量数据的准确度、精确度和可信度。

在分析化学中广泛应用的是用统计学方法来分析、处理数据，定量分析中的测量值一般服从(或近似服从)正态分布。

数理统计中的正态分布概率密度函数的数学表达式为：

$$y=\frac{1}{\sigma\sqrt{2\pi}}\exp\left[-\frac{(x-\mu)^2}{2\sigma^2}\right]$$

式中，y 为概率密度；x 为测量值；μ 为总体平均值，σ 为总体标准偏差。

特别地，当 $\mu=0$，$\sigma=1$ 时，称为标准正态分布，令 $u=\frac{x-\mu}{\sigma}$，则 u 服从标准正态分布(以 y 对 u 作图,见图 3-2)。

$\frac{\bar{x}-\mu}{\sigma/\sqrt{n}}$也服从标准正态分布，但是实际定量分析中，测定次数不可能达到理论中的无限次测量，以至于无法得到准确的 σ^2 值，只好用样本方差 S^2 来代替 σ^2，此时，$t=\frac{\bar{x}-\mu}{S/\sqrt{n}}$服从 t 分布(见图 3-3)，其中 f 为自由度(独立变量数，$f=n-1$)。

总体均值无限接近真值，但是实验次数是有限的，能否用有限次的测量结果得到总体均值，以获得真值？由于随机误差的存在，有限的测定次数很难给出总体均值的某一具体值，因此，在数理统计中常用的方法是给出一个较小的区间，使得总体均值能够落在这一区间内。下面就探索找到这样一个区间。

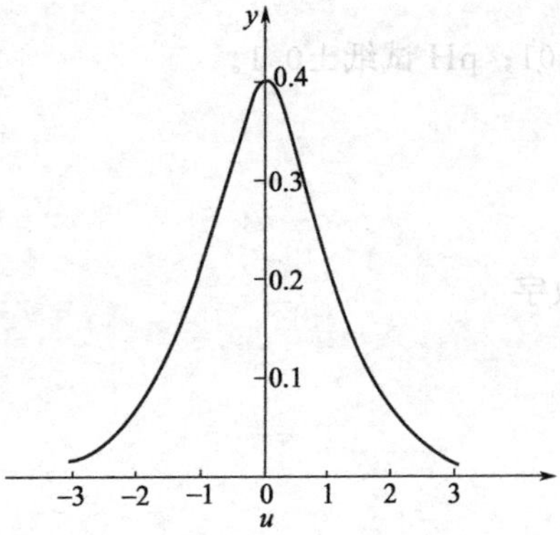

图 3-2　标准正态分布曲线

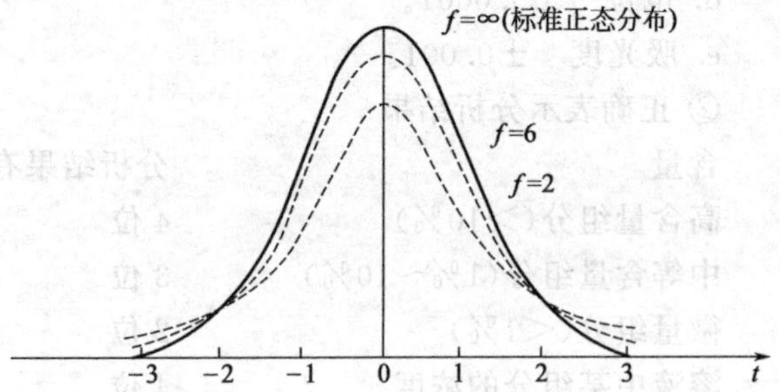

图 3-3　t 分布曲线

（1）总体均值的置信区间与置信度

置信区间是以测定结果为中心(如图 3-4 所示)，包括总体平均值在内的可信范围，实际测量过程中允许的绝对误差的上下限区间 $[-E, E]$；置信水平(置信度 P)是真值落在置信区间内的概率。

测量值出现的区间	真值出现的区间	概率
$x=\mu\pm1\sigma$	$\mu=x\pm1\sigma$	68.26％
$x=\mu\pm2\sigma$	$\mu=x\pm2\sigma$	95.44％
$x=\mu\pm3\sigma$	$\mu=x\pm3\sigma$	99.73％

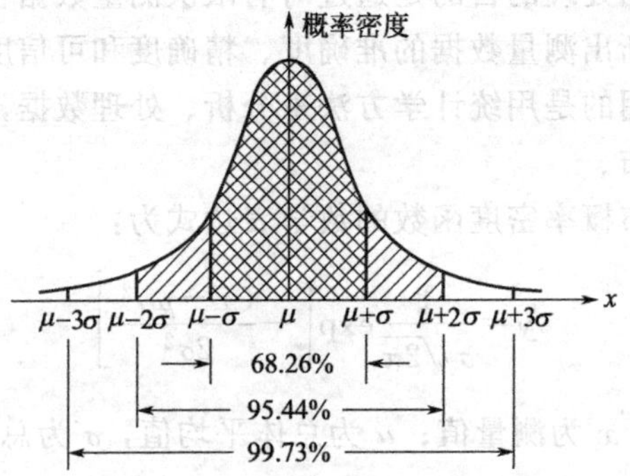

图 3-4　测量值的正态分布曲线

若以样本均值来估计总体均值，则其区间为

$$\left[\overline{x}-\frac{u\sigma}{\sqrt{n}},\overline{x}+\frac{u\sigma}{\sqrt{n}}\right]$$

某个参数的真实值以一定概率落在测量结果附近的某一区间，这一区间称为置信区间；这一概率称为置信度(置信水平 P)。例如，某物体质量的真实值是 10.0g，由于随机误差，实际称量过程中称量值有 95％的可能性在(10＋0.1)g 和(10－0.1)g 之间，该区间就叫置信度为 95％的置信区间。

例如：$\mu=x\pm1.64\sigma$　$P=90\%$

也可以说，置信区间是在一定置信度下，以测定值为中心的包括总体平均值(真值)在内的可靠性范围。

n：有限次测定 $\mu=\bar{x}\pm\frac{tS}{\sqrt{n}}$

式中，t 为选定的某一置信度下的概率系数(表 3-2)；S 为有限次测定的标准偏差。

表 3-2 t 值表

测定次数	置信度		
	90%	95%	99%
2	6.314	12.706	63.657
3	2.920	4.303	9.925
4	2.353	3.182	5.841
5	2.132	2.776	4.604
6	2.015	2.571	4.032
7	1.943	2.447	3.707
8	1.895	2.365	3.500
9	1.860	2.306	3.355
10	1.833	2.262	3.250
11	1.812	2.228	3.169
21	1.725	2.086	2.846
∞	1.645	1.960	2.576

由表 3-2 可以看出：n 一定，t 随 P 的增大而增大；P 一定，t 随 n 的增大而减小。

例题 3-1 测定 SiO_2 的百分含量，得到下列数据：28.62、28.59、28.51、28.48、28.52 和 28.63。求：平均值、标准偏差、置信度分别为 90% 和 95% 时平均值的置信区间。

解：

$$\bar{x}=\frac{28.62+28.59+28.51+28.48+28.52+28.63}{6}=28.56$$

$$S=\sqrt{\frac{0.06^2+0.03^2+0.05^2+0.08^2+0.04^2+0.07^2}{6-1}}=0.06$$

查表，$P=90\%$，$n=6$ 时，$t=2.015$

$$\mu=\bar{x}\pm\frac{tS}{\sqrt{n}}=28.56\pm\frac{2.015\times0.06}{\sqrt{6}}=28.56\pm0.05$$

同理，对于 $P=95\%$，$\mu=28.56\pm\frac{2.571\times0.06}{\sqrt{6}}=28.56\pm0.07$

计算说明：若平均值的置信区间取 28.56±0.05，那么真值在其中出现的概率为 90%；而若使真值出现的概率提高为 95%，则其平均值的置信区间将扩大为：28.56±0.07。

(2) 可疑值的取舍

① $4\bar{d}$ 法 求出除可疑值外的其余数据的平均值和平均偏差；$|x-\bar{x}|\geqslant4\bar{d}$，则将可疑值舍去，否则保留。

例题 3-2 测定某药物中钴的含量($\mu g\cdot g^{-1}$)，得结果(单位为 $\mu g\cdot g^{-1}$)如下：1.25、1.27、1.31、1.40。试问 1.40 这个数据是否应保留？

解：$\bar{x}=1.28$； $\bar{d}=0.023$

可疑值与平均值的差的绝对值为：$|1.40-1.28|=0.12>4\bar{d}(0.092)$

故 1.40 这一数据应舍去。

② Q 检验法　数据从小至大排列 x_1、x_2、…、x_n；求极差 x_n-x_1；确定检验端：比较可疑数据与相邻数据之差 x_n-x_{n-1} 与 x_2-x_1，先检验差值大的一端；计算：

$Q_{计}=\frac{|x(可疑)-x(相邻)|}{x(最大)-x(最小)}$；根据测定次数和要求的置信度(如 90%)查表 3-3，Q(计)$>Q$(表)，舍弃该数据；Q(计)$\leqslant Q$(表)，保留该数据。

表 3-3　Q 值表

测定次数 n	$Q_{0.90}$	$Q_{0.95}$	$Q_{0.99}$
3	0.94	0.98	0.99
4	0.76	0.85	0.93
5	0.64	0.73	0.82
6	0.56	0.64	0.74
7	0.51	0.59	0.68
8	0.47	0.54	0.63
9	0.44	0.51	0.60
10	0.41	0.48	0.57

例题 3-3　某研究人员用一种标准方法分析明矾中铝的含量，前三次的分析结果(%)分别为 10.74、10.76、10.79，用 Q 检验法确定不得舍弃的第四次分析结果的界限是多少($P=90\%$)?

解：设不得舍弃的最大值和最小值分别为 x_4 和 x_1。

查表 3-3 得：$n=4$，$P=90\%$时，Q(基准)$=0.76$。

可疑值要保留，必须 Q(计算)$\leqslant Q$(基准)

$$Q_4=\frac{x_4-10.79}{x_4-10.74}<0.76\ 解得:x_4<10.95$$

$$Q_1=\frac{10.74-x_1}{10.79-x_1}<0.76\ 解得:x_1>10.58$$

故不应舍弃的界限是：　　$10.58<x<10.95$

例题 3-4　测定某一热交换器水垢中的三氧化二铁百分含量，进行七次平行测定，经校正系统误差后，其数据为 79.58、79.45、79.47、79.50、79.62、79.38 和 79.80，用 Q 检验法取舍数据。

解：
$$Q=\frac{79.80-79.62}{79.80-79.38}=\frac{0.18}{0.42}=0.45$$

查表 3-3，$n=7$ 时，$Q(0.90)=0.51$，所以 79.80 应保留；同理，$n=7$ 时，$Q(0.95)=0.59$，所以 79.80 应保留。

3.6 滴定分析法概述

3.6.1 滴定分析法

(1) 滴定分析的基本概念

① 滴定分析法　将一种已知准确浓度的试剂溶液，滴加到被测物质的溶液中，直到加入的试剂与被测组分按反应式的化学计量关系恰好反应完全。然后根据所用试剂溶液的浓度

和所消耗的体积，计算出被测组分的含量。

② 滴定液　准确滴加到被测溶液中的标准溶液，在滴定分析中，称为滴定液。其中的物质称为滴定剂。

③ 滴定　将滴定剂从滴定管滴加到被测物质溶液中的过程称为滴定。在滴定过程中，当滴入的标准溶液的物质的量与待测定组分的物质的量恰好符合化学反应式所表示的化学计量关系时，称反应到达了化学计量点。滴定至指示剂颜色发生变化时，即停止滴定，这一点称为滴定终点。

不同点：化学计量点是根据化学反应的计量关系求得的理论值，而滴定终点是实际滴定时的测得值。

④ 滴定误差　滴定终点与化学计量点的不完全一致而造成的误差。

(2) 特点

① 适用于常量组分的分析(含量>1%)。

② 准确 $E_r<0.2\%$。

③ 快速、实用。

④ 应用广泛。

3.6.2 滴定分析法的分类

(1) 对于滴定反应的要求

反应能定量地完成，即待测物与标准溶液之间的反应要严格按一定的反应式进行，无副反应发生，反应的程度要达到99.9%以上。

(2) 按化学反应类型分类

酸碱滴定法：质子转移(酸碱反应)。

配位滴定法：生成配合物(配位反应)。

氧化还原滴定法：电子转移(氧化还原反应)。

沉淀滴定法：生成沉淀(沉淀反应)。

(3) 按滴定方式分类(具体实例见后面对应章节中)

直接滴定法：被测物＋标准溶液⟶产物；例如：强酸滴定强碱。

返滴定法：被测物＋标准溶液(A,过量)⟶产物＋标准溶液(A,剩余)

↑标准溶液(B)

置换滴定法：对于某些不能直接滴定的物质，也可以使它先与另一种物质起反应，置换出一定量能被滴定的物质来，然后再用适当的滴定剂进行滴定。这种滴定方法称为置换滴定法。例如硫代硫酸钠不能用来直接滴定重铬酸钾和其他强氧化剂，这是因为在酸性溶液中氧化剂可将 $S_2O_3^{2-}$ 氧化为 $S_4O_6^{2-}$ 或 SO_4^{2-} 等混合物，没有一定的计量关系。但是，硫代硫酸钠却是一种很好的滴定碘的滴定剂。这样一来，如果在酸性重铬酸钾溶液中加入过量的碘化钾，用重铬酸钾置换出一定量的碘，然后用硫代硫酸钠标准溶液直接滴定碘，计量关系便非常好。实际工作中，就是用这种方法以重铬酸钾标定硫代硫酸钠标准溶液浓度的。

间接滴定法：通过另外的化学反应间接进行测定。

例如：高锰酸钾法测定钙就属于间接滴定法。由于 Ca^{2+} 在溶液中没有可变价态，所以不能直接用氧化还原法滴定。但若先将 Ca^{2+} 沉淀为 CaC_2O_4，过滤洗涤后用 H_2SO_4 溶解，再用 $KMnO_4$ 标准溶液滴定与 Ca^{2+} 结合的 $C_2O_4^{2-}$，便可间接测定钙的含量。

3.6.3 溶液的分类和浓度表示法

（1）溶液的分类

① 普通溶液　指由各种固体或液体试剂配制而成的溶液。如一般的酸、碱、盐溶液，指示剂溶液，洗涤剂溶液，缓冲溶液等。这类溶液对浓度的准确度要求不高。

② 标准溶液　已知准确浓度的用于分析的溶液。滴定分析中必须使用标准溶液，并通过标准溶液的浓度和用量，来计算被测物质的含量。其配制方法有直接配制法和间接配制法。

③ 基准溶液　由基准物质制备或用多种方法标定过的溶液，用于标定其他溶液。

（2）溶液浓度的表示方法

① 普通溶液浓度的表示方法

a. 物质B的质量分数 w(B)　物质B的质量分数 w(B)是物质B的质量与混合物的质量之比。凡是以质量比表示的组分在混合物中的含量，都属于质量分数 w(B)。如，硫酸的质量分数 $w(H_2SO_4)=0.96$ 或96%。

b. B的体积分数 φ(B)　物质B的体积分数 φ(B)是物质B的体积与混合物的体积之比。如 $\varphi(C_2H_5OH)=0.70$ 或70%。

c. 体积比 ψ(B)　物质B的体积比，是指物质B的体积与溶剂体积之比，即 $\psi_B=V_B/V_A$。

稀硫酸溶液 $\psi(H_2SO_4)=1:4$、稀盐酸溶液 $\psi(HCl)=3:97$（其中的1和3是指市售浓酸的体积，4和97是指水的体积）。在国际标准（ISO）及国家标准（GB）中，常用 H_2SO_4（1+4）、HCl（3+97）表示上述溶液的组成。

d. B的质量浓度 ρ(B)　定义：物质B的质量除以混合物的体积。其SI单位为 $kg\cdot m^{-3}$，在分析化学中常用其分倍数 $g\cdot L^{-1}$ 或 $mg\cdot mL^{-1}$。示例：氢氧化钠溶液（$200g\cdot L^{-1}$）是指将200g氢氧化钠（NaOH）溶于少量水中，冷却后再加水稀释至1L，储存于塑料瓶中。又如氯化钡溶液（$100g\cdot L^{-1}$）、氟化钾溶液（$150g\cdot L^{-1}$）、酒石酸钾钠溶液（$100g\cdot L^{-1}$）、磺基水杨酸钠溶液（$100g\cdot L^{-1}$）。

e. B的物质的量浓度 c(B)　物质的量 n(B)是国际单位制（SI）中七个基本量之一。物质的量的单位是摩尔（mol）。

质量 m 除以物质的量 n(B)，称为摩尔质量 M(B)，即 $M(B)=m/n(B)$，SI单位为 $kg\cdot mol^{-1}$，常用 $g\cdot mol^{-1}$，M(B)为所选用的基本单元的分子量 M_r 及原子量 A_r。

单位体积溶液中所含B物质的物质的量 n_B 除以混合溶液的体积，即 c(B)，$c(B)=\frac{n_B}{V}$，单位为 $mol\cdot L^{-1}$。

② 标准溶液浓度的表示方法　物质的量浓度：$c(B)=\frac{n_B}{V}$，c(B)单位：$mol\cdot L^{-1}$

滴定度：每毫升标准滴定溶液相当的被测组分的质量。表示方法：T（待测物/滴定剂），单位：$g\cdot mL^{-1}$

例：用 $0.027mol\cdot L^{-1}$ 的高锰酸钾标准溶液测定铁含量，其浓度用滴定度表示为：

$$T\left(\frac{Fe^{2+}}{KMnO_4}\right)=0.007590g\cdot mL^{-1}$$

即：1mL $KMnO_4$ 标准溶液相当于 0.007590g Fe^{2+}，根据滴定所消耗的标准溶液体积，可方便地确定试样中铁的含量：

$$m(Fe^{2+})=T\left(\frac{Fe^{2+}}{KMnO_4}\right)V(KMnO_4)$$

注意：标准溶液的浓度有效数字位数为 4 位。

(3) 标准溶液的配制与标定

标准溶液是指已知准确浓度的溶液，它是滴定分析中进行定量计算的依据之一。一般有直接法和间接法两种配制方法。能用于直接配制标准溶液的物质，称为基准物质或基准试剂，它是用来确定某一溶液准确浓度的标准物质，作为基准物质必须符合下列要求。

① 试剂必须具有足够高的纯度，一般要求其纯度在 99.9%以上，所含的杂质应不影响滴定反应的准确度；

② 物质的实际组成与它的化学式完全相符，若含有结晶水(如硼砂 $Na_2B_4O_7 \cdot 10H_2O$)，其结晶水的数目也应与化学式完全相符；

③ 试剂应该稳定，例如，不易吸收空气中的水分和二氧化碳，不易被空气氧化，加热干燥时不易分解等；

④ 试剂最好有较大的摩尔质量，这样可以减少称量误差。常用的基准物质有纯金属和某些纯化合物，如 Cu、Zn、Al、Fe 和 $K_2Cr_2O_7$、Na_2CO_3、MgO、$KBrO_3$ 等，它们的含量一般在 99.9%以上，甚至可达 99.99%。

a. 直接配制法　用分析天平准确地称取一定量的物质，溶于适量水后定量转入容量瓶中，稀释至标线，定容并摇匀。根据溶质的质量和容量瓶的体积计算该溶液的准确浓度。

例如：氯化钠、葡萄糖、$K_2Cr_2O_7$、$KBrO_3$ 等。很多仪器分析中用到的标准物质配制的标准溶液，如三聚氰胺、苯甲酸、维生素类，这些都是通过直接配制法制备相应的标准溶液。

b. 间接配制法(标定法)　需要用来配制标准溶液的许多试剂不能完全符合上述基准物质必备的条件。

例如：NaOH 极易吸收空气中的二氧化碳和水分，纯度不高；市售盐酸中 HCl 的准确含量难以确定，且易挥发；$KMnO_4$ 和 $Na_2S_2O_3$ 等均不易提纯，且见光分解，在空气中不稳定等。因此，这类试剂不能用直接法配制标准溶液，只能用间接法配制，即先配制成接近于所需浓度的溶液，然后用基准物质(或另一种物质的标准溶液)来测定其准确浓度。这种确定其准确浓度的操作称为标定。

在常量组分的测定中，标准溶液的浓度范围为 0.01～1 $mol \cdot L^{-1}$，通常根据待测组分含量的高低来选择标准溶液浓度的大小。

例如：配制 0.1$mol \cdot L^{-1}$ HCl 标准溶液，先用一定量的浓 HCl 加水稀释，配制成浓度约为 0.1$mol \cdot L^{-1}$的稀溶液，然后用该溶液滴定经准确称量的无水 Na_2CO_3 基准物质，直至两者定量反应完全，再根据滴定中消耗 HCl 溶液的体积和无水 Na_2CO_3 的质量，计算出 HCl 溶液的准确浓度。大多数无法通过直接配制的标准溶液的准确浓度是通过标定的方法确定的。

例如：$KMnO_4$ 标准溶液的配制与标定如下所述。

$KMnO_4$ 标准溶液的配制：

ⓐ 称取稍多于计算用量的 $KMnO_4$，溶解于一定体积蒸馏水中；

ⓑ 将溶液加热至沸，保持微沸约一小时，使还原性物质完全氧化；

ⓒ 用微孔玻璃漏斗过滤除去 $MnO(OH)_2$ 沉淀(滤纸有还原性，不能用滤纸过滤)；

ⓓ 将过滤后的 $KMnO_4$ 溶液储存于棕色瓶中，置于暗处以避免光对 $KMnO_4$ 的催化分解，若需用浓度较稀的 $KMnO_4$ 溶液，通常用蒸馏水临时稀释并立即标定使用，不宜长期储存。

$KMnO_4$ 标准溶液的标定：

可以用的基准物质有 $Na_2C_2O_4$、$H_2C_2O_4 \cdot 2H_2O$、As_2O_3 和 $(NH_4)_2SO_4 \cdot FeSO_4 \cdot 6H_2O$ 等。

如 $Na_2C_2O_4$ 标定 $KMnO_4$ 溶液的条件如下：

ⓐ 反应 $2MnO_4^- + 5C_2O_4^{2-} + 16H^+ \rightleftharpoons 2M_n^{2+} + 10CO_2 + 8H_2O$；

ⓑ 温度宜在 75～85℃，温度太低，反应太慢，而温度太高时 $H_2C_2O_4$ 易分解；

ⓒ 酸度宜在 $c(H^+) = 0.5 \sim 1mol \cdot L^{-1}$，太高 $H_2C_2O_4$ 易分解，太低易生成 MnO_2 沉淀；

ⓓ 由于 $KMnO_4$ 的滴定反应是一个靠其还原产物 Mn^{2+} 催化的自催化反应，所以开始滴定的速度不能太快；粉红色 30s 不褪即达终点。

计算量关系：

$$\frac{n(MnO_4^-)}{n(C_2O_4^{2-})} = \frac{2}{5} \quad n(MnO_4^-) = \frac{2}{5} n(Na_2C_2O_4)$$

3.6.4 滴定分析的计算

(1) 分析结果计算的依据

① 选取以参加反应的离子、分子或原子的化学式作为反应物的基本单元。

计算依据：当两反应物作用完全时，它们的物质的量之间的关系，恰好符合其化学反应式所表示的化学计量关系。

aA	+	bB ══	$cC + dD$
被测物		滴定剂	生成物
a		b	
$n(A)$		$n(B)$	

化学计量点时，a mol 的 A 恰好与 b mol 的 B 完全作用，

则有：$n(A) : n(B) = a : b$

$$c(A)V(A) = \frac{a}{b} c(B)V(B)$$

$$\frac{m(A)}{M(A)} = \frac{a}{b} c(B)V(B)$$

待测组分含量计算 $w(A) = \dfrac{m(A)}{m(s)}$ $\quad w(A) = \dfrac{\frac{a}{b} c(B)V(B)M(A)}{m(s)}$

式中，$V(B)$ 单位采用 L；$w(A)$ 为质量分数；$m(s)$ 为试样质量。

② 选取分子、离子的某种特定组合作为反应物的基本单元。

计算依据：达到化学计量点时，被测物的物质的量与标准溶液的物质的量相等。

(2) 计算示例

例题 3-5 当用无水碳酸钠为基准标定 HCl 溶液时，欲使滴定时用去 $0.1mol \cdot L^{-1}$ HCl 溶液 20～40mL，问应称取 Na_2CO_3 多少克？$M=105.99g \cdot mol^{-1}$。

解：
$$Na_2CO_3+2HCl \xlongequal{} 2NaCl+H_2O+CO_2$$

化学计量点：
$$\frac{1}{2}n(HCl)=n(Na_2CO_3)$$

$$m(Na_2CO_3)=n(Na_2CO_3)M(Na_2CO_3)=\frac{1}{2}n(HCl)M(Na_2CO_3)$$
$$=\frac{1}{2}c(HCl)V(HCl)M(Na_2CO_3)$$

$V(HCl)=20mL$ 时

$$m=\frac{1}{2}\times 0.1mol \cdot L^{-1}\times 20mL\times 105.99g \cdot mol^{-1}\times 10^{-3}L \cdot mL^{-1}=0.11g$$

$V(HCl)=40mL$ 时，$m(Na_2CO_3)=0.22g$

试样量称量范围为 0.11～0.22g。

例题 3-6 称取 0.5000g 石灰石试样，准确加入 50.00mL $0.2084mol \cdot L^{-1}$ 的 HCl 标准溶液，并缓慢加热使 $CaCO_3$ 与 HCl 作用完全后，再以 $0.2108mol \cdot L^{-1}$ NaOH 标准溶液返滴定剩余的 HCl 溶液，结果消耗 NaOH 溶液 8.52mL，求试样中 $CaCO_3$ 的含量。

解：测定反应为
$$CaCO_3+2HCl \xlongequal{} CaCl_2+CO_2+H_2O$$
$$NaOH+HCl \xlongequal{} NaCl+H_2O$$
$$n(CaCO_3)=\frac{1}{2}n(HCl),$$
$$\frac{m(CaCO_3)}{M(CaCO_3)}=\left[\frac{1}{2}c(HCl)V(HCl)-\frac{1}{2}c(NaOH)V(NaOH)\right]\times 10^{-3}$$
$$w(CaCO_3)=\frac{m(CaCO_3)}{m(s)}$$

$CaCO_3$ 的含量：$\frac{1}{2}[c(HCl)V(HCl)-c(NaOH)V(NaOH)]\times 10^{-3}\times M(CaCO_3)/m(s)$

$=1/2\times(0.2084\times 50.00-0.2108\times 8.52)\times 10^{-3}\times 100.1\div 0.5000=86.32\%$

习题

1. 选择题

(1)常量组分分析时，试样质量一般为(　　)。

A. >10.0g　　B. >1.0g　　C. >0.1g　　D. >0.01g

(2)滴定分析中，一般利用指示剂颜色的突变来判断化学计量点的到达，在指示剂变色时停止滴定。这一点称为(　　)。

A. 化学计量点　　B. 滴定分析　　C. 滴定误差　　D. 滴定终点

(3)滴定分析中存在终点误差的原因是(　　)。

A. 指示剂不在化学计量点时变色　　B. 有副反应发生

C. 滴定管最后估读不准　　D. 反应速率过慢

(4)常用于标定盐酸的基准物质是(　　)。

A. 邻苯二甲酸氢钾　　B. 硼砂　　C. 二水合草酸　　D. 草酸钠

(5)标定 NaOH 通常使用的基准物质是(　　)。

A. HCl　　B. 邻苯二甲酸氢钾　　C. 硼砂　　D. 硝酸银

(6)下列物质中，可以直接用来标定 I_2 溶液的物质是(　　)。

A. As_2O_3　　B. 硼砂　　C. 邻苯二甲酸氢钾　　D. 淀粉 KI

(7)标定 $KMnO_4$ 溶液浓度时，应使用的基准物质是(　　)。

A. Na_2CO_3　　B. $Na_2S_2O_3$　　C. $Na_2C_2O_4$　　D. $K_2Cr_2O_7$

(8)以下基准物质使用前应选择的处理方法是(　　)。

① Na_2CO_3；　② $Na_2B_4O_7\cdot 10H_2O$；　③ $H_2C_2O_4\cdot 2H_2O$；　④ NaCl。

A. 500℃下灼烧　　B. 室温空气干燥　　C. 置于相对湿度 60%下　　D. 在约 300℃灼烧

(9)以下标准溶液可以用直接法配制的是(　　)。

A. $KMnO_4$　　B. NaOH　　C. As_2O_3　　D. $FeSO_4$

(10)硼砂作为基准物质用于标定盐酸溶液的浓度，若事先将其置于干燥器中保存，则对所标定的盐酸溶液浓度结果的影响是(　　)。

A. 偏高　　B. 偏低　　C. 无影响　　D. 不能确定

(11)$KMnO_4$ 溶液的浓度为 $0.02000\text{mol}\cdot\text{L}^{-1}$，则 $T\left(\frac{Fe}{KMnO_4}\right)$[已知 $M(Fe)=55.85\text{g}\cdot\text{mol}^{-1}$]的值为(　　)。

A. 0.001117　　B. 0.006936　　C. 0.005585　　D. 0.1000

2. 填空题

(1)按照分析手段的不同，分析化学分为______，化学分析法包括______，通常适用于测定______含量的组分。

(2)适合滴定分析的化学反应应该满足的条件是：①反应具有______，②反应完全程度大于______，③反应速率______和______。

(3)NaOH 标准溶液不能采用直接法配制的主要原因是____________。

(4)$T\left(\frac{Fe}{KMnO_4}\right)=0.005000\text{g}\cdot\text{mL}^{-1}$的含义是____________。

(5)$0.02000\text{mol}\cdot\text{L}^{-1}$ $K_2Cr_2O_7$ 溶液对 Fe 的滴定度是____________[$M(Fe)=55.85\text{g}\cdot\text{mol}^{-1}$]。

(6)若用 $0.2008\text{mol}\cdot\text{L}^{-1}$ 的 HCl 溶液测定 KOH 溶液，其滴定度是____________[$M(KOH)=56.11\text{g}\cdot\text{moL}^{-1}$]。

(7)用 $0.2015\text{mol}\cdot\text{L}^{-1}$ 的 HCl 溶液来测定 $Ca(OH)_2$ 溶液的滴定度是____________($M[Ca(OH)_2]=74.09\text{g}\cdot\text{moL}^{-1}$)。

(8)标定 $0.1\text{mol}\cdot\text{L}^{-1}$ NaOH 溶液，要使滴定的体积在 20～30mL，应称取邻苯二甲酸氢钾的质量为____________[$M(KHC_8H_4O_4)=204.22$]。

(9)对于大多数定量分析，应选用____________等级的试剂。

(10)万分之一的分析天平一般可称准至______mg。

(11)各级试剂所用标签的颜色为(填 A,B,C,D)

①优级纯______②分析纯______③化学纯______④实验试剂______

A. 红色　　　B. 黄色　　　C. 蓝色　　　D. 绿色

3. 简答题

(1)名词解释；基准物质；标准溶液；滴定度；返滴定法。

(2)基准物质必须具备哪些条件？

(3)简述定量分析的一般步骤。

第4章

电离平衡及酸碱滴定

学习要求

① 掌握酸碱质子理论；

② 掌握一元弱酸、弱碱的解离平衡和多元弱酸、弱碱的解离平衡；

③ 掌握一元弱酸、弱碱、多元弱酸、弱碱以及两性物的 pH 值计算；

④ 理解同离子效应和盐效应对平衡的影响，了解活度与浓度的区别和联系；

⑤ 了解缓冲溶液的作用原理和组成，掌握其 pH 的计算，并能配制一定 pH 的缓冲溶液；

⑥ 掌握酸碱滴定的基本原理；了解酸碱滴定法的实际应用。

无机化学反应大部分是在水溶液中进行的。参与这些反应的物质主要是酸、碱和盐，它们都是电解质，在水溶液中能电离出带电的离子。因此，酸、碱、盐之间的反应，实际上是离子反应。离子反应分为酸碱反应、沉淀反应、氧化-还原反应和配位反应四大类，本章着重学习酸碱反应。

*4.1 酸碱理论

大量的化学变化都属于酸碱反应。掌握酸碱反应的本质和规律，研究酸碱理论是化学研究的重要内容。人们对酸碱的认识，已有几百年的历史，经历了一个由浅入深、由低级到高级的认识过程。刚开始人们是根据物质的物理性质来分辨酸碱的。17 世纪后期，英国化学家波义耳第一次给予酸、碱明确的定义。酸碱的概念经过不断更新，逐渐完善。历史上的酸碱理论名目众多，各有其特点，又相互联系，相互补充，提高了人们对酸碱本质的认识。其中最有代表性的有：酸碱电离理论、酸碱溶剂理论、酸碱电子理论、酸碱质子理论与软硬酸碱理论。

(1) 酸碱电离理论

1884 年，阿仑尼乌斯总结大量事实，提出了关于酸碱的本质观点——酸碱电离理论(Arrhenius 酸碱理论)。该理论的要点：电解质在水溶液中能够电离。电离时产生的阳离子全部是 H^+ 的化合物叫作酸；电离时产生的阴离子全部是 OH^- 的化合物叫作碱。

如：$H_2SO_4 \rightleftharpoons 2H^+ + SO_4^{2-}$，$HNO_3 \rightleftharpoons H^+ + NO_3^-$，所以硫酸与硝酸都是酸；

又如：$NaOH \rightleftharpoons Na^+ + OH^-$，$Ca(OH)_2 \rightleftharpoons Ca^{2+} + 2OH^-$，所以氢氧化钠和氢氧化钙都是碱。

酸碱电离理论首次对酸碱赋予了科学的定义，这个理论使人们对酸碱的本质有了深刻的认识，是酸碱理论发展的重要里程碑。然而，酸碱电离理论也有其局限性：①它把酸碱仅限于水溶液中，不适用于非水溶液；②不能解释有的物质(如 NH_3)不含 OH^-，却具有碱性；有的物质(如 $AlCl_3$)不含 H^+，却具有酸性。这也说明酸碱电离理论尚不完善，需要进一步的补充和发展。

(2) 酸碱溶剂理论

富兰克林(Franklin)于 1905 年提出酸碱溶剂理论。酸碱溶剂理论对酸、碱的定义：凡是能够电离产生溶剂正离子的物质为酸；凡是能够电离产生溶剂负离子的物质为碱。酸碱反应：正离子与负离子结合生成溶剂分子的过程。例如：在水溶液中，水为溶剂，$H_2O \rightleftharpoons H^+ + OH^-$，因此，在水溶液中，凡是能够产生溶剂 H_2O 正离子 H^+ 的为酸，如 HCl；凡是能够产生溶剂 H_2O 负离子 OH^- 的为碱，如 NaOH。又如：液态氨，NH_3 为溶剂，氨自身电离为：

$$2NH_3 \rightleftharpoons NH_4^+ + NH_2^-$$

在液氨中，凡能离解出 NH_4^+ 的物质为酸，如，NH_4Cl 是酸；凡能离解出 NH_2^- 的物质为碱，如，$NaNH_2$ 是碱。

酸碱反应为：

$$NH_4^+ + NH_2^- \longrightarrow 2NH_3$$

酸碱溶剂理论扩展了酸碱电离理论，扩大了酸碱的范畴，可以在非水溶液中使用。但该理论只适用于溶剂能离解成正、负离子的系统；不适用于不能离解的溶剂及无溶剂体系。

(3) 酸碱电子理论

1923 年美国化学家吉尔伯特·牛顿·路易斯还提出了酸碱电子理论(Lewis 酸碱理论)。酸碱电子理论认为：凡能接受电子对的物质(分子、离子或原子团)都称为酸，如，Al^{3+}、Fe^{3+}、Na^+ 等各种金属阳离子；凡能给出电子对的物质(分子、离子或原子团)都称为碱，如 NH_3、Cl^-、OH^- 等。酸是电子对的受体，碱是电子对的给体，它们也称为路易斯酸(Lewis acid)和路易斯碱(Lewis base)。酸碱反应的实质是碱提供电子对与酸形成配位键，反应产物称为酸碱配合物。酸碱电子理论扩大了酸碱范围，可把酸、碱概念用于许多有机反应和无溶剂反应，这是它的优点。它的缺点：酸碱特征不明显，无法对酸碱的反应方向做出判断。

布朗斯特(J. N. Bronsted)和劳里(Lowry)于 1923 年提出了酸碱质子理论，酸碱质子理论扩大了酸碱的含义及酸碱反应的范围，摆脱了酸碱必须发生在水中的局限性，解决了非水溶液或气体间的酸碱反应，并把在水溶液中进行的解离、中和、水解等反应概括为一类反应，即质子传递式的酸碱反应。这也是本章重点学习的酸碱理论。当然，质子理论只限于质子的给出和接受，所以必须含有氢，不能解释不含氢的一类化合物的反应。

在前人工作的基础上，拉尔夫·皮尔逊于 1963 年又提出软硬酸碱理论(HSAB)，详细内容见本章的阅读材料。

4.2 酸碱质子理论

4.2.1 酸碱质子理论的基本概念

酸碱质子理论认为：凡是能够给出质子(H^+)的物质(包括分子和离子)都是酸；凡是能

够接受质子的物质都是碱。如 HCl、HAc、NH_4^+、HCO_3^-、H_2S、$H_2PO_4^-$ 都是酸，因为它们都能给出质子；Cl^-、CO_3^{2-}、NH_3、S^{2-}、PO_4^{3-} 都是碱，因为它们都能接受质子。酸碱质子理论中的酸碱不局限于分子，还可以是阴、阳离子。

根据酸碱质子理论，酸和碱不是孤立的。酸给出质子就变成碱，碱接受质子就变成酸。酸碱质子理论强调酸碱之间的相互依赖关系。

例：$HAc \rightleftharpoons H^+ + Ac^-$

酸　　　　碱

$NH_4^+ \rightleftharpoons H^+ + NH_3$

酸　　　　碱

这种对应情况叫作共轭关系，这样的只差一个质子的一对酸碱就叫共轭酸碱对。右边的碱是左边酸的共轭碱；左边的酸又是右边碱的共轭酸。酸越强，它的共轭碱就越弱；酸越弱，它的共轭碱就越强。

常见的共轭酸碱对有：H_2CO_3、HCO_3^-；NH_4^+、NH_3；CH_3COOH、CH_3COO^-；H_2S、HS^-；HPO_4^{2-}、$H_2PO_4^-$；$H_2PO_4^-$、H_3PO_4 等。

在电离过程中，即能给出质子，又能接受质子的物质，就叫作两性物质，例如：H_2O、$H_2PO_4^-$、HPO_4^{2-} 等。

4.2.2 酸碱反应

根据酸碱质子理论，酸碱反应可看作两个酸碱之间的质子传递。例如：

$$HCl + NH_3 \rightleftharpoons NH_4^+ + Cl^-$$

根据酸碱质子理论，电离作用就是水分子与分子酸碱的质子传递反应。在水溶液中，酸电离时放出质子给水，生成水合离子并产生共轭碱。如，

$$HAc + H_2O \rightleftharpoons H_3O^+ + Ac^-$$

酸 1　碱 2　　酸 2　　碱 1

氨和水反应时，水给出质子，氨接受质子生成它的共轭酸(铵根离子)。

$$NH_3 + H_2O \rightleftharpoons OH^- + NH_4^+$$

碱 1　酸 2　　碱 2　　酸 1

酸碱质子理论不仅扩大了酸和碱的范围，还可以把电离理论中的电离作用、中和作用、水解作用等，统统包括在酸碱反应的范围之内，都可看作两个酸碱之间的质子传递。并且溶液中的各物质失去质子的总数和得到质子的总数相等(即质子平衡)。

4.3 水的电离和溶液的 pH 值

4.3.1 水的电离

纯水具有微弱的导电性，说明水分子能够电离(也称解离)：$H_2O + H_2O \rightleftharpoons H_3O^+ + OH^-$，可简写为：$H_2O \rightleftharpoons H^+ + OH^-$。水的解离反应是一个平衡过程，其平衡常数可表

示为：$K_w=[H^+][OH^-]$，在常温下1L纯水仅有10^{-7}mol水分子电离，所以$K_w=[H^+][OH^-]=1.0\times10^{-14}$。$K_w$称为水的离子积常数，简称水的离子积。由于解离过程是一个吸热过程，所以解离的程度随温度的升高而增大，在常温下$K_w=1.0\times10^{-14}$。

4.3.2 溶液的pH值

在一般弱酸或弱碱水溶液中，由于水的解离平衡的存在，使得$[H^+]$和$[OH^-]$不是很大，用一般的溶液浓度表示法不是很方便，所以对$[H^+]$和$[OH^-]$比较小的溶液，其酸度和碱度采用pH$\{pH=-\lg[H^+]\}$或pOH $\{pOH=-\lg[OH^-]\}$来表示。$pH+pOH=pK_w$，在常温下，$pK_w=14.0$，故$pH+pOH=14.0$。pH适用于酸或碱溶液的浓度小于或等于$1mol\cdot L^{-1}$的溶液。

水溶液的酸碱性由溶液中$[H^+]$和$[OH^-]$的相对大小来决定。

$[H^+]>[OH^-]$	$pH<7$	酸性溶液
$[H^+]<[OH^-]$	$pH>7$	碱性溶液
$[H^+]=[OH^-]$	$pH=7$	中性溶液

4.3.3 强酸、强碱溶液的pH值

(1) 强酸溶液

一般认为强酸完全解离，酸的浓度即为$[H^+]$。例如：$10^{-1}mol\cdot L^{-1}$ HCl溶液，$[H^+]=10^{-1}mol\cdot L^{-1}$，pH=1.0，但是浓度为$10^{-8}mol\cdot L^{-1}$的HCl溶液呢？$[H^+]$是否等于$10^{-8}mol\cdot L^{-1}$，pH就等于8.0吗？当然是不正确了，因为纯水的pH=7.0，对于酸溶液即使浓度再稀也不会出现pH>7.0。那问题出在哪里？

下面以浓度为$c(HA)$一元强酸HA溶液为例，来分析、推导其溶液中$[H^+]$。

在HA溶液中存在下列两个平衡：

$$HA \rightleftharpoons H^+ + A^-$$

$$H_2O \rightleftharpoons H^+ + OH^-$$

因此，溶液中H^+来自HA解离产生的$[H^+]_{酸}$和H_2O解离产生的$[H^+]_{水}$，所以，

$$[H^+]=[H^+]_{水}+[H^+]_{酸}，而\ [H^+]_{水}=[OH^-]；[H^+]_{酸}=c(HA)$$

即：

$$[H^+]=[OH^-]+c(HA) \tag{4-1}$$

式(4-1)也是一元强酸水溶液的质子平衡式，即根据酸碱质子理论，任一酸、碱解离或反应达平衡时酸失去的质子数等于碱得到的质子数。这一原则称为质子平衡，其数学表达式称为质子条件式(或质子平衡式)。

当酸溶液浓度很大时，即$c(HA)\gg[OH^-]$，忽略水解，$[H^+]\approx c(HA)$。

当酸溶液浓度很小时，水解产生的$[H^+]$不能忽略。

$[OH^-]=\dfrac{K_w}{[H^+]}$，所以，$[H^+]=\dfrac{K_w}{[H^+]}+c(HA)$，即$[H^+]^2-c(HA)[H^+]-K_w=0$

解得：

$$[H^+]=\frac{c(HA)+\sqrt{c(HA)^2+4K_w}}{2} \tag{4-2}$$

式(4-2)就是一元强酸HA溶液$[H^+]$的精确计算式。

判据：$c(HA) < 1.0\times10^{-6}\,mol\cdot L^{-1}$时，用精确计算式；

$c(HA) \geq 1.0\times10^{-6}\,mol\cdot L^{-1}$时，用最简式$[H^+]=c(HA)$。

例题 4-1 计算 $3.0\times10^{-7}\,mol\cdot L^{-1}$ HCl 溶液的 pH。

解：因为$c(HCl) < 1.0\times10^{-6}\,mol\cdot L^{-1}$，所以$[H^+]=\dfrac{c(HCl)+\sqrt{c(HCl)^2+4K_w}}{2}$

$pH\approx-\lg[H^+]=6.48 < 7.0$，而不会出现 $pH > 7.0$ 的不合理现象了。

(2) 强碱溶液

pH 如何计算？作如上一元强酸类似的推导，可以得到浓度为$c(B)$的一元强碱溶液中$[OH^-]$的精确计算式：$[OH^-]=\dfrac{c(B)+\sqrt{c(B)^2+4K_w}}{2}$

4.4 弱电解质的电离平衡

弱酸、弱碱等弱电解质在水溶液中的电离过程是可逆的，存在着分子与水合离子间的电离平衡，下面通过实例加以讨论。

4.4.1 解离常数及一元弱酸、弱碱的电离

在一定温度下，弱电解质在水溶液中达到解离平衡时，解离所生成的各种离子浓度的乘积与溶液中未解离的分子的浓度之比是个常数，称为解离平衡常数，简称为解离常数(K_i)，也称电离常数，离解常数。弱酸的解离常数常用 K_a 表示，也简称酸常数；弱碱的解离常数常用 K_b 表示，也简称碱常数。

乙酸是一元弱酸，其电离过程如下：$HAc+H_2O \rightleftharpoons H_3O^+ + Ac^-$

在溶液中部分解离，达平衡后：

$$K_a(HAc)=\frac{[H_3O^+][Ac^-]}{[HAc]}=\frac{[H^+][Ac^-]}{[HAc]}$$

乙酸溶液总浓度为$c(HAc)$，从乙酸的电离平衡方程中，还会发现：

$$[HAc]+[Ac^-]=c(HAc),$$

如果令 $\delta(HAc)=\dfrac{[HAc]}{c(HAc)}$，$\delta(Ac^-)=\dfrac{[Ac^-]}{c(HAc)}$

则有：$\delta(HAc)+\delta(Ac^-)=1$

下面就对$\delta(HAc)$做进一步的推导，

$$\delta(HAc)=\frac{[HAc]}{c(HAc)}=\frac{[HAc]}{[HAc]+[Ac^-]} \tag{4-3}$$

将式(4-3)中分子分母同除以$[HAc]$，得：$\delta(HAc)=\dfrac{1}{1+\dfrac{[Ac^-]}{[HAc]}}$，又根据

$$K_a(HAc)=\frac{[H^+][Ac^-]}{[HAc]} \text{得到} \frac{[Ac^-]}{[HAc]}=\frac{K_a(HAc)}{[H^+]}$$

所以
$$\delta(HAc)=\frac{1}{1+\frac{K_a(HAc)}{[H^+]}}=\frac{[H^+]}{K_a(HAc)+[H^+]}$$

即：
$$\delta(HAc)=\frac{[H^+]}{K_a(HAc)+[H^+]} \tag{4-4}$$

做同样的推导，则有：

$$\delta(Ac^-)=\frac{[Ac^-]}{c(HAc)}=\frac{[Ac^-]}{[HAc]+[Ac^-]}=\frac{K_a(HAc)}{K_a(HAc)+[H^+]}$$

即：
$$\delta(Ac^-)=\frac{K_a(HAc)}{K_a(HAc)+[H^+]} \tag{4-5}$$

则还可得到：$[HAc]=c(HAc)\delta(HAc)$；$[Ac^-]=c(HAc)\delta(Ac^-)$

从上面推导的结果可以看出：在一定温度下，对于一元弱酸，只要 $[H^+]$ 确定了，则 $\delta(HAc)$和$\delta(Ac^-)$就是确定的；也可非常方便地计算 $[HAc]$ 和 $[Ac^-]$。其中$\delta(HAc)$又称为乙酸溶液中 HAc 的分布系数，$\delta(Ac^-)$为乙酸溶液中 Ac^- 的分布系数。

同样，总浓度为 $c(NH_3)$的一元弱碱氨水的电离过程是：

$$NH_3+H_2O \rightleftharpoons NH_4^+ + OH^-$$

平衡常数关系：
$$K_b(NH_3)=\frac{[NH_4^+][OH^-]}{[NH_3]}$$

对一元弱碱氨水做类似的推导计算，得到：

$$\delta(NH_3)=\frac{[NH_3]}{c(NH_3)}=\frac{[OH^-]}{K_b(NH_3)+[OH^-]}=\frac{K_a(NH_4^+)}{K_a(NH_4^+)+[H^+]}$$

$$\delta(NH_4^+)=\frac{[NH_4^+]}{c(NH_3)}=\frac{K_b(NH_3)}{K_b(NH_3)+[OH^-]}=\frac{[H^+]}{K_a(NH_4^+)+[H^+]}$$

即：
$$\delta(NH_4^+)=\frac{K_b(NH_3)}{K_b(NH_3)+[OH^-]}=\frac{[H^+]}{K_a(NH_4^+)+[H^+]} \tag{4-6}$$

$$\delta(NH_3)=\frac{[OH^-]}{K_b(NH_3)+[OH^-]}=\frac{K_a(NH_4^+)}{K_a(NH_4^+)+[H^+]} \tag{4-7}$$

在氨水溶液中：$[NH_3]=c(NH_3)\delta(NH_3)$， $[NH_4^+]=c(NH_3)\delta(NH_4^+)$，其中 $\delta(NH_3)$就称为一元弱碱氨水中 NH_3 的分布系数，$\delta(NH_4^+)$为氨水中 NH_4^+ 的分布系数。

按照酸碱质子理论，可以推导出一对共轭酸碱对的 $K_a(HB)$和 $K_b(B^-)$的关系。某弱酸 HB 的共轭碱是 B^-，因此：

$$HB \rightleftharpoons H^+ + B^- \quad K_a(HB)=\frac{[H^+][B^-]}{[HB]}$$

$$B^- + H_2O \rightleftharpoons HB + OH^-;K_b(B^-)=\frac{[HB][OH^-]}{[B^-]}$$

将两式相乘 $K_a(HB)K_b(B^-)=\frac{[H^+][B^-]}{[HB]}\times\frac{[HB][OH^-]}{[B^-]}$

$$=[H^+][OH^-]=K_w=1.0\times10^{-14}$$

K_a 和 K_b 是化学平衡常数的一种形式，其意义如下。

① 电离常数数值的大小，可以估计弱电解质电离的趋势。K 值越大，电离程度越大。

② 电离常数与弱酸、弱碱的浓度无关。同一温度下，无论弱电解质浓度如何变化，电离常数是不会改变的。

③ 电离常数随温度而变化，但由于电离过程热效应较小(电离为吸热过程)，温度改变对电离常数影响不大，其数量级一般不变，所以室温范围内可忽略温度对电离常数的影响。

4.4.2 电离度

为了定量地表示电解质在溶液中电离程度的大小，引入电离度的概念。电离度 α 是电离平衡时弱电解质的电离百分数：

$$\alpha=\frac{\text{已电离的分子数}}{\text{电离前的分子总数}}\times100\%$$

电离常数和电离度都能反映弱电解质的电离程度，它们之间有什么区别和联系呢？电离常数是平衡常数的一种形式，它不随电解质浓度的变化而变化；电离度是转化率的一种形式，它表示弱电解质在一定条件下的电离百分数，在电离常数允许条件下可随弱电解质的浓度而变化。

弱电解质的电离度 α 与电离常数的定量关系：$\alpha\approx\sqrt{\frac{K_i}{c}}$

上式表明：在一定温度下，弱电解质的电离度 α 与电离常数的平方根成正比，与溶液浓度的平方根成反比，即浓度越稀，电离度越大。这个关系称为稀释定律。

4.4.3 电离常数的应用

对于弱酸、弱碱的水溶液，人们最关心其酸强度(H^+ 浓度)和碱强度(OH^- 浓度)。知道电离常数，便可计算弱酸、弱碱的水溶液的 H^+ 浓度、OH^- 浓度和 pH 值。

(1) 一元弱酸溶液 pH 值的计算

以一元弱酸 HA 溶液为例，总浓度为 $c(HA)$。

在 HA 溶液中存在下列两个平衡：

$$HA \rightleftharpoons H^+ + A^- \quad K_a(HA)=\frac{[H^+][A^-]}{[HA]}$$

$$H_2O \rightleftharpoons H^+ + OH^- \quad [H^+][OH^-]=K_w$$

溶液中$[H^+]$来自 HA 解离出的氢离子$[H^+]_{HA}$和 H_2O 解离出的氢离子$[H^+]_{水}$，

因此，　　$[H^+]=[H^+]_{水}+[H^+]_{HA}$，

而　　$[H^+]_{水}=[OH^-]$,$[H^+]_{HA}=[A^-]$

则　　$[H^+]=[OH^-]+[A^-]$　　(4-8)

式(4-8)也是一元弱酸水溶液的质子平衡式。

又因为$[H^+]_{水}=[OH^-]=\frac{K_w}{[H^+]}$；$[H^+]_{HA}=[A^-]=\frac{K_a(HA)[HA]}{[H^+]}$

所以：溶液中　　$[H^+]=\frac{K_a(HA)[HA]}{[H^+]}+\frac{K_w}{[H^+]}$

即　　$[H^+]^2=K_a(HA)[HA]+K_w$

$$[H^+]=\sqrt{K_a(HA)[HA]+K_w} \quad (4\text{-}9)$$

由 $K_a(HA)=\frac{[H^+][A^-]}{[HA]}$，得：$\frac{K_a(HA)}{[H^+]}=\frac{[A^-]}{[HA]}$　又 $c(HA)=[A^-]+[HA]$ 得：

$$[HA]=c(HA)\frac{[H^+]}{K_a(HA)+[H^+]}$$

代入式(4-9)中得：

$$[H^+]^3+K_a(HA)[H^+]^2-[K_a(HA)c(HA)+K_w][H^+]-K_a(HA)K_w=0 \quad (4\text{-}10)$$

由式(4-10)解得的$[H^+]$就是一元弱酸溶液中$[H^+]$的精确解。

为了计算方便，把 $[H^+]=\sqrt{K_a(HA)[HA]+K_w}$进行简化处理。

① $K_a(HA)[HA]\geqslant 20K_w$时，$K_w$可忽略，即水的离解可以忽略；

得到：　　$[H^+]^2=K_a(HA)[HA]$　　(4-11)

根据 $HA \rightleftharpoons H^+ + A^-$，得：$[HA]=c(HA)-[A^-]\approx c(HA)-[H^+]$，

代入式(4-11)中得：$[H^+]^2=K_a(HA)(c(HA)-[H^+])$

移项整理得：$[H^+]^2+K_a(HA)[H^+]-c(HA)K_a(HA)=0$

得：　　$c(HA)K_a(HA)\geqslant 20K_w$时(即忽略水的离解)的$[H^+]$，

$$[H^+]=\frac{-K_a(HA)+\sqrt{K_a^2(HA)+4K_a(HA)c(HA)}}{2}$$　　近似式①

② $c(HA)K_a(HA)\geqslant 20K_w$时，$[H^+]^2=K_a(HA)[HA]$；

当　　$\frac{c(HA)}{K_a(HA)}\geqslant 500$，即$\alpha<5\%$，$[HA]=c(HA)-[A]\approx c(HA)$

则　　$[H^+]^2=K_a(HA)c(HA)$，$[H^+]=\sqrt{K_a(HA)c(HA)}$

判据：　　$c(HA)K_a(HA)\geqslant 20K_w$，且$\frac{c(HA)}{K_a(HA)}\geqslant 500$，

$$[H^+]=\sqrt{K_a(HA)c(HA)}$$　　近似式②

③ 对于极稀或极弱的酸，水的解离不能忽略，但由于极稀或极弱的酸，其离解度很小，可认为酸的离解对$[HA]$影响忽略不计。

即：$c(\mathrm{HA})K_a(\mathrm{HA})<20K_w$ 时，水的离解不能忽略，但$\dfrac{c(\mathrm{HA})}{K_a(\mathrm{HA})}\geqslant 500$ 则：

由 $[\mathrm{H^+}]=\sqrt{K_a(\mathrm{HA})[\mathrm{HA}]+K_w}$ 得到：$[\mathrm{H^+}]=\sqrt{K_a(\mathrm{HA})c(\mathrm{HA})+K_w}$

近似式③

一元弱酸 HA 溶液酸度计算公式总结如表 4-1 所示。

表 4-1　一元弱酸 HA 溶液酸度计算公式

判据	公式	忽略
$c(\mathrm{HA})K_a(\mathrm{HA})\geqslant 20K_w$，$\dfrac{c(\mathrm{HA})}{K_a(\mathrm{HA})}\geqslant 500$	$[\mathrm{H^+}]=\sqrt{K_a(\mathrm{HA})c(\mathrm{HA})}$	忽略水的解离，忽略酸的离解对［HA］影响
$c(\mathrm{HA})K_a(\mathrm{HA})\geqslant 20K_w$，$\dfrac{c(\mathrm{HA})}{K_a(\mathrm{HA})}<500$	$[\mathrm{H^+}]=\dfrac{-K_a(\mathrm{HA})+\sqrt{K_a^2(\mathrm{HA})+4K_a(\mathrm{HA})c(\mathrm{HA})}}{2}$	忽略水的解离，不忽略酸的离解对［HA］影响
$c(\mathrm{HA})K_a(\mathrm{HA})<20K_w$，$\dfrac{c(\mathrm{HA})}{K_a(\mathrm{HA})}\geqslant 500$	$[\mathrm{H^+}]=\sqrt{K_a(\mathrm{HA})c(\mathrm{HA})+K_w}$	水的解离不能忽略，忽略酸的离解对［HA］影响

例题 4-2　298.15K 时，HAc 的电离常数为 1.76×10^{-5}。计算 $0.10\mathrm{mol\cdot L^{-1}}$ HAc 的电离度和$[\mathrm{H^+}]$。

解：(1)电离度　$\alpha=\sqrt{\dfrac{K_a(\mathrm{HAc})}{c(\mathrm{HAc})}}=\sqrt{\dfrac{1.76\times10^{-5}}{0.10}}=1.33\%$

(2)求 $\mathrm{H^+}$ 浓度，

因为，$c(\mathrm{HAc})K_a(\mathrm{HAc})=0.1\times1.76\times10^{-5}>20K_w$，

且　$\dfrac{c(\mathrm{HAc})}{K_a(\mathrm{HAc})}=\dfrac{0.1}{1.76\times10^{-5}}=5.6\times10^3>500$

故采用最简式计算：

$$[\mathrm{H^+}]=\sqrt{K_a(\mathrm{HAc})c(\mathrm{HAc})}=\sqrt{1.76\times10^{-5}\times0.10}=1.3\times10^{-3}\mathrm{mol\cdot L^{-1}}$$

(2) 一元弱碱溶液 pH 值的计算

对一元弱碱 NaA 的溶液，同理得到：总浓度为 $c(\mathrm{A^-})$的一元弱碱溶液，$[\mathrm{OH^-}]$ 计算式总结如表 4-2 所示。

表 4-2　一元弱碱 NaA 溶液的［OH⁻］计算公式

判据	公式	忽略
$c(\mathrm{A^-})K_b(\mathrm{A^-})\geqslant 20K_w$，$\dfrac{c(\mathrm{A^-})}{K_b(\mathrm{A^-})}\geqslant 500$	$[\mathrm{OH^-}]=\sqrt{K_b(\mathrm{A^-})c(\mathrm{A^-})}$	忽略水的解离，忽略碱的离解对［A⁻］影响
$c(\mathrm{A^-})K_b(\mathrm{A^-})\geqslant 20K_w$，$\dfrac{c(\mathrm{A^-})}{K_b(\mathrm{A^-})}<500$	$[\mathrm{OH^-}]=\dfrac{-K_b(\mathrm{A^-})+\sqrt{K_b^2(\mathrm{A^-})+4K_b(\mathrm{A^-})c(\mathrm{A^-})}}{2}$	忽略水的解离，不忽略碱的离解对［A⁻］影响
$c(\mathrm{A^-})K_b(\mathrm{A^-})<20K_w$，$\dfrac{c(\mathrm{A^-})}{K_b(\mathrm{A^-})}\geqslant 500$	$[\mathrm{OH^-}]=\sqrt{K_b(\mathrm{A^-})c(\mathrm{A^-})+K_w}$	水的解离不能忽略，忽略碱的离解对［A⁻］影响

4.4.4 同离子效应和盐效应

弱电解质的电离平衡也是暂时的，相对地，一旦条件改变，平衡也会发生移动，使电离平衡移动的最主要因素是同离子效应和盐效应。

(1) 同离子效应

在乙酸溶液中，存在 $HAc \rightleftharpoons H^+ + Ac^-$ 平衡，加入少量的 NaAc，由于溶液中 Ac^- 浓度增大，使乙酸的电离平衡向左移动，从而降低了 HAc 的电离度。这种在已经建立离子平衡的弱电解质溶液中，加入与其含有相同离子的易溶强电解质，从而使弱电解质电离度降低的现象，就是同离子效应。

例题 4-3 在 $0.10\text{mol}\cdot\text{L}^{-1}$ HAc 溶液中加入少量 NaAc 晶体，使 NaAc 的浓度达到 $0.10\text{mol}\cdot\text{L}^{-1}$，求该溶液的 H^+ 浓度及 HAc 的电离度。

解：(1)求 H^+ 浓度，忽略水解产生的 H^+，设 HAc 产生的$[H^+]$为 x。

$$HAc \rightleftharpoons H^+ + Ac^-$$

平衡浓度/$\text{mol}\cdot\text{L}^{-1}$　　$0.10-x$　　x　　$x+0.10$

平衡常数关系式：$K_a(HAc)=\dfrac{[H^+][Ac^-]}{[HAc]}=\dfrac{x(x+0.10)}{0.10-x}$

由于同离子效应，$0.10\text{mol}\cdot\text{L}^{-1}$ HAc 的电离度更小，所以

$$[HAc]=0.10-x\approx0.10;\ [Ac^-]=0.10+x\approx0.10$$

$$K_a(HAc)=\frac{[H^+][Ac^-]}{[HAc]}=\frac{x(x+0.10)}{0.10-x}\approx x=1.76\times10^{-5}$$

$$[H^+]=x=1.76\times10^{-5}\text{mol}\cdot\text{L}^{-1}$$

(2)求 α

$$\alpha=\frac{[H^+]}{c(HAc)}=\frac{1.76\times10^{-5}}{0.10}\times100\%=0.0176\%$$

对比加入 NaAc 晶体(例题 4-2 结果)前后，$0.10\text{mol}\cdot\text{L}^{-1}$ HAc 溶液的$[H^+]$和 α，可以清楚地看出，HAc 溶液的$[H^+]$和 α 都降低了，加入 NaAc 的浓度越大，降低越多。

(2) 盐效应

如果在乙酸溶液中加入不含相同离子的强电解质(如 NaCl)，由于离子浓度增大，溶液中离子间的相互牵制作用增大，H^+ 与 Ac^- 结合为 HAc 分子的速率减小，使 HAc 的电离度略有提高，这种作用称为盐效应。

例如：$0.1\text{mol}\cdot\text{L}^{-1}$ HAc 溶液中加入 NaCl，使 NaCl 浓度为 $0.10\text{mol}\cdot\text{L}^{-1}$，则$[H^+]$由 $1.33\times10^{-3}\text{mol}\cdot\text{L}^{-1}$增加为 $1.82\times10^{-3}\text{mol}\cdot\text{L}^{-1}$；$\alpha$ 由 1.33%增大为 1.82%。

产生同离子效应的同时，必然伴随盐效应的发生，但是同离子效应的影响要大得多。由于盐效应的影响比同离子效应的影响小得多，故一般只在解释问题时考虑，计算时不考虑。

4.4.5 多元弱酸、弱碱的电离

多元弱酸、弱碱的电离是分步进行的。

例如 H_2S 水溶液。

一级电离： $H_2S \rightleftharpoons H^+ + HS^-$

$$K_{a_1} = \frac{[H^+][HS^-]}{[H_2S]} = 1.32 \times 10^{-7}(298.15K)$$

二级电离： $HS^- \rightleftharpoons H^+ + S^{2-}$

$$K_{a_2} = \frac{[H^+][S^{2-}]}{[HS^-]} = 7.08 \times 10^{-15}(298.15K)$$

根据多重平衡规则： $H_2S \rightleftharpoons 2H^+ + S^{2-}$

$$K(H_2S) = \frac{[H^+]^2\ [S^{2-}]}{[H_2S]} = K_{a_1} K_{a_2} = 9.34 \times 10^{-22}$$

而其各自对应的共轭碱 S^{2-}、HS^- 解离方程式：

$$S^{2-} + H_2O \rightleftharpoons HS^- + OH^- \quad K_{b_1} = \frac{K_w}{K_{a_2}}$$

$$HS^- + H_2O \rightleftharpoons H_2S + OH^- \quad K_{b_2} = \frac{K_w}{K_{a_1}}$$

同理，磷酸 H_3PO_4，则有，$K_{a_1}K_{b_3} = K_w$；$K_{a_2}K_{b_2} = K_w$；$K_{a_3}K_{b_1} = K_w$。

对于多元弱酸、弱碱的电离需要注意以下几点。

① 总的电离常数关系式表示平衡时，只是表示溶液中成分浓度之间的关系，而不说明电离过程是按总电离方程式进行的。

② 多元弱酸、弱碱的溶液中，同时存在几个平衡。但是 $[H^+]$ 只有一个，它必须同时满足溶液中所有的平衡关系式的要求。

③ 当 $K_{a_1}/K_{a_2} \geqslant 10^2$ 时，溶液中的 H^+ 主要来自第一步电离，$[H^+]$ 的计算可按照一元弱酸来近似处理。

④ 对于多元弱酸、弱碱的溶液，也可以推导出溶液中各种型体的分布分数，进而求出各种型体的平衡浓度。

例如，总浓度为 c 的草酸溶液中，

$$\delta(H_2C_2O_4) = \frac{[H^+]^2}{[H^+]^2 + K_{a_1}\ [H^+]\ + K_{a_1}K_{a_2}};\ [H_2C_2O_4] = c\delta(H_2C_2O_4)$$

$$\delta(HC_2O_4^-) = \frac{K_{a_1}\ [H^+]}{[H^+]^2 + K_{a_1}\ [H^+]\ + K_{a_1}K_{a_2}};\ [HC_2O_4^-] = c\delta(HC_2O_4^-)$$

$$\delta(C_2O_4^{2-}) = \frac{K_{a_1}K_{a_2}}{[H^+]^2 + K_{a_1}\ [H^+]\ + K_{a_1}K_{a_2}};\ [C_2O_4^{2-}] = c\delta(C_2O_4^{2-})$$

例题 4-4 计算 $0.010mol \cdot L^{-1} H_2CO_3$ 溶液中的 H^+、HCO_3^-、CO_3^{2-}、OH^- 浓度及溶液的 pH 值。

已知 H_2CO_3 的 $K_{a_1}=4.17\times10^{-7}$，$K_{a_2}=5.62\times10^{-11}$。

解：因为 $K_{a_1}/K_{a_2}>10^3$，所以第二步电离可忽略，按照一元弱酸处理，

并且 $cK_{a_1}\geqslant 20K_w$，$\dfrac{c}{K_{a_1}}\geqslant 500$

$$[H^+]=\sqrt{K_{a_1}c}=\sqrt{4.17\times10^{-7}\times0.01}=6.46\times10^{-5}(mol \cdot L^{-1})$$

$$pH=4.19,\ [OH^-]=1.55\times10^{-10} mol \cdot L^{-1}$$

$$[HCO_3^-]\approx[H^+]=6.46\times10^{-5} mol \cdot L^{-1}$$

设 $[CO_3^{2-}]=y$

	HCO_3^-	$\rightleftharpoons$	H^+	$+CO_3^{2-}$
平衡时/$mol \cdot L^{-1}$	$6.46\times10^{-5}-y$		$6.46\times10^{-5}+y$	y

因为 $\dfrac{c}{K_{a_2}}\gg 500$ 所以 $6.46\times10^{-5}\pm y\approx 6.46\times10^{-5}$

$$y=5.62\times10^{-11}$$

$$[CO_3^{2-}]=K_{a_2}=5.62\times10^{-11} mol \cdot L^{-1}$$

例题 4-5 计算 $0.1mol \cdot L^{-1}$ 的 H_2S 水溶液(饱和水溶液)的 $[H^+]$、$[HS^-]$、$[S^{2-}]$ 及 pOH。($K_{a_1}=1.1\times10^{-7}$，$K_{a_2}=7.08\times10^{-15}$，饱和 H_2S 水溶液 $[H_2S]=0.1mol \cdot L^{-1}$)。

解：

	H_2S	$\rightleftharpoons H^+$	$+HS^-$
起始浓度/ $mol \cdot L^{-1}$	0.1	0	0
平衡浓度/ $mol \cdot L^{-1}$	$0.1-x$	x	x

$\dfrac{c(H_2S)}{K_{a_1}}\geqslant 500$，近似地：$0.1-x=0.1$，

$$\frac{x^2}{0.1}=K_{a_1}\ \text{所以}\ x=[H^+]=[HS^-]=1.04\times10^{-4} mol \cdot L^{-1}$$

由二级平衡：	HS^-	$\rightleftharpoons$	H^+	$+$	S^{2-}
平衡浓度/$mol \cdot L^{-1}$	1.04×10^{-4}		1.04×10^{-4}		y

$$K_{a_2}=\frac{[H^+][S^{2-}]}{[HS^-]}=7.08\times10^{-15}$$

$$[S^{2-}]=y=K_{a_2}=7.08\times10^{-15}$$

因为：$[H^+][OH^-]=K_w$

所以，$[OH^-]=9.6\times10^{-11} mol \cdot L^{-1}$，$pOH=10.02$

通过以上两个例题的计算可以得出以下结论。

① 多元弱酸中，若 $K_1 \gg K_2 \gg K_3$，通常 $\frac{K_1}{K_2} > 10^2$，求 $[H^+]$ 时，可按照一元弱酸处理。二元弱酸中，酸根浓度近似等于二级电离常数，与酸原始浓度关系不大(如例题 4-5)。

② 在多元弱酸溶液中，酸根浓度极低，在需要大量酸根离子参加的化学反应中，要用相应的盐而不是相应的酸。

4.5 盐溶液的水解

盐溶液水解的定义：在溶液中盐电离出来的离子跟水电离出来的 H^+ 或 OH^- 结合生成弱电解质的反应。它的实质：弱电解质的生成破坏了水的电离平衡，增大了水的电离程度并且常常使溶液呈酸性或碱性。

从酸碱质子理论的角度来说，电离理论中的电离作用、中和作用、水解作用等，都包括在酸碱反应的范围之内，都可看作两个共轭酸碱对之间的质子传递，因此，已经没有盐的概念了。

4.5.1 弱酸强碱盐

根据酸碱质子理论，弱酸强碱盐就是一种碱，如 NaAc、Na_2CO_3。

例题 4-6 计算 $0.10mol \cdot L^{-1}$ NaAc 溶液的 pH 值。HAc 的 $K_a(HAc) = 1.8 \times 10^{-5}$。

解：根据酸碱质子理论，NaAc 是一元弱碱，在水溶液中给出 OH^-。

$$Ac^- + H_2O \rightleftharpoons HAc + OH^-$$

$$K_b(Ac^-) = \frac{[HAc][OH^-]}{[Ac^-]} = \frac{[HAc][OH^-]}{[Ac^-]} \times \frac{[H^+]}{[H^+]} = \frac{K_w}{K_a(HAc)} = 5.6 \times 10^{-10},$$

因为 $c(Ac^-)K_b(Ac^-) = 5.6 \times 10^{-11} > 20K_w$，且 $\frac{c(Ac^-)}{K_b(Ac^-)} = \frac{0.1}{5.6 \times 10^{-10}} = 1.8 \times 10^8 > 500$

故采用最简式计算：

$$[OH^-] = \sqrt{K_b(Ac^-)c(Ac^-)} = \sqrt{5.6 \times 10^{-10} \times 0.10} = 7.5 \times 10^{-6}(mol \cdot L^{-1})$$

故：pOH=5.12　pH=8.88

例题 4-7 计算 $0.1mol \cdot L^{-1}$ Na_2CO_3 溶液的 pH。H_2CO_3 的 $K_{a_1} = 4.2 \times 10^{-7}$，$K_{a_2} = 5.6 \times 10^{-11}$。

解：根据酸碱质子理论，Na_2CO_3 是二元弱碱，

$$K_{b_1} = \frac{K_w}{K_{a_2}} = \frac{10^{-14}}{5.6 \times 10^{-11}} = 1.78 \times 10^{-4}$$

$$K_{b_2} = \frac{K_w}{K_{a_1}} = \frac{10^{-14}}{4.2 \times 10^{-7}} = 2.38 \times 10^{-8}$$

且$\dfrac{K_{b_1}}{K_{b_2}}>100$，因此可以作为一元弱碱近似处理；又 $c(Na_2CO_3)K_{b_1}\geqslant 20K_w$，$\dfrac{c(Na_2CO_3)}{K_{b_1}}\geqslant 500$，所以

$$[OH^-]=\sqrt{K_{b_1}c(Na_2CO_3)}=\sqrt{1.78\times10^{-4}\times0.1}=1.33\times10^{-3}(mol\cdot L^{-1})$$

$$pOH=2.37, pH=11.63$$

4.5.2 弱碱强酸盐

根据酸碱质子理论，弱碱强酸盐就是一种酸。

以 NH_4Cl 为例，根据酸碱质子理论，NH_4Cl 实际就是一元弱酸，在水溶液中给出 H^+。

$$NH_4^+ \rightleftharpoons NH_3+H^+$$

$$K_a(NH_4^+)=\frac{[NH_3][H^+]}{[NH_4^+]}=\frac{[NH_3][H^+]}{[NH_4^+]}\times\frac{[OH^-]}{[OH^-]}=\frac{K_w}{K_b(NH_3)}$$

例题 4-8 已知 NH_3 的 $K_b=1.75\times10^{-5}$，试计算 0.1mol·L^{-1}的 NH_4Cl 的 pH 值。

解： 根据酸碱质子理论，NH_4Cl 是一元弱酸

$$K_a(NH_4^+)=\frac{K_w}{K_b(NH_3)}=\frac{10^{-14}}{1.75\times10^{-5}}=5.71\times10^{-10}$$

因为，$c(NH_4^+)K_a(NH_4^+)\geqslant 20K_w$，且$\dfrac{c(NH_4^+)}{K_a(NH_4^+)}\geqslant 500$，

$$[H^+]=\sqrt{K_a(NH_4^+)c(NH_4^+)}=\sqrt{5.71\times10^{-10}\times0.1}=7.56\times10^{-6}(mol\cdot L^{-1})$$

$$pH=5.12$$

4.5.3 弱酸弱碱盐

弱酸、弱碱组成的盐，阴离子和阳离子都能水解，以浓度为 c(mol·L^{-1})的 NH_4Ac 为例，NH_4Ac 水解反应为：

作为酸： $NH_4^+ \rightleftharpoons H^+ + NH_3$；$K_a(NH_4^+)=\dfrac{K_w}{K_b(NH_3)}$

作为碱： $Ac^- + H_2O \rightleftharpoons HAc+OH^-$；$K_b(Ac^-)=\dfrac{K_w}{K_a(HAc)}$

溶液中还有水的解离平衡： $H_2O \rightleftharpoons H^+ + OH^-$

所以，整个 NH_4Ac 水溶液中的 H^+ 来自 NH_4^+ 水解给出的 $[H^+]_{NH_4^+}$ 和 H_2O 电离给出的 $[H^+]_水$；还要扣除 Ac^- 解离产生的 OH^- 中和的那部分 H^+。

在 NH_4Ac 水溶液中：

$$[H^+]=[H^+]_水+[H^+]_{NH_4^+}-[OH^-]_{Ac^-}$$

其中，

$$[\mathrm{H}^+]_{水}=[\mathrm{OH}^-]=\frac{K_\mathrm{w}}{[\mathrm{H}^+]}$$

$$[\mathrm{H}^+]_{\mathrm{NH}_4^+}=[\mathrm{NH}_3]=\frac{K_\mathrm{w}[\mathrm{NH}_4^+]}{K_\mathrm{b}(\mathrm{NH}_3)\ [\mathrm{H}^+]}$$

$$[\mathrm{OH}^-]_{\mathrm{Ac}^-}=[\mathrm{HAc}]=\frac{[\mathrm{H}^+][\mathrm{Ac}^-]}{K_\mathrm{a}(\mathrm{HAc})}$$

所以，

$$[\mathrm{H}^+]=\frac{K_\mathrm{w}}{[\mathrm{H}^+]}+\frac{K_\mathrm{w}[\mathrm{NH}_4^+]}{K_\mathrm{b}(\mathrm{NH}_3)\ [\mathrm{H}^+]}-\frac{[\mathrm{H}^+]\ [\mathrm{Ac}^-]}{K_\mathrm{a}(\mathrm{HAc})} \tag{4-12}$$

由式(4-12)就解得弱酸、弱碱组成的盐 NH_4Ac 溶液的 $[H^+]$ 准确表达式。

$$[\mathrm{H}^+]=\sqrt{\frac{K_\mathrm{a}(\mathrm{HAc})\left[\dfrac{K_\mathrm{w}}{K_\mathrm{b}(\mathrm{NH}_3)}\ [\mathrm{NH}_4^+]\ +K_\mathrm{w}\right]}{K_\mathrm{a}(\mathrm{HAc})+[\mathrm{Ac}^-]}}$$

考虑 NH_4Ac 的水解比较小，则取 $[\mathrm{NH}_4^+]=[\mathrm{Ac}^-]\approx c$ 时，

$$[\mathrm{H}^+]=\sqrt{\frac{K_\mathrm{a}(\mathrm{HAc})\left[\dfrac{K_\mathrm{w}}{K_\mathrm{b}(\mathrm{NH}_3)}c+K_\mathrm{w}\right]}{K_\mathrm{a}(\mathrm{HAc})+c}}$$

① 判据：当 $c\dfrac{K_\mathrm{w}}{K_\mathrm{b}(\mathrm{NH}_3)}\geqslant 20K_\mathrm{w}$，忽略 K_w；$c<20K_\mathrm{a}(\mathrm{HAc})$，$[\mathrm{H}^+]=\sqrt{\dfrac{K_\mathrm{a}(\mathrm{HAc})\dfrac{K_\mathrm{w}}{K_\mathrm{b}(\mathrm{NH}_3)}c}{K_\mathrm{a}(\mathrm{HAc})+c}}$。

② 判据：当 $c\dfrac{K_\mathrm{w}}{K_\mathrm{b}(\mathrm{NH}_3)}\geqslant 20K_\mathrm{w}$，忽略 K_w；$c\geqslant 20K_\mathrm{a}(\mathrm{HAc})$，忽略 $K_\mathrm{a}(\mathrm{HAc})$，即 $K_\mathrm{a}(\mathrm{HAc})+c\approx c$，

$$[\mathrm{H}^+]=\sqrt{K_\mathrm{a}(\mathrm{HAc})\frac{K_\mathrm{w}}{K_\mathrm{b}(\mathrm{NH}_3)}} \tag{4-13}$$

式(4-13)就是一元弱酸 $HAc(K_a)$ 和一元弱碱 $NH_3(K_b)$ 形成的 NH_4Ac 盐溶液的 $[H^+]$ 最简式，可以写成：

$$[\mathrm{H}^+]=\sqrt{K_\mathrm{w}\frac{K_\mathrm{a}}{K_\mathrm{b}}} \tag{4-14}$$

可见，一般情况下弱酸弱碱盐的 pH 值与浓度无关，仅取决于弱酸、弱碱电离常数的相对大小。

当 $K_a=K_b$ 时，溶液显中性，如，NH_4Ac；

当 $K_a>K_b$ 时，溶液显酸性，如，$HCOONH_4$，生成的弱碱越弱，盐水解的酸性越大；

当 $K_a<K_b$ 时，溶液显碱性，如，NH_4CN，生成的弱酸越弱，盐水解的碱性越大。

例题 4-9 计算浓度为 $0.10mol\cdot L^{-1}$ 的 NH_4CN 溶液的 pH 值。

已知： $K_b(NH_3)=1.8\times10^{-5}$，$K_a(HCN)=6.2\times10^{-10}$

解： $c(NH_3)\dfrac{K_w}{K_b(NH_3)}=0.10\times5.6\times10^{-10}=5.6\times10^{-11}>20K_w$，忽略 K_w

$c=0.10\gg20K_a(HCN)=20\times6.2\times10^{-10}=1.2\times10^{-9}$，忽略 $K_a(HCN)$

$$[H^+]=\sqrt{K_w\frac{K_a(HCN)}{K_b(NH_3)}}\approx\sqrt{6.2\times10^{-10}\times5.6\times10^{-10}}$$

$$=5.9\times10^{-10}(mol\cdot L^{-1})$$

$$pH=9.23$$

4.5.4 弱酸的酸式盐(两性物质)

酸式盐在溶液中有两种变化，一是作为酸解离产生 H^+，再就是作为碱解离产生 OH^-。以浓度为 $c(mol\cdot L^{-1})$ 的 $NaHCO_3$ 为例：H_2CO_3 的电离常数为 K_{a_1}、K_{a_2}。

作为酸， $HCO_3^- \rightleftharpoons H^+ + CO_3^{2-}$ $\quad K_{a_2}=5.6\times10^{-11}$

作为碱， $HCO_3^- + H_2O \rightleftharpoons H_2CO_3 + OH^-$ $\quad K_{b_2}=\dfrac{K_w}{K_{a_1}}=\dfrac{1.0\times10^{-14}}{4.2\times10^{-7}}=2.3\times10^{-8}$

溶液中还有水的解离平衡： $H_2O \rightleftharpoons H^+ + OH^-$

在 $NaHCO_3$ 水溶液中的 $[H^+]$ 来自 HCO_3^- 给出的氢离子和 H_2O 解离给出的 H^+；还要扣除 HCO_3^- 作为碱解离产生的 OH^- 中和的那部分 H^+。

所以 $NaHCO_3$ 水溶液中： $[H^+]=[H^+]_{水}+[H^+]_{HCO_3^-}-[OH^-]_{HCO_3^-}$

而，
$$[H^+]_{水}=[OH^-]=\frac{K_w}{[H^+]}$$

$$[H^+]_{HCO_3^-}=[CO_3^{2-}]=\frac{K_{a_2}[HCO_3^-]}{[H^+]}$$

$$[OH^-]_{HCO_3^-}=[H_2CO_3]=\frac{[H^+][HCO_3^-]}{K_{a_1}}$$

所以，
$$[H^+]=[OH^-]+[CO_3^{2-}]-[H_2CO_3]$$

$$[H^+]=\frac{K_w}{[H^+]}+\frac{K_{a_2}[HCO_3^-]}{[H^+]}-\frac{[H^+][HCO_3^-]}{K_{a_1}}$$

$$[H^+]=\sqrt{\frac{K_{a_1}(K_{a_2}[HCO_3^-]+K_w)}{K_{a_1}+[HCO_3^-]}} \tag{4-15}$$

式(4-15)就是 $NaHCO_3$ 溶液中 $[H^+]$ 的精确计算式。

对于浓度为 $c(mol\cdot L^{-1})$ 的两性物质 HA^-，作为酸，解离常数为 K_{a_2}，作为碱，解离常数为 K_{b_2}；若 K_{a_2} 和 K_{b_2} 都较小时(即 HA^- 的水解和解离趋势都很小)，则：

$$[HA^-]\approx c,[H^+]=\sqrt{\frac{K_{a_1}(K_{a_2}c+K_w)}{K_{a_1}+c}}\text{(近似式)}。$$

当　　　$cK_{a_2} \geqslant 20K_w$，忽略 K_w，$[H^+]=\sqrt{\dfrac{K_{a_1}K_{a_2}c}{K_{a_1}+c}}$（近似式）。

当　　　$c \geqslant 20K_{a_1}$，忽略 K_{a_1}，$[H^+]=\sqrt{K_{a_1}K_{a_2}}$（最简式）。

例题 4-10　计算 0.10mol·L^{-1} $NaHCO_3$ 溶液的 pH 值。已知，H_2CO_3 的 $K_{a_1}=4.2\times10^{-7}$，$K_{a_2}=5.6\times10^{-11}$。

解：　$cK_{a_2}=0.10\times5.6\times10^{-11}=5.6\times10^{-12}>20K_w$，忽略 K_w。

$c=0.10 \gg 20K_{a_1}=20\times4.2\times10^{-7}=8.4\times10^{-6}$，忽略 K_{a_1}。

所以采用最简式：

$$[H^+]=\sqrt{K_{a_1}K_{a_2}}$$

$$[H^+]=\sqrt{4.2\times10^{-7}\times5.6\times10^{-11}}=4.9\times10^{-9}(\text{mol}\cdot\text{L}^{-1})$$

$$pH=8.31$$

例题 4-11　计算浓度为 0.010mol·L^{-1}的 Na_2HPO_4 溶液的 pH 值。

已知：磷酸的 $K_{a_1}=7.6\times10^{-3}$，$K_{a_2}=6.3\times10^{-8}$，$K_{a_3}=4.4\times10^{-13}$。

解：　$cK_{a_3}=0.010\times4.4\times10^{-13}=4.4\times10^{-15}<20K_w$，不能忽略 K_w。

$c=0.10 \gg 20K_{a_2}=20\times6.3\times10^{-8}=1.3\times10^{-5}$，忽略 K_{a_2}。

$$[H^+]=\sqrt{\frac{K_{a_2}(K_{a_3}c+K_w)}{K_{a_2}+c}}=\sqrt{\frac{K_{a_2}(K_{a_3}c+K_w)}{c}}$$

$$=\sqrt{\frac{6.3\times10^{-8}\times(4.4\times10^{-13}\times0.010+10^{-14})}{0.010}}$$

$$=3.0\times10^{-10}(\text{mol}\cdot\text{L}^{-1})$$

$$pH=9.52$$

思考：0.010mol·L^{-1}的 NaH_2PO_4 溶液的 pH 值如何计算？

4.5.5　强酸强碱盐

强酸强碱盐的阴、阳离子都不能与水电离出的氢离子和氢氧根离子结合，不能破坏水的电离平衡。因此它们不水解，溶液为中性。

4.5.6　强电解质溶液

（1）离子氛的概念

强电解质在水溶液中应该是完全解离的，其解离度 $\alpha=1$，因此，溶液中的离子浓度应该很容易推算。例如，0.10mol·L^{-1}的 NaCl 溶液中，$[Na^+]=[Cl^-]=0.10$mol·L^{-1}。但是，当强电解质溶液浓度较高时，实验测得值 $\alpha<1$。该实验结果可以采用德拜-休克尔(Debye-Huckel)离子互吸理论简单解释。强电解质溶液与理想溶液的偏差，主要是由正、负离子之间的静电引力所引起的。一方面正、负离子间的静电引力要使离子像在晶格中那样做规则的排列而呈有序的分布，另一方面热运动又将使离子处于杂乱分布状态。由于热运动不足以抵消库仑力的影响，所以两种力相互作用的结果必然形成这样的情景：在一个离子(中心

离子)的周围，异性离子出现的概率要比同性离子多。因此可以认为，在每一个中心离子的周围，相对集中地分布着一层带异号电荷的离子，将这层异号电荷所构成的球体称为“离子氛”，见图 4-1。由于“离子氛”的存在，离子的运动受到了牵制，因此表现出来的离子浓度小于强电解质全部解离时应有的浓度。强电解质溶液实际测得的“解离度”，并非真正的解离度，常称为表观解离度。

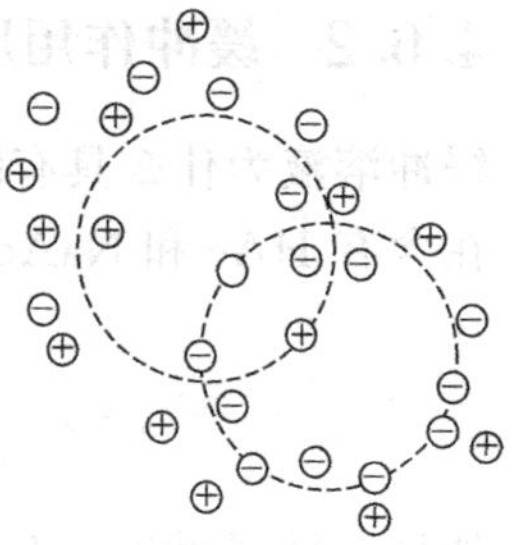

图 4-1　“离子氛”的示意图

(2) 活度和活度系数

有效自由运动离子的浓度叫活度，用 a 表示，它与浓度 c 之间的关系：

$$a=\gamma c$$

式中，γ 为活度系数。

活度系数是电解质溶液的活度与其实际浓度的比值，它反映了溶液中离子的自由程度。离子浓度越大，γ 越小。通常 $\gamma \leqslant 1$，但在较稀的弱电解质或极稀的强电解质溶液中，离子的总浓度很低，离子间作用力很小，γ 接近于 1，可认为 $a=c$。由于本课程中电解质溶液浓度较低，一般情况下，就直接用浓度代替活度。

4.6　缓冲溶液

前面几节讨论了水溶液中的电离平衡。无论酸、碱，还是盐，其水溶液都涉及溶液 pH 值的计算。在工农业生产、科研实验和许多天然体系中，都需要使溶液的 pH 值保持在一定范围内，才能使反应和活动正常进行。如，加碱分离 Al^{3+}、Mg^{2+}，如果 OH^- 浓度太小，Al^{3+} 沉淀不完全；OH^- 浓度太大，已沉淀的 $Al(OH)_3$ 又可能被溶解，而且 Mg^{2+} 也可能会有一些沉淀出来。所以要控制一定的 pH 值才能使它们有效地分离。再如，人体血液的 pH 值是 7.4 左右，大于 7.8 或小于 7.0 就会导致死亡。

因此，不仅要学会计算溶液的 pH 值，还要能够设法控制 pH 值，这就要依靠缓冲溶液。

4.6.1　缓冲溶液的定义

常温下，纯水的 pH=7，在纯水中加入少量的酸或碱，pH 值就显著变化。如在 1L 纯水中加入 2 滴(约 0.1mL)$1mol \cdot L^{-1}$ HCl，$[H^+]$ 由 $10^{-7} mol \cdot L^{-1}$ 增加到 $10^{-4} mol \cdot L^{-1}$，pH 值则由 7 降低到 4，减小了 3 个 pH 单位。若在 1L 纯水中加入 2 滴(约 0.1mL)$1mol \cdot L^{-1}$ NaOH，$[OH^-]$ 由 $10^{-7} mol \cdot L^{-1}$ 增加到 $10^{-4} mol \cdot L^{-1}$，$[H^+]$ 由 $10^{-7} mol \cdot L^{-1}$ 降低到 $10^{-10} mol \cdot L^{-1}$，pH 值则由 7 增加到 10，增大了 3 个 pH 单位。

在 1L NaH_2PO_4 和 Na_2HPO_4 所组成的 pH=7 的溶液中，同样加入少量的 HCl 和 NaOH，则溶液的 pH 值几乎不变。这种能够抵抗外来少量酸、碱或适当稀释，而本身 pH 值不发生显著变化的作用称为缓冲作用，具有缓冲作用的溶液称为缓冲溶液。

弱酸及其盐溶液(如，HAc-NaAc)，酸式盐及其正盐溶液($NaHCO_3$-Na_2CO_3)，酸式盐及其次级盐溶液(NaH_2PO_4-Na_2HPO_4)，弱碱及其盐溶液(NH_4Cl-NH_3)都有缓冲作用。

4.6.2 缓冲作用原理

缓冲溶液为什么具有缓冲作用？现以 HAc-NaAc 缓冲体系为例进行讨论。

在含有 HAc 和 NaAc 的溶液中存在下列电离过程：

$$\underset{\text{量大}}{HAc} \rightleftharpoons \underset{\text{量少}}{H^+} + \underset{\text{量大}}{Ac^-}$$

外加少量强碱时，$H^+ + OH^- \longrightarrow H_2O$，平衡右移，HAc 电离补充减少的 H^+，即 HAc 是抗碱成分；外加少量强酸时，$H^+ + Ac^- \longrightarrow HAc$，平衡左移，$Ac^-$ 可消掉多余的 H^+，即 Ac^- 是抗酸成分。稀释时，$[H^+]=K_a(HAc)\dfrac{[HAc]}{[Ac^-]}$，适当稀释时$\dfrac{[HAc]}{[Ac^-]}$等倍下降，所以$[H^+]$基本不变。

4.6.3 缓冲溶液 pH 值

(1) 缓冲溶液 pH 值的计算

既然缓冲溶液具有保持溶液 pH 值相对稳定的能力，因此，知道缓冲溶液本身的 pH 值就十分重要。

对于弱酸 HA 及其共轭碱 NaA 组成的缓冲溶液，存在着下列解离平衡：

	HA	$\rightleftharpoons$ H$^+$	+ A$^-$
初始浓度	$c(HA)$	0	$c(A^-)$
平衡浓度	$c(HA)-[H^+]$	$[H^+]$	$c(A^-)+[H^+]$

由于溶液中有大量的 A^- 共存，因此弱酸 HA 解离受到抑制，平衡时，

$$c(HA)-[H^+]\approx c(HA)；c(A^-)+[H^+]\approx c(A^-)$$

HA 解离平衡时，$$K_a(HA)=\frac{[H^+][A^-]}{[HA]}\approx\frac{[H^+]\,c_{盐}}{c_{酸}}$$

因为 $$K_a(HA)=\frac{[H^+][A^-]}{[HA]}=\frac{[H^+]\,c(A^-)}{c(HA)}$$

$$[H^+]=K_a(HA)\frac{c(HA)}{c(A^-)}，\text{或取负对数：}pH=pK_a(HA)-\lg\frac{c(HA)}{c(A^-)}$$

也可写成： $$[H^+]=K_a\frac{c(酸)}{c(盐)}，\text{或 }pH=pK_a-\lg\frac{c(酸)}{c(盐)}$$

这就是计算缓冲溶液$[H^+]$及 pH 值的基本公式，称为缓冲公式。

对于弱碱及其盐组成的溶液，同样可得：

$$[OH^-]=K_b\frac{c(碱)}{c(盐)}，pOH=pK_b-\lg\frac{c(碱)}{c(盐)}$$

利用缓冲公式，可以计算缓冲溶液的 pH 值和外加酸、碱后溶液 pH 的变化。

例题 4-12 乳酸 Hlac 的平衡常数 $K_a=1.4\times10^{-4}$，1L 含有 1mol Hlac 和 1mol Nalac 的缓冲溶液，其 pH 为多少？

解： $pH=pK_a-\lg\frac{c(酸)}{c(盐)}=-\lg K_a(Hlac)-\lg\frac{1}{1}=-\lg(1.4\times10^{-4})=3.85$

（2）缓冲容量与缓冲范围

任何缓冲溶液的缓冲能力都是有限的，衡量缓冲溶液缓冲能力大小的尺度称为缓冲容量。也可理解为在保持缓冲溶液的 pH 值基本不变的前提下，缓冲溶液所能抵抗外加酸、碱的量，又叫缓冲能力。它的意义是使 1L 溶液 pH 增加(或减小)一个单位时所需要加入的强碱(酸)的物质量。

① 缓冲容量与缓冲组分浓度的关系　缓冲容量的大小与缓冲组分的浓度有关。下面举例说明。

a. $0.20mol\cdot L^{-1}$ HAc—$0.20mol\cdot L^{-1}$ NaAc 缓冲溶液　在此溶液中，HAc 和 Ac^- 的总浓度为 $0.40mol\cdot L^{-1}$，而它们的浓度的比值为 1∶1，即：

$$[HAc]+[Ac^-]=0.20+0.20=0.40(mol\cdot L^{-1})$$

$$[HAc]:[Ac^-]=0.20:0.20=1:1$$

$$pH=4.74+\lg\frac{0.20}{0.20}=4.74$$

如果在 100mL 的这种溶液中，加入 0.1mL 1 $mol\cdot L^{-1}$ HCl，即增加 H^+ 浓度 $0.001mol\cdot L^{-1}$，则：

$$[Ac^-]=0.20-0.001=0.199(mol\cdot L^{-1})$$

$$[HAc]=0.20+0.001=0.201(mol\cdot L^{-1})$$

$$pH=4.74+\lg\frac{0.199}{0.201}=4.74-0.004\approx4.74$$

这时溶液的 pH 基本不变。

b. $0.020mol\cdot L^{-1}$ HAc—$0.020mol\cdot L^{-1}$ NaAc 缓冲溶液　在此溶液中，HAc 和 Ac^- 的总浓度为 $0.040mol\cdot L^{-1}$，为前者的 1/10，但它们浓度的比值仍为 1∶1，故溶液的 pH 为：

$$pH=4.74+\lg\frac{0.020}{0.020}=4.74$$

如果在 100mL 的这种溶液中，同样增加 H^+ 浓度 $0.001mol\cdot L^{-1}$，则：

$$[Ac^-]=0.020-0.001=0.019(mol\cdot L^{-1})$$

$$[HAc]=0.020+0.001=0.021(mol\cdot L^{-1})$$

$$pH=4.74+\lg\frac{0.019}{0.021}=4.74-0.04=4.70$$

溶液的 pH 改变了 0.04 个单位。

可见，酸(碱)和盐的总浓度越大，缓冲溶液的缓冲能力越大。

② 缓冲容量与缓冲组分浓度比值的关系　当缓冲组分的总浓度一定时，缓冲容量的大小，还与缓冲组分浓度的比值有关。

a. $0.20mol \cdot L^{-1}$ HAc－$0.20mol \cdot L^{-1}$ NaAc 缓冲溶液　在 100mL$0.20mol \cdot L^{-1}$ HAc－$0.20mol \cdot L^{-1}$ NaAc 溶液(pH＝4.74)中，如果增加的 H^+ 浓度为 $0.001mol \cdot L^{-1}$，前面已经计算过，溶液的 pH 基本不变。

b. $0.36mol \cdot L^{-1}$ HAc－$0.04mol \cdot L^{-1}$ NaAc 缓冲溶液　在此溶液中，HAc 和 Ac^- 的总浓度也是 $0.40mol \cdot L^{-1}$，但它们的浓度的比值为 9∶1，即：

$$[HAc]+[Ac^-]=0.36+0.04=0.40(mol \cdot L^{-1})$$

$$[HAc]:[Ac^-]=0.36:0.04=9:1$$

$$pH=4.74+\lg\frac{0.04}{0.36}=4.74-0.95=3.79$$

如果在 100mL 的这种溶液中，同样增加 H^+ 浓度 $0.001mol \cdot L^{-1}$，则：

$$[Ac^-]=0.04-0.001=0.039(mol \cdot L^{-1})$$

$$[HAc]=0.36+0.001=0.361(mol \cdot L^{-1})$$

$$pH=4.74+\lg\frac{0.039}{0.361}=4.74-0.97=3.77$$

这时溶液的 pH 改变了 3.79－3.77＝0.02 个单位。

综上可以看出酸(碱)和盐的总浓度越大，且 $\frac{c(\text{酸、碱})}{c(\text{盐})}=1$ 时，缓冲能力为最大；两种组分浓度比越远离 1，缓冲容量就越小，至某一定程度时就失去缓冲作用(当两组分的浓度比超过 10 倍时，就失去缓冲能力)。

当　$c(HB):c(B^-)=1:1$ 时，$pH=pK_a$；

$c(HB):c(B^-)=10:1$ 时，$pH=pK_a-1$；

$c(HB):c(B^-)=1:10$ 时，$pH=pK_a+1$。

所以，缓冲溶液的缓冲范围一般为：$pH=pK_a\pm1$。

(3) 缓冲溶液的选择和配制

① 选择适当的缓冲对。缓冲溶液的 pH 在 $pK_a\pm1$ 内，在缓冲范围内并尽量接近弱酸 pK_a。表 4-3 为欲配制的缓冲溶液的 pH 值与应选择的缓冲组分的关系。

表 4-3　欲配制的缓冲溶液的 pH 值与应选择的缓冲组分的关系

欲配制的缓冲溶液的 pH 值	应选择的缓冲组分	pK_a
5	HAc－NaAc	$pK_a=4.74$
7	$NaH_2PO_4-Na_2HPO_4$	$pK_{a_2}=7.21$
9	$NH_3 \cdot H_2O-NH_4Cl$	$14-pK_b=9.26$
10	$NaHCO_3-Na_2CO_3$	$pK_{a_2}=10.33$
12	$Na_2HPO_4-Na_3PO_4$	$pK_{a_3}=12.35$

② 所选择的缓冲对不能与反应物或生成物发生作用，药用缓冲溶液还必须考虑是否有毒性等。

③ 缓冲体系应有足够的缓冲容量。缓冲溶液的总浓度控制在 0.05～0.20mol·L^{-1} 较适宜。

④ 为了使缓冲溶液具有较大的缓冲容量，应尽量使缓冲比接近于1，并计算出所需共轭酸、碱的量。

⑤ 最后需在 pH 计监控下，对所配缓冲溶液的 pH 进行校正。

4.7 酸碱滴定法

4.7.1 酸碱滴定终点指示方法

常规滴定中普遍使用指示剂来检测终点，所以主要讨论酸碱指示剂的理论。

（1）酸碱指示剂的作用原理

酸碱指示剂(acid-base indicator)一般是有机弱酸或有机弱碱，其中酸式及其共轭碱式具有不同的颜色，当滴定至等当点时，过量的酸或碱使指示剂得到或失去质子，由碱式变为酸式，或由酸式变为碱式，引起颜色的变化。

如：甲基橙在溶液中存在下列平衡，由平衡关系看出，当溶液酸度增加时，主要以红色离子存在，溶液显示红色；当碱度增加时，主要以黄色离子形式存在，溶液显黄色。

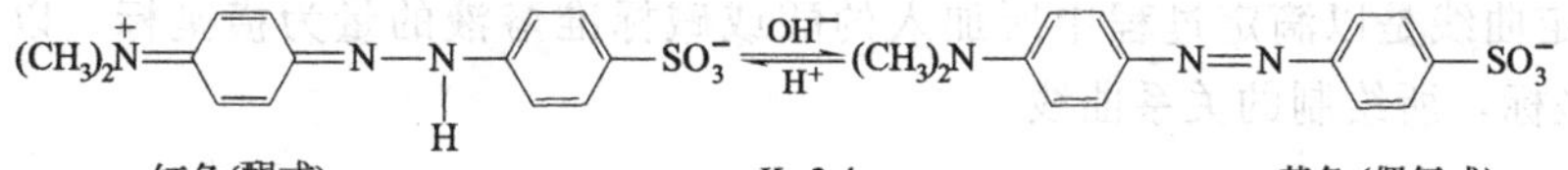

（2）指示剂的变色原理及变色范围

以有机弱酸为例，在水溶液中存在下列平衡：

$$HIn \rightleftharpoons In^- + H^+$$

$$K(HIn)=\frac{[In^-][H^+]}{[HIn]},所以,[H^+]=K(HIn)\frac{[HIn]}{[In^-]}$$

$$pH=pK(HIn)+\lg\frac{[In^-]}{[HIn]}$$

其中$\frac{[In^-]}{[HIn]}$决定溶液的颜色，指示剂在溶液中显现的颜色是随溶液 pH 值的变化而变化的。一般情况下，只有当$\frac{[In^-]}{[HIn]}$大于等于 10 时，即 pH≥pK(HIn)+1，人的肉眼才能看到 In^- 的颜色；只有当$\frac{[HIn]}{[In^-]}$大于等于 10 时，即 pH≤pK(HIn)−1，人的肉眼才能看到 HIn 的颜色。也就是说当溶液的 pH 值从 pK(HIn)−1 变化到 pK(HIn)+1 时，就能看到指示剂由一种颜色变化到另一种颜色。因此，pK(HIn)±1 也称为指示剂的变色范围。

由于人的眼睛对某些颜色的敏感度不同，所观察到的变色范围与理论值稍有出入。如，甲基红 $pK(HIn)=5.0$，酸色是红色，碱色是黄色，过渡色是橙色，理论变色范围为 4.0～6.0，实际上观察范围为 4.4～6.2。甲基橙的 $pK(HIn)=3.7$，理论变色范围为 2.7～4.7，实际上观察范围 3.1～4.4，酸色是红色，碱色是黄色，过渡色是橙色。酚酞的 $pK(HIn)=9.1$，理论变色范围为 8.1～10.1，实际上观察范围为 8.1～9.6，酸色是无色，碱色是红色，过渡色是粉红。$pH=pK(HIn)$时，即$\frac{[In^-]}{[HIn]}$等于 1 时，称为指示剂的理论变色点，在计算中常视为滴定终点。实际上，由于观察者的不同的敏感度，实际滴定终点和理论变色点常出现一定的差别，当然就会出现一定误差。

(3) 混合指示剂

在酸碱滴定中，有时需要把变色范围限制在很窄 pH 值范围内，以保证滴定的准确度，这时可选用混合指示剂。混合指示剂有两类：一类是由两种或两种以上的指示剂按一定比例混合而成，利用颜色之间的互补作用，使变色更敏锐；另一类混合指示剂是由一种指示剂和一种惰性染料(如次甲基蓝)组成。

4.7.2 酸碱滴定原理

酸碱滴定法是以酸碱反应为基础的滴定分析方法。该法中滴定剂为强酸或强碱，如盐酸、硫酸、氢氧化钠、氢氧化钾等；被滴定物一般是具有碱性或酸性的物质。为明确酸碱滴定过程中 pH 值的变化和选择合适的指示剂，绘制酸碱滴定曲线是非常有必要的。

4.7.2.1 绘制酸碱滴定曲线

酸碱滴定曲线是以滴定过程中所加入的酸或碱标准溶液的量为横坐标，以相应溶液的 pH 值为纵坐标，所绘制的关系曲线。

(1) 强碱滴定强酸

以 $0.1000mol\cdot L^{-1}$ NaOH 溶液滴定 20.00mL $0.1000mol\cdot L^{-1}$的 HCl 溶液为例，来绘制强碱滴定强酸的滴定曲线。

① 滴定开始前　溶液的 pH 值等于 HCl 的原始浓度的 pH。

$$[H^+]=0.1000mol\cdot L^{-1},\ pH=1.00$$

② 滴定开始至化学计量点(stoichiometric point，SP)前　如滴入 18.00mL NaOH，

$$[H^+]=\frac{0.1000\times(20.00-18.00)}{20.00+18.00}=5.26\times10^{-3}(mol\cdot L^{-1})$$

$$pH=2.28$$

③ 化学计量点(SP)时　滴入 20.00mL NaOH 溶液，$[H^+]=[OH^-]$，

$$pH=7.00$$

④ SP 后　pH 取决于过量的 NaOH，设滴入 20.02mL NaOH。

$$[OH^-]=\frac{0.1000\times(20.02-20.00)}{20.00+20.02}=5.00\times10^{-5}(mol\cdot L^{-1})$$

$$pOH=4.30, \quad pH=9.70$$

如此逐一计算，将结果列于表 4-4 中。

表 4-4　以 0.1000mol·L⁻¹ NaOH 溶液滴定 20.00mL 0.1000mol·L⁻¹ HCl 溶液 pH 变化

V(NaOH)/mL	滴定分数%	pH	V(剩余 HCl)/mL	V(过量 NaOH)/mL
0.00	0.0	1.00	20.00	
10.00	50.0	1.50	10.00	
18.00	90.0	2.28	2.00	
19.80	99.0	3.30	0.20	
19.98	99.9	4.30*	0.02	
20.00	100.0	7.00**	0.00	
20.02	100.1	9.70*		0.02
20.20	101.0	10.70		0.20
22.00	110.0	11.70		2.00
40.00	200.0	12.50		20.00

注：* 突跃范围，** 化学计量点。

以滴定过程中所加入的碱 NaOH 标准溶液的量为横坐标，以相应溶液的 pH 值为纵坐标，所绘制的关系曲线如图 4-2 所示。

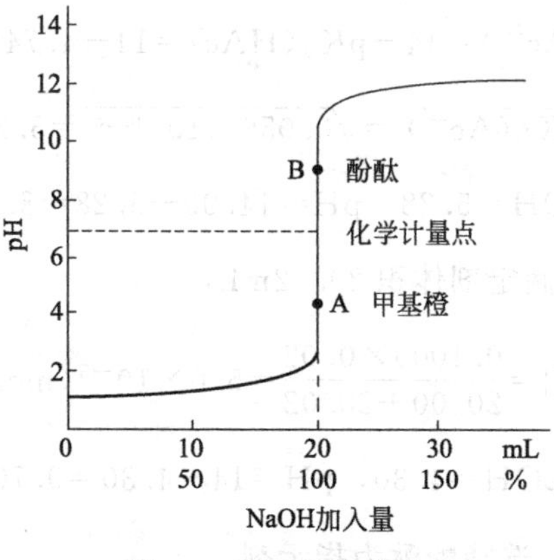

图 4-2　酸碱滴定曲线

从表 4-4 和图 4-2 可以看出：从开始滴定到加入 19.8mL NaOH 溶液，被滴液的 pH 值仅变化了 2.3 个单位。继续滴入 0.18mL NaOH 溶液，被滴液的 pH 值就变化了 1 个单位，pH 值变化速度增大了；再继续滴入 0.02mL NaOH 溶液，正好是化学计量点，被滴液的 pH 值迅速增至 7.0，再继续滴入 0.02mL NaOH 溶液，被滴液的 pH 值迅速增至 9.7。此后，滴入的 NaOH 溶液对被滴液的 pH 值的变化又越来越小了。在滴定曲线中计量点附近，从剩余 0.02mL HCl 到过量 0.02mL NaOH 溶液时，即滴定点前后 ±0.1% 相对误差范围，被滴液的 pH 从 4.3 突然升到了 9.7，这种溶液 pH 的急剧改变，称为滴定突跃。滴定突跃所在的 pH 范围，称为滴定突跃范围。一般情况下，突跃范围是指化学计量点前后 ±0.1% 相对误差范围内溶液 pH 值的变化范围。

突跃范围是选择指示剂的基本依据，当然，理想的指示剂应在反应的计量点时变色，但是，凡是在突跃范围变色的指示剂都可保证滴定误差小于±0.1%。因此，酚酞、甲基橙和甲基红等都可以作为这一滴定的指示剂。

强酸滴定强碱的情况与强碱滴定强酸的情况类似，只是pH值的变化情况相反。

（2）强碱滴定弱酸

以0.1000mol·L^{-1}NaOH溶液滴定20.00mL 0.1000mol·L^{-1}HAc溶液为例。

滴定反应： $OH^- + HAc \rightleftharpoons Ac^- + H_2O$

① 滴定开始前，一元弱酸(用最简式计算)：

$$[H^+]=\sqrt{c(HAc)K_a(HAc)}=\sqrt{0.1000\times10^{-4.74}}=10^{-2.87}；\ pH=2.87$$

② 化学计量点前，加入滴定剂体积19.98mL，开始滴定后，溶液即变为HAc-NaAc。缓冲溶液 $c(HAc)=0.02\times0.1000/(20.00+19.98)=5.00\times10^{-5}(mol\cdot L^{-1})$

$$c(Ac^-)=19.98\times0.1000/(20.00+19.98)=5.00\times10^{-2}\ (mol\cdot L^{-1})$$

$$pH=pK_a(HAc)+\lg\frac{c(Ac^-)}{c(HAc)}=4.74+\lg\frac{5.00\times10^{-2}}{5.00\times10^{-5}}$$

$$pH=7.74$$

③ 化学计量点时，生成NaAc(弱碱)，其浓度为：

$$c(Ac^-)=20.00\times0.1000/(20.00+20.00)=5.00\times10^{-2}\ (mol\cdot L^{-1})$$

$$pK_b(Ac^-)=14-pK_a(HAc)=14-4.74=9.26$$

$$[OH^-]=\sqrt{c(Ac^-)K_b(Ac^-)}=\sqrt{0.050\times10^{-9.26}}=5.24\times10^{-6}(mol\cdot L^{-1})$$

$$pOH=5.28\quad pH=14.00-5.28=8.72$$

④ 化学计量点后，加入滴定剂体积20.02mL，

$$[OH^-]=\frac{0.1000\times0.02}{20.00+20.02}=5.0\times10^{-5}(mol\cdot L^{-1})$$

$$pOH=4.30，pH=14-4.30=9.70$$

突跃范围：7.74～9.70，选择酚酞为指示剂。

（3）强酸滴定一元弱碱

对0.1000mol·L^{-1} HCl滴定20.00mL 0.1000mol·L^{-1} $NH_3\cdot H_2O$溶液进行同样的分析，会发现，化学计量点pH值变为5.25，而不是7.00，突跃范围变为4.4～6.2，所以只能选择在酸性范围内变色的指示剂，如甲基橙。

4.7.2.2 影响突跃范围的因素

（1）浓度

对于强酸强碱，突跃范围与酸碱浓度有关。如图4-3所示：当 $c=1.000mol\cdot L^{-1}$，突跃范围3.3～10.7；$c=0.1000mol\cdot L^{-1}$，突跃范围4.3～9.7；$c=0.0100mol\cdot L^{-1}$，突跃范围5.3～8.7；$c=0.0010mol\cdot L^{-1}$，突跃范围6.3～7.7。所以，酸碱浓度不能小于10^{-4} mol·L^{-1}。浓度每降低为原来的1/10，突跃将减少2个pH单位。当没有滴定突跃时，由

于无法选择指示剂而不能进行滴定分析。

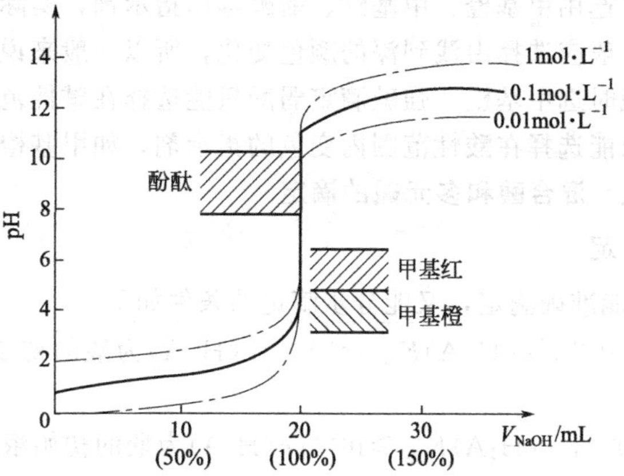

图 4-3　一元强碱滴定不同浓度的强酸的滴定曲线

(2) 酸碱的强弱

如果用 0.1000mol·L^{-1}强碱 NaOH 滴定 20.00mL 0.1000mol·L^{-1} HAc 溶液，化学计量点的 pH 值变为 8.73，而不是 7.00，突跃范围变为 7.74～9.70，所以只能选择在碱性范围变色的指示剂，如酚酞。如果用强酸 0.1000mol·L^{-1} HCl 滴定 20.00mL 0.1000mol·$L^{-1}$$NH_3 \cdot H_2O$ 溶液，化学计量点的 pH 值变为 5.25，也不是 7.00，突跃范围变为 4.4～6.2，所以只能选择在酸性范围内变色的指示剂，如甲基橙。

图 4-4 是用强碱滴定 0.1000 mol·L^{-1}不同强度弱酸的滴定曲线，从图中可以看出，K_a越大，解离度越大，突跃范围越大；当 $K_a \leqslant 10^{-9}$时，已经看不出明显的突跃了，这时已经不能用一般的酸碱指示剂来指示滴定终点了。当弱酸的解离度小到一定程度时，就不能准确滴定了。

可见：酸、碱浓度 c 的大小和酸、碱的 K_a(或 K_b)直接影响突跃范围的大小，当突跃范围小到一定程度的时候，就不能用指示剂进行滴定分析。

因此，强碱准确滴定弱酸的条件：$cK_a \geqslant 10^{-8}$；强酸滴定弱碱的条件：$cK_b \geqslant 10^{-8}$。

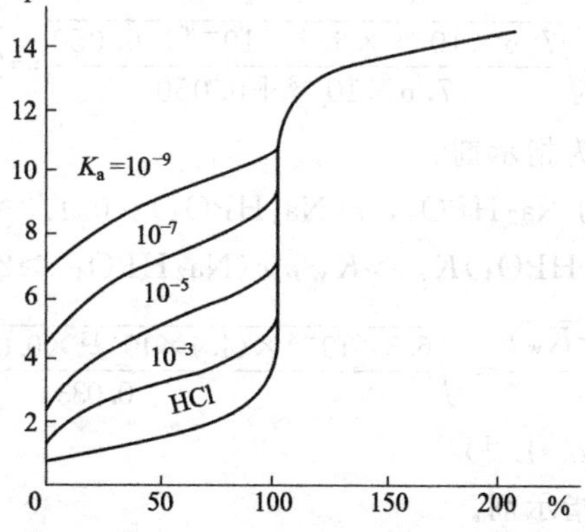

图 4-4　用强碱滴定 0.1000mol·L^{-1}不同强度弱酸的滴定曲线

4.7.2.3 指示剂的选择

指示剂的选择以滴定突跃范围为依据。凡能在 pH 突跃范围内变色的指示剂均能保证相

对误差<±0.1%。选择原则：指示剂的变色范围全部或部分落在滴定突跃范围之内。原则上强酸和强碱的滴定可选用甲基橙、甲基红、酚酞等作指示剂，实际应用中，考虑到视觉对颜色变化的敏感性，一般应选择由浅到深的颜色变化，所以一般来说：强碱滴定强酸时选择酚酞，而强酸滴定强碱时选甲基橙。强碱滴定弱酸只能选择在碱性范围内变色的指示剂，如酚酞；强酸滴定弱碱只能选择在酸性范围内变色的指示剂，如甲基橙。

4.7.2.4 多元酸、混合酸和多元碱的滴定

(1) 多元酸的滴定

以 H_2A 为例，既能准确滴定，又能分步滴定的条件如下。

① $c(H_2A)K_{a_1} \geqslant 10^{-8}$，$c(H_2A)K_{a_2} \geqslant 10^{-8}$[$c(H_2A)$为酸的初始浓度]，且 $K_{a_1}/K_{a_2} > 10^4$，有两个滴定突跃；

② $c(H_2A)K_{a_1} \geqslant 10^{-8}$，$c(H_2A)K_{a_2} \geqslant 10^{-8}$[$c(H_2A)$为酸的初始浓度]，且 $K_{a_1}/K_{a_2} < 10^4$，有一个滴定突跃，产物是 A^{2-}；

③ $c(H_2A)K_{a_1} \geqslant 10^{-8}$，$c(H_2A)K_{a_2} \leqslant 10^{-8}$[$c(H_2A)$为酸的初始浓度]，且 $K_{a_1}/K_{a_2} > 10^4$，有一个滴定突跃，产物是 HA^-。

例题 4-13 以 $0.1000mol \cdot L^{-1}$ NaOH 滴定 $0.1000mol \cdot L^{-1}$ H_3PO_4，H_3PO_4 的三级离解常数分别为：$pK_{a_1}=10^{-2.12}$；$pK_{a_2}=10^{-7.20}$；$pK_{a_3}=10^{-12.36}$。用 NaOH 溶液滴定 H_3PO_4 溶液时，能否分步滴定？求化学计量点 pH。

解：(1)因 $c(H_3PO_4)K_{a_1} > 10^{-8}$，且 $K_{a_1}/K_{a_2}=10^{-2.12}/10^{-7.20}=10^{5.08}>10^4$

故第一步反应 $H_3PO_4 + NaOH \rightleftharpoons NaH_2PO_4 + H_2O$ 可以进行滴定。

又因 $c(H_3PO_4)K_{a_2} \geqslant 10^{-8}$，且 $K_{a_2}/K_{a_3}=10^{-7.20}/10^{-12.36}=10^{5.16}>10^4$

故第二步反应 $NaH_2PO_4 + NaOH \rightleftharpoons Na_2HPO_4 + H_2O$ 亦可以进行滴定。

但由于 $c(H_3PO_4)K_{a_3} < 10^{-8}$，故第三步反应 $Na_2HPO_4 + NaOH \rightleftharpoons Na_3PO_4 + H_2O$ 不能直接滴定。

(2)化学计量点 pH 的计算

第一化学计量点：产物 NaH_2PO_4，$c(NaH_2PO_4)=0.05mol \cdot L^{-1}$

$$c(NaH_2PO_4)K_{a_2} > 20K_w, \quad c(NaH_2PO_4) < 20K_{a_1}$$

$$[H^+]=\sqrt{\frac{K_{a_1}K_{a_2}c}{K_{a_1}+c}}=\sqrt{\frac{7.6\times10^{-3}\times6.3\times10^{-8}\times0.050}{7.6\times10^{-3}+0.050}}=2.0\times10^{-5}(mol \cdot L^{-1})$$

pH=4.70 选甲基橙为指示剂。

第二化学计量点：产物 Na_2HPO_4，$c(Na_2HPO_4)=0.1/3\approx0.03(mol \cdot L^{-1})$

$$c(Na_2HPO_4)K_{a_3} \approx K_w, \quad c(Na_2HPO_4) > 20K_{a_2}$$

$$[H^+]=\sqrt{\frac{K_{a_2}(K_{a_3}c+K_w)}{c}}=\sqrt{\frac{6.3\times10^{-8}\times(4.4\times10^{-13}\times0.033+1.0\times10^{-14})}{0.033}}$$

$$=2.2\times10^{-10}(mol \cdot L^{-1})$$

pH=9.66 选酚酞为指示剂。

(2) 多元碱的测定

对初始浓度为 $c_0(mol \cdot L^{-1})$的二元碱要能准确滴定，又能分步滴定的条件(判别式)是：$c_0K_{b_1} \geqslant 10^{-8}$，$c_0K_{b_2} \geqslant 10^{-8}$($c_0$ 为碱的初始浓度)且 $K_{b_1}/K_{b_2} > 10^4$。

例题 4-14 H_2CO_3 为二元酸，其二级离解常数分别为 $pK_{a_1}=6.38$；$pK_{a_2}=10.25$。用 0.1000mol·L^{-1}的 HCl 溶液滴定同浓度的 Na_2CO_3 溶液时，能否分部滴定？化学计量点 pH 值是多少？

解：用 HCl 溶液滴定 Na_2CO_3 溶液时，酸碱反应是分步进行的，即：

$$Na_2CO_3+HCl \rightleftharpoons NaHCO_3+NaCl \quad (1)$$

$$NaHCO_3+HCl \rightleftharpoons NaCl+CO_2+H_2O \quad (2)$$

$$pK_{b_1}=14-pK_{a_2}=14-10.25=3.75$$

$$pK_{b_2}=14-pK_{a_1}=14-6.38=7.62$$

因 $c(Na_2CO_3)K_{b_1}>10^{-8}$，且 $K_{b_1}/K_{b_2}=10^{-3.75}/10^{-7.62}=10^{3.87}\approx10^4$，

故第一步反应可以进行；且可分步滴定。

第一化学计量点：$pH_1=\frac{1}{2}\times(pK_{a_1}+pK_{a_2})=\frac{1}{2}\times(6.36+10.25)=8.31$；选酚酞指示终点。

第二步的反应产物为 CO_2，其饱和溶液的浓度为 0.04mol·L^{-1}，$c(NaHCO_3)\ K_{b_2}\approx10^{-8}$，故第二步反应亦可进行；

第二化学计量点：$pH_2=\frac{1}{2}\times(pK_{a_1}+pc)=\frac{1}{2}\times(6.36+1.40)=3.88$，选甲基橙指示终点。

4.8 酸碱滴定法的应用

酸碱滴定法在工农业生产和医药卫生等方面都有非常重要的应用价值。例如，硅酸盐试样中 SiO_2 的测定、有机物中氮含量的测定以及食醋总酸量的测定等都可采用酸碱滴定法。

（1）硅酸盐试样中 SiO_2 的测定

水泥、玻璃及各种硅酸盐试样中 SiO_2 含量的测定，过去常用重量分析法，重量分析法准确度高，但费时，操作麻烦。因此，生产过程中的控制分析多采用氟硅酸钾滴定法，这是一种间接的酸碱滴定法，现已被列入水泥化学分析国家标准中。

检测过程：样品中 $SiO_2 \xrightarrow{\text{KOH 熔融}} K_2SiO_3$（可溶的）$\xrightarrow{HNO_3\text{ 介质 KF}} K_2SiF_6\downarrow \xrightarrow{\text{过滤、洗涤、中和残余酸}}$ 纯 $K_2SiF_6\downarrow \xrightarrow{\text{沸水}} HF \xrightarrow{\text{NaOH 标液(酚酞)}} NaF$(无色→粉红)

（2）有机物中氮含量的测定(凯氏定氮法)

检测过程：有机物中的氮在强热和 $CuSO_4$、浓 H_2SO_4 作用下，生成 $(NH_4)_2SO_4$；在凯氏定氮器中与碱作用，通过蒸馏释放出 NH_3，收集于 H_3BO_3 溶液中；再用已知浓度的 HCl 标准溶液滴定，根据 HCl 消耗的量计算出氮的含量，然后乘以相应的换算因子，即得蛋白质的含量。

（3）食醋总酸量的测定

醋酸为一元弱酸，其离解常数 $K_a=1.8\times10^{-5}$，因此可用标准碱溶液直接滴定。化学计量点时反应产物是 NaAc，在水溶液中显弱碱性，可用酚酞作为指示剂。

混合碱的分析(双指示剂法)也是典型的酸碱滴定的应用实例，在此鉴于篇幅原因就不做赘述了。

阅读材料：软硬酸碱理论

软硬酸碱理论简称 HSAB(hard-soft-acid-base)理论，将酸和碱根据性质的不同各分为软硬两类的理论，是一种尝试解释酸碱反应及其性质的现代理论。它目前在化学研究中得到了广泛的应用，其中最重要的是对配合物稳定性的判别和其反应机理的解释。软硬酸碱理论的基础是酸碱电子论，即以电子对得失作为判定酸、碱的标准。

根据软硬酸碱理论，电荷较多、半径较小、外层电子被原子核束缚得较紧而不易变形的正离子就是硬酸，如 B^+、Al^{3+}、Fe^{3+} 等。而电荷较少、半径较大、外层电子被原子核束缚得较松因而容易变形的正离子就是软酸，如 Cu^+、Ag^+、Cd^{2+} 等。还有介于二者之间的交界酸，如 Fe^{2+}、Cu^{2+}。

硬碱：其配位原子是一些电负性大、吸引电子能力强、半径较小、难失去电子、不易变形的元素，如 F^-、OH^- 等；软碱：其配位原子是一些电负性较小、吸引电子能力弱、半径较大、易失去电子、容易变形的元素，如 I^-、SCN^-、CN^- 等。还有介于二者之间的交界碱，如 Br^-、NO_3^-。

硬酸和硬碱以库仑力作为主要的作用力；软酸和软碱以共价键作为主要的相互作用力。此理论的中心主旨是，在其他所有因素相同时，“软”的酸与“软”的碱反应较快速，形成较强键结；而“硬”的酸与“硬”的碱反应较快速，形成较强键结。大体上来说，“硬亲硬，软亲软”生成的化合物较稳定。

“硬酸优先与硬碱结合，软酸优先与软碱结合”虽然是一条经验规律，但应用颇广，可说明多种化学现象，如下所述。

① 取代反应都倾向于形成硬-硬、软-软的化合物。

$$\frac{1}{2}HI(g)+F_2(g)\longrightarrow\frac{1}{2}HF(g)+I_2(g)\quad \Delta H=-263.6kJ\cdot mol^{-1}$$

式中，g 为气态。H^+ 是硬酸，优先与硬碱 F^- 结合，反应放热。

双取代反应也倾向于生成硬-硬、软-软化合物，反应放热，如 Li、Be 是硬酸（Be 比 Sr 硬），F^- 是硬碱，I^- 是软碱，反应如下：$LiI + CsF \longrightarrow LiF+CsI\ \Delta H=-65.7 kJ\cdot mol^{-1}$。

$$BeI_2+SrF_2\longrightarrow BeF_2+SrI_2\quad \Delta H=-200.8kJ\cdot mol^{-1}$$

② 软-软、硬-硬化合物较为稳定，软-硬化合物不够稳定。如软酸 Cu^{2+} 易与软碱 CN^- 生成稳定的配位化合物(简称配合物)$Cu(CN)^+$，其稳定常数 $\lg\beta_2=24$，此值大于 Cu 与硬碱 NH_3 配合物 $Cu(NH_3)^{2+}$ 的稳定常数($\lg\beta_2=10.8$)；又如软酸 Cd^{2+} 与软碱 CN^- 的配合物 $Cd(CN)^+$ 的稳定常数 $\lg\beta_4=18.9$，大于 Cd^{2+} 与硬碱 NH_3 配合物 $Cd(NH_3)$ 的稳定常数($\lg\beta_4=6.92$)；软碱 I^- 易与软酸 Ag^+ 形成稳定的 AgI，而硬碱 F^- 却不能形成稳定的 AgF。

一般软-硬化合物不够稳定，如 CH_2F_2 易分解：$2CH_2F_2(g)\longrightarrow CH_4(g)+CF_4(g)$。硬酸 Mg^{2+}、Ca^{2+}、Sr^{2+}、Ba^{2+}、Al^{3+} 等在自然界的矿物都是与硬碱 O^{2-}、F^- 等形成的化合物，而软酸 Ag^{2+}、Hg^{2+} 等主要是与软碱 S^{2-} 等形成的化合物。

③ 硬溶剂优先溶解硬溶质，软溶剂优先溶解软溶质，许多有机化合物不易溶于水，就是因为水是硬碱。

物质的溶解也是溶质和溶剂间的酸碱反应。常用的硬碱溶剂如水和氨，较易溶解硬酸-硬碱的化合物，如 LiCl、$MgSO_4$、KNO_3 等；而软碱溶剂如苯等，易溶解软酸 Br_2、I_2。软酸 Ag^+ 与硬碱 F^- 的化合物易溶于水，而软酸 Ag^+ 与软碱 Br^-、I^- 的化合物难溶于水。

④ 解释催化作用　有机反应中的弗里德-克雷夫茨反应以无水氯化铝（$AlCl_3$）作为催化剂，$AlCl_3$ 是硬酸，与 RCl 中的硬碱 Cl^- 结合而活化。

习题

1. 判断题

(1)中和 20mL HCl 溶液[$c(HCl)=0.010mol \cdot L^{-1}$] 和 20mL HAc 溶液[$c(HAc)=0.010mol \cdot L^{-1}$] 所需 NaOH 溶液[$c(NaOH)=0.10mol \cdot L^{-1}$] 的体积相同。(　　)

(2)当某弱酸稀释时，其解离度增大，溶液的酸度也增大。(　　)

(3)饱和氢硫酸(H_2S)溶液中 $H^+(aq)$与 $S^{2-}(aq)$浓度之比为 2∶1。(　　)

(4)Na_2CO_3 溶液中 H_2CO_3 的浓度近似等于 K_{b_2}。(　　)

(5)NaAc 溶液与 HCl 溶液反应，该反应的平衡常数等于乙酸的解离平衡常数的倒数。(　　)

(6)无论何种酸或碱，只要其浓度足够大，都可被强碱或强酸溶液定量滴定。(　　)

(7)用 HCl 标准溶液滴定浓度相同的 NaOH 和 $NH_3 \cdot H_2O$ 时，化学计量点的 pH 均为 7。(　　)

(8)酸碱滴定中，化学计量点时溶液的 pH 值与指示剂的理论变色点的 pH 值相等。(　　)

2. 选择题

(1)某酸碱指示剂的 $pK(HIn)=4.0$，其理论变色范围是 pH 为(　　)。

A. 2～8　　B. 3～7　　C. 3～5　　D. 5～7

(2)酸碱滴定中选择指示剂的原则是(　　)。

A. 指示剂的变色范围与化学计量点完全相符

B. 指示剂应在 pH=7.00 时变色

C. 指示剂变色范围应全部落在 pH 突跃范围之内

D. 指示剂的变色范围应全部或部分落在 pH 突跃范围之内

(3)下列弱酸或弱碱能用酸碱滴定法直接准确滴定的是(　　)。

A. $0.1mol \cdot L^{-1}$ 苯酚 $K_a=1.1\times10^{-10}$　　B. $0.1mol \cdot L^{-1}$ H_3BO_3 $K_a=7.3\times10^{-10}$

C. $0.1mol \cdot L^{-1}$ 羟胺 $K_b=1.07\times10^{-8}$　　D. $0.1mol \cdot L^{-1}$ HF $K_a=3.5\times10^{-4}$

(4)初始浓度为 $c(mol \cdot L^{-1})$的多元酸准确分步滴定的条件是(　　)。

A. $K_{a_i}>10^{-5}$　　B. $K_{a_i}/K_{a_{i+1}}\geqslant10^4$

C. $cK_{a_i}\geqslant10^{-8}$　　D. $cK_{a_i}\geqslant10^{-8}$，$cK_{a_{i+1}}\geqslant10^{-8}$ 且 $K_{a_i}/K_{a_{i+1}}\geqslant10^4$

(5)在氨溶液中加入氢氧化钠，使(　　)。

A. 溶液 OH^- 浓度变小　　B. NH_3 的 K_b 变小

C. NH_3 的 α 降低　　D. pH 值变小

(6)下列酸碱滴定反应中，其等量点 pH 值等于 7.00 的是(　　)。

A. NaOH 滴定 HAc　　B. HCl 溶液滴定 $NH_3 \cdot H_2O$

C. HCl 溶液滴定 Na_2CO_3　　D. NaOH 溶液滴定 HCl

(7)计算二元弱酸的 pH 值时，若 $K_{a_1}\gg K_{a_2}$，经常：(　　)。

A. 只计算第一级离解而忽略第二级离解　　B. 一、二级离解必须同时考虑

C. 只计算第二级离解　　D. 与第二级离解完全无关

(8)用强碱滴定一元弱酸时，应符合 $cK_a\geqslant10^{-8}$ 的条件，这是因为(　　)。

A. $cK_a<10^{-8}$ 时滴定突跃范围窄　　B. $cK_a<10^{-8}$ 时无法确定化学计量关系

C. $cK_a<10^{-8}$ 时指示剂不发生颜色变化　　D. $cK_a<10^{-8}$ 时反应不能进行

(9)已知HCOOH在25℃时的酸解离平衡常数 $K_a=1.8\times10^{-4}$，则其共轭碱 $HCOO^-$ 的 K_b 为(　　)。

A. 1.8×10^{-4}　　B. 1.8×10^{-18}　　C. 5.6×10^{-11}　　D. 5.6×10^{3}　　E. 1.8×10^{-10}

(10)在纯水中，加入一些酸，其溶液的(　　)。

A. $[H^+]$与$[OH^-]$乘积变大　　B. $[H^+]$与$[OH^-]$乘积变小　　C. $[H^+]$与$[OH^-]$乘积不变

D. $[H^+]$等于$[OH^-]$　　E. 以上说法都不对

(11)在 NH_3 的水解平衡 $NH_3(aq)+H_2O(l)\rightleftharpoons NH_4^+(aq)+OH^-(aq)$ 中，为使$[OH^-]$增大，可行的方法是(　　)。

A. 加 H_2O　　B. 加 NH_4Cl　　C. 加 HAc　　D. 加 NaCl　　E. 加 HCl

3. 填空题

(1)强碱滴定弱酸的滴定突跃范围大小取决于_____与_____的乘积，当其乘积_____时，强碱能够直接、准确滴定弱酸。

(2)酸碱滴定曲线是以_____变化为特征的。滴定时酸碱的浓度越大，滴定的突跃范围_____。

(3)滴定分析中，借助指示剂颜色突变即停止滴定，称为_____。

4.(1)指出下列各酸的共轭碱：H_2O、H_3O^+、H_2CO_3、H_2S、HS^-；(2)指出下列各碱的共轭酸：H_2O、NH_3、$[Al(H_2O)_5OH]^{2+}$、CH_3COO^-。

5. 计算下列酸碱质子传递平衡常数。

(1)$HNO_2(aq)+CN^-(aq)\rightleftharpoons HCN(aq)+NO_2^-(aq)$

(2)$HSO_4^-(aq)+NO_2^-(aq)\rightleftharpoons HNO_2(aq)+SO_4^{2-}(aq)$

(3)$NH_4^+(aq)+Ac^-(aq)\rightleftharpoons NH_3(aq)+HAc(aq)$

(4)$SO_4^{2-}(aq)+H_2O(l)\rightleftharpoons HSO_4^-(aq)+OH^-(aq)$

6. 已知某酸 H_3A 的 $K_{a_1}=10^{-4}$、$K_{a_2}=10^{-7}$、$K_{a_3}=10^{-11}$。

(1)计算 $0.1mol\cdot L^{-1}$ H_3A 水溶液的pH、$[H_2A^-]$、$[HA^{2-}]$、$[A^{3-}]$。

(2)$0.20mol\cdot L^{-1}$ H_3A 溶液与 $0.10mol\cdot L^{-1}$ 的NaOH溶液等体积混合，pH为多少？

(3)若 $0.20mol\cdot L^{-1}$ H_3A 溶液与 $0.30mol\cdot L^{-1}$ 的NaOH溶液等体积混合，pH为多少？

(4)若 $0.20mol\cdot L^{-1}$ H_3A 溶液与 $0.50mol\cdot L^{-1}$ 的NaOH溶液等体积混合，pH为多少？

7. $C_{17}H_{19}NO_3$ 是一种弱碱，其 $K_b=7.9\times10^{-7}$。试计算 $0.015mol\cdot L^{-1}$ 该弱碱水溶液的pH值。

8. 水杨酸是二元弱酸，$K_{a_1}=1.06\times10^{-3}$，$K_{a_2}=3.6\times10^{-14}$，计算 $0.065mol\cdot L^{-1}$ 的水杨酸溶液的pH值及平衡时各物种的浓度。

9. 已知叠氮酸(HN_3)是一元弱酸，计算 $0.010mol\cdot L^{-1}$ 叠氮钠(NaN_3)溶液的各种物种的浓度。已知叠氮酸(HN_3)的 $K_a=1.9\times10^{-5}$。

10. 计算下列溶液的pH值：

(1)$0.10mol\cdot L^{-1}$ H_3PO_4 与 $0.20mol\cdot L^{-1}$ NaOH等体积相混合；

(2)$0.10mol\cdot L^{-1}$ Na_3PO_4 与 $0.20mol\cdot L^{-1}$ HCl等体积相混合；

(3)$0.20mol\cdot L^{-1}$ H_3PO_4 与 $0.20mol\cdot L^{-1}$ Na_3PO_4 等体积混合；

(4)$0.20mol\cdot L^{-1}$ Na_2CO_3 与 $0.10mol\cdot L^{-1}$ HCl等体积混合。

11. 在1.0L $0.10mol\cdot L^{-1}$ H_3PO_4 溶液中，加入6.0g NaOH固体，完全溶解后，设溶液体积不变，求该溶液的pH值。

12. 有一固体混合物，仅由 NaH_2PO_4 和 Na_2HPO_4 组成，称取该混合物1.91g，用水溶解后，用容量瓶配成100.0mL，测得该溶液的pH值为6.91。计算该固体混合物中 NaH_2PO_4 和 Na_2HPO_4 质量。

13. 取碳酸钙试样0.1983g，溶于25.00mL的 $0.2010mol\cdot L^{-1}$ HCl溶液中，过量的酸用 $0.2000mol\cdot L^{-1}$ NaOH溶液返滴定，消耗5.50mL，求碳酸钙的百分含量($M_{CaCO_3}=100.1g\cdot mol^{-1}$)。

14. 计算下列各溶液的pH值

(1)$0.05mol\cdot L^{-1}$ HCl；　(2)$0.05mol\cdot L^{-1}$ NH_4Ac；　(3)$0.10mol\cdot L^{-1}$ $CH_2ClCOOH$；

(4)$0.10mol\cdot L^{-1}$ $NH_3\cdot H_2O$；(5)$0.10mol\cdot L^{-1}$ HAc；　(6)$0.20mol\cdot L^{-1}$ Na_2CO_3；

(7)0.50mol·L^{-1} $NaHCO_3$； (8)0.20mol·L^{-1} NaH_2PO_4；(9)0.010mol·L^{-1} Na_2HPO_4。

15. 有一碱液，可能是 NaOH、Na_2CO_3、$NaHCO_3$，也可能是它们的混合物。今用 HCl 标准溶液滴定，以酚酞为指示剂滴定，终点时消耗 HCl V_1 mL，若继续用甲基橙为指示剂滴定，终点时用去 HCl V_2 mL，试由 V_1 与 V_2 关系判断碱液组成：

(1)$V_1=V_2$ 时，组成为________。

(2)$V_1<V_2$ 时，组成为________。

(3)$V_1>V_2$ 时，组成为________。

(4)$V_1=0$，$V_2>0$ 时，组成为________。

(5)$V_2=0$，$V_1>0$ 时，组成为________。

第5章 沉淀溶解平衡和沉淀滴定及重量分析法

学习要求

① 理解难溶电解质沉淀溶解平衡的特点；

② 能够利用溶度积规则进行溶解度和溶度积常数的计算；

③ 能利用溶度积规则判断沉淀的生成与溶解；

④ 掌握银量法的基本原理和实际应用；

⑤ 了解重量分析法。

上一章讨论了弱酸、弱碱和盐在水溶液中的电离平衡，它们属于单相平衡。本章讨论的难溶电解质饱和溶液中存在的固体和水合离子间的沉淀溶解平衡是多相平衡。

5.1 溶度积

5.1.1 溶解度

在一定温度下，达到溶解平衡(饱和溶液)时，一定量的溶剂中含有溶质的质量，叫作溶解度，通常以符号 s 表示。在中学课程中，通常以饱和溶液中每100g 水所含溶质质量来表示，即以 g/100g 水表示。学习了摩尔浓度和百分比浓度后，溶解度也可用摩尔浓度($mol \cdot L^{-1}$)和百分比浓度表示。

现在为了更方便地研究难溶电解质沉淀溶解平衡的基本知识，在本课程中溶解度一般用摩尔浓度($mol \cdot L^{-1}$)表示，特别是在溶度积常数表达式中。

自然界没有绝对不溶的物质。习惯上把溶解度小于 0.01g/100g 水的物质叫不溶物或难溶物。

5.1.2 溶度积

在一定温度下，将难溶电解质晶体放入水中时，就发生溶解和沉淀两个过程。以 $BaSO_4$ 为例，如图 5-1 所示：$BaSO_4(s)$是由 Ba^{2+} 和 SO_4^{2-} 组成的晶体，将其放入水中，晶体中的 Ba^{2+} 和 SO_4^{2-} 在水分子的作用下，不断从晶体表面进入水溶液中，成为无规则运动的水合离子，这是 $BaSO_4(s)$的溶解过程；同时，水溶液中的水合 $Ba^{2+}(aq)$和 $SO_4^{2-}(aq)$相互碰撞或与未溶解的 $BaSO_4(s)$碰撞，以固体 $BaSO_4(s)$的形式析出，这是 $BaSO_4(s)$的沉淀过程。在一定条件下，当溶解和沉淀速率相等时，便建立了一种动态的多相离子平衡，可表示如下：

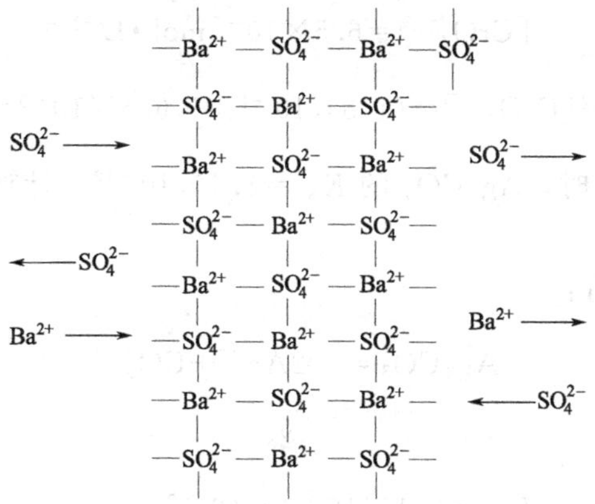

图 5-1 $BaSO_4(s)$的溶解过程

$$BaSO_4(s) \underset{\text{沉淀}}{\overset{\text{溶解}}{\rightleftharpoons}} Ba^{2+}(aq) + SO_4^{2-}(aq)$$

上述体系的平衡关系式：$K_{sp} = [Ba^{2+}][SO_4^{2-}]$

K_{sp}是难溶电解质沉淀-溶解平衡的平衡常数，它反映了物质的溶解能力，故称溶度积常数，简称溶度积。附录Ⅲ中列出了常温下常见难溶物质的溶度积常数。

对于一般沉淀反应：$A_nB_m(s) \rightleftharpoons nA^{m+}(aq) + mB^{n-}(aq)$

K_{sp}的表达式：$K_{sp} = [ms]^m[ns]^n$

难溶电解质溶度积常数的数值在稀溶液中不受其他离子的影响，只取决于温度。温度升高，一般难溶电解质的溶度积常数增大。

5.1.3 溶度积和溶解度的关系

(1) 溶度积和溶解度的相互换算

溶度积和溶解度都可以表示物质的溶解能力，它们之间可以进行相互换算。

例题 5-1 25℃，AgCl 的溶解度为 $1.92\times10^{-3}g\cdot L^{-1}$，求同温度下 AgCl 的溶度积。

解： 已知 $M(AgCl)=143.3g\cdot mol^{-1}$，$s=\dfrac{1.92\times10^{-3}}{143.3}=1.34\times10^{-5}(mol\cdot L^{-1})$

$$AgCl(s) \rightleftharpoons Ag^{+}(aq) + Cl^{-}(aq)$$

平衡浓度/$mol\cdot L^{-1}$　　s　　s

$$K_{sp}=[Ag^{+}][Cl^{-}]=s^2=1.8\times10^{-10}$$

$$s=1.34\times10^{-5}mol\cdot L^{-1}$$

例题 5-2 已知 25℃时，Ag_2CrO_4 的溶解度为 $6.5\times10^{-5}\ mol\cdot L^{-1}$，求其在相同温度下的溶度积。

解：$Ag_2CrO_4 \rightleftharpoons 2Ag^+(aq)+CrO_4^{2-}(aq)$

$$[Ag^+]=2\times6.5\times10^{-5}\ mol\cdot L^{-1}=1.3\times10^{-4}\ mol\cdot L^{-1}$$

$$[CrO_4^{2-}]=6.5\times10^{-5}\ mol\cdot L^{-1}$$

$$K_{sp}=[Ag^+]^2[CrO_4^{2-}]=(1.3\times10^{-4})^2\times6.5\times10^{-5}=1.1\times10^{-12}$$

例题 5-3 已知 25℃时，Ag_2CO_3 的 $K_{sp}=8.1\times10^{-12}$。计算在该温度下 Ag_2CO_3 的溶解度是多少？

解： 对于 Ag_2CO_3 有：

$$Ag_2CO_3 \rightleftharpoons 2Ag^+ + CO_3^{2-}$$

平衡浓度/$mol\cdot L^{-1}$　　　　$2s$　　　s

$$K_{sp}=8.1\times10^{-12}=(2s)^2s=4s^3$$

$$s=1.3\times10^{-4}\ mol\cdot L^{-1}$$

（2）由溶度积计算溶解度的条件

必须指出，上述 K_{sp} 和 s 之间的换算的方法是有条件的（参看张永安．由溶度积计算溶解度问题的商榷．《化学教育》，1984）。

① 上述的简单换算方法，仅适用于离子强度较小、浓度可以代替活度的溶液。因此对于溶解度较大的难溶电解质（$CaSO_4$、$CaCrO_4$ 等），由于离子浓度较大，用上述方法换算就产生较大误差。

② 上述方法只适用于电离出的阴、阳离子，在水溶液中不发生水解等副反应或副反应程度不大的物质。

③ 上述方法仅适用于溶解部分全部电离的难溶强电解质。对于 Hg_2Cl_2、Hg_2I_2 等共价性较强的物质亦会产生较大误差。

5.2 沉淀的生成与溶解

5.2.1 溶度积规则

根据溶度积常数可以判断沉淀、溶解反应进行的方向。

对于难溶电解质的多相离子平衡来说，

$$A_nB_m(s) \rightleftharpoons nA^{m+}(aq)+mB^{n-}(aq)$$

其反应商 J（又叫难溶电解质的离子积）表达式可写作：

$$J=c(A^{m+})^n c(B^{n-})^m$$

依据平衡移动原理，可以得出：

$J>K_{sp}$时，平衡向左移动，沉淀析出；

$J=K_{sp}$时，处于平衡状态，饱和溶液；

$J<K_{sp}$时，平衡向右移动，无沉淀析出；若原来有沉淀存在，则沉淀溶解。

以上规则称为溶度积规则，它是难溶电解质多相离子平衡移动规律的总结。可以看出，沉淀的生成和溶解是两个方向相反的过程，它们相互转化的条件是离子浓度。控制离子浓度，可以使反应向需要的方向转化。

例题 5-4 25℃时，腈纶纤维生产的某种溶液中，$c(SO_4^{2-})$为$6.0\times10^{-4}mol\cdot L^{-1}$。若在40.0L该溶液中，加入$0.010mol\cdot L^{-1}$ $BaCl_2$溶液10.0L，问是否能生成$BaSO_4$沉淀？如果有沉淀生成，问能生成$BaSO_4$多少克？最后溶液中$c(SO_4^{2-})$是多少？

解：

$$c_0(SO_4^{2-})=\frac{6.0\times10^{-4}\times40.0}{50.0}=4.8\times10^{-4}(mol\cdot L^{-1})$$

$$c_0(Ba^{2+})=\frac{0.010\times10.0}{50.0}=2.0\times10^{-3}(mol\cdot L^{-1})$$

$$J=c_0(SO_4^{2-})\ c_0(Ba^{2+})=4.8\times10^{-4}\times2.0\times10^{-3}=9.6\times10^{-7}$$

$$K_{sp}=1.1\times10^{-10}$$

$J>K_{sp}$，所以有$BaSO_4$沉淀析出。

	$BaSO_4(s) \rightleftharpoons$	Ba^{2+} +	SO_4^{2-}
反应前浓度/$mol\cdot L^{-1}$		2.0×10^{-3}	4.8×10^{-4}
平衡浓度/$mol\cdot L^{-1}$		$2.0\times10^{-3}-4.8\times10^{-4}+x$	x

$$K_{sp}=[Ba^{2+}][SO_4^{2-}]=(2.0\times10^{-3}-4.8\times10^{-4}+x)x$$

$$(1.52\times10^{-3}+x)x=1.1\times10^{-10}$$

x很小，$1.52\times10^{-3}+x\approx1.52\times10^{-3}$

解得$x=7.3\times10^{-8}$

$$m(BaSO_4)=(4.8\times10^{-4}-x)\times50.0\times233\approx4.8\times10^{-4}\times50.0\times233=5.6(g)$$

5.2.2 影响沉淀溶解度的主要因素

(1) 同离子效应

如果在$BaSO_4$的沉淀溶解平衡系统中加入$BaCl_2$(或Na_2SO_4)就会破坏平衡，结果生成更多的$BaSO_4$沉淀。当新的平衡建立时，$BaSO_4$的溶解度减小。在难溶电解质的饱和溶液中，这种因加入含有相同离子的强电解质，使难溶电解质溶解度降低的效应，称为同离子效应。

例题 5-5 分别计算 $BaSO_4$ 在纯水和 0.10mol·L^{-1} $BaCl_2$ 溶液中的溶解度，已知 $BaSO_4$ 在 298.15K 时的溶度积为 1.1×10^{-10}。

解：(1)$BaSO_4$ 沉淀的溶解度为 s

$$[Ba^{2+}]=[SO_4^{2-}]=s$$

$$K_{sp}=[Ba^{2+}][SO_4^{2-}]=ss$$

$$s=\sqrt{K_{sp}}=1.05\times10^{-5}(mol\cdot L^{-1})$$

(2) 设 $BaSO_4$ 在 0.10mol·L^{-1}$BaCl_2$ 溶液中的溶解度为 s_2

根据 $BaSO_4(s) \rightleftharpoons Ba^{2+}+SO_4^{2-}$

平衡浓度/(mol·L^{-1}) $0.1+s_2$ s_2

因为 $K_{sp}(BaSO_4)$的值很小，所以 $0.10+s_2\approx0.10$

$$K_{sp}(BaSO_4)=[Ba^{2+}][SO_4^{2-}]=(0.10+s_2)s_2\approx0.1s_2$$

故 $s_2=1.1\times10^{-9}$mol·L^{-1}

由计算结果可见，$BaSO_4$ 在 0.10mol·L^{-1} $BaCl_2$ 溶液中的溶解度约为在纯水中的万分之一。因此，利用同离子效应可以使难溶电解质的溶解度大大降低。

沉淀溶解平衡中，同离子效应有许多重要的实际应用。

① 加入过量沉淀剂可使被沉淀离子沉淀完全。但是，由于溶度积常数所示的离子浓度间的相互制约关系，不论加入多大浓度的沉淀剂，被沉淀离子也不可能从溶液中绝迹。通常，当溶液中被沉淀离子浓度小于 1.0×10^{-5}mol·L^{-1}时，即可认为沉淀完全了，所以沉淀剂一般过量 20%～50%即可。加入沉淀剂量太大，有时还可能引起副反应(酸效应、配位效应)而使沉淀的溶解度增大。

② 定量分离沉淀时，选择洗涤剂。例如，制得 0.1g $BaSO_4$ 沉淀，如用 100mL 纯水洗涤杂质时，将损失 2.66×10^{-4}g $BaSO_4$，余下 0.1－0.0003＝0.0997g，损耗率 0.3%。如果改用 0.01mol·L^{-1} H_2SO_4 溶液洗涤沉淀，仅损失 2.5×10^{-7}g。这样微小的质量，一般的分析天平是称量不出来的。

(2) 盐效应

如果在难溶电解质的饱和溶液中加入不含相同离子的强电解质，将使难溶电解质的溶解度增大，这个现象称为盐效应。盐效应的产生，是由溶液中离子强度增大而使有效浓度(活度)减小造成的。

将 AgCl 在 KNO_3 溶液中的溶解度和 $PbSO_4$ 在 Na_2SO_4 溶液中的溶解度(25℃)对比如表 5-1 和表 5-2 所示。

表 5-1 AgCl 在 KNO_3 溶液中的溶解度(25℃)

KNO_3 溶液浓度/mol·L^{-1}	0.00	0.00100	0.00500	0.0100
AgCl 溶解度/10^{-5}mol·L^{-1}	1.278	1.325	1.385	1.427

表 5-2 $PbSO_4$ 在 Na_2SO_4 溶液中的溶解度(25℃)

$c(Na_2SO_4)/mol \cdot L^{-1}$	0	0.001	0.01	0.02	0.04	0.100	0.200
$s(PbSO_4)/mmol \cdot L^{-1}$	0.15	0.024	0.016	0.014	0.013	0.016	0.023

从表 5-1 和表 5-2 的对比可以看出，同离子效应和盐效应的效果相反，但前者比后者大得多。产生同离子效应时，也会有盐效应产生，如果没有特别指出要考虑盐效应，稀溶液计算时可忽略盐效应的影响。

5.2.3 沉淀的生成

根据溶度积规则，掌握沉淀生成和溶解的规律。欲使某种物质析出沉淀，必须使其离子积大于溶度积，这就要增大离子浓度，使反应向生成沉淀的方向转化。

(1) 加入沉淀剂

在 Na_2SO_4 溶液中加入 $CaCl_2$，当 SO_4^{2-} 浓度与 Ca^{2+} 浓度之积大于 $CaSO_4$ 的 K_{sp}时，即有沉淀生成。

例题 5-6 将 20mL 1mol·L⁻¹的 Na_2SO_4 溶液与 20mL 1mol·L⁻¹的 $CaCl_2$ 溶液混合后，是否有 $CaSO_4$ 生成？已知 $CaSO_4$ 的 $K_{sp}=9.1\times10^{-6}$。

解：混合后离子未发生反应时各自的浓度分别为 $0.5mol \cdot L^{-1}$。其离子积为：

$$c(Ca^{2+})c(SO_4^{2-})=0.5^2=0.25>K_{sp}=9.1\times10^{-6}$$

根据溶度积原理，可以断定溶液中有 $CaSO_4$ 沉淀生成。

例题 5-7 在 1L 含有 $0.001mol \cdot L^{-1}$ SO_4^{2-} 的溶液中，注入 0.01mol $BaCl_2$，能否使 SO_4^{2-} 沉淀完全？

解：当两种离子反应达到平衡时 Ba^{2+}浓度为：

$$[Ba^{2+}]=(0.01-0.001)+[SO_4^{2-}]\approx0.009(mol \cdot L^{-1})$$

$$[SO_4^{2-}]=\frac{K_{sp}}{[Ba^{2+}]}=\frac{1.08\times10^{-10}}{0.009}=1.2\times10^{-8}(mol \cdot L^{-1})$$

$[SO_4^{2-}]<10^{-5}mol \cdot L^{-1}$所以 SO_4^{2-} 沉淀完全。

(2) 控制溶液的 pH 值

某些难溶的弱酸盐和难溶的氢氧化物，通过控制 pH 值可以使其沉淀或溶解。

例题 5-8 计算欲使 $0.01mol \cdot L^{-1}$ Fe^{3+}开始沉淀和沉淀完全时的 pH 值。已知 $K_{sp}[Fe(OH)_3]=4\times10^{-38}$。

解：(1)开始沉淀时的 pH 值

根据 $$Fe(OH)_3(s)\rightleftharpoons Fe^{3+}+3OH^-$$

$$[Fe^{3+}][OH^-]^3\geqslant K_{sp}[Fe(OH)_3]$$

$$[OH^-]\geqslant\sqrt[3]{\frac{K_{sp}[Fe(OH)_3]}{[Fe^{3+}]}}\geqslant\sqrt[3]{\frac{4\times10^{-38}}{0.01}}=1.6\times10^{-12}(mol \cdot L^{-1})$$

所以 $pH=14-pOH=14-[-\lg(1.6\times10^{-12})]=2.2$

(2)沉淀完全时的 pH 值

根据 $[OH^-]=\sqrt[3]{\dfrac{K_{sp}[Fe(OH)_3]}{[Fe^{3+}]}}=\sqrt[3]{\dfrac{4\times10^{-38}}{10^{-5}}}=1.59\times10^{-11}(mol\cdot L^{-1})$

所以 $pH=14-pOH=14-[-\lg(1.59\times10^{-11})]=3.20$

通过例题的计算可以看出：

① 氢氧化物开始沉淀和沉淀完全可以是酸性环境。

② 由于氢氧化物不同，组成不同，它们完全沉淀所需的 pH 值也就不同。因此，通过控制 pH 值，就可以达到分离金属离子的目的。

必须指出，通过上述计算得到的仅仅是理论值，实际情况往往复杂得多。

5.2.4 沉淀的溶解

根据溶度积规则，要使某种沉淀溶解，必须减小该难溶盐饱和溶液中某一离子的浓度，以使 $J<K_{sp}$。减小离子浓度的方法介绍如下。

5.2.4.1 生成弱电解质

(1) 难溶盐溶于酸生成弱电解质

如：

$$\begin{array}{c} Mg(OH)_2 \rightleftharpoons Mg^{2+}+2OH^- \\ + \\ 2HCl \rightleftharpoons 2Cl^- + 2H^+ \\ \rightleftharpoons \\ 2H_2O \end{array}$$

$Mg(OH)_2$ 沉淀电离出来的 OH^- 与酸提供的 H^+ 结合生成弱电解质水，从而降低了 OH^- 的浓度。使 $J<K_{sp}$，于是平衡向沉淀溶解的方向移动。只要加入足够量的酸，$Mg(OH)_2$ 将全部溶解。

$Mg(OH)_2$ 沉淀还溶于铵盐溶液。由于 NH_4^+ 与 OH^- 结合成氨水，从而降低了 OH^- 的浓度。反应平衡关系如下：

$$\begin{array}{c} Mg(OH)_2 \rightleftharpoons Mg^{2+}+2OH^- \\ + \\ 2NH_4Cl \rightleftharpoons 2Cl^- + 2NH_4^+ \\ \rightleftharpoons \\ 2NH_3+2H_2O \end{array}$$

金属硫化物的 K_{sp} 相差很大，其溶解情况比较复杂。在用酸溶解硫化物时，体系中同时存在硫化物的沉淀溶解平衡及 H_2S 的电离平衡。

$$MS(s) \rightleftharpoons M^{2+}+S^{2-}$$
$$S^{2-}+H^+ \rightleftharpoons HS^-$$
$$HS^-+H^+ \rightleftharpoons H_2S$$

应用多重平衡规则，可以导出用 1L 盐酸溶解 0.1mol 硫化物 MS 所需 H^+ 浓度的公式：将上面的三个方程式相加得到

$$MS(s)+2H^+ \rightleftharpoons M^{2+}+H_2S$$

$$K=\frac{K_{sp}}{K_{a_1}K_{a_2}}=\frac{[M^{2+}][H_2S]}{[H^+]^2}$$

$$[H^+]=\sqrt{\frac{K_{a_1}K_{a_2}[M^{2+}][H_2S]}{K_{sp}}}$$

式中，$[M^{2+}]=0.1mol\cdot L^{-1}$；$[H_2S]\approx0.10mol\cdot L^{-1}$（$H_2S$ 饱和液的浓度 $0.10mol\cdot L^{-1}$）。显然，欲使一定量硫化物溶解所需 H^+ 浓度与该硫化物的溶度积倒数的平方根成反比。K_{sp} 越小者，所需酸浓度越高。

例题 5-9 欲使 0.10mol ZnS 或 0.10mol CuS 溶解于 1L 盐酸中，所需盐酸的最低浓度是多少？

解：(1)对 ZnS，溶解平衡时：

$$[H^+]=\sqrt{\frac{K_{a_1}K_{a_2}[Zn^{2+}][H_2S]}{K_{sp}}}=\sqrt{\frac{9.1\times10^{-8}\times1.1\times10^{-12}\times0.10\times0.10}{2.5\times10^{-22}}}=2.0(mol\cdot L^{-1})$$

注意：计算得到的$[H^+]$为平衡时需要的氢离子浓度，初始氢离子浓度应加上与硫化物消耗掉的 0.2mol，所以所需盐酸的最低浓度是 $2.2mol\cdot L^{-1}$。

(2)对 CuS，同理

$$[H^+]=\sqrt{\frac{9.1\times10^{-8}\times1.1\times10^{-12}\times0.10\times0.10}{K_{sp}(CuS)}}=\sqrt{\frac{1.0\times10^{-21}}{6.3\times10^{-36}}}=1.3\times10^{7}(mol\cdot L^{-1})$$

计算表明，溶度积较大的 ZnS 可溶于稀盐酸中，而溶度积较小的 CuS 则不能溶于盐酸中(因为最浓盐酸的浓度仅为 $12mol\cdot L^{-1}$)。表 5-3 是常见金属硫化物在酸中的溶解情况。

表 5-3 常见金属硫化物在酸中的溶解情况

	溶解方法				
	HAc	稀 HCl	浓 HCl	HNO_3	王水
MnS	溶				
ZnS	不溶	溶			
CdS	不溶	不溶	溶		
PbS	不溶	不溶	溶	溶	
CuS	不溶	不溶	不溶	溶	
HgS	不溶	不溶	不溶	不溶	溶

(2) 水解(解离作用)生成弱电解质

A. 已知溶液酸度 pH

例题 5-10 计算 CaC_2O_4 沉淀的溶解度：①在纯水，忽略草酸根离子与水的作用；②pH=3 时；③pH=3，过量草酸盐的浓度为 $0.01mol\cdot L^{-1}$ 时。已知 CaC_2O_4 的 $K_{sp}=2.0\times10^{-9}$，$H_2C_2O_4$ 的 $K_{a_1}=5.9\times10^{-2}$，$K_{a_2}=6.4\times10^{-5}$。

解：① 在纯水，其溶解度为 s，忽略草酸根离子与水的作用：

$$[Ca^{2+}]=[C_2O_4^{2-}]=s$$

$$K_{sp}=[Ca^{2+}][C_2O_4^{2-}]=ss$$

$$s=\sqrt{K_{sp}}=\sqrt{2.0\times10^{-9}}=4.47\times10^{-5}(mol\cdot L^{-1})$$

② 考虑酸效应：$[Ca^{2+}]=s$，而$[C_2O_4^{2-}]+[HC_2O_4^-]+[H_2C_2O_4]=s$

$$\delta(C_2O_4^{2-})=\frac{[C_2O_4^{2-}]}{c(C_2O_4^{2-})}=\frac{K_{a_1}K_{a_2}}{[H^+]^2+[H^+]K_{a_1}+K_{a_1}K_{a_2}}=10^{-1.22}$$

$$[C_2O_4^{2-}]=s\delta(C_2O_4^{2-})$$

$$K_{sp}=[Ca^{2+}][C_2O_4^{2-}]=s\delta(C_2O_4^{2-})s$$

$$s=\sqrt{\frac{K_{sp}}{\delta(C_2O_4^{2-})}}=\sqrt{\frac{2.0\times10^{-9}}{10^{-1.22}}}=1.82\times10^{-4}(mol\cdot L^{-1})$$

③ 设 $[Ca^{2+}]=s$

$$c(C_2O_4^{2-})=s+0.01$$

$$K_{sp}=[Ca^{2+}][C_2O_4^{2-}]=s\delta(C_2O_4^{2-})(s+0.01)=s\delta(C_2O_4^{2-})\times0.01$$

$$s=\frac{K_{sp}}{\delta(C_2O_4^{2-})\times0.01}=\frac{2.0\times10^{-9}}{0.01\times10^{-1.22}}=3.31\times10^{-6}(mol\cdot L^{-1})$$

B. 未知溶液酸度 pH

当难溶盐在水中溶解并水解时，影响溶液酸度的因素（MA 盐为例）有如下两个方面：一方面是水的解离，$H_2O \rightleftharpoons H^+ + OH^-$；另一方面是弱酸跟 A 离子的碱式解离，

$$\begin{array}{c} MA \rightleftharpoons M + A \\ \quad\quad \Big\Updownarrow H_2O \\ \quad\quad HA + OH^- \end{array}$$

以 s^* 表示 MA 盐未有副反应的溶解度，$s^* = \sqrt{K_{sp}}$。会有两种情况：

① $s^* < 10^{-7}$：水的解离控制酸度，pH≈7.0。

② $s^* > 10^{-7}$：A 的解离控制酸度。

例题 5-11　计算 CuS 在水中的溶解度。

已知：CuS：$K_{sp} = 10^{-35.2}$　　H_2S：$K_{a_1} = 10^{-6.88}$，$K_{a_2} = 10^{-14.15}$。

解：

$$CuS \rightleftharpoons Cu^{2+} + S^{2-}$$

(1) 确定 pH　由于 $s^* = \sqrt{K_{sp}} = 10^{-35.2/2} = 10^{-17.6} \ll 10^{-7}$

故水解产生的 OH^- 浓度很小，溶液的 pH 主要由水的解离来确定：pH＝7.0

(2) 确定溶解度

$$CuS \rightleftharpoons Cu^{2+} + S^{2-}$$

$$[Cu^{2+}] = s \quad [S^{2-}] + [HS^-] + [H_2S] = s = c_s \quad [S^{2-}] = s\delta(S^{2-})$$

$$\delta(S^{2-}) = \frac{K_{a_1}K_{a_2}}{[H^+]^2 + K_{a_1}[H^+] + K_{a_1}K_{a_2}} = 4.0 \times 10^{-8}$$

$$K_{sp} = [Cu^{2+}] \times [S^{2-}] = s^2\delta(S^{2-})$$

$$s = 1.6 \times 10^{-14}\ mol \cdot L^{-1}$$

例题 5-12　MnS 在纯水中的溶解度。已知：$K_{sp} = 10^{-9.7}$，H_2S：$K_{a_1} = 10^{-6.88}$，$K_{a_2} = 10^{-14.15}$。

解：

$$s^* = \sqrt{K_{sp}} = 10^{-9.7/2} = 10^{-4.85} > 10^{-7}$$

故$[OH^-]$由 S^{2-} 水解决定。由于 H_2S 的两级解离常数相差很大，因此 S^{2-} 的两级碱式解离常数就相差很大，加之 S^{2-} 的浓度很小，根据稀释定律，其解离就比较完全，且第二级解离常数比第一级解离常数小得多，可以忽略，设溶解度为 s，则整个溶解过程可以看成

$$\begin{array}{l} MnS + H_2O \rightleftharpoons Mn^{2+} + HS^- + OH^- \\ \qquad\qquad\qquad\quad\ s \qquad\quad s \qquad\ \ s \end{array}$$

$$K = [Mn^{2+}] \times [HS^-] \times [OH^-] = s^3$$

$$K = \frac{[Mn^{2+}][S^{2-}]}{[S^{2-}]}[HS^-]\frac{[OH^-][H^+]}{[H^+]} = \frac{K_{sp}K_w}{K_{a_2}}$$

$$= 10^{-9.7-14.0-(-14.15)} = 10^{-9.55}$$

$$s = \sqrt[3]{K} = 10^{-9.55/3} = 10^{-3.18} = 6.61 \times 10^{-4}\ mol \cdot L^{-1}$$

* 5.2.4.2　氧化还原反应

有些金属硫化物的 K_{sp} 特别小（$K_{sp} \leqslant 8.5 \times 10^{-45}$），不能用盐酸溶解，如 CuS 能用硝酸溶解：

$$\begin{array}{c} CuS(s) \rightleftharpoons S^{2-}(aq) + Cu^{2+}(aq) \\ + \\ HNO_3(aq) \longrightarrow S\downarrow + NO\uparrow + H_2O \end{array}$$

原因是溶液中的 S^{2-} 被 HNO_3 氧化为单质硫，S^{2-} 浓度降低，使得溶解平衡正向移动，因此 CuS 就溶解了。

总的反应方程式：

$$3CuS(s) + 8HNO_3(aq) = 3Cu(NO_3)_2(aq) + 3S\downarrow + 2NO(g)\uparrow + 4H_2O(l)$$

而 HgS 的 $K_{sp} = 4.0 \times 10^{-53}$ 更小，也不能溶解于硝酸，只能溶于王水中：

$$3HgS(s) + 2HNO_3(aq) + 12HCl(aq) = 3H_2[HgCl_4](aq) + 3S\downarrow + 2NO(g)\uparrow + 4H_2O(l)$$

通过氧化还原反应使沉淀溶解的原因是加入氧化剂或还原剂，使某一离子发生氧化还原反应而降低其浓度，从而使得沉淀溶解。

*5.2.4.3 生成配位化合物

AgCl 不容易于硝酸，但能溶于氨水。原因是：Ag^+ 和 NH_3 生成了$[Ag(NH_3)_2]^+$而降低了溶液中的 Ag^+ 浓度。Ag^+ 浓度降低使得 $AgCl(s) \rightleftharpoons Cl^-(aq) + Ag^+(aq)$溶解平衡正向移动而使 AgCl 溶解。

例题 5-13 室温下，在 1.0L 氨水中溶解 0.10mol 固体的 AgCl，问氨水的浓度最小应为多少？已知，$K_{sp}(AgCl) = 1.8\times10^{-10}$，$K_f([Ag(NH_3)_2]^+) = 1.67\times10^7$。

解：在 AgCl(s)溶解在氨水的过程中包含如下反应过程：

$$AgCl(s) \rightleftharpoons Cl^-(aq) + Ag^+(aq) \qquad K_{sp}(AgCl)$$

$$Ag^+ + 2NH_3(aq) \rightleftharpoons [Ag(NH_3)_2]^+ \qquad K_f([Ag(NH_3)_2]^+)$$

以上两个方程相加得到：

$$AgCl(s) + 2NH_3 \Longrightarrow [Ag(NH_3)_2]^+(aq) + Cl^-(aq)$$

该反应平衡常数 K 由多重平衡规则，就有 $K = K_{sp}(AgCl)K_f([Ag(NH_3)_2]^+)$

设平衡时 $[NH_3]$ 为 x，

$$AgCl(s) + 2NH_3 \Longrightarrow [Ag(NH_3)_2]^+ + Cl^-$$

平衡浓度/$mol\cdot L^{-1}$ $\qquad x \qquad 0.10 \qquad 0.10$

$$K = K_{sp}(AgCl)K_f([Ag(NH_3)_2]^+) = \frac{0.10\times0.10}{x^2}$$

解得：$x = 1.8mol\cdot L^{-1}$

氨水的浓度最小应为，$c(NH_3) = 1.8 + 0.20 = 2.0(mol\cdot L^{-1})$

还有，难溶卤化物可以与过量卤素离子形成配离子而溶解，如：

$$AgI + I^- \rightleftharpoons [AgI_2]^-$$

$$PbI_2 + 2I^- \rightleftharpoons [PbI_4]^{2-}$$

$$HgI_2 + 2I^- \rightleftharpoons [HgI_4]^{2-}$$

$$CuI + I^- \rightleftharpoons [CuI_2]^-$$

AgI 可以与 CN^- 形成配离子而溶解，AgBr 可以与 $S_2O_3^{2-}$ 形成配离子而溶解。

$$AgI + KCN \rightleftharpoons [Ag(CN)_2]^- + K^+ + I^-$$

$$AgBr + 2Na_2S_2O_3 \rightleftharpoons [Ag(S_2O_3)_2]^{3-} + 4Na^+ + Br^-$$

两性氢氧化物在强碱溶液中也能生成配离子而溶解，如：

$$Al(OH)_3(s) + OH^-(aq) \rightleftharpoons [Al(OH)_4]^-(aq)$$

5.3 两种沉淀之间的平衡

5.3.1 分步沉淀

实验：如果一种溶液中同时含有 I^- 和 Cl^-，当慢慢滴加 $AgNO_3$ 溶液，刚开始生成黄色 AgI 沉淀，加 $AgNO_3$ 达到一定量，就会出现 AgCl 沉淀。这种先后沉淀的现象，称为分步沉淀。为什么 AgI 先沉淀，AgCl 后沉淀？两者能否完全分离？假设 $[I^-] = [Cl^-] = 0.1mol\cdot L^{-1}$。

分析：当有 AgI 沉淀时，此时，

$$[Ag^+] \geqslant \frac{K_{sp}(AgI)}{[I^-]} = \frac{8.3\times10^{-17}}{0.1} = 8.3\times10^{-16}(mol\cdot L^{-1})$$

当有 AgCl 沉淀时，此时，

$$[Ag^+] \geqslant \frac{K_{sp}(AgCl)}{[Cl^-]} = \frac{1.8\times10^{-10}}{0.1} = 1.8\times10^{-9}(mol\cdot L^{-1})$$

从溶度积原理可以得知，首先满足溶度积原理的离子先被沉淀出来，所以，AgI 先沉淀。

当 AgCl 开始生成时，$[Ag^+]=1.8\times10^{-9}\,mol\cdot L^{-1}$，此时

$$[I^-]=\frac{K_{sp}(AgI)}{[Ag^+]}=\frac{8.3\times10^{-17}}{1.8\times10^{-9}}=4.6\times10^{-8}(mol\cdot L^{-1})<10^{-5}(mol\cdot L^{-1})$$

I^- 已经沉淀完全，所以两者能完全分离。

5.3.2 沉淀转化

在含有沉淀的溶液中，加入适当的试剂，与某一离子结合成为更难溶解的物质，叫沉淀转化。

例如，向盛有白色 $BaCO_3$ 粉末的试管中加入淡黄色的 K_2CrO_4 溶液并搅拌，沉降后观察到溶液变成无色，沉淀变为淡黄色。白色 $BaCO_3$ 沉淀转化为淡黄色的 $BaCrO_4$ 沉淀。这一反应能够发生，是因为生成了更难溶的 $BaCrO_4$ 沉淀，由于 $BaCrO_4$ 沉淀的生成，降低了溶液中$[Ba^{2+}]$，破坏了 $BaCO_3$ 的溶解平衡，使 $BaCO_3$ 溶解。转化反应如下：

$$BaCO_3+CrO_4^{2-}\rightleftharpoons BaCrO_4+CO_3^{2-}$$

该转化反应可以分步书写：$BaCO_3\rightleftharpoons Ba^{2+}+CO_3^{2-}$　　$K_{sp}(BaCO_3)$

$$Ba^{2+}+CrO_4^{2-}\rightleftharpoons BaCrO_4 \qquad K_{sp}(BaCrO_4)$$

因此，利用多重平衡法则，沉淀转化反应的平衡反应常数为：$K=\dfrac{K_{sp}(BaCO_3)}{K_{sp}(BaCrO_4)}$

5.4 沉淀滴定法

沉淀滴定法是以沉淀反应为基础的一种滴定分析法。用于沉淀滴定法的沉淀反应必须符合下列几个条件：①生成的沉淀应具有恒定的组成，而且溶解度必须很小；②沉淀反应必须迅速、定量地进行；③能够用适当的指示剂或其他方法确定滴定的终点。能够用于沉淀滴定法的反应不多，主要是利用生成难溶银盐的反应来测定 Cl^-、Br^-、I^-、Ag^+、CN^-、SCN^- 等离子。这种测定方法又称为“银量法”。

5.4.1 银量法

5.4.1.1 沉淀滴定指示剂

合适的指示剂是实现准确滴定的最关键的因素之一，成熟的银量法根据所用指示剂的不同，可分为以下三种方法：以铬酸钾作指示剂的莫尔(Mohr)滴定法、以铁铵矾作指示剂的福尔哈德(Volhard)滴定法、以吸附剂指示终点的法扬斯(Fajans)滴定法。

5.4.1.2 银量法

(1) 莫尔滴定法

莫尔法是用硝酸银标准溶液作为滴定剂，铬酸钾作为指示剂，在中性或弱碱性的环境中测定溶液中 Cl^- 含量的方法。

滴定过程：用 $AgNO_3$ 标准溶液滴定 Cl^-，当白色 AgCl 沉淀完全，过剩的 Ag^+ 和 CrO_4^{2-} 反应，生成砖红色 Ag_2CrO_4 沉淀。

① 滴定反应

$$Ag^+(\text{标准液})+Cl^- \xlongequal{} AgCl\downarrow(\text{白色}) \qquad K_{sp}=1.8\times10^{-10}$$

$$2Ag^+ + CrO_4^{2-}(\text{指示剂}) \xlongequal{} Ag_2CrO_4\downarrow(\text{砖红色}) \qquad K_{sp}=1.1\times10^{-12}$$

② 滴定条件

a. 指示剂用量　由于 CrO_4^{2-} 本身显黄色，其颜色较深影响终点的观察。如果加入过多的指示剂，还会使终点提前出现，CrO_4^{2-} 本身的颜色也会影响终点的观察；如果加入过少，终点出现过迟，也影响结果的准确性。

CrO_4^{2-} 的理论加入量的确定：

在化学计量点时，$$[Ag^+]=[Cl^-]=\sqrt{K_{sp}(AgCl)}=1.34\times10^{-5}mol\cdot L^{-1}$$

$$K_2CrO_4\text{ 的浓度：}[CrO_4^{2-}]=\frac{K_{sp}(Ag_2CrO_4)}{[Ag^+]^2}=0.006mol\cdot L^{-1}$$

实际用量一般在 $0.005mol\cdot L^{-1}$ 时较为适宜。这就会使得滴定终点比化学计量点稍后一点，产生正误差。

b. 溶液的酸度　滴定溶液的酸度应保持为中性或微碱性条件(pH=6.5～10.5)。

当 pH 值太小下列反应平衡右移，$c(CrO_4^{2-})$降低太多，为了产生 Ag_2CrO_4 沉淀，就要多消耗 Ag^+，必然造成较大的误差。

$$CrO_4^{2-}+H^+ \xlongequal{} HCrO_4^-$$

若 pH 值太大，又将生成 AgOH、Ag_2O 沉淀。

当试液中有铵盐存在时，要求溶液的酸度范围更窄，pH 为 6.5～7.2。因为若溶液 pH 值较高时，便有一定数量的 NH_3 释放出来，与 Ag^+ 产生副反应，形成$[Ag(NH_3)]^+$ 及 $[Ag(NH_3)_2]^+$ 配离子，影响滴定的准确性。

c. 滴定时必须剧烈摇动　由于生成的卤化银沉淀吸附溶液中过量的卤离子，使溶液中卤离子浓度降低，以致终点提前而引入误差。

③ 应用莫尔法应注意以下几点

a. 莫尔法可以测定氯化物和溴化物，但不适用于测定碘化物及硫氰盐。

因为 AgI 和 AgSCN 沉淀更强烈地吸附 I^- 和 SCN^-，剧烈摇动达不到解除吸附(解吸)的目的。

b. 凡是能与 Ag^+ 和 CrO_4^{2-} 生成微溶化合物的阴、阳离子，都干扰测定，应预先分离除去。PO_4^{3-}、AsO_4^{3-}、S^{2-}、CO_3^{2-}、$C_2O_4^{2-}$ 等阴离子能与 Ag^+ 生成微溶化合物；Ba^{2+}、Pb^{2+}、Hg^{2+} 等阳离子与 CrO_4^{2-} 生成沉淀。

另外：Fe^{3+}、Al^{3+}、Bi^{3+}、Sn^{4+} 等高价金属离子在中性或弱碱性溶液中发生水解，故也不应存在。与 Ag^+ 生成配合物的物质(NH_3、EDTA)等也不应存在。

c. 莫尔法适用于 $AgNO_3$ 直接滴定 Cl^- 和 Br^-，不能用 NaCl 标准溶液直接测定 Ag^+。因为在 Ag^+ 试液中加入 K_2CrO_4 指示剂，立即生成 Ag_2CrO_4 沉淀，用 NaCl 滴定时，Ag_2CrO_4 沉淀转化为 AgCl 沉淀是很缓慢的，使测定无法进行。

(2) 福尔哈德滴定法

用 NH_4SCN 或 KSCN 标准溶液作为滴定液，铁铵矾$[NH_4Fe(SO_4)_2\cdot12H_2O]$ 作为指

示剂，在酸性溶液中测定 Ag^+ 含量的方法。

① 滴定反应：

$$Ag^+(被测物)+SCN^-(标准液)═══AgSCN\downarrow(白色)$$

$$Fe^{3+}+SCN^-═══[FeSCN]^{2+}(红色)$$

② 滴定条件

a. 溶液的酸度——强酸性介质(HNO_3)　防止 Fe^{3+} 水解及 Ag^+ 生成 Ag_2O，在较高的酸度(酸度：0.1～1.0mol·L^{-1})下滴定是此方法的一大优点，许多弱酸根离子如 PO_4^{3-}、AsO_4^{3-}、CrO_4^{2-}、CO_3^{2-} 等不干扰测定，提高了测定的选择性，比莫尔法扩大了应用范围。

b. 指示剂浓度　为产生能觉察到的红色，$[Fe(SCN)]^{2+}$ 的最低浓度为 6.0×10^{-6}mol·L^{-1}。但是，当 Fe^{3+} 的浓度较高时，呈现较深的黄色，影响终点观察。由实验得出，通常 Fe^{3+} 的浓度为 0.015mol·L^{-1}时，滴定误差不会超过 0.1%。

c. 滴定时必须剧烈摇动　由于生成的 AgSCN 沉淀强烈吸附 Ag^+，在操作上必须剧烈摇动溶液，使被吸附的 Ag^+ 解析出来。

该法还可以用返滴定法测定 Br^-、I^-、Cl^-、SCN^-。如，在含 Cl^- 的酸性溶液中加入已知过量的 $AgNO_3$ 标准溶液，AgCl 沉淀生成后再用 NH_4SCN 标准溶液滴定过剩的 Ag^+。

注意：当返滴定 Cl^- 时，溶液加入过量的 $AgNO_3$ 后，将溶液加热煮沸使 AgCl 沉淀凝聚，以减少 AgCl 沉淀对 Ag^+ 的吸附。由于 AgSCN 的溶解度小于 AgCl 的溶解度，在临近计量点时会发生 AgCl 沉淀的转化。$AgCl\downarrow+SCN^-═══AgSCN\downarrow+Cl^-$，因此，要先滤去沉淀，再滴定滤液中的过量的 $AgNO_3$。或者，为阻止 AgCl 沉淀转化为 AgSCN 沉淀，在滴入 NH_4SCN 标准溶液前加入有机溶剂，如硝基苯 1～2mL，用力摇动，使 AgCl 沉淀进入硝基苯层中，避免沉淀与滴定溶液接触。

(3) 法扬斯滴定法

以硝酸银标准溶液作为滴定液，以吸附指示剂指示终点的银量法，称为法扬斯滴定法。

吸附指示剂的作用原理如下。

如，荧光黄指示剂，它是一种有机弱酸，用 HFI 表示，在溶液中可离解：

$$HFI═══H^++FI^-(黄绿色)$$

当用 $AgNO_3$ 标准溶液滴定 Cl^- 时，加入荧光黄指示剂，在化学计量点前，溶液中 Cl^- 过量，AgCl 胶体微粒吸附 Cl^- 而带负电荷，故 FI^- 不被吸附，此时溶液呈黄绿色；当达到化学计量点后，AgCl 胶粒吸附 Ag^+ 而带正电荷，这时带正电荷的胶体微粒强烈吸附 FI^-，在 AgCl 表面上形成了荧光黄银化合物而呈淡红色，使整个溶液由黄绿色变成淡红色，指示终点到达，即

$$\underset{(黄绿色)}{AgCl\cdot Ag^+}+FI^-═══\underset{(淡红色)}{AgCl\cdot Ag^+\cdot FI^-}$$

如果是用 NaCl 标准溶液滴定 Ag^+，则颜色变化恰好相反。

需要注意：胶体微粒对指示剂的吸附能力应略小于对被测离子的吸附能力，否则指示剂将在计量点前变色。

荧光黄、二氯荧光黄能用于 Cl^-、Br^-、I^- 的滴定；曙红能用于 Br^-、I^- 和 SCN^- 的滴定，不能用于 Cl^- 的滴定，因为 AgCl 对它的吸附能力比 Cl^- 大得多。

5.4.2 银量法的应用

（1）标准溶液的配制与标定

以 $AgNO_3$ 标准溶液的配制与标定为例，用 $AgNO_3$ 纯品直接配制标准溶液比较昂贵，因此，粗配后用 NaCl 标准溶液标定其浓度，以 NH_4SCN 为指示剂，用 Volhard 法标定其浓度。

（2）芒硝中氯化钠的测定

芒硝（化学式为 $Na_2SO_4 \cdot 10H_2O$）中氯化钠常采用莫尔法进行测定。

将芒硝试样用水在加热情况下溶解，然后用快速滤纸过滤除去水不溶物，制成试样溶液。移取适量的试样溶液（接近中性），以 K_2CrO_4 为指示剂，用硝酸银标准溶液进行滴定。因 AgCl 溶解度小于 Ag_2CrO_4，首先析出 AgCl 沉淀，待 Cl^- 全部反应后，稍过量的 $AgNO_3$ 即与 CrO_4^{2-} 形成砖红色的 Ag_2CrO_4 沉淀而指示终点到达。

芒硝试样组成简单，基本无干扰，可直接进行测定。

① 严格控制指示剂的加入量。若滴定终点时溶液的总体积约为 100mL，$100g \cdot L^{-1}$ 的 K_2CrO_4 的加入量以 1mL 为宜。若指示剂过多，终点提前，造成较大的负误差。

② 必须控制试样溶液的酸度为中性或弱碱性，否则影响反应的完全程度，甚至无法进行滴定。芒硝试样配成水溶液后基本为中性，一般不必调整酸度。

（3）银合金中银的测定

将银合金溶于 HNO_3 中，制成溶液：$Ag + NO_3^- + 2H^+ \xlongequal{} Ag^+ + NO_2\uparrow + H_2O$

在溶解试样时，必须煮沸以除去氮的低价氧化物，因为它能与 SCN^- 作用生成红色化合物，而影响终点的观察：

$$HNO_2 + H^+ + SCN^- \xlongequal{} \underset{(红色)}{NOSCN} + H_2O$$

试样溶解之后，加入铁铵矾指示剂，用标准 NH_4SCN 溶液滴定。根据试样的质量、滴定用去 NH_4SCN 标准溶液的体积，计算银的百分含量。

*5.5 重量分析法

5.5.1 重量分析法概述

重量分析法是通过称量被测组分的质量来确定被测组分百分含量的分析方法。通常先用适当的方法使被测组分与其他组分分离，然后称量，并由此计算出该组分的含量。

（1）分类

① 挥发法（又称汽化法） 利用物质的挥发性质，通过加热或其他方法使被测组分从试样中挥发逸出，然后根据试样质量的减轻计算被测物质的含量；或者采用某一特性吸收剂定量吸收逸出的被测组分的气体，然后根据吸收剂质量的增加计算该组分的含量。

② 电解法 利用电解的方法使被测金属离子在电极上还原析出，然后称量，电极增加的质量即为被测金属的质量。

③ 沉淀法 利用沉淀反应使待测组分以难溶化合物的形式沉淀下来，再将沉淀过滤、

洗涤、烘干或灼烧成为组成一定的物质，然后称其质量，根据其质量计算被测组分的含量。

例如，水泥试样中的 SO_3 含量的测定。

首先将试样溶于 HCl，组分 SO_3 就转化为 SO_4^{2-}，再加入 $BaCl_2$ 溶液使其转化为 $BaSO_4$ 沉淀，再将所得 $BaSO_4$ 沉淀进行过滤、洗涤、灼烧直至恒量。

（2）特点

① 准确度高，直接通过分析天平获得结果，相对误差不超过±(0.1%～0.2%)，但低含量组分测定误差较大。

② 分离纯化操作复杂、费时、繁琐，不适合微量组分分析和快速分析。

（3）重量法的分析过程

分析过程包括：试样→试液→沉淀形式→称量形式→称重→计算。需要注意的是：称量形式与沉淀形式可以相同，也可以不同。例如，

$$Ba^{2+} + SO_4^{2-} \longrightarrow BaSO_4\downarrow \xrightarrow[\text{洗涤}]{\text{过滤}} \xrightarrow[\text{灼烧}]{800℃} BaSO_4$$

$$Ca^{2+} + C_2O_4^{2-} \longrightarrow CaC_2O_4\cdot 2H_2O\downarrow \xrightarrow[\text{洗涤}]{\text{过滤}} \xrightarrow[\text{灼烧}]{\text{烘干}} CaO$$

对 $BaSO_4$ 沉淀来说，沉淀形式与称量形式相同，而 $CaC_2O_4\cdot 2H_2O$ 沉淀的沉淀形式与称量形式(CaO)不同。

5.5.2 重量分析法对沉淀的要求

（1）对沉淀形式的要求

① 沉淀的溶解度要小，以保证被测组分沉淀完全。一般情况下，沉淀的溶解损失应小于分析天平的称量误差，即 0.2mg。

② 沉淀要纯净，尽量避免混进杂质。

③ 沉淀应易于过滤与洗涤，为此沉淀时应尽量获得粗大的晶形沉淀。对于无定形沉淀，应掌握好沉淀条件，改善沉淀的性质。

④ 沉淀易于转化为称量形式。

（2）对称量形式的要求

① 化学组成恒定　组成必须与化学式完全符合，否则无法正确计算分析结果。

② 性质稳定　要求称量形式不易受空气中水分、CO_2 和 O_2 等的影响，而且在干燥或灼烧过程中不易分解等。

③ 摩尔质量要大　称量形式的摩尔质量应尽可能地大，这样，可以提高待测组分的分析灵敏度，减少称量误差。

5.5.3 影响沉淀纯度的主要因素

（1）共沉淀

当沉淀从溶液中沉淀析出时，溶液中的某些可溶性杂质混入沉淀同时沉淀下来，这一现象称为共沉淀。

例如：硫酸钡重量法测定钡离子时，若有铁离子存在时：

$$Ba^{2+}(Fe^{3+})+SO_4^{2-} \longrightarrow BaSO_4\downarrow(白色)和 Fe_2(SO_4)_3\downarrow(黄色)$$

产生共沉淀的原因主要是表面吸附、混晶和吸留(包埋)。

① 表面吸附　表面吸附是在沉淀表面上吸附了某些杂质所引起的共沉淀。产生的原因是沉淀晶体表面上的离子电荷作用力未达到平衡。减少表面吸附的主要措施是洗涤。

② 混晶　如果溶液中杂质离子与沉淀构晶离子的半径相近，晶体结构相似，杂质会进入晶格排列形成混晶共沉淀。

例如，$BaSO_4$ 与 $PbSO_4$，AgCl 与 AgBr，$MgNH_4PO_4\cdot6H_2O$ 与 $MgNH_4AsO_4\cdot6H_2O$ 等都可形成混晶共沉淀。减少和消除混晶的最好的方法就是将这类杂质离子预先分离除去。

③ 吸留(包埋)　吸留是由于沉淀剂加入太快，使沉淀急速生长，沉淀表面吸附的杂质来不及离开就被随后生成的沉淀所覆盖，使杂质和母液机械地嵌入沉淀内部所致。通过改变沉淀条件、陈化或重结晶的方法予以减免。

(2) 后沉淀(继沉淀)

当沉淀从溶液中析出后，与母液一起放置一段时间后，溶液中某些杂质离子可能沉淀到原沉淀上面，这一现象称为后沉淀(继沉淀)。这类现象大多发生在该沉淀形成的稳定的过饱和溶液中。

例如，在 Mg^{2+} 存在下沉淀 CaC_2O_4 时，CaC_2O_4 沉淀析出时并没有发现 MgC_2O_4 沉淀析出。如果将草酸钙沉淀在含镁的母液中长时间放置，则会有较多的草酸镁在草酸钙的表面上析出。

其原因可能是：由于 CaC_2O_4 沉淀在母液中长时间放置，CaC_2O_4 沉淀表面选择性地吸附了构晶离子 $C_2O_4^{2-}$，从而使沉淀表面上 $C_2O_4^{2-}$ 的浓度大大增加，致使 $C_2O_4^{2-}$ 浓度和 Mg^{2+} 浓度的乘积大于 MgC_2O_4 沉淀的溶度积，于是在 CaC_2O_4 沉淀表面析出了 MgC_2O_4 沉淀。可简单表示如下：

$$Ca^{2+},\ Mg^{2+} \xrightarrow{C_2O_4^{2-}} CaC_2O_4\downarrow \xrightarrow{长时间} CaC_2O_4\downarrow + MgC_2O_4\downarrow$$

长时间放置，CaC_2O_4 表面吸附 $C_2O_4^{2-} \Rightarrow [C_2O_4^{2-}]\uparrow$，当 $[Mg^{2+}][C_2O_4^{2-}] > K_{sp}(MgC_2O_4) \Rightarrow MgC_2O_4\downarrow$ 逐渐沉积。

例如，金属硫化物的沉淀分离中

$$Cu^{2+},\ Zn^{2+} \xrightarrow{H_2S} CuS\downarrow \xrightarrow{长时间} CuS\downarrow + ZnS\downarrow$$

长时间放置，CuS 表面吸附 $S^{2-} \Rightarrow [S^{2-}]\uparrow$，当 $[Zn^{2+}][S^{2-}] > K_{sp}(ZnS) \Rightarrow ZnS\downarrow$ 逐渐沉积。

5.5.4 沉淀的类型及沉淀的形成过程

(1) 沉淀的类型

沉淀的类型可分为晶形沉淀、无定形沉淀和凝乳状沉淀。晶形沉淀的颗粒大，内部排列规则、紧密，极易沉于容器底部，颗粒直径约 0.1～1μm。如，$MgNH_4PO_4$ 沉淀、$BaSO_4$ 沉淀等。

无定形沉淀又称非晶形沉淀，沉淀的内部排列杂乱无章、疏松，絮状沉淀，体积庞大，含大量水，不易沉底，颗粒直径小于 0.02μm，如 $Al(OH)_3$、$Fe(OH)_3$、$SiO_2\cdot nH_2O$ 等。

凝乳状沉淀是介于前两者之间的沉淀形式，如 AgCl 沉淀。

（2）沉淀的形成过程

沉淀的形成过程一般可以进行如下描述：

构晶离子 $\xrightarrow[\text{均相、异相}]{\text{成核作用}}$ 晶核 $\xrightarrow[\text{扩散、沉积}]{\text{生长过程}}$ 沉淀微粒 $\begin{array}{l}\xrightarrow{\text{聚集}}\text{无定形沉淀}\\ \xrightarrow{\text{定向排列}}\text{晶形沉淀}\end{array}$

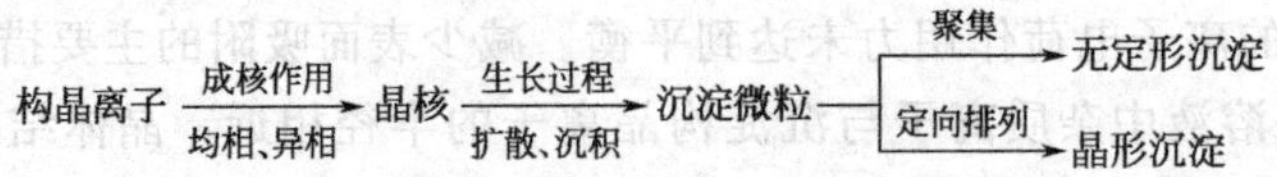

① 晶核的形成
a. 均相成核（自发成核） 过饱和溶液中，构晶离子通过相互静电作用缔和而成晶核。
b. 异相成核 非过饱和溶液中，构晶离子借助溶液中固体微粒形成晶核。
② 晶核的生长 影响沉淀颗粒大小和形态的因素有聚集速度和定向速度。聚集速度是构晶离子聚集成晶核后进一步堆积成沉淀微粒的速度。定向速度是构晶离子以一定顺序排列于晶格内的速度。

注：沉淀颗粒大小和形态取决于聚集速度和定向速度比率大小：

聚集速度＜定向排列速度→晶形沉淀；
聚集速度＞定向排列速度→无定形沉淀。

5.5.5 沉淀条件的选择

（1）晶形沉淀的沉淀条件

在沉淀重量法中，沉淀的溶解损失是误差的主要来源之一，通常在重量分析中要求沉淀溶解损失不超过分析天平的称量误差（0.2mg）即可认为沉淀已经完全。实际上一般的沉淀很少能达到这一要求。但若控制好沉淀条件，就可以降低溶解损失，使其达到上述要求。

对晶形沉淀而言，主要应考虑如何获得颗粒大、易过滤洗涤、结构紧密、表面积小、吸附杂质少的纯净沉淀。同时因晶形沉淀的溶解度较大，在具体操作中应注意防止溶解损失。

因此其沉淀条件综合为："稀、热、慢、搅、陈、冷过滤"。
① 稀溶液 必须在稀溶液中进行沉淀，并要求加入的沉淀剂也为稀溶液，主要为降低过饱和度，减少均相成核。
② 热溶液 热溶液能增大溶解度，减少杂质吸附。
③ 慢和搅 充分搅拌下慢慢滴加沉淀剂以防止局部过饱和。
④ 陈化 沉淀完毕后必须进行陈化，将沉淀和母液放置一段时间，可以使小晶体逐渐转变成较大晶体，同时又可使晶体变得更加完整和纯净，获得大而纯的完整晶体。这一过程称为沉淀的陈化。一般情况下在室温时陈化时间为 8~10h，若在加热和搅拌的情况下，陈化时间可缩短至几十分钟。
⑤ 冷过滤 热溶液中沉淀的溶解损失较大，过滤前应将溶液冷却后再过滤。

（2）无定形沉淀的沉淀条件

无定形沉淀的特点是溶解度小，颗粒小，难以过滤洗涤，结构疏松，表面积大，易吸附杂质。因此，其沉淀条件可综合为："浓、快、热、搅、电、不陈化、再沉淀"。

条件：
① 浓溶液 降低水化程度，使沉淀颗粒结构紧密。
② 热溶液 促进沉淀微粒凝聚，减小杂质吸附。
③ 搅拌下较快加入沉淀剂可以加快沉淀聚集速度。
④ 不陈化 不需要陈化，趁热过滤、洗涤，防止杂质包裹。

⑤ 电解质　适当加入电解质以防止形成溶胶。

⑥ 再沉淀　必要时进行再沉淀，无定形沉淀的杂质含量高，再沉淀可以降低其含量。

⑦ 尽量利用有机沉淀剂→选择性高；生成的沉淀溶解度小，吸附杂质少，沉淀纯净，并且沉淀摩尔质量大。

(3) 有机沉淀剂简介

① 有机沉淀剂特点：摩尔质量大，称量准确度高；种类多；选择性高；沉淀溶解度小，沉淀完全；吸附杂质少，沉淀纯净。

② 有机沉淀剂类型：一类是分子中含有—COOH、$—SO_3H$、—OH 等基团，与金属离子形成难溶盐，如四苯硼酸钠等；另一类是分子中含有 C═O、$—NH_2$、O═S 等基团的沉淀剂，在一定的条件下，与金属离子形成难溶螯合物，如丁二酮肟可用于测定钢铁中镍的含量。

5.5.6 沉淀称量前的处理

(1) 过滤

过滤就是将沉淀与母液中其他组分分离的过程，选用定量无灰滤纸或玻璃砂漏斗(烘干)过滤。对于需要灼烧的沉淀，根据沉淀的形状选用过滤速度不同的滤纸。如 $Al(OH)_3$、$Fe(OH)_3$ 等无定形沉淀用疏松的快速滤纸；如粗晶 $MgNH_4PO_4$ 等晶形沉淀可用较紧密的中速滤纸；如细晶 $BaSO_4$ 等晶形沉淀可用最紧密的慢速滤纸，以减少沉淀损失。

(2) 洗涤

洗涤的目的是洗去杂质和母液，尽量减少沉淀的损失和避免形成溶胶，因此需要选择合适的洗涤液。选择原则：溶解度小，不易生成胶体的沉淀可用蒸馏水洗涤；溶解度较大的沉淀可用沉淀剂稀溶液洗涤；易发生胶溶的无定形沉淀应选择易挥发电解质稀溶液洗涤，如用稀盐酸洗涤二氧化硅沉淀。

洗涤时应遵循“少量多次”的洗涤原则，为缩短分析时间和提高洗涤效率，采用倾泻法进行沉淀过滤、洗涤。

(3) 烘干或灼烧

烘干或灼烧的目的是除去沉淀中吸留水分和洗涤液中挥发性物质，将沉淀形式定量转变为称量形式。灼烧温度一般在800℃以上。

5.5.7 重量分析结果的计算

重量分析的结果可按照下式进行计算：

$$w(x)=\frac{m(\text{被测组分})}{m(s)}$$

式中，$w(x)$为被测组分的质量分数；m（被测组分）为被测组分的质量，g；m（s）为试料的质量，g。

① 被测组分表示形式与称量形式相同，则直接将称量形式的质量代入即可计算。

② 被测组分表示形式与称量形式不同，则需引入一换算因数 F，将称量形式的质量换算成表示形式的质量进行计算。

$$M(\text{表示形式})=m(\text{称量形式})F$$

式中，F 为换算因数。

$$F=\frac{M(\text{表示形式})a}{M(\text{称量形式})b}$$

式中，M 为物质的摩尔质量；a，b 是使分子和分母中所含预测元素原子个数相等而考虑的系数。如，待测组分 Fe_3O_4，沉淀形式 $Fe(OH)_3$，称量形式 Fe_2O_3，则 $F=2Fe_3O_4/3Fe_2O_3$。

例题 5-12 称取二草酸三氢钾试样 0.5172g，溶解后用 Ca^{2+} 沉淀，灼烧后称得 CaO 的质量为 0.2265g，计算试样中二草酸三氢钾的含量。

解： $F=M(KHC_2O_4\cdot H_2C_2O_4\cdot H_2O)/2M(CaO)=254.2/(2\times 56.08)$

$=2.266$

$$w=\frac{m(CaO)F}{m(s)}\times 100\%=\frac{0.2265\times 2.266}{0.5172}\times 100\%=99.2\%$$

习题

1. 判断题

(1) $CaCO_3$ 和 PbI_2 的溶度积非常接近，约为 10^{-8}，故两者饱和溶液中，Ca^{2+} 及 Pb^{2+} 的浓度近似相等。(　　)

(2)用水稀释 AgCl 的饱和溶液后，AgCl 的溶度积和溶解度都不变。(　　)

(3)只要溶液中 I^- 和 Pb^{2+} 的浓度满足 $[I^-]^2[Pb^{2+}]\geqslant K_{sp}(PbI_2)$，则溶液中必定会析出 PbI_2 沉淀。(　　)

(4)在常温下，Ag_2CrO_4 和 $BaCrO_4$ 的溶度积分别为 2.0×10^{-12} 和 1.6×10^{-10}，前者小于后者，因此 Ag_2CrO_4 要比 $BaCrO_4$ 难溶于水。(　　)

(5)为减少沉淀损失，洗涤 $BaSO_4$ 沉淀时不用蒸馏水，而用稀 H_2SO_4。(　　)

(6)向 $BaCO_3$ 饱和溶液中加入 Na_2CO_3 固体，会使 $BaCO_3$ 溶解度降低，溶度积减小。(　　)

(7) $CaCO_3$ 的溶度积为 2.9×10^{-9}，这意味着所有含 $CaCO_3$ 的溶液中，$[Ca^{2+}]=[CO_3^{2-}]$，且 $[Ca^{2+}][CO_3^{2-}]=2.9\times 10^{-9}$。(　　)

(8)同类型的难溶电解质，K_{sp} 较大者可以转化为 K_{sp} 较小者，如二者 K_{sp} 差别越大，转化反应就越完全。(　　)

2. 选择题

(1)在 NaCl 饱和溶液中通入 HCl(g)时，NaCl(s)能沉淀析出的原因是(　　)。

A. HCl 是强酸，任何强酸都导致沉淀

B. 共同离子 Cl^- 使平衡移动，生成 NaCl(s)

C. 酸的存在降低了 $K_{sp}(NaCl)$ 的数值

D. $K_{sp}(NaCl)$ 不受酸的影响，但增加 Cl^- 浓度，能使 $K_{sp}(NaCl)$ 减小

(2)对于 A、B 两种难溶盐，若 A 的溶解度大于 B 的溶解度，则必有(　　)。

A. $K_{sp}(A)>K_{sp}(B)$　　B. $K_{sp}(A)<K_{sp}(B)$

C. $K_{sp}(A)\approx K_{sp}(B)$　　D. 不一定

(3)已知 $CaSO_4$ 的溶度积为 2.5×10^{-5}，如果用 $0.01mol\cdot L^{-1}$ 的 $CaCl_2$ 溶液与等量的 Na_2SO_4 溶液混合，若要产生硫酸钙沉淀，则混合前 Na_2SO_4 溶液的浓度($mol\cdot L^{-1}$)至少应为(　　)。

A. 5.0×10^{-3}　　B. 2.5×10^{-3}　　C. 1.0×10^{-2}　　D. 5.0×10^{-2}

(4)微溶化合物 AB_2C_3 在溶液中的解离平衡是：$AB_2C_3 \rightleftharpoons A+2B+3C$。今用一定方法测得 C 浓度为 $3.0\times10^{-3}mol\cdot L^{-1}$，则该微溶化合物的溶度积是(　　)。

A. 2.91×10^{-15}　　B. 1.16×10^{-14}　　C. 1.1×10^{-16}　　D. 6×10^{-9}

(5)不考虑各种副反应，微溶化合物 M_mA_n 在水中溶解度的一般计算式是(　)。

A. $\sqrt{\dfrac{K_{sp}}{m+n}}$　　B. $\sqrt{\dfrac{K_{sp}}{m^m+n^n}}$　　C. $\sqrt{\dfrac{K_{sp}}{m^mn^n}}$　　D. $\sqrt[m+n]{\dfrac{K_{sp}}{m^mn^n}}$

(6)CaF_2 沉淀的 $K_{sp}=2.7\times10^{-11}$，CaF_2 在纯水中的溶解度($mol\cdot L^{-1}$)为(　　)。

A. 1.9×10^{-4}　　B. 9.1×10^{-4}　　C. 1.9×10^{-3}　　D. 9.1×10^{-3}

(7)微溶化合物 CaF_2 在 $0.0010mol\cdot L^{-1}CaCl_2$ 溶液中的溶解度($mol\cdot L^{-1}$)为(　　)。

A. 4.1×10^{-5}　　B. 8.2×10^{-5}　　C. 1.0×10^{-4}　　D. 8.2×10^{-4}

(8)已知 $K_{a_2}(H_2SO_4)=1.0\times10^{-2}$，$K_{sp}(BaSO_4)=1.1\times10^{-11}$。则 $BaSO_4$ 在 $2.0mol\cdot L^{-1}$ HCl 中的溶解度($mol\cdot L^{-1}$)为(　　)。

A. 4.7×10^{-4}　　B. 1.5×10^{-4}　　C. 7.5×10^{-5}　　D. 1.1×10^{-5}

(9)微溶化合物 Ag_2CrO_4 在 $0.0010mol\cdot L^{-1}$ $AgNO_3$ 溶液中的溶解度比在 $0.0010mol\cdot L^{-1}$ K_2CrO_4 溶液中的溶解度(　　)。

A. 较大　　B. 较小　　C. 相等　　D. 大一倍

(10)准确移取饱和 $Ca(OH)_2$ 溶液 50.0mL，用 $0.05000mol\cdot L^{-1}$ HCl 标准溶液滴定，终点时耗去 20.00mL，计算得 $Ca(OH)_2$ 的溶度积为(　　)。

A. 1.6×10^{-5}　　B. 1.0×10^{-6}　　C. 2.0×10^{-6}　　D. 4.0×10^{-6}

(11)已知 AgCl、Ag_2CrO_4、$Ag_2C_2O_4$ 和 AgBr 的溶度积常数分别为 1.56×10^{-10}、1.1×10^{-12}、3.4×10^{-11} 和 5.0×10^{-13}。在下列难溶银盐的饱和溶液中，Ag^+ 浓度最大的是(　　)。

A. AgCl　　B. Ag_2CrO_4　　C. $Ag_2C_2O_4$　　D. AgBr

(12)设 AgCl 在水中、在 $0.01mol\cdot L^{-1}$ $CaCl_2$ 中、在 $0.01mol\cdot L^{-1}$ NaCl 中以及在 $0.05mol\cdot L^{-1}$ $AgNO_3$ 中的溶解度分别为 s_0、s_1、s_2、s_3，这些数据之间的正确关系应是(　　)。

A. $s_0>s_1>s_2>s_3$　　B. $s_0>s_2>s_1>s_3$　　C. $s_0>s_1=s_2>s_3$　　D. $s_0>s_2>s_3>s_1$

(13)在溶液中有浓度均为 $0.01mol\cdot L^{-1}$ 的 Fe^{3+}、Cr^{3+}、Zn^{2+}、Mg^{2+} 等离子。已知 $K_{sp}[Fe(OH)_3]=1.1\times10^{-36}$，$K_{sp}[Cr(OH)_3]=7.0\times10^{-31}$，$K_{sp}[Zn(OH)_2]=1.0\times10^{-17}$，$K_{sp}[Mg(OH)_2]=1.8\times10^{-11}$。当氢氧化物开始沉淀时，哪种离子所需的 pH 值最小？(　　)

A. Fe^{3+}　　B. Cr^{3+}　　C. Zn^{2+}　　D. Mg^{2+}

(14)已知 $Mg(OH)_2$ 的溶度积常数为 5.1×10^{-12}，氨的解离平衡常数为 1.8×10^{-5}。将 50mL $0.20mol\cdot L^{-1}$ $MgCl_2$ 溶液与等体积 $1.8mol\cdot L^{-1}$ 氨水混合，如欲防止 $Mg(OH)_2$ 沉淀生成，则在混合后的溶液中应加入固体 NH_4Cl 多少克？(　　)

A. 12.1g　　B. 9.54g　　C. 5.47g　　D. 1.45g

3. 在离子浓度各为 $0.1mol\cdot L^{-1}$ 的 Fe^{3+}、Cu^{2+}、H^+ 等离子的溶液中，是否会生成铁和铜的氢氧化物沉淀？当向溶液中逐滴加入 NaOH 溶液时(设总体积不变)，能否将 Fe^{3+}、Cu^{2+} 分离。

4. 已知 HAc 和 HCN 的 K_a 分别为 1.8×10^{-5} 和 4.93×10^{-10}，$K_{sp}(AgCN)=1.6\times10^{-14}$，求 AgCN 在 $1mol\cdot L^{-1}$ HAc 和 $1mol\cdot L^{-1}$ NaAc 混合溶液中的溶解度。

5. 人的牙齿表面有一层釉质，其组分为羟基磷灰石 $Ca_5(PO_4)_3OH$($K_{sp}=6.8\times10^{-37}$)。为了防止蛀牙，人们常使用含氟牙膏，其中的氟化物可使羟基磷灰石转化为氟磷灰石 $Ca_5(PO_4)_3F$($K_{sp}=1\times10^{-60}$)。写出这两种难溶化合物相互转化的离子方程式，并计算出相应的标准平衡常数。

6. PbI_2 和 $PbSO_4$ 的 K_{sp} 非常接近，两者饱和溶液中的 $[Pb^{2+}]$ 是否也非常接近，通过计算说明 [$K_{sp}(PbI_2)=9.8\times10^{-9}$，$K_{sp}(PbSO_4)=2.53\times10^{-8}$]。

7. 假设溶于水中的 $Mn(OH)_2$ 完全解离，试计算：(1) $Mn(OH)_2$ 在水中的溶解度($mol \cdot L^{-1}$)；(2) $Mn(OH)_2$ 饱和溶液中的$[Mn^{2+}]$和$[OH^-]$；(3) $Mn(OH)_2$ 在 $0.10mol \cdot L^{-1}$ NaOH 溶液中的溶解度[假如 $Mn(OH)_2$ 在 NaOH 溶液中不发生其他变化]；(4) $Mn(OH)_2$ 在 $0.20mol \cdot L^{-1}$ $MnCl_2$ 溶液中的溶解度。

8. 在 100.0mL 的 $0.20mol \cdot L^{-1}$ $MnCl_2$ 溶液中，加入含有 NH_4Cl 的 $0.10mol \cdot L^{-1}$ $NH_3 \cdot H_2O$ 溶液 100.0mL，为了不使 $Mn(OH)_2$ 沉淀形成，需含 NH_4Cl 多少克？

9. 将 500mL $c(MgCl_2)=0.20mol \cdot L^{-1}$ 和 500mL $c(NH_3 \cdot H_2O)=0.20mol \cdot L^{-1}$ 混合。求：(1)混合后溶液是否有沉淀生成？请通过计算加以说明。(2)若有沉淀，要加入多少克 NH_4Cl，才能使溶液无 $Mg(OH)_2$ 沉淀产生？(忽略加入 NH_4Cl 固体引起的体积变化)。已知 $K_{sp}[Mg(OH)_2]=5.61 \times 10^{-12}$，$K_b(NH_3)=1.8 \times 10^{-5}$，$M(NH_4Cl)=53.5g \cdot mol^{-1}$。

10. 已知下列各难溶电解质的溶解度，计算它们的溶度积。

(1) CaC_2O_4 的溶解度为 $5.07 \times 10^{-5} mol \cdot L^{-1}$；(2) PbF_2 的溶解度为 $2.1 \times 10^{-3} mol \cdot L^{-1}$；(3)每升碳酸银饱和溶液中含 Ag_2CO_3 0.035g。

11. 通过计算判断在下列情况下是否能生成沉淀？(1) $0.02mol \cdot L^{-1}$ $BaCl_2$ 溶液与 $0.01mol \cdot L^{-1}$ Na_2CO_3 溶液等体积混合；(2) $0.05mol \cdot L^{-1}$ $MgCl_2$ 溶液与 $0.1mol \cdot L^{-1}$ 氨水等体积混合。

12. 计算 CaF_2 的溶解度：(1)在纯水中(忽略水解)；(2)在 $0.01mol \cdot L^{-1}$ 的 $CaCl_2$ 溶液中；(3)在 $0.01mol \cdot L^{-1}$ 的 HCl 溶液中。

13. 在 pH=2.0 的含 $0.010mol \cdot L^{-1}$ EDTA 及 $0.10mol \cdot L^{-1}$ HF 的溶液中，当加入 $CaCl_2$，使溶液中的 $c(Ca^{2+})=0.10mol \cdot L^{-1}$ 时，能否产生 CaF_2 沉淀(不考虑体积变化)？

14. $Cd(NO_3)_2$ 溶液中通入 H_2S 生成沉淀 CdS，使溶液中所剩 Cd^{2+} 浓度不超过 $2.0 \times 10^{-6} mol \cdot L^{-1}$，计算溶液允许的最大酸度。

15. 某溶液含 Pb^{2+}、Co^{2+} 两种离子，浓度均为 $0.1mol \cdot L^{-1}$，通 H_2S 气体达到饱和，欲使 PbS 完全沉淀，而 CoS(α 态)不沉淀，问溶液的酸度为多少？

16. 在含有 $0.001mol \cdot L^{-1}$ CrO_4^{2-} 和 $0.001mol \cdot L^{-1}$ Cl^- 的溶液中加入固体 $AgNO_3$，哪一种化合物先沉淀？当溶解度较大的微溶物开始沉淀时，溶解度较小的微溶物的阴离子浓度是多少？

17. Cl^-、Br^-、I^- 都与 Ag^+ 生成难溶性银盐，当混合溶液中上述三种离子的浓度都是 $0.010mol \cdot L^{-1}$ 时，加入 $AgNO_3$ 溶液，它们的沉淀次序如何？当第三种银盐开始析出时，前两种离子的浓度各是多少？

18. 已知某溶液中含有 $0.01mol \cdot L^{-1}$ Zn^{2+} 和 $0.01mol \cdot L^{-1}$ Cd^{2+}，当在此溶液中通入 H_2S 使之饱和时，哪种沉淀先析出？为了使 Cd^{2+} 沉淀完全，问溶液中 H^+ 浓度应为多少，此时 ZnS 沉淀是否能析出？

19. 问答题

(1)莫尔法适用于 $AgNO_3$ 直接滴定 Cl^- 和 Br^-，能否用 NaCl 标准溶液直接测定 Ag^+？

(2)莫尔法的滴定条件是什么？

(3)在福尔哈德法中返滴定氯离子时，为什么需要过滤出 AgCl 沉淀或者加入有机试剂，如硝基苯等？

第6章

氧化还原反应及氧化还原滴定

学习要求

① 了解氧化还原反应的基本概念，并能配平氧化还原反应方程式；
② 理解电极电势的基本概念，能利用能斯特方程进行计算；
③ 掌握电极电势有关方面的应用、元素电极电势图的应用；
④ 了解原电池的电动势与吉布斯自由能变的关系；
⑤ 掌握氧化还原滴定法的基本原理及其应用。

化学反应可分为两大类：一类是在反应过程中反应物之间没有电子的转移，如酸碱反应、沉淀反应等；另一类是在反应物之间发生了电子的转移，这一类就是非常重要的氧化还原反应。如：$Zn+Cu^{2+}$ ══ $Zn^{2+}+Cu$。

6.1 氧化还原反应的基本概念

由于共价化合物在反应中电子的得失不明显，因此，氧化还原反应和非氧化还原反应的划分尚需用到氧化数的概念。

6.1.1 氧化数

1970 年国际纯粹化学和应用化学协会(IUPAC)定义：氧化数是某元素一个原子的电荷数，该电荷数由假设把每一个化学键中的电子指定给电负性更大的原子而求得。确定氧化数的一般规定如下。

① 单质中元素的氧化值为零。

② 中性分子中各元素的氧化值之和为零；多原子离子中各元素原子氧化值之和等于离子的电荷数。

③ 在共价化合物中，共用电子对偏向于电负性大的元素的原子，原子的“形式电荷数”即为它们的氧化值。

④ 氧在化合物中氧化值一般为-2；在过氧化物(如 H_2O_2)中为-1；在超氧化合物(如 KO_2)中为$-1/2$；在 OF_2 中为$+2$。

⑤ 氢在化合物中的氧化值一般为$+1$，仅在与活泼金属生成的离子型氢化物(如 NaH、

CaH_2)中为−1。

⑥ 所有卤素化合物中卤素的氧化数均为−1。

⑦ 碱金属、碱土金属在化合物中的氧化数分别为+1、+2。

例题 6-1 求 NH_4^+ 中 N 的氧化数。

解：已知 H 的氧化值为+1。设 N 的氧化值为 x。

根据多原子离子中各元素氧化值代数和等于离子的总电荷数的规则可以列出：

$$x+(+1)\times 4=+1$$

$$x=-3$$

所以 N 的氧化数为−3

例题 6-2 求 Fe_3O_4 中 Fe 的氧化数。

解：已知 O 的氧化值为−2。设 Fe 的氧化值为 x，则

$$3x+4\times(-2)=0$$

$$x=+8/3$$

所以 Fe 的氧化数为+8/3

氧化值可为正值也可为负值，可以是整数、分数，也可以是小数。

注意：在共价化合物中，判断元素原子的氧化数时，不要与共价数(某元素原子形成的共价键的数目)相混淆。

6.1.2 氧化与还原的基本概念和化学方程式的配平

*(1) 氧化与还原的基本概念

物质在化学反应中有电子得失或电子对发生偏移的反应，称为氧化还原反应。如：$Cu^{2+}+Zn═══Cu+Zn^{2+}$

氧化：失去电子，氧化数升高的过程。如：$Zn═══Zn^{2+}+2e^-$。

还原：得到电子，氧化数降低的过程。如：$Cu^{2+}+2e^-═══Cu$。

还原剂：反应中氧化数升高的物质。如：Zn。

氧化剂：反应中氧化数降低的物质。如：Cu^{2+}。

*(2) 氧化还原反应方程式的配平

氧化还原反应方程式的配平方法最常用的有半反应法(也叫离子-电子法)、氧化数法等。

半反应法　任何氧化还原反应都可以看作由两个半反应组成，一个半反应为氧化反应，另一个半反应为还原反应，并分别配平两个半反应。

如反应：　$2Na+Cl_2\longrightarrow 2NaCl$

氧化半反应：　$2Na\longrightarrow 2Na^++2e^-$

还原半反应：　$Cl_2+2e^-\longrightarrow 2Cl^-$

配平原则：首先，氧化半反应失去电子数必须等于还原半反应得到的电子数；其次，反应前后各元素的原子总数必须相等。

半反应法配平的一般步骤：

找出两个电对，把氧化还原反应写成离子反应式；

把离子反应式拆成氧化、还原两个半反应；

分别配平两个半反应(等式两边原子总数与电荷数均应相等)；

根据氧化剂得电子总数应等于还原剂失电子总数的原则，分别对两个半反应乘以适当系数，求得得失电子的最小公倍数，再把两个半反应相加；

根据题意写成分子反应方程式。

例题 6-3 $KClO_3$ 和 $FeSO_4$ 在酸性介质中反应生成 KCl 和 $Fe_2(SO_4)_3$，配平该氧化还原方程式。

解：(1)写出反应物和产物的离子形式

$$ClO_3^- + Fe^{2+} \longrightarrow Cl^- + Fe^{3+}$$

(2)分成两个半反应　$Fe^{2+} \longrightarrow Fe^{3+}$　(氧化反应)

$ClO_3^- \longrightarrow Cl^-$　(还原反应)

第二个半反应的右边比左边少 3 个 O 原子，在水溶液中 O^{2-} 不能存在，在酸性溶液中 H^+ 可以和 O^{2-} 结合生成 H_2O 分子，所以在左边加上 6 个 H^+，而在右边加上 3 个水分子，就可使两边各种元素的原子总数相等。

(3)配平原子总数　$ClO_3^- + 6H^+ \longrightarrow Cl^- + 3H_2O$

$$Fe^{2+} \longrightarrow Fe^{3+}$$

$$ClO_3^- + 6H^+ + 6e^- \longrightarrow Cl^- + 3H_2O$$

$$6 * (Fe^{2+} \longrightarrow Fe^{3+} + e^-)$$

(4)将两个半反应式各乘以适当的系数，合并两个半反应式，得到配平的离子方程式：

$$ClO_3^- + 6H^+ + 6Fe^{2+} = Cl^- + 6Fe^{3+} + 3H_2O$$

(3) 氧化还原电对

在半反应中，同一元素的两个不同氧化数的物种组成电对就叫氧化还原电对。如，在 $Fe^{2+} \longrightarrow Fe^{3+} + e^-$ 的氧化反应半反应中的 Fe^{3+}/Fe^{2+}，$Sn^{2+} \longrightarrow Sn^{4+} + 2e^-$ 中的 Sn^{4+}/Sn^{2+}，以及还原半反应 $MnO_4^- + 8H^+ + 5e^- = Mn^{2+} + 4H_2O$ 中的 MnO_4^-/Mn^{2+}，都叫氧化还原电对。

电对通式：氧化型/还原型，如 Cu^{2+}/Cu；Zn^{2+}/Zn；H^+/H_2；O_2/OH^- 等。

6.2 原电池和原电池的能量变化

6.2.1 原电池

(1) 原电池的定义

如图 6-1 所示，整个装置接通后，可观察到下列实验现象。

①指针发生偏转——导线上有电流，电子由 Zn 片经导线到 Cu 片；②Zn 片溶解，Cu 片上有 Cu 沉积。

电极反应：

负极(Zn)：$Zn = Zn^{2+} + 2e^-$，氧化反应

正极(Cu)：$Cu^{2+} + 2e^- = Cu$，还原反应

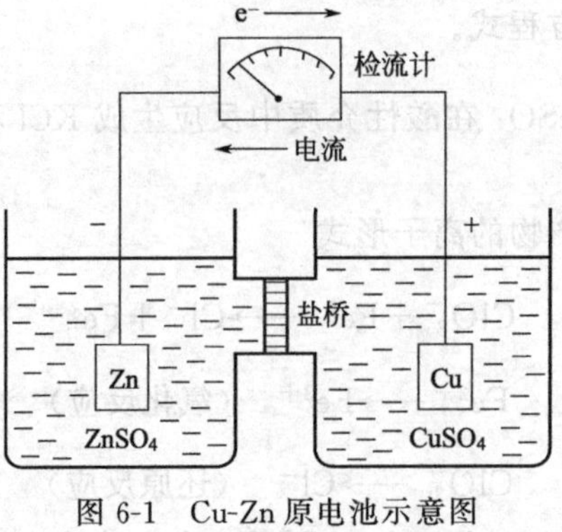

图 6-1　Cu-Zn 原电池示意图

电池反应：$Cu^{2+} + Zn = Zn^{2+} + Cu$

盐桥的作用：盐桥中装有饱和的 KCl 和琼脂，它的作用是沟通两个半电池，保持电荷平衡。

原电池是由氧化还原反应而产生电流的装置，即将化学能转化为电能的装置叫作原电池。

原电池的电动势 E 等于正极的电极电势减去负极的电极电势：$E = \varphi_+ - \varphi_-$。任何氧化还原反应，从理论上说都可以设计成一定的原电池证明有电子转移发生，但是有些反应实际操作有时会比较困难。

可以说，原电池中氧化还原反应的电子转移现象揭示了化学现象和电现象的基本关系。这就使得有可能用电学的方法来研究化学反应规律，从而形成了化学的一个分支——电化学。需要指出，无机化学中讨论电化学的重点是应用电化学的规律和结论来解决无机化学中的问题，而不是追究这些结论的来历。

（2）原电池的组成

原电池是由两个电极、一个盐桥和导电材料组成的。对铜锌原电池，其两个电极分别为 Zn^{2+}/Zn 和 Cu^{2+}/Cu，电对中的金属本身可作为导电材料。电极与电极之间由导线和盐桥相连接组成回路，产生电流。

（3）原电池的电极

① 常见电极　常见的四类电极列于表 6-1 中。

表 6-1　常见的四类电极

电极类型	电对	电极
$Me\text{-}Me^{n+}$ 电极	Zn^{2+}/Zn	$Zn \mid Zn^{2+}$
$A\text{-}A^{n-}$ 电极	Cl_2/Cl^-	$Cl^- \mid Cl_2 \mid Pt$
氧化还原电极	Fe^{3+}/Fe^{2+}	$Fe^{3+}, Fe^{2+} \mid Pt$
Me-难溶盐电极	$AgCl/Ag$	$Ag \mid AgCl \mid Cl^-$

② 电极反应(半电池反应)

$$\text{氧化型(Ox)} + ne^- \rightleftharpoons \text{还原型(Red)}$$

电极反应包括参加反应的所有物质，不仅仅是有氧化值变化的物质。如电对 $Cr_2O_7^{2-}$/

Cr^{3+}，对应的电极反应为：

$$Cr_2O_7^{2-}+14H^++6e^- \rightleftharpoons 2Cr^{3+}+7H_2O$$

原电池由两个半电池组成，任一自发的氧化还原反应理论上都可以组成原电池。

在用 Fe^{3+}/Fe^{2+}、Cl_2/Cl^-、O_2/OH^- 等电对作为半电池时，可用金属铂或其他惰性导体作为电极。

(4) 原电池符号

对 Cu-Zn 原电池可表示为：

$$(-)Zn \mid ZnSO_4(c_1) \parallel CuSO_4(c_2) \mid Cu(+)$$

习惯上负极(－)在左，正极(＋)在右；其中“|”表示不同相之间的相界面，若为同一相，可用“,”表示；“‖”表示盐桥；参与氧化还原反应的物质须注明其聚集状态、浓度、压力等；c 为溶液的浓度，当溶液浓度为 $1mol \cdot L^{-1}$ 时，可省略；p 为气体物质的压力(kPa)(若有气体参与)。

如 Sn^{4+} 与 Sn^{2+}、Fe^{3+} 与 Fe^{2+} 两电对构成的原电池可表示为：

$$(-)Pt \mid Sn^{2+}(c_1), Sn^{4+}(c_2) \parallel Fe^{2+}(c_3), Fe^{3+}(c_4) \mid Pt(+)$$

该原电池中电对 Sn^{4+}/Sn^{2+}、Fe^{3+}/Fe^{2+} 均为水合离子，氧化型与还原型为同一相，不必用“|”隔开，用“,”号即可；“(－)Pt、Pt(＋)”为原电池的惰性电极。

* 6.2.2 原电池的能量变化

原电池是将化学能转化为电能的装置，电池所做的功，完全来自系统的吉布斯自由能变。在原电池中发生氧化还原反应，根据热力学知识可以计算出由于氧化还原反应引起的原电池的能量变化，产生的热量 ΔH、动能改变 $T\Delta S$ 和势能改变 ΔG 可分别计算如下：

以铜锌原电池为例：

对于反应	$Zn(s)$ +	$Cu^{2+}(aq)$ $\rightleftharpoons$	$Zn^{2+}(aq)$ +	$Cu(s)$
$\Delta_f H_m^{\ominus}(298.15)/kJ \cdot mol^{-1}$	0	64.8	−153.9	0
$S_m^{\ominus}(298.15)/J \cdot mol^{-1} \cdot K^{-1}$	41.6	−99.6	−112.1	33.2

$\Delta_r H_m^{\ominus}(298.15) = [(-153.9)-64.8]\ kJ \cdot mol^{-1} = -218.7kJ \cdot mol^{-1}$

$\Delta_r S_m^{\ominus}(298.15) = [-112.1+33.2-(-99.6)-41.6]\ J \cdot mol^{-1} \cdot K^{-1} = -20.9J \cdot mol^{-1} \cdot K^{-1}$

$T\Delta_r S_m^{\ominus}(298.15) = 298.15K \times (-20.9)J \cdot mol^{-1} \cdot K^{-1} = -6.23kJ \cdot mol^{-1}$

$\Delta_r G_m^{\ominus}(298.15) = \Delta_r H_m^{\ominus}(298.15) - T\Delta_r S_m^{\ominus}(298.15) = [-218.7-(-6.23)]\ kJ \cdot mol^{-1}$

$= -212.47kJ \cdot mol^{-1}$

6.2.3 原电池电动势的理论计算

根据热力学原理，恒温恒压下系统吉布斯函数变($\Delta_r G$)的降低值等于系统所能做的最大有用功：$-\Delta G = W_{max}$。

在原电池中，系统恒温恒压下所能做的最大有用功即为电功：

$$W(电) = EQ$$

若电池反应的电子转移数为 n，反应进度为 ζ，则电路中共有 $n\zeta$mol 电子流过；已知

1mol 电子所带电量为 96485C(法拉第常量)，即 $F=96485C \cdot mol^{-1}=96485J \cdot V^{-1} \cdot mol^{-1}$，计算时常用 $96500C \cdot mol^{-1}$，所以

$$Q=n\zeta F;\ \Delta G=-W_{max}=-n\zeta FE$$

当反应进度 $\zeta=1mol$ 时

$$\Delta_r G_m=-W_{max}=-nFE$$

若原电池处于标准状态，则 $\Delta_r G_m^{\ominus}=-nFE^{\ominus}$　　所以 $E^{\ominus}=-\dfrac{\Delta_r G_m^{\ominus}}{nF}$

例题 6-4　煤的燃烧反应为：C(石墨)$+O_2$ ══ CO_2，反应的标准吉布斯函数变 $\Delta_r G_m^{\ominus}=-394.5kJ \cdot mol^{-1}$。如果把该反应设计成燃料电池，其标准电动势是多少？

解： $\Delta_r G_m^{\ominus}=-nFE^{\ominus}$(电池)

$$E^{\ominus}=-\frac{\Delta_r G_m^{\ominus}}{nF}=\frac{394500J \cdot mol^{-1}}{4\times 96500C \cdot mol^{-1}}=1.02V$$

6.3 标准电极电势

6.3.1 电极电势差

测定 Cu-Zn 原电池的电流方向时，为什么检流计的指针总是指向一个偏转方向，即电子由 Zn 流到 Cu，而不是相反呢？

这是因为锌电极的电势比铜电极的电势更负。那么电极电势是如何产生的？为什么铜、锌电极会不同呢？1889 年德国电化学家(Nernst)提出了金属的双电层理论：金属晶体中有金属离子和自由电子；当把金属放入含有该金属离子的盐溶液时，有两种反应倾向存在，一方面，金属表面的离子进入溶液和水分子结合成为水合离子 $M^{n+}(aq)$，另一方面，盐溶液中的 $M^{n+}(aq)$又有一种从金属 M 表面获得电子而沉积在金属表面上的倾向。

$$M(s) \underset{沉积}{\overset{溶解}{\rightleftharpoons}} M^{z+}(aq)+ze^-$$

两种倾向在一定条件下达到暂时的平衡，即溶解和沉积达到动态平衡。

金属越活泼或金属离子浓度越小，金属溶解的趋势就越大，金属离子沉积到金属表面的趋势越小，达到平衡时金属表面因聚集了自由电子而带负电荷，溶液带正电荷，由于正、负电荷相互吸引，在金属与其盐溶液的接触界面处就建立起双电层。

相反，金属越不活泼或金属离子浓度越大，金属溶解趋势就越小，达到平衡时金属表面因聚集了金属离子而带正电荷，而附近的溶液由于金属离子沉淀带负电荷，也构成了相应的双电层。这种双电层之间就存在一定的电势差，这个电势差就是电极电势。

影响电极电势大小的影响因素除了电极的本性外，温度、介质、离子浓度等因素也影响电极电势的大小。外界条件一定时，电极电势的高低取决于电极的本性。对于金属电极，则取决于金属离子化倾向的大小。

金属越活泼，溶解成离子的倾向越大，离子沉积的倾向越小。达到平衡时，电极的电势越低；反之，电极的电势越高。

因此，连接两个金属离子化倾向不同的电极，Zn 活泼，电极电势较低，Cu 不活泼，电极电势较高；由于电极的电势不同，则电子从 Zn 电极流向 Cu 电极。

由于电极的高低主要取决于金属离子化倾向的大小，那么可以设想，如果测量出金属电极的电势，则可以比较金属及其离子在溶液中得失电子能力的强弱，从而判断溶液中氧化剂、还原剂的强弱。因此，解决了电极电势的定量测定问题，就找到了氧化还原反应的定量规律，但是，电极电势的绝对值迄今仍无法测量。可以测得电极电势的相对大小，只要知道电极电势的相对大小，就可以比较氧化剂、还原剂的相对强弱。为了测定电极电势的相对大小，选择了标准氢电极的电势作为标准，定为零。当用标准氢电极和欲测电极组成电池后，测量该电池的电动势，就得出各种电极电势的相对数值。

6.3.2 标准电极电势

(1) 标准氢电极

于 298.15K 下，将镀有铂黑的铂片(铂黑电极)置于氢离子浓度为 $1.0mol \cdot L^{-1}$ 的酸溶液中，见图 6-2，然后，不断通入压力为 100kPa 的纯氢气，使铂黑电极吸附的氢气达到饱和，就形成一个氢电极。在这个电极周围发生如下的反应：

$$H_2 \rightleftharpoons 2H^+ + 2e^-$$

这时被 H_2 饱和了的铂黑与 $1.0mol \cdot L^{-1}$ H^+ 溶液之间产生的电势差叫作氢的标准电极电势，定为零。用 $\varphi^{\ominus}(H^+/H_2)=0$ 表示。

(2) 标准电极电势

标准氢电极与其他各种标准状态下的电极组成原电池，用实验方法测得这个原电池的电动势值，就是该电极的标准电极电势，用 $\varphi^{\ominus}$ 表示，参见图 6-3。

如：测定 Zn^{2+}/Zn 电对的标准电极电势。

在 298.15K 时，将锌放在 $1mol \cdot L^{-1}$ Zn^{2+} 溶液中。锌电极与标准氢电极组成一个原电池，见图 6-3。

负极：$Zn - 2e^- = Zn^{2+}$；

正极：$2H^+ + 2e^- = H_2$

总反应　$Zn + 2H^+ \rightleftharpoons Zn^{2+} + H_2$

测量的结果为：$E^{\ominus} = 0.76V$。

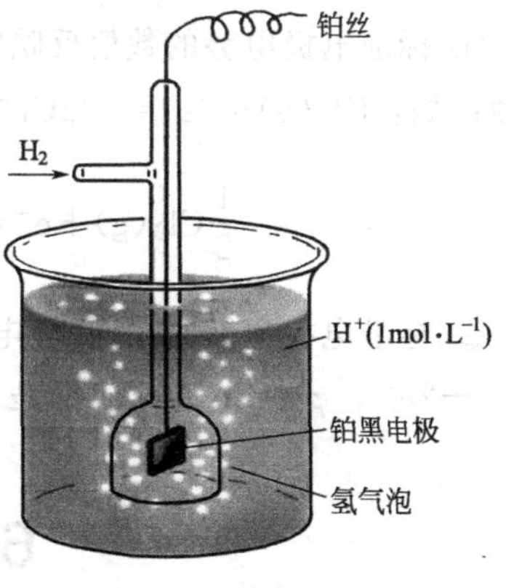

图 6-2　标准氢电极

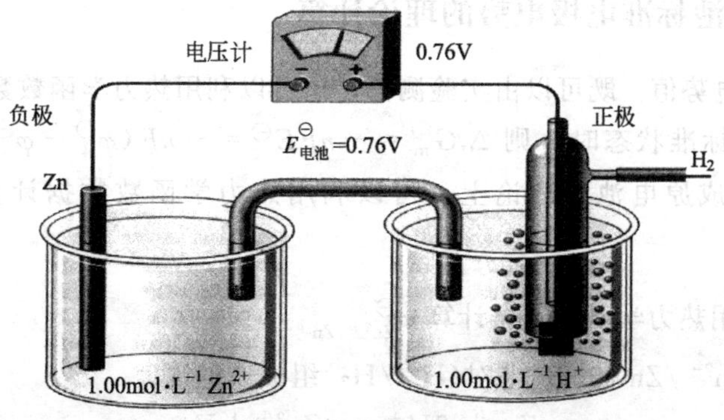

图 6-3　测定锌电极的标准电极电势的装置

由：$E^{\ominus}=\varphi_{+}^{\ominus}-\varphi_{-}^{\ominus}=\varphi^{\ominus}(H^+/H_2)-\varphi^{\ominus}(Zn^{2+}/Zn)=0-\varphi^{\ominus}(Zn^{2+}/Zn)=-0.76V$，得：

$\varphi^{\ominus}(Zn^{2+}/Zn)=-0.76V$。

若欲测量铜电极的标准电势，可将装置中的左边改为铜片和 $1mol \cdot L^{-1}\ Cu^{2+}$ 溶液，298.15K 时测得铜电极与标准氢电极的电势差为 0.34V。电流的方向与上述锌电极相反。因此，氢电极是负极，铜电极是正极。

负极：$H_2-2e^-=2H^+$　　正极：$Cu^{2+}+2e^-=Cu$

总反应：$H_2+Cu^{2+}\rightleftharpoons 2H^++Cu$

$$E^{\ominus}=\varphi_{+}^{\ominus}-\varphi_{-}^{\ominus}=\varphi^{\ominus}(Cu^{2+}/Cu)-\varphi^{\ominus}(H^+/H_2)=0.34V\text{，所以}\varphi^{\ominus}(Cu^{2+}/Cu)=0.34V$$

用类似方法可测定各种电对的电极电势 $\varphi^{\ominus}$，可得一系列电对的标准电极电势值，见附录Ⅳ。一般化学手册上都能查到各元素不同电对的标准电极电势值。

根据这些数据可将任意两电对组成原电池，并能计算出该电池的标准电动势 $E^{\ominus}$，电极电势高的电对为正极，电极电势低的电对为负极，两电极的标准电极电势值之差为原电池的标准电动势：

$$E^{\ominus}=\varphi_{+}^{\ominus}-\varphi_{-}^{\ominus}$$

应用标准电极电势时应注意以下几种。

① 标准电极电势的数值反映物质的得失电子能力，其大小与物质的量无关，即 φ 无加和性；如：$Cl_2(g)+2e^-\rightleftharpoons 2Cl^-(aq)$　　$\varphi^{\ominus}(Cl_2/Cl^-)=1.36V$

$$\frac{1}{2}Cl_2(g)+e^-\rightleftharpoons Cl^-(aq)\qquad \varphi^{\ominus}(Cl_2/Cl^-)=1.36V$$

② 标准电极电势的大小与电极反应的写法无关，如：$Zn^{2+}+2e^-\rightleftharpoons Zn$ 和 $Zn\rightleftharpoons Zn^{2+}+2e^-$，$\varphi^{\ominus}(Zn^{2+}/Zn)$都是 1.36V。

6.4 Nernst 方程

6.4.1 原电池标准电极电势的理论计算

任一标准电极电势值，既可以由实验测得，还可以利用热力学函数数据计算。

若原电池处于标准状态时，则 $\Delta_r G_m^{\ominus}=-nFE^{\ominus}=-nF(\varphi_{+}^{\ominus}-\varphi_{-}^{\ominus})$。选标准氢电极与任一标准电极组成原电池，理论上，可以利用热力学函数数据计算出任一标准电极电势值。

例题 6-5　利用热力学函数数据计算 $\varphi^{\ominus}_{Zn^{2+}/Zn}$。

解：把电对 Zn^{2+}/Zn 与另一电对(H^+/H_2)组成原电池。

电池反应为：	Zn +	$2H^+$ $\rightleftharpoons$	Zn^{2+} +	H_2
$\Delta_f G_m^{\ominus}/kJ \cdot mol^{-1}$	0	0	−147	0

得 $$\Delta_r G_m^{\ominus}=-147\text{kJ}\cdot\text{mol}^{-1}$$

由 $\Delta_r G_m^{\ominus}=-nFE^{\ominus}=-nF(\varphi_+^{\ominus}-\varphi_-^{\ominus})=-nF\,[\varphi^{\ominus}(H^+/H_2)-\varphi^{\ominus}(Zn^{2+}/Zn)]$

得 $\varphi^{\ominus}(Zn^{2+}/Zn)=-\dfrac{\Delta_r G_m^{\ominus}}{nF}=\dfrac{-147\times10^3\text{J}\cdot\text{mol}^{-1}}{2\times96500\text{J}\cdot\text{V}^{-1}\cdot\text{mol}^{-1}}=-0.762\text{V}$

例题 6-6 把电对 Cu^{2+}/Cu 与另一电对(H^+/H_2)组成原电池。

解：电池反应为： $Cu^{2+}+H_2 \rightleftharpoons Cu+2H^+$

$\Delta_f G_m^{\ominus}/(\text{kJ}\cdot\text{mol}^{-1})$ 64.98 0 0 0

得 $$\Delta_r G_m^{\ominus}=-64.98\text{kJ}\cdot\text{mol}^{-1}$$

由 $$\Delta_r G_m^{\ominus}=-nFE^{\ominus}=-nF(\varphi_+^{\ominus}-\varphi_-^{\ominus})$$

得 $$\varphi^{\ominus}(Cu^{2+}/Cu)=-\frac{\Delta_r G_m^{\ominus}}{nF}=\frac{64.98\times10^3\text{J}\cdot\text{mol}^{-1}}{2\times96500\text{J}\cdot\text{V}^{-1}\cdot\text{mol}^{-1}}=0.337\text{V}$$

6.4.2 Nernst 方程

对于给定的电极，当温度、介质、离子浓度等改变时，电对的电极电势也随之改变。对于原电池，在定温、定压下：

$$\Delta_r G=\Delta_r G^{\ominus}+RT\ln J\ (J\ 为电池反应的反应商)。$$

根据吉布斯焓变：$\Delta_r G_m=-nFE$，$\Delta_r G_m^{\ominus}=-nFE^{\ominus}$，可得

$$-nFE=-nFE^{\ominus}+RT\ln J \qquad E=E^{\ominus}-\frac{RT}{nF}\ln J \tag{6-1}$$

式中，E 是某温度下电池的电动势；$E^{\ominus}$是电池的标准电动势；n 为电池反应中得到(或失去)的电子数；F 为法拉第常数($96485\text{J}\cdot\text{V}^{-1}\cdot\text{mol}^{-1}$)；$J$ 为电池反应的反应商。

式(6-1)最早是由德国化学家 W. Nernst 提出来的，叫电池反应的 Nernst 方程。

以此方程为基础，可以同理推导出任一电极电对反应的 Nernst 方程。

对任一电极反应： Ox(氧化型)$+ne^- \rightleftharpoons$Red(还原型)

$$\varphi=\varphi^{\ominus}-\frac{RT}{nF}\ln\frac{c(\text{Red})}{c(\text{Ox})}\ 或\ \varphi=\varphi^{\ominus}+\frac{RT}{nF}\ln\frac{c(\text{Ox})}{c(\text{Red})} \tag{6-2}$$

当温度 $T=298.15\text{K}$ 时，

$$\varphi=\varphi^{\ominus}+\frac{0.0592}{n}\lg\frac{c(\text{Ox})}{c(\text{Red})} \tag{6-3}$$

书写能斯特方程式时应注意如下几点。

① J 为电极反应的反应商，其表达式与第 2 章化学反应商的写法一致；并规定电极反应均写成还原反应的形式，即：

$$\text{Ox(氧化型)}+ne^- \rightleftharpoons \text{Red(还原型)}$$

② 组成电对的物质为固体或纯液体时，不列入方程式中。

如 $I_2(s)+2e^- \rightleftharpoons 2I^-$ $\varphi=\varphi^{\ominus}+\dfrac{0.0592}{2}\lg\dfrac{1}{c(I^-)^2}$

③ 气体物质用相对压力 $p/p^{\ominus}$ 表示。例如，对于 H^+/H_2 电极，电极反应为：

$$2H^+(aq)+2e^- \rightleftharpoons H_2(g)$$

$$\varphi=\varphi^{\ominus}+\frac{0.0592}{2}\lg\frac{c(H^+)^2}{p(H_2)/p^{\ominus}}$$

④ 如果在电极反应中，除氧化态、还原态物质外，参加电极反应的还有其他物质如 H^+、OH^-，则应把这些物质的浓度也表示在能斯特方程式中。

⑤ 在电对中，如果氧化态或还原态的系数不是 1，则[氧化态]或[还原态]的方次等于该物质在电极反应式中的化学计量数。

例题 6-7 $\varphi_A^{\ominus}(ClO_3^-/Cl^-)=1.45V$，求：当 $c(ClO_3^-)=c(Cl^-)=1.0mol\cdot L^{-1}$，若 $c(H^+)=10.0mol\cdot L^{-1}$，则 $\varphi(ClO_3^-/Cl^-)$ 是多少？

解： $ClO_3^-+6H^++6e^- \rightleftharpoons Cl^-+3H_2O$

$$\varphi(ClO_3^-/Cl^-)=\varphi_A^{\ominus}(ClO_3^-/Cl^-)+\frac{0.0592V}{6}\lg\frac{c(ClO_3^-)c(H^+)^6}{c(Cl^-)}$$

$$=1.45V+\frac{0.0592V}{6}\lg10^6=1.51V$$

例题 6-8 计算下列电极电势(298.15K)。

(1) $I_2+2e^- = 2I^-(0.1mol\cdot L^{-1})$；

(2) $Cl_2(10kPa)+2e^- = 2Cl^-(0.1mol\cdot L^{-1})$。

解： (1) $\varphi(I_2/I)=\varphi^{\ominus}(I_2/I^-)+\dfrac{0.0592V}{2}\lg\dfrac{1}{c(I^-)^2}$

$$=0.535V+\frac{0.0592V}{2}\lg\frac{1}{0.1^2}=0.594V$$

(2) $\varphi(Cl_2/Cl^-)=\varphi^{\ominus}(Cl_2/Cl^-)+\dfrac{0.0592V}{2}\lg\dfrac{p(Cl_2)/p^{\ominus}}{c(Cl^-)^2}$

$$=1.359V+\frac{0.0592V}{2}\lg\frac{0.1}{0.1^2}=1.390V$$

6.4.3 影响电极电势的因素

(1) 浓度和酸度

例题 6-9 已知电极反应：$NO_3^-+4H^++3e^- \rightleftharpoons NO+2H_2O$，$\varphi^{\ominus}(NO_3^-/NO)=0.96V$。计算：(1)当 $c(NO_3^-)=1.0mol\cdot L^{-1}$，$p(NO)=100kPa$，$c(H^+)=1.0\times10^{-7}mol\cdot L^{-1}$ 时的 $\varphi(NO_3^-/NO)$ 值；(2)若 $c(H^+)=1.0\times10^{-1}mol\cdot L^{-1}$，其他条件不变，$\varphi(NO_3^-/NO)$ 值。

解： (1)当 $c(H^+)=1.0\times10^{-7}mol\cdot L^{-1}$

$$\varphi(NO_3^-/NO)=\varphi^{\ominus}(NO_3^-/NO)+\frac{0.0592V}{n}\lg\frac{c(NO_3^-)c(H^+)^4}{p_{NO}/p^{\ominus}}$$

$$\varphi(NO_3^-/NO)=0.96V+\frac{0.0592V}{3}\lg\frac{(1.0\times10^{-7})^4}{100kPa/100kPa}=0.41V$$

(2)若 $c(H^+)=1.0\times10^{-1}mol\cdot L^{-1}$

$$\varphi(NO_3^-/NO)=0.96V+\frac{0.0592V}{3}\lg\frac{(1.0\times10^{-1})^4}{100kPa/100kPa}=0.88V$$

可见，NO_3^- 的氧化能力随酸度的增强而增强。从以上例题可以看出溶液中参与反应的各物种的浓度、溶液的酸度都影响电对的电极电势。

(2) 沉淀的生成对电极电势的影响

当电对中氧化态或还原态与沉淀剂作用生成沉淀时，其浓度会发生变化，从而引起电极电势值的变化。

例题 6-10 在 $Ag^++e^-\rightleftharpoons Ag$ 电极中加入 NaCl 溶液，则发生 $Ag^++Cl^-\rightleftharpoons AgCl$ 沉淀反应，298.15K 反应达到平衡，且当 $[Cl^-]=1.0mol\cdot L^{-1}$ 时，求 $\varphi(Ag^+/Ag)$ 的值。

解：电极反应：$Ag^++e^-=Ag$， $\varphi^{\ominus}(Ag^+/Ag)=0.799V$

$$\varphi(Ag^+/Ag)=\varphi^{\ominus}(Ag^+/Ag)+\frac{0.0592V}{n}\lg c(Ag^+)=0.799+\frac{0.0592V}{1}\lg c(Ag^+)$$

由于 $Ag^++Cl^-\rightleftharpoons AgCl$

$$K_{sp}=[Ag^+][Cl^-]=1.8\times10^{-10}$$

$$[Ag^+]=\frac{K_{sp}}{[Cl^-]}=\frac{1.8\times10^{-10}}{1.0}=1.8\times10^{-10}(mol\cdot L^{-1})$$

所以：

$$\varphi(Ag^+/Ag)=0.799+\frac{0.0592V}{1}\lg c(Ag^+)=0.799+\frac{0.0592V}{1}\lg(1.8\times10^{-10})=0.224(V)$$

另外，配合物的生成对电极电势也会产生影响。在电极中加入配位剂使其与氧化态或还原态生成稳定的配合物，溶液中游离的氧化态或还原态的浓度就明显降低，从而使电极电势发生变化。

可见，溶液中加入沉淀剂、配位剂都影响电对的电极电势。

6.5 电极电势的应用

6.5.1 判断氧化剂和还原剂的相对强弱

(1) 判断氧化剂和还原剂的强弱

标准电极电势的数值的大小说明电对氧化还原能力的强弱。标准电极电势的数值越大，氧化态的氧化能力越强，标准电极电势的数值越小，还原态的还原能力越强。判断氧化剂和还原剂的相对强弱，一般可按照高高/低低法则：即高电势的高价态氧化能力强；低电势的低价态还原能力强。

如，$\varphi^{\ominus}(MnO_4^-/Mn^{2+})=1.49V$，$\varphi^{\ominus}(Cr_2O_7^{2-}/Cr^{3+})=1.33V$

氧化能力：$MnO_4^- > Cr_2O_7^{2-}$；还原能力：$Cr^{3+} > Mn^{2+}$。

在氧化还原反应中，较强的氧化剂与较强的还原剂作用，生成较弱的氧化剂和较弱的还原剂。电对电势大的氧化态作为氧化剂，电对电势小的还原态作为还原剂。

例如，已知 $\varphi^{\ominus}(Sn^{4+}/Sn^{2+})=0.15V$，$\varphi^{\ominus}(Fe^{3+}/Fe^{2+})=0.771V$

由于 $\varphi^{\ominus}(Fe^{3+}/Fe^{2+}) > \varphi^{\ominus}(Sn^{4+}/Sn^{2+})$

所以氧化能力：$Fe^{3+} > Sn^{4+}$；还原能力：$Sn^{2+} > Fe^{2+}$。

（2）选择氧化剂与还原剂

氧化还原反应总是先发生在最强氧化剂和最强还原剂之间，即电极电势差大者先反应。

例题 6-11 现有含 Cl^-、Br^-、I^- 的混合溶液，欲将 I^- 氧化成 I_2，而 Br^-、Cl^- 不被氧化，在常用的氧化剂 $Fe_2(SO_4)_3$ 和 $KMnO_4$ 中选择哪一个能符合上述要求？

解：查表得到 $\varphi^{\ominus}(I_2/I^-)=0.535V$；$\varphi^{\ominus}(Fe^{3+}/Fe^{2+})=0.771V$；$\varphi^{\ominus}(Br_2/Br^-)=1.065V$；$\varphi^{\ominus}(Cl_2/Cl^-)=1.36V$；$\varphi^{\ominus}(MnO_4^-/Mn^{2+})=1.51V$

即 $\varphi^{\ominus}(I_2/I^-) < \varphi^{\ominus}(Fe^{3+}/Fe^{2+}) < \varphi^{\ominus}(Br_2/Br^-) < \varphi^{\ominus}(Cl_2/Cl^-) < \varphi^{\ominus}(MnO_4^-/Mn^{2+})$

因为，Fe^{3+} 只能把 I^- 氧化为 I_2，而 MnO_4^- 把 Cl^-、Br^-、I^- 都能氧化为相应的单质，所以，应选择 $Fe_2(SO_4)_3$。

（3）判断氧化还原反应进行的次序

氧化还原反应总是先发生在最强氧化剂和最强还原剂之间，即电极电势差大者先反应。

例题 6-12 将 Cl_2 通入含 Br^-、I^- 的溶液中，反应的顺序是怎样的？

解：据 $\varphi^{\ominus}(Cl_2/Cl^-)=1.36V$；$\varphi^{\ominus}(Br_2/Br^-)=1.07V$；$\varphi^{\ominus}(I_2/I^-)=0.535V$

可知 Cl_2 先氧化 I^-，再氧化 Br^-。

6.5.2 判断氧化还原反应的方向

恒温恒压下，氧化还原反应进行的方向可由反应的吉布斯函数变来判断：

吉布斯函数变	电动势	反应方向	电极电势
$\Delta_rG<0$；	$E>0$	正向进行	$\varphi_+ > \varphi_-$
$\Delta_rG=0$；	$E=0$	平衡	$\varphi_+ = \varphi_-$
$\Delta_rG>0$；	$E<0$	逆向进行	$\varphi_+ < \varphi_-$

如果系统处于标准状态，则可用 $\Delta_rG^{\ominus}$ 或 $E^{\ominus}$ 进行判断，大多数情况都可以用 $E^{\ominus}$ 进行判断。

注意：判断反应方向时，对给定的氧化还原反应，氧化剂所在的电对为正极（φ_+），还原剂所在的电对为负极（φ_-）；而对给定的原电池，高电势的电对为正极，低电势的电对为负极。

如，$\varphi^\ominus(Fe^{3+}/Fe^{2+})=0.771V$　　$\varphi^\ominus(Sn^{4+}/Sn^{2+})=0.15V$

因为　$\varphi^\ominus(Fe^{3+}/Fe^{2+})>\varphi^\ominus(Sn^{4+}/Sn^{2+})$，

所以　$2Fe^{3+}+Sn^{2+} \rightleftharpoons Sn^{4+}+2Fe^{2+}$ 正向进行。

例题 6-13　在标准状态下，亚铁离子能否依下式使碘还原为碘离子。

$$Fe^{2+}+I_2 \rightleftharpoons Fe^{3+}+2I^-$$

解：$\varphi_+^\ominus=\varphi^\ominus(I_2/I^-)=0.535V$　　$\varphi_-^\ominus=\varphi^\ominus(Fe^{3+}/Fe^{2+})=0.771V$

由于 $\varphi_+^\ominus<\varphi_-^\ominus$，所以反应不能正向进行。

例题 6-14　判断下列反应在 298K 时进行的方向。

$$Sn+Pb^{2+}(0.1000mol\cdot L^{-1}) \rightleftharpoons Sn^{2+}(1.000mol\cdot L^{-1})+Pb$$

解：$\varphi^\ominus(Sn^{2+}/Sn)=-0.136V$，$\varphi^\ominus(Pb^{2+}/Pb)=-0.126V$

$\varphi(Pb^{2+}/Pb)=\varphi^\ominus(Pb^{2+}/Pb)+\dfrac{0.0592V}{2}\lg c(Pb^{2+})=-0.126V+\dfrac{0.0592V}{2}\lg 0.10=-0.156V$

$E^\ominus=\varphi_+-\varphi_-^\ominus=-0.156V-(-0.136V)=-0.020V<0$，因此，反应逆向进行。

6.5.3 氧化还原反应平衡常数

任一氧化还原反应：$Ox_1+Red_2 \rightleftharpoons Red_1+Ox_2$，所组成的原电池，其电动势：

$$E=\varphi_+-\varphi_-；\ E^\ominus=\varphi_+^\ominus-\varphi_-^\ominus$$

$$\Delta_r G_m=-nFE \text{ 和 } \Delta_r G_m^\ominus=-nFE^\ominus$$

由　　$\Delta_r G_m^\ominus=-RT\ln K^\ominus=-2.303RT\lg K^\ominus$ 和 $\Delta_r G_m^\ominus=-nFE^\ominus$，

得：

$$\lg K^\ominus=\frac{nFE^\ominus}{2.303RT}$$

在 298.15K 时，

$$\lg K^\ominus=\frac{96500J\cdot mol^{-1}\cdot V^{-1}nE^\ominus}{2.303\times 8.314J\cdot mol^{-1}\cdot K^{-1}\times 298.15K}=\frac{nE^\ominus}{0.0592V}=\frac{n(\varphi_+^\ominus-\varphi_-^\ominus)}{0.0592V}$$

$$\lg K^\ominus=\frac{n(\varphi_+^\ominus-\varphi_-^\ominus)}{0.0592V}$$

注意：对自发的氧化还原反应，$\varphi^\ominus$ 值大的为 $\varphi_+^\ominus$，$\varphi^\ominus$ 值小的为 $\varphi_-^\ominus$；对给定的氧化还原反应，氧化剂电对为 $\varphi_+^\ominus$，还原剂电对为 $\varphi_-^\ominus$。此外，利用上式计算 $K^\ominus$ 值时应注明化学反应计量方程式，因为 $K^\ominus$ 值与化学反应计量方程式有关，即与反应的电子转移数 n 值有关。

可以通过测定 E、$E^\ominus$ 来计算得到 $\Delta_r G^\ominus$、$\Delta_r G$ 和 $K^\ominus$。当然，也可以通过热力学数据来计算 $E^\ominus$、E。

下面通过举例说明。

例题 6-15 ① 计算 $1mol\cdot L^{-1}$ H_2SO_4 溶液中，反应 $Ce^{4+}+Fe^{2+}\rightleftharpoons Ce^{3+}+Fe^{3+}$ 的平衡常数；

② 计算 $0.5mol\cdot L^{-1}$ H_2SO_4 溶液中，反应 $2I^-+2Fe^{3+}\rightleftharpoons I_2+2Fe^{2+}$ 的平衡常数。

解：① 已知：$\varphi^\ominus(Fe^{3+}/Fe^{2+})=0.771V$，$\varphi^\ominus(Ce^{4+}/Ce^{3+})=1.44V$

$$Ce^{4+}+e^-=\!=\!=Ce^{3+}$$

$$Fe^{3+}+e^-=\!=\!=Fe^{2+}$$

$$\lg K^\ominus=\frac{[\varphi^\ominus(Ce^{4+}/Ce^{3+})-\varphi^\ominus(Fe^{3+}/Fe^{2+})]\ n}{0.0592}=\frac{(1.44-0.771)\times 1}{0.0592}=11.3$$

$K^\ominus=10^{11.3}$反应常数较大，说明反应进行得比较彻底。

② $Fe^{3+}+e^-=\!=\!=Fe^{2+}$　　　$\varphi^\ominus(Fe^{3+}/Fe^{2+})=0.771V$

$2I^-+2e^-=\!=\!=I_2$　　　　$\varphi^\ominus(I_2/I^-)=0.535V$

$$\lg K^\ominus=\frac{[\varphi^\ominus(Fe^{3+}/Fe^{2+})-\varphi^\ominus(I_2/I^-)]\ n}{0.0592}=\frac{(0.771-0.535)\times 2}{0.0592}=7.9$$

$$K^\ominus=10^{7.9}=7.9\times 10^7$$

例题 6-16 已知 $Ag+Cl^-\rightleftharpoons AgCl(s)+e^-$　　$\varphi^\ominus(AgCl/Ag)=0.222V$

$Ag^++e^-\rightleftharpoons Ag$　　$\varphi^\ominus(Ag^+/Ag)=0.799V$

求 AgCl 的 K_{sp}。

解：以 $\varphi^\ominus(Ag^+/Ag)$为正极，$\varphi^\ominus(AgCl/Ag)$为负极组成原电池

电池反应：$Ag^++Cl^-\rightleftharpoons AgCl(s)$

$$\lg K^\ominus=\frac{\varphi^\ominus(Ag^+/Ag)-\varphi^\ominus(AgCl/Ag)}{0.0592}=9.74$$

$$\lg K_{sp}=\lg\frac{1}{K^\ominus}=-9.74$$

$$K_{sp}=1.8\times 10^{-10}$$

当然还可以根据以上知识来判断氧化还原反应进行的完全程度。

6.6 元素电势图及其应用

6.6.1 元素电势图

如果某元素能形成三种或三种以上的氧化态，这些氧化态可以组成多种不同的电对，各电对的标准电极电势的相互关系可以用图的形式更加直观地表示出来。按照元素的氧化数由高到低依次降低的顺序排成图解方式，把各不同氧化数物种之间用直线连接起来，在直线上标出两种不同氧化数物种所组成电对的标准电极电势。这种表明元素各种氧化数之间标准电

极电势关系的图叫作元素的标准电极电势图，简称元素电势图。

如：Cu 有 0、1、2 几种氧化数，酸性介质中可以组成 Cu^{2+}/Cu、Cu^+/Cu、Cu^{2+}/Cu^+ 三个电对，有 $\varphi^{\ominus}(Cu^{2+}/Cu)$、$\varphi^{\ominus}(Cu^+/Cu)$、$\varphi^{\ominus}(Cu^{2+}/Cu^+)$ 三个数据。用元素电势图表示：

$$Cu^{2+} \xrightarrow{0.153V} Cu^+ \xrightarrow{0.522V} Cu$$
$$\underbrace{\qquad\qquad\qquad\qquad}_{0.340V}$$

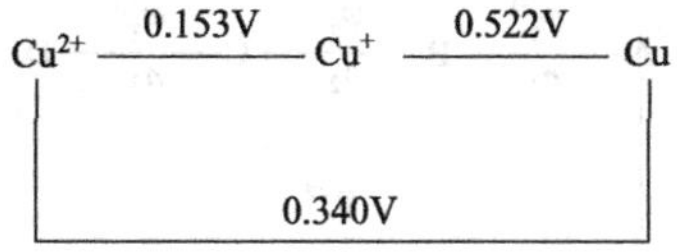

说明：① 氧化数按从左至右由高到低的顺序排列，即氧化型在左，还原型在右。
② 两物种间以"——"相连，线上方为 $\varphi^{\ominus}$ 值。
③ 根据溶液的 pH 不同，电势图又可以分为两类：$\varphi^{\ominus}_A$，A 表示酸性溶液；$\varphi^{\ominus}_B$，B 表示碱性溶液。

如，在酸性溶液中氧的元素电势图为：

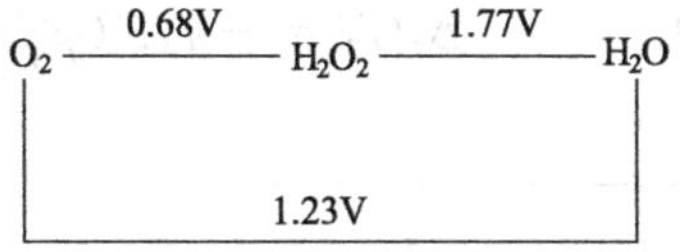

$$O_2 \xrightarrow{0.68V} H_2O_2 \xrightarrow{1.77V} H_2O$$
$$\underbrace{\qquad\qquad\qquad\qquad}_{1.23V}$$

在碱性溶液中氧的元素电势图为：

$$O_2 \xrightarrow{-0.08V} HO_2^- \xrightarrow{0.87V} HO^-$$
$$\underbrace{\qquad\qquad\qquad\qquad}_{0.401V}$$

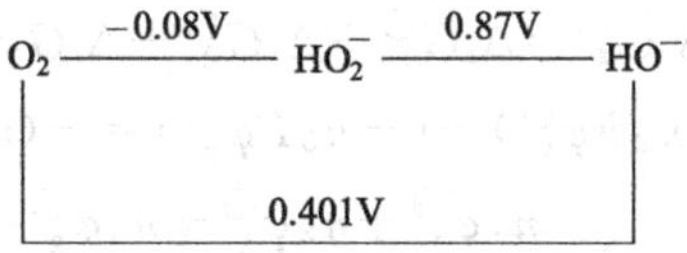

6.6.2 元素电势图的应用

（1）判断歧化反应

歧化反应是指在反应中同一元素的一部分原子被氧化，另一部分原子被还原。利用元素电势图可以判断处于中间状态的某物种能否发生歧化反应。

$$A \xrightarrow{\varphi^{\ominus}(\text{左})} B \xrightarrow{\varphi^{\ominus}(\text{右})} C$$
$$\text{氧化数降低} \rightarrow$$

若 $\varphi^{\ominus}(右) > \varphi^{\ominus}(左)$，B 既是氧化剂又是还原剂，B 物质能够发生歧化反应，生成 A 物质和 C 物质。

若 $\varphi^{\ominus}(右) < \varphi^{\ominus}(左)$，则 B 物质不能发生歧化反应，但 A 物质和 C 物质可以生成 B 物质。

例题 6-17 已知酸性条件下元素锡的电势图为：

$$Sn^{4+} \xrightarrow{0.154V} Sn^{2+} \xrightarrow{-0.136V} Sn$$

试判断 Sn^{4+} 与 Sn 能否共存于同一溶液？

解： $\varphi^{\ominus}(右) = -0.136V < \varphi^{\ominus}(左) = 0.154V$，$Sn^{4+}$ 与 Sn 反应生成 Sn^{2+}，所以 Sn^{4+} 与 Sn 不能共存于同一溶液中。

(2) 计算电对的电极电势

设有如下元素电势图，根据已知的标准电极电势 $\varphi_1^\ominus$、$\varphi_2^\ominus$、$\varphi_3^\ominus$，如何计算未知电对的标准电极电势 $\varphi_4^\ominus$？

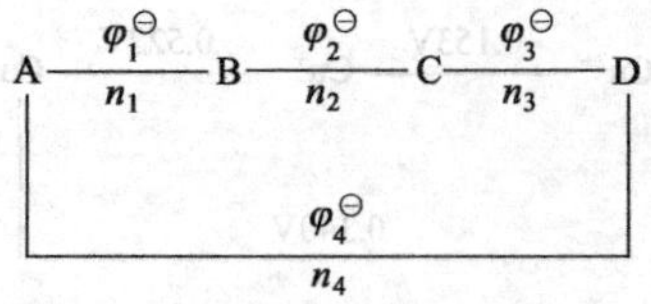

将这四个电对分别与氢电极组成原电池，电池反应为：

$$A+\frac{n_1}{2}H_2 \xlongequal{} B+n_1H^+ \qquad \Delta_rG_1^\ominus=-n_1F(\varphi_1^\ominus-0)$$

$$B+\frac{n_2}{2}H_2 \xlongequal{} C+n_2H^+ \qquad \Delta_rG_2^\ominus=-n_2F(\varphi_2^\ominus-0)$$

$$C+\frac{n_3}{2}H_2 \xlongequal{} D+n_3H^+ \qquad \Delta_rG_3^\ominus=-n_3F(\varphi_3^\ominus-0)$$

$+$

$$A+\frac{n_1+n_2+n_3}{2}H_2 \xlongequal{} D+(n_1+n_2+n_3)H^+$$

$$\Delta_rG_4^\ominus=-(n_1+n_2+n_3)F(\varphi_4^\ominus-0)$$

$$\Delta_rG_4^\ominus=\Delta_rG_1^\ominus+\Delta_rG_2^\ominus+\Delta_rG_3^\ominus$$

$$(-n_1F\varphi_1^\ominus)+(-n_2F\varphi_2^\ominus)+(-n_3F\varphi_3^\ominus)=-(n_1+n_2+n_3)F\varphi_4^\ominus$$

得：

$$\varphi_4^\ominus=\frac{n_1\varphi_1^\ominus+n_2\varphi_2^\ominus+n_3\varphi_3^\ominus}{n_1+n_2+n_3}$$

可推得：通式

$$\varphi_x^\ominus=\frac{n_1\varphi_1^\ominus+n_2\varphi_2^\ominus+n_3\varphi_3^\ominus+\cdots}{n_1+n_2+n_3+\cdots} \qquad (6\text{-}4)$$

式中，$\varphi_x^\ominus$ 为不相邻电对的标准电极电势；$\varphi_1^\ominus$、$\varphi_2^\ominus$ 和 $\varphi_3^\ominus$…为依次相邻电对的标准电极电势；n_1、n_2、n_3…分别代表依次相邻电对中转移电子的摩尔数；$n_x=n_1+n_2+n_3+\cdots$ 代表不相邻电对中转移电子的摩尔数。

例题 6-18 已知 Br 的元素电势图如下：

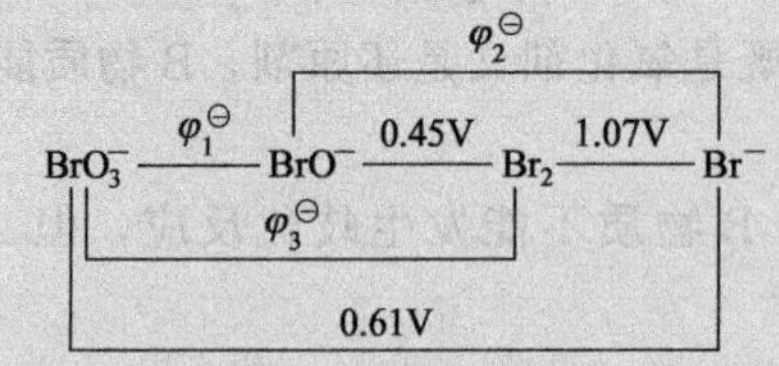

(1)求 $\varphi_1^\ominus$、$\varphi_2^\ominus$ 和 $\varphi_3^\ominus$；(2)判断哪些物质可以歧化；(3)Br_2(l)和 NaOH 混合最稳定的产物是什么？写出反应方程式并求出其 $K^\ominus$。

解：(1)先求 $\varphi_2^\ominus$，$\varphi_2^\ominus=\dfrac{0.45+1.07}{2}=0.76(V)$；

再求 $\varphi_1^\ominus$，$\varphi_1^\ominus=\dfrac{6\times0.61-2\times0.76}{4}=0.535(V)$；

再求 $\varphi_3^{\ominus}$，$\varphi_3^{\ominus}=\dfrac{4\times0.535+1\times0.45}{5}=0.52(\mathrm{V})$；

(2)$\varphi^{\ominus}$(右)$>\varphi^{\ominus}$(左)，可以歧化，所以 Br_2、BrO^- 可以歧化。

(3)$3Br_2+6NaOH = NaBrO_3+5NaBr+3H_2O$

$$\lg K^{\ominus}=\frac{nE^{\ominus}}{0.0592}=\frac{n(\varphi_+^{\ominus}-\varphi_-^{\ominus})}{0.0592}=\frac{5\times(1.07-0.52)}{0.0592}=46.45$$

$$K^{\ominus}=2.8\times10^{46}$$

6.7 氧化还原滴定法

氧化还原滴定法是以氧化还原反应为基础的滴定分析方法。它的应用比较广泛，可以直接测定很多氧化性物质和还原性物质；也可以间接测定一些能与氧化剂或还原剂发生定量反应的物质。可以测定无机物，也可以测定有机物。

6.7.1 滴定曲线

氧化还原滴定过程中存在着两个电对：滴定剂电对和被滴定物电对。随着滴定剂的加入，两个电对的电极电势不断发生变化，并处于动态平衡中。在滴定过程中，每加入一定量滴定剂，反应达到一个新的平衡，此时两个电对的电极电势相等。

$$\varphi(Ox_1/Red_1)=\varphi(Ox_2/Red_2)$$

可选任意一个电对计算出溶液的电极电势值为纵坐标，以对应加入的滴定剂体积为横坐标作图绘制出滴定曲线。

以在 $0.5mol\cdot L^{-1}$ H_2SO_4 溶液中，用 $0.1000mol\cdot L^{-1}$ $Ce(SO_4)_2$ 滴定 20.00mL $0.1000mol\cdot L^{-1}$ $FeSO_4$ 溶液为例，滴定反应为：$Ce^{4+}+Fe^{2+} \rightleftharpoons Ce^{3+}+Fe^{3+}$。

根据能斯特方程：

$$\varphi(Fe^{3+}/Fe^{2+})=\varphi^{\ominus}(Fe^{3+}/Fe^{2+})+0.0592\lg\frac{[Fe^{3+}]}{[Fe^{2+}]} \qquad \varphi^{\ominus}(Fe^{3+}/Fe^{2+})=0.771V$$

$$\varphi(Ce^{4+}/Ce^{3+})=\varphi^{\ominus}(Ce^{4+}/Ce^{3+})+0.0592\lg\frac{[Ce^{4+}]}{[Ce^{3+}]} \qquad \varphi^{\ominus}(Ce^{4+}/Ce^{3+})=1.44V$$

在滴定过程中：$\varphi(Fe^{3+}/Fe^{2+})=\varphi(Ce^{4+}/Ce^{3+})$

① 假如，滴入 Ce^{4+} 标准溶液 10.00mL 时，有 50%的 Fe^{2+} 被氧化成 Fe^{3+}，此时，电极电势为：

$$\varphi(Fe^{3+}/Fe^{2+})=0.771V+0.0592V\lg\frac{50}{50}=0.771V$$

当滴入 Ce^{4+} 标准溶液 19.98mL 时，有 99.9%的 Fe^{2+} 被氧化成 Fe^{3+}，剩余 0.1%的 Fe^{2+}，

$$\varphi(Fe^{3+}/Fe^{2+})=0.771V+0.0592V\lg\frac{99.9}{0.1}=0.95V$$

② 计量点　设滴定反应为：$n_2\,Ox_1+n_1Red_2 = n_2\,Red_1+n_1Ox_2$

$$\varphi_1=\varphi_1^{\ominus}-\frac{0.0592}{n_1}\lg\frac{c(Red_1)}{c(Ox_1)} \tag{6-5}$$

$$\varphi_2=\varphi_2^{\ominus}-\frac{0.0592}{n_2}\lg\frac{c(Red_2)}{c(Ox_2)} \tag{6-6}$$

计量点时反应达到平衡，系统的电动势 E 为零，也就是 $\varphi_1=\varphi_2=\varphi_{sp}$。

将式(6-5)乘以 n_1，再把式(6-6)乘以 n_2；之后相加得到：

$$\varphi_{sp}(n_1+n_2)=n_1\varphi_1+n_2\varphi_2-0.0592V\lg\frac{c(Red_1)c(Red_2)}{c(Ox_1)c(Ox_2)}$$

$$n_2c(Ox_1)=n_1c(Red_2);\ n_1c(Ox_2)=n_2c(Red_1)$$

所以
$$\frac{c(Red_1)c(Red_2)}{c(Ox_1)c(Ox_2)}=1$$

$$\varphi_{sp}=\frac{n_1\varphi_1^{\ominus}+n_2\varphi_2^{\ominus}}{n_1+n_2} \tag{6-7}$$

所以本例 Ce^{4+} 标准溶液滴定 Fe^{2+} 时的计量点：

$$\varphi_{sp}=\frac{\varphi^{\ominus}(Fe^{3+}/Fe^{2+})+\varphi^{\ominus}(Ce^{4+}/Ce^{3+})}{2}=\frac{0.771V+1.44V}{2}=1.10V$$

注意：式(6-7)适用于对称电对参与的反应，不适用于有不对称电对参与的反应，电对的氧化态和还原态的系数不相等，即不对称。

例如，$Cr_2O_7^{2-}+6Fe^{2+}+14H^+ = 2Cr^{3+}+6Fe^{3+}+7H_2O$

③ 化学计量点后　在化学计量点后，Fe^{2+} 几乎全部被氧化成 Fe^{3+}，Fe^{2+} 的浓度不易直接求出，溶液中 Ce^{3+}、Ce^{4+} 的浓度均易求得，故此时溶液的电位用 Ce^{4+}/Ce^{3+} 电对计算比较方便。

当滴入 Ce^{4+} 标准溶液 20.02mL 时，过量 0.1%，则：

$$\varphi(Ce^{4+}/Ce^{3+})=1.44V+0.0592V\lg\frac{0.1}{100}=1.26V$$

加入 Ce^{4+} 22.00mL，过量 10%：

$$\varphi(Ce^{4+}/Ce^{3+})=1.44V+0.0592V\lg(10\%/100\%)=1.38V$$

加入 Ce^{4+} 30.00mL，过量 50%：

$$\varphi(Ce^{4+}/Ce^{3+})=1.44V-0.0592V\lg(100\%/50\%)=1.42V$$

加入 Ce^{4+} 40.00mL，过量 100%：

$$\varphi(Ce^{4+}/Ce^{3+})=1.44V-0.0592V\lg(100\%/100\%)=1.44V$$

以滴定剂体积(或百分数)为横坐标，系统电势 φ 为纵坐标得滴定曲线(图 6-4)。

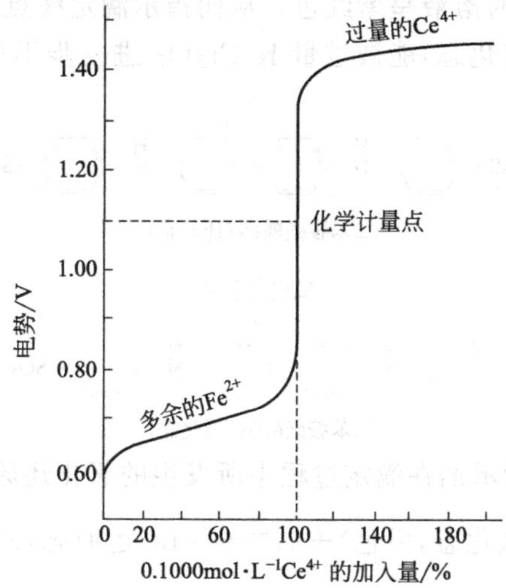

图 6-4　0.1000mol·L^{-1} Ce^{4+} 滴定 20.00mL 0.1000mol·L^{-1} Fe^{2+} 的滴定曲线

在滴定误差为±0.1%时系统的电极电势突变，就是该氧化-还原滴定的滴定突跃。本例中为 $E=0.89V$ 到 $E=1.26V$。滴定突跃范围的大小与两电对的标准电势 $\varphi^{\ominus}$ 有关，两电对的 $\varphi^{\ominus}$ 的差值 $\Delta\varphi^{\ominus}$ 越大，突跃范围越大。如同酸碱滴定，酸碱初始浓度越大，突跃范围越大。在氧化还原滴定中，氧化剂的氧化性越强，还原剂的还原性越强，突跃范围越大。

如，用 0.1mol·L^{-1} $KMnO_4$ 滴定 Fe^{2+} 的突跃范围：$\varphi=0.89\sim1.46V$。

用 0.1mol·L^{-1} Ce^{4+} 滴定 Fe^{2+} 的突跃范围：$\varphi=0.89\sim1.26V$。

氧化剂氧化性增强，突跃上限升高，还原剂还原性增强，突跃下限下降。

6.7.2　氧化还原滴定指示剂

氧化还原滴定终点可用仪器测定系统的电势来确定，也可以利用指示剂在化学计量点附近颜色的改变来确定滴定。常见的氧化还原滴定指示剂有如下几种。

(1) 自身指示剂

例如 $KMnO_4$ 溶液本身具有紫红色，用 $KMnO_4$ 作为标准溶液滴定 $H_2C_2O_4$ 时，当滴定到达化学计量点，稍微过量的 $KMnO_4$ 就可使溶液呈现粉红色，从而指示滴定终点。

(2) 特殊指示剂

淀粉本身不具有氧化还原性质，但它能与标准溶液或被测定物质作用产生特殊的颜色，从而可以指示滴定终点。

例如，在碘量法中，使用淀粉作为指示剂，碘与淀粉可生成深蓝色物质，当滴定到达化学计量点时，稍微过量的碘可使溶液出现蓝色而指示滴定终点。

又如以 Fe^{3+} 滴定 Sn^{2+} 时，可用 KSCN 为指示剂，当溶液出现红色，即生成 Fe(Ⅲ)的硫氰酸配合物时，即为终点。

(3) 氧化还原指示剂

指示剂本身就是一种氧化还原剂，氧化态与还原态颜色不同。

例如，用重铬酸钾滴定亚铁离子时，常用二苯胺磺酸钠作为指示剂，它的还原态为无色，氧化态为紫红色，当滴定至化学计量点时，稍微过量的 $K_2Cr_2O_7$ 就能使二苯胺磺酸钠由还原态氧化为氧化态。此时溶液呈紫红色，从而指示滴定终点。

注意：二苯胺磺酸钠（氧化态）能被过量 $K_2Cr_2O_7$ 进一步不可逆氧化为无色或浅色，因而不能逆向滴定。

$$^-O_3S-\!\!\!\!\bigcirc\!\!\!\!-NH-\!\!\!\!\bigcirc\!\!\!\!-\!\!\!\!\bigcirc\!\!\!\!-NH-\!\!\!\!\bigcirc\!\!\!\!-SO_3^-$$

二苯胺磺酸钠（还原态）

氧化 ⇅ 还原

$$^-O_3S-\!\!\!\!\bigcirc\!\!\!\!-\overset{H^+}{N}=\!\!\!\!\bigcirc\!\!\!\!=\!\!\!\!\bigcirc\!\!\!\!=\overset{H^+}{N}-\!\!\!\!\bigcirc\!\!\!\!-SO_3^- + 2e^-$$

二苯胺磺酸钠（氧化态）

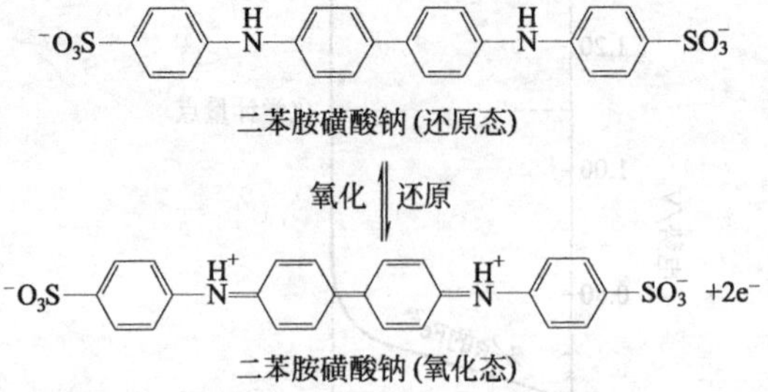

用 In 表示指示剂，则指示剂在滴定过程中所发生的氧化还原反应可用下式表示：

$$\text{In}(\text{氧化态},\text{甲色}) + ne^- \rightleftharpoons \text{In}(\text{还原态},\text{乙色})$$

能斯特方程式：$\varphi(\text{In}) = \varphi^{\ominus}(\text{In}) + \dfrac{0.0592\text{V}}{n}\lg\dfrac{c(\text{Ox})}{c(\text{Red})}$

随着系统电势的不断变化，指示剂的氧化型和还原型的浓度比也会发生改变，因而使溶液的颜色发生变化。当 $\dfrac{[\text{In}_O]}{[\text{In}_R]} \geqslant 10$，氧化态颜色；当 $\dfrac{[\text{In}_O]}{[\text{In}_R]} \leqslant \dfrac{1}{10}$，还原态颜色。所以指示剂变色的电势范围为：$\varphi(\text{In}) = \varphi^{\ominus}(\text{In}) \pm \dfrac{0.0592}{n}$。

选择氧化还原指示剂原则是：指示剂的变色范围应全部或部分地落在滴定突跃范围之内。一般选择变色点的电势 $\varphi(\text{In})$ 尽量与计量点的电势 φ_{sp} 一致，以减小误差。

由于此范围甚小，一般就可用指示剂的条件电极电势（由于本课程的课时限制和专业需要，本部分内容该课程不再介绍）来估量指示剂变色的电势范围。一些常见氧化还原指示剂的条件电极电势及颜色变化可以在化学手册中查找。

6.7.3 常用的氧化还原滴定方法

氧化还原滴定法的分类有多种，如根据所用滴定剂的名称来分类，氧化还原滴定法分为多种方法。常见的主要有高锰酸钾法、重铬酸钾法、碘量法、铈量法、溴酸钾法等。

6.7.3.1 高锰酸钾法

（1）概述

高锰酸钾是一种强氧化剂，所在介质的酸度不同，其电极电势也不同。

在强酸性溶液中，MnO_4^- 被还原成 Mn^{2+}：

$$MnO_4^- + 8H^+ + 5e^- \rightleftharpoons Mn^{2+} + 4H_2O \qquad \varphi^{\ominus} = 1.51\text{V}$$

在弱酸性、中性或弱碱性溶液中，MnO_4^- 被还原成 MnO_2：

$$MnO_4^- + 2H_2O + 3e^- \rightleftharpoons MnO_2 + 4OH^- \qquad \varphi^{\ominus} = 0.59\text{V}$$

在强碱性溶液中，MnO_4^- 被还原成 MnO_4^{2-}：

$$MnO_4^- + e^- \rightleftharpoons MnO_4^{2-} \qquad \varphi^{\ominus} = 0.56\text{V}$$

所以高锰酸钾法一般都在强酸条件下使用。调节溶液酸度常用硫酸，因为硝酸具有氧化性，不宜使用。而盐酸具有还原性，会被高锰酸钾氧化，也不适合使用。由于高锰酸钾与有机物在碱性条件下的反应速率比在酸性条件下快，因而用高锰酸钾法滴定有机物一般在碱性介质中进行。

（2）滴定方法

根据不同待测物，可采用不同的滴定方法，有直接滴定法、返滴定法以及间接滴定法。

a. 直接滴定法　可用于滴定 Fe^{2+}、As^{3+}、Sb^{3+}、H_2O_2、$C_2O_4^{2-}$ 等；如，H_2O_2（Na_2O_2、BaO_2 等过氧化物）的测定：

$$2MnO_4^- + 5H_2O_2 + 6H^+ \rightleftharpoons 2Mn^{2+} + 5O_2\uparrow + 8H_2O$$

反应在室温下进行。反应开始速率较慢，但 H_2O_2 不稳定，不能加热，随着反应进行，由于生成的 Mn^{2+} 催化反应，使反应速率加快。

计量关系：

$$\frac{n(MnO_4^-)}{2} = \frac{n(H_2O_2)}{5}，或\ n(H_2O_2) = \frac{5}{2}n(MnO_4^-)$$

b. 返滴定法　可用于滴定一些氧化性物质，如 MnO_2、PbO_2、Pb_3O_4、$K_2Cr_2O_7$ 等可与过量还原剂标准溶液反应，再用 $KMnO_4$ 回滴。

如 MnO_2 的测定采用返滴定法。先将 MnO_2 和过量的草酸标准溶液反应转化为 Mn^{2+}，再用 $KMnO_4$ 标准溶液滴定剩余 $C_2O_4^{2-}$，反应方程式：

$$MnO_2 + C_2O_4^{2-} + 4H^+ \rightleftharpoons Mn^{2+} + 2CO_2\uparrow + 2H_2O$$

$$2MnO_4^- + 5C_2O_4^{2-} + 16H^+ \rightleftharpoons 2Mn^{2+} + 10CO_2\uparrow + 8H_2O$$

计量关系：

$$n(MnO_2) = n(C_2O_4^{2-})$$

$$n(C_2O_4^{2-}) = \frac{5}{2}n(MnO_4^-)$$

c. 间接滴定法　可用于滴定一些无氧化还原性的物质，如 Ca^{2+}、Sr^{2+}、Ba^{2+}、Ni^{2+}、Cd^{2+}、Zn^{2+}、Ag^+、Cu^{2+}、Pb^{2+}、Bi^{3+} 等，先用 $H_2C_2O_4$ 定量沉淀，再用 H_2SO_4 溶解，用 $KMnO_4$ 标准溶液滴定。

如，Ca^{2+} 的测定，先沉淀 Ca^{2+} 为 CaC_2O_4，再经过滤、洗涤后将沉淀溶于热的稀 H_2SO_4，滴定 $C_2O_4^{2-}$，$2MnO_4^- + 5C_2O_4^{2-} + 16H^+ \rightleftharpoons 2Mn^{2+} + 10CO_2\uparrow + 8H_2O$，根据所消耗的 $KMnO_4$ 的量，间接求得 Ca^{2+} 的含量。

计量关系：

$$n(Ca^{2+}) = n(C_2O_4^{2-}) = \frac{5}{2}n(MnO_4^-)$$

$$w(Ca^{2+}) = \frac{n(Ca^{2+})M(Ca^{2+})}{m(s)} = \frac{5c(MnO_4^-)V(MnO_4^-)M(Ca^{2+})}{2m(s)}$$

高锰酸钾法的优点是：氧化能力强，可以直接、间接地测定多种无机物和有机物；MnO_4^- 本身有颜色，滴定无须另加指示剂。缺点是：标准溶液不太稳定；滴定的选择性较差。

由于高锰酸钾稳定性较弱，见光易分解，试剂常含少量杂质，因而高锰酸钾标准溶液不能由直接法配制。

*6.7.3.2 重铬酸钾法

（1）概述

重铬酸钾是常用氧化剂之一，在酸性溶液中 $Cr_2O_7^{2-}$ 被还原成绿色的 Cr^{3+}。

$$Cr_2O_7^{2-} + 14H^+ + 6e^- \rightleftharpoons 2Cr^{3+} + 7H_2O \quad \varphi^\ominus = 1.33V$$

重铬酸钾用作滴定剂有如下优点。

① 它可以制得很纯(含量 99.99%)，在 150～180℃干燥两小时就可以直接称量配制标准溶液。

② $K_2Cr_2O_7$ 溶液非常稳定。

③ $Cr_2O_7^{2-}$ 不氧化 Cl^-。因此，用 $K_2Cr_2O_7$ 滴定 Fe^{2+} 可以在 HCl 介质中进行。这些都优于高锰酸钾法。

④ $Cr_2O_7^{2-}$ 的还原产物 Cr^{3+} 呈绿色，终点时无法辨别过量的 $Cr_2O_7^{2-}$，须用指示剂确定终点。常用指示剂是二苯胺磺酸钠(无色—紫红色)。

(2) 应用示例

重铬酸钾法测定铁是测定矿石中全铁量的标准方法。将铁矿石用浓 HCl 加热溶解后，将 Fe^{3+} 还原为 Fe^{2+}，以二苯胺磺酸钠作为指示剂，然后用 $K_2Cr_2O_7$ 标准溶液滴定。

滴定反应：$Cr_2O_7^{2-}+6Fe^{2+}+14H^+ \rightleftharpoons 2Cr^{3+}+6Fe^{3+}+7H_2O$

$$\frac{n(Fe_2O_3)}{n(Cr_2O_7^{2-})}=\frac{3}{1}$$

* 6.7.3.3 碘量法

(1) 概述

利用 I_2 的氧化性和 I^- 的还原性进行滴定的分析方法，也叫碘法。由于固体 I_2 在水中的溶解度很小($0.00133mol \cdot L^{-1}$)，在实际应用时通常将 I_2 溶解在 KI 溶液中以增大溶解度，此时 I_2 在溶液中以 I_3^- 形式存在：

$$I_2+I^- \rightleftharpoons I_3^- \text{(一般仍简写为 } I_2\text{)}$$

半反应为：　$I_3^-+2e^- \rightleftharpoons 3I^-$　$\varphi^\ominus(I_2/I^-)=0.536V$

为简化并强调化学计量关系，一般仍将 I_3^- 简写为 I_2。这个电对的电极电势在标准电势表中居于中间，可见 I_2 是较弱的氧化剂，I^- 则是中等强度的还原剂。

可用 I_2(氧化性)标准溶液直接滴定 $S_2O_3^{2-}$、As(Ⅲ)、SO_3^{2-}、Sn(Ⅱ)、维生素 C 等强还原剂，这叫作碘滴定法。

利用 I^- 的还原作用，可与许多氧化性物质如 MnO_4^-、$Cr_2O_7^{2-}$、H_2O_2、Cu^{2+}、Fe^{3+} 等反应定量地析出 I_2。然后用 $Na_2S_2O_3$ 标准溶液滴定 I_2，从而间接地测定这些氧化性物质。这就是滴定碘法。

(2) 滴定方法

① 直接碘量法(碘滴定法)　I_2 是较弱的氧化剂，能与电极电势小于 $\varphi^\ominus(I_2/I^-)$ 的强还原剂 Sn^{2+}、Sb^{3+}、As_2O_3、S^{2-}、SO_3^{2-}(SO_2)等反应，可用 I_2 标准溶液直接滴定。

滴定条件：中性或弱酸性介质。

若碱性太强：$3I_2+6OH^- \rightleftharpoons IO_3^-+5I^-+3H_2O$

若酸性太强，则许多还原剂不易定量。

因而直接碘量法应用不多。

② 间接碘量法(滴定碘法)　I^- 为中强还原剂，能被 $K_2Cr_2O_7$、$KMnO_4$、Cu^{2+}、Fe^{3+}、H_2O_2 和 KIO_3 等氧化剂定量氧化为 I_2，再用 $Na_2S_2O_3$ 标准溶液滴定析出的 I_2，间接滴定氧化性物质。

如　$2MnO_4^-+10I^-+16H^+ \rightleftharpoons 2Mn^{2+}+5I_2+8H_2O$

$$I_2+2S_2O_3^{2-} \rightleftharpoons 2I^-+S_4O_6^{2-}$$

滴定条件：中性或弱碱性。

酸性太强：$S_2O_3^{2-}+2H^+ \longrightarrow H_2S_2O_3 \longrightarrow S\downarrow+H_2SO_3$

$$4I^-+4H^++O_2 \rightleftharpoons 2I_2+2H_2O$$

碱性太强：$S_2O_3^{2-}+4I_2+10OH^- \rightleftharpoons 2SO_4^{2-}+8I^-+5H_2O$

$$3I_2+6OH^- \rightleftharpoons IO_3^-+5I^-+3H_2O$$

(3) 终点指示剂

采用淀粉溶液，蓝色的出现与消褪。注意：淀粉溶液应滴定时新鲜配制；间接滴定时一般滴至 I_2 溶液呈浅黄色时再加入淀粉指示剂。

(4) 标准溶液的配制与标定

碘量法中常使用的标准溶液是硫代硫酸钠和碘。

① $Na_2S_2O_3$ 标准溶液　结晶的 $Na_2S_2O_3\cdot5H_2O$ 容易风化，并含有少量杂质，因此不能直接配制标准溶液。$Na_2S_2O_3$ 溶液不稳定，其原因如下。

a. 被酸分解　即使水中溶解的 CO_2 也能使它发生分解。

$$Na_2S_2O_3+CO_2+H_2O = NaHSO_3+NaHCO_3+S\downarrow$$

b. 微生物的作用　水中存在的微生物会消耗 $Na_2S_2O_3$ 中的硫，使它变成 Na_2SO_3，这是 $Na_2S_2O_3$ 浓度变化的主要原因。

c. 空气的氧化作用　$2Na_2S_2O_3+O_2 = 2Na_2SO_4+2S\downarrow$

此反应速率较慢，少量 Cu^{2+} 等杂质可加速此反应。

因此，与 $KMnO_4$ 类似，$Na_2S_2O_3$ 非基准试剂，不能直接称量配制成标准溶液。配制 $0.1mol\cdot L^{-1}$ $Na_2S_2O_3$ 溶液的方法：新煮沸的蒸馏水加 2%$Na_2S_2O_3$ 先配制成近似浓度，于棕色瓶中放置 8～10 天，待上述反应完全后再用基准物质纯碘、KIO_3、$KBrO_3$ 或 $K_2Cr_2O_7$ 等标定。

② I_2 标准溶液　升华碘(纯碘)可直接配制成标准溶液。一般的市售碘配成溶液后应再标定。碘很难溶于水，但能溶于 KI 溶液。常将纯碘与 KI 固体加少量水一起研磨后溶于水配制成溶液再标定。碘溶液可用 $Na_2S_2O_3$ 标准溶液标定，也可用基准试剂 As_2O_3(砒霜,剧毒)标定。As_2O_3 先用 NaOH 溶解再标定 I_2 溶液：

$$As_2O_3+6OH^- \rightleftharpoons 2AsO_3^{3-}+3H_2O$$

$$I_2+AsO_3^{3-}+H_2O \rightleftharpoons 2I^-+AsO_4^{3-}+2H^+$$

上述滴定反应随介质 $c(H^+)$ 大小可逆，$c(H^+)$ 减小，反应正向。

电极反应：$AsO_4^{3-}+2H^++2e^- \rightleftharpoons AsO_3^{3-}+H_2O$

标定时应注意以下几点。

$K_2Cr_2O_7$ 与 KI 反应时，溶液的酸度愈大，反应速率愈快，但酸度太大时，I^- 容易被空气中的 O_2 所氧化，所以在开始滴定时，酸度一般以 $0.8\sim1.0mol\cdot L^{-1}$ 为宜。

$K_2Cr_2O_7$ 与 KI 的反应速率较慢，应将溶液在暗处放置一定时间(5min)，待反应完全后再以 $Na_2S_2O_3$ 溶液滴定；KIO_3 与 KI 的反应较快，不需放置。

以淀粉作为指示剂时，应先以 $Na_2S_2O_3$ 溶液滴定至溶液呈浅黄色(大部分 I_2 已作用)，然后加入淀粉溶液，用 $Na_2S_2O_3$ 溶液继续滴定至蓝色恰好消失(呈蓝绿色)，即为终点。淀粉指示剂若加入太早，则大量的 I_2 与淀粉结合成蓝色物质，这一部分碘就不容易与 $Na_2S_2O_3$ 反应，因而使滴定发生误差。

(5) 铜的测定——间接碘量法

矿石处理成溶液后，调节溶液的 pH 值为 3.5～4.0，加入 KI 与 Cu^{2+} 反应，析出的 I_2，

用 $Na_2S_2O_3$ 标准溶液滴定，以淀粉为指示剂。

反应式如下：

$$2Cu^{2+}+4I^- \rightleftharpoons 2CuI\downarrow+I_2$$

$$I_2+2S_2O_3^{2-} \rightleftharpoons 2I^-+S_4O_6^{2-}$$

CuI 沉淀表面会吸附一些 I_2 导致结果偏低，为此常加入 KSCN，使 CuI 沉淀转化为溶解度更小的 CuSCN。

$$CuI+SCN^- = CuSCN\downarrow+I^-$$

CuSCN 沉淀吸附 I_2 的倾向较小，因而提高了测定的准确度。KSCN 应当在接近终点时加入，否则 SCN^- 会还原 I_2，使结果偏低。

习题

1. 标出下列物质中带有 * 元素的氧化数。

$H_2\overset{*}{S}$、$\overset{*}{S}_8$、$Na_2\overset{*}{S}_4O_6$、$Na_2\overset{*}{S}_2O_3$、$Na_2\overset{*}{S}O_3$、$Na_2\overset{*}{S}O_4$、$(NH_4)_2\overset{*}{S}_2O_8$、$H_2\overset{*}{O}_2$、$H\overset{*}{N}O_3$、$\overset{*}{N}H_3$、$K_2\overset{*}{Cr}_2O_7$、$\overset{*}{Fe}_3O_4$、$Na[\overset{*}{Cr}(OH)_4]$。

*2. 用氧化数法配平下列反应方程式，并指出氧化剂和还原剂。

① $KMnO_4+H_2C_2O_4+H_2SO_4 \longrightarrow MnSO_4+CO_2+H_2O+K_2SO_4$；

② $CuS+HNO_3 \longrightarrow Cu(NO_3)_2+NO+S$；③ $P_4+HNO_3+H_2O \longrightarrow H_3PO_4+NO$；

④ $NH_3+O_2 \longrightarrow NO+H_2O$；⑤ $H_2O_2+I^-+H^+ \longrightarrow I_2+H_2O$；

⑥ $SO_2+H_2S \longrightarrow S+H_2O$；⑦ $KClO_3 \longrightarrow KClO_4+KCl$。

3. 用离子电子法配平下列反应式。

① $HNO_2+I^-+H^+ \longrightarrow NO+I_2$；② $PbS+H_2O_2 \longrightarrow PbSO_4+H_2O$；

③ $MnO_4^-+SO_3^{2-} \longrightarrow MnO_4^{2-}+SO_4^{2-}$；④ $Cr(OH)_4^-+HO_2^-+OH^- \longrightarrow CrO_4^{2-}+H_2O$；

⑤ $Mn^{2+}+NaBiO_3 \longrightarrow MnO_4^-+Br^{3+}$；⑥ $I_2+OH^- \longrightarrow I^-+IO_3^{2-}+H_2O$。

4. 写出下列原电池的电极反应和电池反应：

①(−)Fe | Fe^{2+}(1.0mol·L^{-1}) ‖ H^+(1.0mol·L^{-1}) | H_2(100kPa)，Pt(+)

②(−)Pt，O_2(100kPa) | H_2O_2(1.0mol·L^{-1})，H^+(1.0mol·L^{-1}) ‖ $Cr_2O_7^{2-}$(1.0mol·L^{-1})，Cr^{3+}(1.0mol·L^{-1})，H^+(1.0mol·L^{-1}) | Pt(+)

③(−)Ag(s)，AgCl(s) | Cl^-(1.0mol·L^{-1}) ‖ Ag^+(1.0mol·L^{-1}) | Ag(s)(+)

5. 根据下列反应设计原电池，写出电池符号。

① $2Fe^{3+}+Sn^{2+} = 2Fe^{2+}+Sn^{4+}$

② $NO_3^-+Fe^{2+}+3H^+ = HNO_2+Fe^{3+}+H_2O$

③ $Cl_2+2OH^- = ClO^-+Cl^-+H_2O$

6. 根据 $\varphi^{\ominus}$ 值的大小，判断物质的氧化能力。

① 根据 $\varphi_A^{\ominus}$ 值的大小，将下列物质按氧化能力由弱到强的顺序排列，并写出酸性介质中它们对应的还原产物。

$$KMnO_4，K_2Cr_2O_7，Cl_2，I_2，Cu^{2+}，Ag^+，Sn^{4+}，Fe^{3+}。$$

② 根据 $\varphi_B^{\ominus}$ 值，将下列电对中还原型物质的还原能力由弱到强排列。

O_2/HO_2^-，$CrO_4^{2-}/Cr(OH)_3$，$Fe(OH)_3/Fe(OH)_2$，MnO_4^-/MnO_2，$[Co(NH_3)_6]^{3+}/[Co(NH_3)_6]^{2+}$，$ClO^-/Cl^-$。

7. 根据要求选择适当的氧化剂或还原剂。

① 将含有 Br^-、I^-、Cl^- 溶液中的 I^- 氧化，而 Br^-、Cl^- 不被氧化。氧化剂 $Fe_2(SO_4)_3$、$KMnO_4$。

② 将含有 Cu^{2+}、Zn^{2+}、Sn^{2+} 的溶液中的 Cu^{2+}、Sn^{2+} 还原，Zn^{2+} 不被还原。还原剂 Cd、Sn、KI。

③ 选择一种能使含 Cl^-、Br^-、I^- 的混合溶液中的 I^- 氧化成 I_2 的氧化剂，而 Br^-、Cl^- 却不发生变化。氧化剂 H_2O_2、$Cr_2O_7^{2-}$ 和 Fe^{3+}。

④ 酸性溶液中，将 Mn^{2+} 氧化成 MnO_4^-。氧化剂 $NaBiO_3$、$(NH_4)_2S_2O_8$、PbO_2、$K_2Cr_2O_7$、Cl_2。

8. 利用 $\varphi_A^\ominus$ 判断下列水溶液中的反应能否自发进行，写出配平的反应方程式。

(1)溴(Br_2)加到亚铁盐(Fe^{2+})溶液中；

(2)将铜板插入三氯化铁($FeCl_3$)溶液中；

(3)铜丝插到 $1.0mol \cdot L^{-1}$ 盐酸中；

(4)将硫化氢(H_2S)通到酸性的重铬酸钾($K_2Cr_2O_7$)溶液中；

(5)向铬酸钾(K_2CrO_4)溶液中加过氧化氢(H_2O_2)；

(6)将 $SnCl_2$ 与 $Hg(NO_3)_2$ 溶液混合。

9. 计算下列反应 298K 的 $E^\ominus$、$K^\ominus$、$\Delta_rG_m^\ominus$。

(1)$6Fe^{2+} + Cr_2O_7^{2-} + 14H^+ = 6Fe^{3+} + 2Cr^{3+} + 7H_2O$

(2)$Hg^{2+} + Hg = Hg_2^{2+}$

(3)$Fe^{3+} + Ag = Ag^+ + Fe^{2+}$

10. 写出下列电池反应或电极反应的能斯特方程式，并计算电池的电动势或电极电位(298K)。

(1)$ClO_3^-(1.0mol \cdot L^{-1}) + 6H^+(0.10mol \cdot L^{-1}) + 6e^- = Cl^-(1.0mol \cdot L^{-1}) + 3H_2O$

(2)$AgCl(s) + e^- = Ag + Cl^-(1.0mol \cdot L^{-1})$

(3)$O_2(100kPa) + 2e^- + 2H^+(0.50mol \cdot L^{-1}) = H_2O_2(1.0mol \cdot L^{-1})$

(4)$S(s) + 2e^- + 2Ag^+(0.1mol \cdot L^{-1}) = Ag_2S(s)$

11. 问答题。

(1)HNO_2 的氧化性比 KNO_3 强。

(2)配制 $SnCl_2$ 溶液时，除加盐酸外，通常还要加入 Sn 粒。

(3)Ag 不能从 HBr 或 HCl 溶液中置换出 H_2，但它能从 HI 溶液中置换出 H_2。

(4)$Fe(OH)_2$ 比 Fe^{2+} 更易被空气中的氧气氧化。

(5)Co^{2+} 在水溶液中很稳定，但向溶液中加入 NH_3 后，生成的 $[Co(NH_3)_6]^{2+}$ 会被迅速氧化成 $[Co(NH_3)_6]^{3+}$。

(6)标准态下，MnO_2 与 HCl 不能反应产生 Cl_2，但 MnO_2 可与浓 HCl($10mol \cdot L^{-1}$)作用制取 Cl_2。

(7)标准态下，反应 $2Fe^{3+} + 2I^- = I_2 + 2Fe^{2+}$ 正向进行。但若在反应系统中加入足量的 NH_4F，则上述反应逆向自发进行。

(8)在高锰酸钾法中用什么酸调节溶液的酸性？为什么避免使用 HCl 和 HNO_3？

12. 已知：298K 时，下列原电池的电动势 $E = 0.17V$，计算溶液中 H^+ 的浓度。

(−)Pt，$H_2(100kPa)$ | $H^+(x mol \cdot L^{-1})$ ‖ $H^+(1.0mol \cdot L^{-1})$ | $H_2(100kPa)$，Pt(+)

13. 已知原电池(−)Ag | $Ag^+(0.010mol \cdot L^{-1})$ ‖ $Ag^+(0.10mol \cdot L^{-1})$ | Ag(+)，向负极加入 K_2CrO_4，使 Ag^+ 生成 Ag_2CrO_4 沉淀，并使 $c(CrO_4^{2-}) = 0.10mol \cdot L^{-1}$，298K 时，$E = 0.26V$。计算 $K_{sp}^\ominus(Ag_2CrO_4)$。

14. 往 0.10mmol AgCl 沉淀中加少量 H_2O 及过量 Zn 粉，使溶液总体积为 1.0mL。试计算说明 AgCl 能否被 Zn 全部转化为 Ag(s)和 Cl^-。

15. 已知：$\varphi^\ominus(Ag^+/Ag) = 0.799V$，计算 298.15K 时 AgBr/Ag 电对和 AgI/Ag 电对的标准电极电势。

16. 计算下列反应的平衡常数。

(1)$1mol \cdot L^{-1}$ H_2SO_4 溶液中，反应 $Ce^{4+} + Fe^{2+} = Ce^{3+} + Fe^{3+}$。

(2)$0.5mol \cdot L^{-1}$ H_2SO_4 溶液中，反应 $2I^- + 2Fe^{3+} = I_2 + 2Fe^{2+}$。

17. 已知反应 $2MnO_4^- + 10Cl^- + 16H^+ = 2Mn^{2+} + 5Cl_2 + 8H_2O$。

(1)试判断上述反应在标准状态时能否正向进行？

(2)若 $[H^+] = 1.0 \times 10^{-5} mol \cdot L^{-1}$，其他物质仍处于标准状态，试判断上述反应的方向。

(3)计算上述反应的平衡常数。

18. 已知 $Cu^{2+}+2e^- \xlongequal{} Cu$；$Cu^{2+}+e^- \xlongequal{} Cu^+$；$\varphi^{\ominus}(Cu^{2+}/Cu)=0.34V$；$\varphi^{\ominus}(Cu^{2+}/Cu)=0.159V$；$K_{sp}(CuCl)=1.2\times10^{-6}$。

(1)计算反应 $Cu^{2+}+Cu \rightleftharpoons 2Cu^+$ 的平衡常数。

(2)计算反应 $Cu^{2+}+Cu+2Cl^- \rightleftharpoons 2CuCl(s)$ 的平衡常数。

19. 对于氧化还原反应 $BrO_3^-+5Br^-+6H^+ \xlongequal{} 3Br_2+3H_2O$，计算：

(1)此反应的平衡常数。

(2)当溶液的 pH＝7.00，$[BrO_3^-]=0.10mol \cdot L^{-1}$，$[Br^-]=0.70mol \cdot L^{-1}$，游离溴的平衡浓度。

20. 已知 298.15K 时有下列电池：(－)Pt，H_2(100kPa) | H^+(缓冲液) ‖ Cu^{2+}($0.010mol \cdot L^{-1}$) | Cu (＋)；$\varphi_-=-0.266V$。向右半电池中加入氨水，并使溶液中 $[NH_3]=1.00mol \cdot L^{-1}$，测得 $E=0.172V$。计算 $[Cu(NH_3)_4]^{2+}$ 的稳定常数(忽略体积变化)。

21. 计算 $1.0mol \cdot L^{-1}$ HCl 溶液中，用 Fe^{3+} 溶液滴定 Sn^{2+} 溶液时，化学计量点的电位，并计算滴定至 99.9%和 100.1%时的电位。说明为什么化学计量点前后，电位变化不相同。滴定时应选用何种指示剂指示终点？已知 $\varphi^{\ominus}(Fe^{3+}/Fe^{2+})=0.68V$，$\varphi^{\ominus}(Sn^{4+}/Sn^{2+})=0.14V$。

22. 用 30.00mL $KMnO_4$ 恰能完全氧化一定质量的 $KHC_2O_4 \cdot H_2O$，同样质量 $KHC_2O_4 \cdot H_2O$ 又恰能被 25.20mL $0.2000mol \cdot L^{-1}$ KOH 溶液中和。计算 $KMnO_4$ 溶液的浓度。

23. 某土壤试样 1.000g，用重量法测得试样中 Al_2O_3 及 Fe_2O_3 共 0.5000g，将该混合氧化物用酸溶解并使铁还原为 Fe^{2+} 后，用 $0.03333mol \cdot L^{-1}$ $K_2Cr_2O_7$ 标准溶液进行滴定，用去 25.00mL $K_2Cr_2O_7$。计算土壤中 Fe_2O_3 和 Al_2O_3 的质量分数。

24. 将含有 PbO 和 PbO_2 的试样 1.234g，用 20.00mL $0.2500mol \cdot L^{-1}$ $H_2C_2O_4$ 溶液处理，将 Pb(Ⅳ)还原为 Pb(Ⅱ)。溶液中和后，使 Pb^{2+} 定量沉淀为 PbC_2O_4，并过滤。滤液酸化后，用 $0.04000mol \cdot L^{-1}$ $KMnO_4$ 溶液滴定剩余的 $H_2C_2O_4$，用去 $KMnO_4$ 10.00mL，沉淀用酸溶解后，用同样的 $KMnO_4$ 溶液滴定，用去 30.00mL $KMnO_4$ 溶液。计算试样中 PbO 及 PbO_2 的质量分数。

25. 将 1.000g 钢样中铬氧化成 $Cr_2O_7^{2-}$，加入 25.00mL $0.1000mol \cdot L^{-1}$ 的 $FeSO_4$ 标准液，然后用 $0.0180mol \cdot L^{-1}$ $KMnO_4$ 标准液 7.00mL 返滴过量的 $FeSO_4$。计算钢样中铬的质量分数。

26. 用碘量法测定钢中的硫时，先使硫燃烧为 SO_2，再用含有淀粉的水溶液吸收，最后用碘标准溶液滴定。现称取钢样 0.500g，滴定时用去 $0.0500mol \cdot L^{-1}$ I_2 标准溶液 11.00mL。计算钢样中硫的质量分数。

27. 今有 25.00mL KI 溶液，用 10.00mL $0.0500mol \cdot L^{-1}$ 的 KIO_3 溶液处理后，煮沸溶液以除去 I_2。冷却后，加入过量 KI 溶液使之与剩余的 KIO_3 反应。然后将溶液调至中性。析出的 I_2 用 $0.1008mol \cdot L^{-1}$ $Na_2S_2O_3$ 标准溶液滴定，用去 21.14mL。计算 KI 溶液的浓度。

28. 测定样品中丙酮的含量时，称取试样 0.1000g 于盛有 NaOH 溶液的碘量瓶中，振荡，准确加入 50.00mL $0.05000mol \cdot L^{-1}$ I_2 标准溶液，盖好。待反应完成后，加 H_2SO_4 调节溶液至微酸性，立即用 $0.1000mol \cdot L^{-1}$ $Na_2S_2O_3$ 标准溶液滴定，消耗 10.00mL $Na_2S_2O_3$。计算试样中丙酮的质量分数。

第7章
原子结构

学习要求

① 了解微观粒子运动的特殊性——波粒二象性；
② 能理解电子云角度分布和径向分布图；
③ 掌握四个量子数的物理意义，掌握电子层、电子亚层、能级和轨道等含义；
④ 能写出一般元素的核外电子排布式和价电子构型；
⑤ 理解原子结构、元素性质和元素周期律的关系。

原子结构的量子力学理论建立于20世纪20年代，是现今用来描述电子或其他微观粒子运动的基本理论。量子力学的杰出代表之一是薛定谔，他建立了描述电子运动规律的波动方程。

本课程的任务不是系统地、定量地介绍量子化学的内容。由于物质的化学性质和电子在原子核外运动状态密切相关，下面就本课程的需要，对电子不同于宏观物体的主要特点作简单介绍。

7.1 核外电子运动状态

7.1.1 核外电子运动的量子化特征——氢原子光谱和玻尔理论

(1) 氢原子光谱

一只装有氢气的放电管，通过高压电流，氢原子被激发后所发出的光经过分光镜，就得到氢原子光谱。其可见光区的线状光谱如图7-1所示。

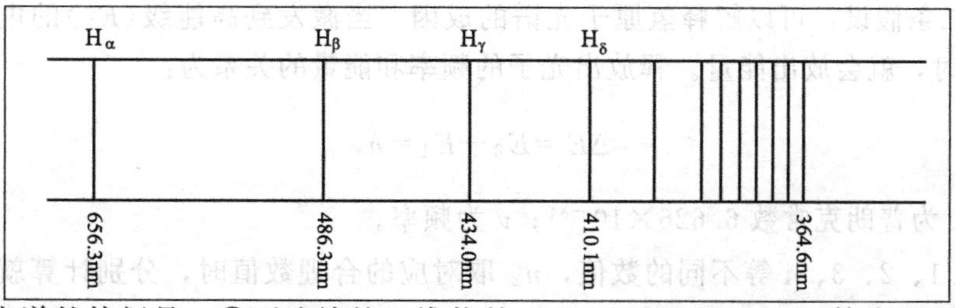

氢原子光谱的特征是：①不连续的，线状的，H_α、H_β、H_γ、H_δ 等为可见光区的主要

图 7-1　氢原子光谱在可见光区的主要谱线

谱线；②从长波到短波谱线距离越来越近，表现出明显的规律性。这几条谱线称为巴尔麦(瑞士科学家，Balmer，J. J. 1825—1898)线系。它们的频率可以用式(7-1)表达出来：

$$\nu = 3.289\times10^{15}\left(\frac{1}{2^2}-\frac{1}{n^2}\right)s^{-1} \tag{7-1}$$

式中，n 取 2 以上的正整数。当 $n=3$，红(H_α)；$n=4$，青(H_β)；$n=5$，蓝紫(H_γ)；$n=6$，紫(H_δ)。

一定要明确，在某一瞬间一个氢原子只能放出一条谱线。许多氢原子才能放出不同的谱线。在实验室中之所以能同时观察到全部谱线，是由于无数个氢原子受到激发到了高能级，而后又回到低能级的结果。

氢原子光谱的其他谱线的频率可以用式(7-2)表达如下：

$$\nu = 3.289\times10^{15}\left(\frac{1}{n_1^2}-\frac{1}{n_2^2}\right)s^{-1}(n_2>n_1) \tag{7-2}$$

对于氢原子光谱明显的规律性，时隔几十年都未得到满意的解释。直到 1913 年，玻尔提出了以下原子模型的假设才成功地解释了上述氢原子线状光谱的成因和规律。

(2) 玻尔理论

玻尔理论的中心意思有以下两点：①核外电子的运动取一定的轨道，在此轨道上运动的电子不放出能量也不吸收能量；②在一定轨道上运动的电子有一定的能量，这些能量只能取某些由量子化条件决定的正整数值。根据量子化的条件，可推求出氢原子核外轨道的能量公式：

$$E=-\frac{2.179\times10^{-18}Z^2}{n^2}\text{J}=-\frac{13.6Z^2}{n^2}\text{eV}=-\frac{13.6}{n^2}\text{eV}\quad(Z=1)$$

式中，$n=1$、2、3、4、…的正整数。

玻尔理论的第一条假设则可回答原子可稳定存在的问题。原子在正常或稳定状态时，电子尽可能地处于能量最低的轨道，这种状态称为基态。氢原子处于基态时，电子在 $n=1$ 的轨道上运动，能量最低，为 13.6eV(或 2.179×10^{-18} J)，其半径为 52.9pm，称为玻尔半径。

玻尔理论的第二条假设，是玻尔把量子条件引入原子结构中，得到了核外电子运动的能量是量子化的结论。表明核外电子运动能量的量子化，是指电子运动的能量只能取一些不连续的能量状态，又称为电子的能级(用 E 表示)。这一概念与经典物理不相容，因为经典力学中，一个体系的能量(或其他物理量)应取连续变化的数值。

根据第二条假设，可以解释氢原子光谱的成因。当激发到高能级(E_2)的电子跃迁回到低能级(E_1)时，就会放出能量。释放出光子的频率和能量的关系为：

$$\Delta E = E_2 - E_1 = h\nu$$

式中，h 为普朗克常数 6.626×10^{-34}；ν 为频率。

当 n_1 取 1、2、3、4 等不同的数值，n_2 取对应的合理数值时，分别计算就得到了氢原子不同的光谱线系。研究发现：计算值和实验测定值惊人地符合。而玻尔假设正是由于成功地解释了氢光谱而被称为玻尔理论。

玻尔理论冲破了经典物理学中能量连续变化的束缚，用量子化解释了经典物理无法解释的原子结构和氢原子光谱的关系。指出原子结构量子化的特性，是玻尔理论的正确的、合理的内容。而它的缺陷又在于未能完全冲破经典物理的束缚，没有考虑电子运动的另一个特征——波粒二象性，玻尔假定电子在核外的运动采取了宏观物体的固定轨道，致使玻尔理论在解释多电子原子的光谱和光谱线在磁场中的分裂、谱线的强度等实验结果时，遇到了难以解决的困难。

这就告诉我们，要建立更符合微观粒子运动规律的理论，必须对微观粒子运动的基本特征有更进一步的认识。

7.1.2 微观粒子运动的基本特征

(1) 微观粒子的波粒二象性

1924 年，法国物理学家德布罗意(De Broglie)预言：假如光具有波粒二象性，那么实物粒子在某些情况下，也能呈现波动性。任何一个运动着的物体，小到电子、质子，大到行星、太阳，都有一种波与它对应，他指出质量为 m、运动速度为 v 的微粒，波动性的波长可以由下式求出：$\lambda=h/mv$，而 $p=mv$，所以

$$\lambda=\frac{h}{p} \tag{7-3}$$

式(7-3)左边是微粒的波长，表明它的波动性特性，右边是微粒的动量，代表它的粒子性，通过普朗克常数把微粒的粒子性和波动性联系起来了，这就是微观粒子的波粒二象性。根据公式可以计算出不同质量的、给定速度的实物粒子的波长。如：1g 运动速度为 $300\text{m}\cdot\text{s}^{-1}$的子弹，表现波动性时波长约为 10^{-26} nm。波长太小！所以说宏观物体不具有波粒二象性。

直到 1927 年，C. J. Davisson 和 L. H. Germer 应用 Ni 晶体进行电子衍射实验才证明了微观粒子波粒二象性的正确性。电子衍射的照片如图 7-2 所示，电子衍射图像说明电子和光波相似，当它通过微小的金属晶体的小孔时，可以像光线一样衍射为一圈一圈的环纹。证实电子不仅是具有一定质量的、高速运动的带电粒子，而且呈现出波动的特征。

(2) 测不准原理

电子既然是具有波粒二象性的粒子，那么能否像经典力学中确定宏观物体的运动那样，同时用位置和速度的物理量来准确地描述电子的运动状态？

1927 年，德国物理学家海森堡(W. Heisenberg)提出微观粒子的位置与动量之间存在着测不准关系，即 $\Delta x\Delta p\geqslant\frac{h}{4\pi}$($h$ 为普朗克常数：6.626×10^{-34}，Δx 和 Δp 分别为位置和动量不确定量)。根据测不准原理，粒子位置的测量准确度越大(Δx 越小)，其动量的准确度就会越小(Δp 越大)，反之亦然。

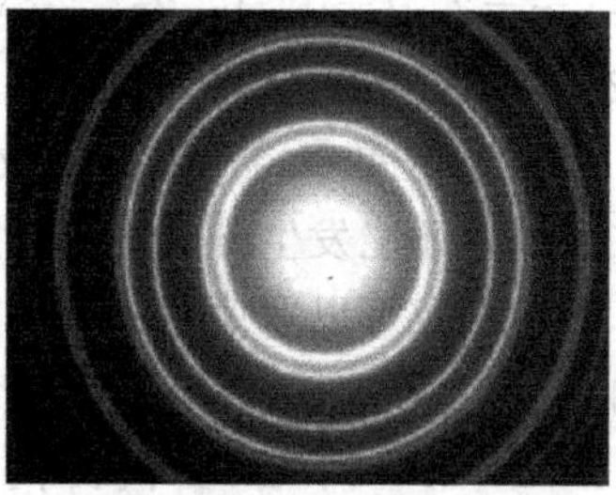

图 7-2 电子衍射照片

微观粒子具有波粒二象性，又不能同时测定其位置和动量，说明，研究微观粒子，不能用经典的牛顿力学理论。必须借助数学方法，建立一个数学模型，找出一个函数，用这一函数来研究微观粒子的空间运动规律。

7.1.3 核外电子运动状态的描述

7.1.3.1 波函数和四个量子数

由于电子具有波粒二象性，用宏观的、经典的“波”和“粒子”的概念，来对电子的行为恰当地描述是不可能的。量子力学并不是说一个电子像一个波那样分布于一个大的空间区域，而是说用电子在空间出现的机会的种种图像来描述电子的运动，它的表现有波的特性。

在原子核外空间运动的电子的波动性，可以用波函数来描述，但它又与机械波不同。由于电子是具有波粒二象性的微观粒子。为了描述电子的运动规律，奥地利物理学家薛定谔(E. Schrödinger)于 1926 年提出了一种波动方程，它是如下的偏微分方程式：

$$\frac{\partial^2 \Psi}{\partial x^2}+\frac{\partial^2 \Psi}{\partial y^2}+\frac{\partial^2 \Psi}{\partial z^2}+\frac{8\pi^2 m}{h^2}(E-V)\Psi=0 \tag{7-4}$$

式中，Ψ 为波函数，是 x、y、z 为空间坐标的函数；m 为粒子的质量；E 为体系的总能量，等于势能和动能之和；V 是势能；h 是普朗克常数。

解这个偏微分方程，就是要解出其中的 E 和 Ψ(具体解法需要较深的数学知识，目前我们还不能解决。我们在本课程中用到的只是求解的结论)。这个方程的数学解很多，但从物理意义来看，这些数学解不一定是合理的。为了得到电子运动状态合理的解，必须引用只能取某些整数值的单个参数，称它们为量子数。这三个量子数可取的数值及它们的关系如下：

主量子数(n)：$n=1$、2、3、…、n 等正整数。

角量子数(l)：$l=0$、1、2、3、4、…、$(n-1)$

磁量子数(m)：$m=+l$、…、0、…、$-l$

① 主量子数(n)　用它来描述原子中电子出现概率最大区域离核的远近，或者说它是决定电子层数的。例，$n=1$ 代表电子离核最近，属第一电子层；$n=2$ 代表电子离核的距离比第一层稍远，属第二层；依此类推。n 越大，电子离核的平均距离越远。当 $n=1$、2、3、4、5、6 等电子层时，光谱学上通常用电子层符号：K、L、M、N、O、P 代表。主量子数 n 是决定电子能量高低的重要因素。对单电子原子或离子来说，n 值越大，电子的能量越高。

② 角量子数(l)　角量子数 l 表示原子轨道或电子云形状，而在多电子原子中又和主量子数一起决定电子的能级。对于给定的 n 值，l 只能取小于 n 的正整数。当 $l=0$、1、2、3、4、…、$(n-1)$时，对应的能级符号为：s、p、d、f、g…电子亚层。例如：$n=1$，$l=0$；1s 亚层。$n=2$，$l=0$、1；2s，2p 亚层。$n=3$，$l=0$、1、2；3s，3p，3d 亚层。$n=4$，$l=0$、1、2、3；4s，4p，4d，4f 亚层。

③ 磁量子数(m)　磁量子数决定原子轨道在空间的取向即伸展方向。这是根据线状光谱在磁场中还能发生分裂，显示出微小差别的现象得出的结果。

磁量子数可以取值：$m=0$、± 1、± 2、± 3、…、$\pm l$。m 决定原子轨道在核外的空间取向。如，$l=0$，$m=0$，s 轨道为球形，只一个取向；

$l=1$，$m=0$、± 1，代表 p_z、p_x 和 p_y 3 个轨道；

$l=2$，$m=0$、± 1、± 2，代表 d 亚层有 5 个取向的轨道：d_{z^2}、d_{xz}、d_{yz}、d_{xy}、$d_{x^2-y^2}$。

由此可见，电子处于不同的运动状态，都有相对应的原子轨道，要用不同的波函数来描述。而波函数 $\Psi_{n,l,m}$ 就是由 n、l、m 决定的数学函数式，是薛定谔方程合理的解，有时又叫 $\Psi_{n,l,m}$ “原子轨道”。$\Psi_{n,l,m}$ 并不是一个具体值，而是一个函数式，它是量子力学中表征微观粒子运动状态的一个函数。当主量子数、角量子数和磁量子数的取值确定并合理时，所对应的波函数($\Psi_{n,l,m}$)的合理解就是一个确定的轨道。

当主量子数和角量子数相同时，轨道的能量完全相同，又称它们为等价轨道(简并轨道)。如，当 $n=3$、$l=1$ 时，轨道 $3p_x$、$3p_y$、$3p_z$ 的能量完全相同，它们就是简并轨道。

④ 自旋量子数(m_s)　直接从上述的薛定谔方程得不到第四个量子数 m_s，它是据后来的理论和实验的要求引入的。仔细观察强磁场下的原子光谱，发现大多数的谱线其实是由靠得很近的两条谱线组成的。这是因为电子在核外相同的轨道上运动时，电子还可以有两种相反的自旋方向，通常用↑和↓表示，取值为 1/2、−1/2，称为自旋量子数 m_s，它是不依赖于其他三个量子数的独立量。

综上所述：要完整表示一个电子在原子核外的运动状态，必须同时指明四个量子数 n、l、m 和 m_s。而三个量子数 n、l、m 可以确定一个空间运动状态(波函数、原子轨道)。

7.1.3.2　波函数的径向部分和角度部分

由于电子的波函数 Ψ 是一个三维空间的函数，很难用适当的、简单的图形表示清楚，因此，常采用分析的方法，分别从函数 Ψ 随角度的变化和随半径(r)的变化两个侧面来讨论，给出相应的图形。

首先，将在三维直角坐标系中的薛定谔方程变成在球坐标系中的方程：图 7-3 是球坐标和直角坐标的关系。设原子核在坐标原点 O 上，P 点是核外电子的位置，r 是电子距离原子核的距离，θ 是 OP 与 z 轴的夹角，φ 是 OP 在平面 xOy 上的投影 OP' 与 x 轴的夹角。则有：

$$x=r\sin\theta\cos\varphi$$

$$y=r\sin\theta\sin\varphi$$

$$z=r\cos\theta$$

$$r=\sqrt{x^2+y^2+z^2}$$

变换后，薛定谔方程为：

$$\frac{1}{r^2}\times\frac{\partial}{\partial r}\left(r\frac{\partial\Psi}{\partial r}\right)+\frac{1}{r^2\sin\theta}\times\frac{\partial}{\partial\theta}\left(\sin\theta\frac{\partial\Psi}{\partial\theta}\right)+\frac{1}{r^2\sin^2\theta}\times\frac{\partial^2\Psi}{\partial\varphi^2}+\frac{8\pi^2 m}{2}(E-V)=0$$

为解该函数，采用分离变量的办法，把该函数变为如下的常微分方程：

$$\Psi(r,\theta,\varphi)=R(r)\times Y(\theta,\varphi)$$

式中，$R(r)$为波函数的径向部分；$Y(\theta,\varphi)$为波函数的角度部分。再结合引入的三个量子数 n、l、m，就解得函数的合理的解。

如，解得氢原子的波函数可以写成：

$$\Psi_{1s}=R(r)\times Y(\theta,\varphi)=2\sqrt{\frac{1}{a_0^3}}\times e^{-\frac{r}{a_0}}\times\sqrt{\frac{1}{4\pi}}$$

$$R(r)=2\sqrt{\frac{1}{a_0^3}}\times e^{-r/a_0}\quad a_0=52.9\text{pm 玻尔半径}$$

$$Y(\theta,\varphi)=\sqrt{\frac{1}{4\pi}}$$

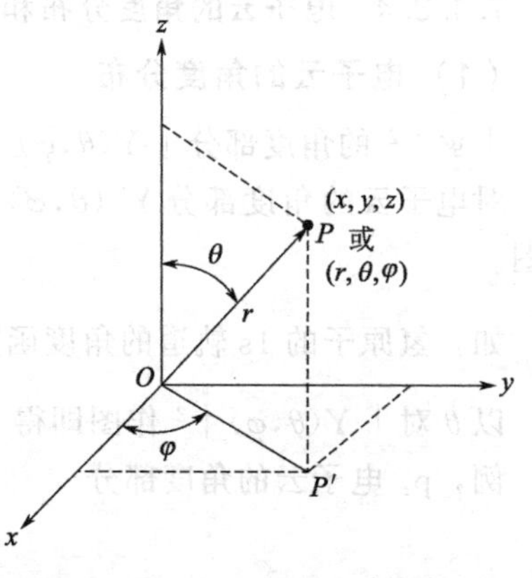

图 7-3　球坐标与直角坐标的关系

对于电子的波函数的意义比较好的解释是统计

解释。从统计学来看，$|\Psi|^2$ 就是电子在核外空间出现的概率密度，反映了电子在空间出现的概率。为了更好地理解波函数的意义，引入了概率密度的概念。

7.1.3.3 概率密度和电子云

已经知道 Ψ 波函数描述了电子运动的状态，把 $|\Psi|^2$ 的空间分布图像(概率密度的形象化描述)叫作电子云。或者说，电子云就是概率密度的形象化图示，也可以说是 $|\Psi|^2$ 的图像。

如，s 电子云见图 7-4(a)，它是球形对称的。凡是处于 s 状态的电子云，它在核外空间中半径相同的各个方向上出现的概率相同。

p 电子云见图 7-4(b)，沿着某一个轴的方向上电子出现的概率密度最大，电子云主要集中在这样的方向上。在另两轴上电子云出现的概率密度几乎为零，在核附近也几乎为零。所以 p 电子云的形状呈无柄的哑铃形。p 电子云有三种不同的取向，根据集中的方向分别为 p_x、p_y、p_z。

d 电子云见图 7-4(c)，形状似花瓣，它在核外空间中有五种不同的分布。d_{xy}、d_{yz} 和 d_{xz} 三种电子云彼此互相垂直，各有四个波瓣，分别在 xy、yz 和 xz 平面内，而且沿坐标轴的夹角平分线方向分布。$d_{x^2-y^2}$ 的电子形状和上面三种 d 电子云形状一样，也分布在 xy 平面内，四个波瓣沿坐标轴分布。d_{z^2} 电子云沿 z 轴有两个较大的波瓣，而围绕着 z 轴在 xy 平面上有一个圆环形分布。

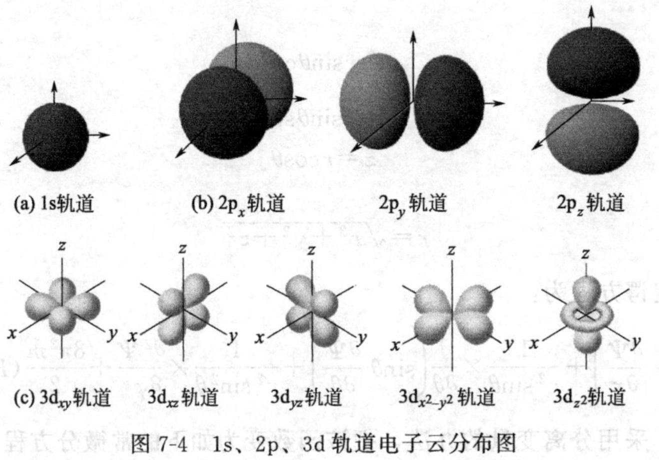

图 7-4 1s、2p、3d 轨道电子云分布图

7.1.3.4 电子云的角度分布和径向分布

(1) 电子云的角度分布

$|\Psi|^2$ 的角度部分 $|Y(\theta,\varphi)|^2$，也就是电子云的角度分布。

对电子云的角度部分 $Y^2(\theta,\varphi)$ 随角度 (θ,φ) 的变化作图，该图形称为电子云的角度分布图。

如，氢原子的 1s 轨道的角度函数：$|Y(\theta,\varphi)|^2=\dfrac{1}{4\pi}$

以 θ 对 $|Y(\theta,\varphi)|^2$ 作图即得 1s 轨道电子云的角度分布图(见图 7-5)。

例，p_z 电子云的角度部分

$$p_z \text{ 波函数}: \Psi_{2p_z}=A_2 r e^{-Br/2}\sqrt{\frac{3}{4\pi}}\cos\theta$$

$$波函数：\Psi_{2p_z}=A_2 r e^{-Br/2}\sqrt{\frac{3}{4\pi}}\cos\theta$$

$$p_z\ 轨道的角度函数：Y(\theta,\varphi)=\sqrt{\frac{3}{4\pi}}\cos\theta$$

$$|Y_{p_z}|^2=\cos^2\theta\times\frac{3\pi}{4}$$

以 θ 对 $|Y_{p_z}|^2$ 作图即得 p_z 轨道电子云的角度分布图，同理可得到 p_x 和 p_y 轨道电子云的角度分布图(见图 7-5)。

意义：它表示半径相同的各点，随角度 θ 和 φ 变化时，概率密度大小不同。同样，得到 3d 轨道电子云的角度分布图(见图 7-5)。

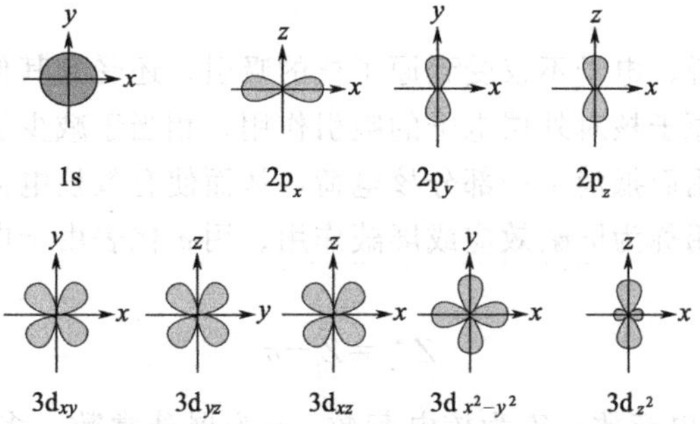

图 7-5 轨道电子云的角度分布图

(2) 电子云的径向分布

电子云的径向分布，是指电子在距原子核距离为 r 的一薄层球壳中出现的概率随半径 r 变化时的分布情况，常用符号 $D(r)$表示。

距原子核距离为 r 的一薄层球壳体积：$dV=4\pi r^2 dr$。

在球壳微体积内，电子出现的概率为 $|\Psi|^2 dV=|\Psi|^2\times 4\pi r^2 dr$。

令 $D(r)=4\pi r^2|\Psi|^2$，用 $D(r)$对 r 作图就得到电子云的径向分布图(又常称为某电子的径向分布图)，它反映了电子在距核距离为 r 处的空间所有方向上(一薄层球壳)出现的概率。图 7-6 是氢原子轨道的各种状态的概率径向分布图。

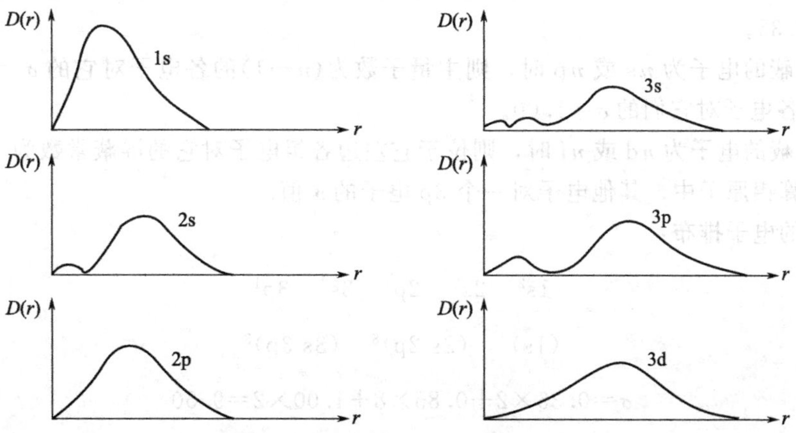

图 7-6 电子云的径向分布图

7.2 原子核外电子的排布和元素周期表

7.2.1 多电子原子的能级

n 和 l 都相同的电子在原子轨道上运动的能量相同，该能量称一个能级。对于氢原子来说，仅有一个电子，其运动的能级由下式求得，

$$E_{电子}=-13.6\times\frac{Z^2}{n^2}=-13.6\times\frac{1}{n^2}\text{eV}=\frac{2.179\times10^{-18}}{n^2}\text{J}$$

（1）屏蔽效应

对于多电子原子来说，电子不仅受到原子核的吸引，还受到其他电子的排斥作用。这种排斥作用相当于削弱了原子核对外层电子的吸引作用，相当于减少了核电荷数。由于其他电子对某一电子的排斥作用而抵消了一部分核电荷，从而使有效核电荷降低，削弱了核电荷对该电子的吸引，这种作用称为屏蔽效应或屏蔽作用。用 σ 代表由于电子间的斥力而使原子核电荷减小的部分。

则：
$$Z^*=Z-\sigma$$

式中，Z^* 为有效核电荷数；Z 为核电荷数；σ 为屏蔽常数。多电子原子中的一个电子的能级：
$$E=-\frac{13.6\times(Z-\sigma)^2}{n^2}\text{eV}$$

屏蔽常数 σ 可以由斯莱特(Slater)规则来估算。

*斯莱特规则简介如下。

将原子中的电子分成如下几组：

(1s)　(2s,2p)　(3s,3p)　(3d)　(4s,4p)　(4d)　(4f)　(5s,5p)…

① 位于被屏蔽电子右边的各组，对被屏蔽电子的 $\sigma=0$，可以近似地认为，外层电子对内层电子没有屏蔽作用。

② 1s 组中，2 个电子之间的相互屏蔽常数 $\sigma=0.30$，其他各组中同组电子之间的相互屏蔽常数 $\sigma=0.35$。

③ 被屏蔽的电子为 ns 或 np 时，则主量子数为 $(n-1)$ 的各电子对它的 $\sigma=0.85$，而小于 $(n-1)$ 的各电子对它们的 $\sigma=1.00$。

④ 被屏蔽的电子为 nd 或 nf 时，则位于它左边各组电子对它的屏蔽常数为 1.00。

如，计算铝原子中，其他电子对一个 3p 电子的 σ 值。

铝原子的电子排布：

$$1s^2\quad 2s^2\quad 2p^6\quad 3s^2\quad 3p^1$$

分组：
$$(1s)^2\quad (2s\ 2p)^8\quad (3s\ 3p)^3$$

$$\sigma=0.35\times2+0.85\times8+1.00\times2=9.50$$

（2）钻穿效应

外层电子渗入内层空间而接近原子核的作用叫钻穿作用。电子进入原子内部空间，受到

核的较强的吸引作用。由于电子的钻穿作用的不同而使它的能量发生变化的现象，通常称为钻穿效应。

由钠原子的电子云径向分布图 7-7 可见：n 相同，l 越小，电子在核附近出现的机会越多，即钻穿效应越强，它受到的屏蔽作用就越小，受核引力越强，E 越低。

即能级顺序为：2s＜2p；3s＜3p＜3d；4s＜4p＜4d＜4f。这就产生了能级分裂现象，径向分布图 7-7 中阴影部分是原子内层(原子芯)，K 和 L 层已填满。3s、3p 和 3d 都在原子芯外，即在原子芯出现的概率比外部小，但是三者进入原子芯的概率不同，3s 最大，3d 最小。也就是说钻穿的能力不同，ns＞np＞nd。

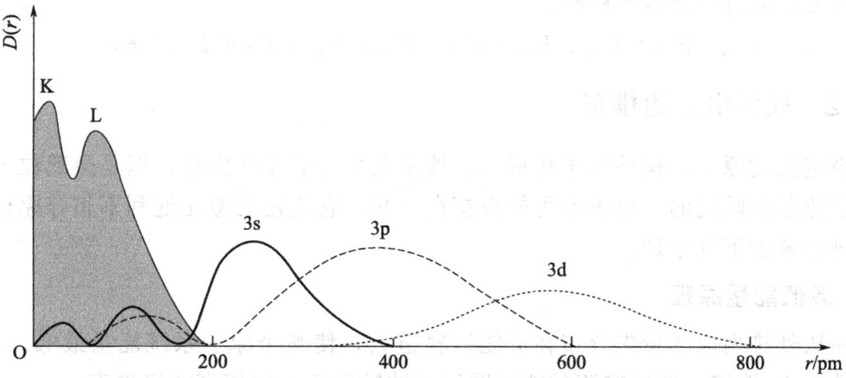

图 7-7　钠原子的电子云径向分布图

(3) 鲍林的原子轨道近似能级图

鲍林(Pauling)根据光谱实验结果，总结出了多电子原子的轨道能级高低近似情况，见图 7-8。其中每个小圆圈代表一个原子轨道。近似能级图的意义是它反映了与元素周期系一致的核外电子填充的一般顺序。按照能级图中各轨道的能量高低的顺序来填充电子所得结果，与光谱实验得到的各元素原子内电子的排布情况，大都是相符合的(个别元素稍有出入)。

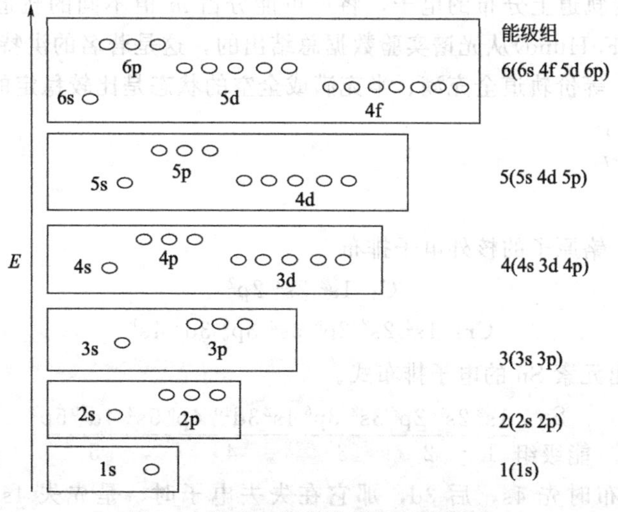

图 7-8　鲍林的原子轨道近似能级图

近似能级图特点如下。

① 近似能级图是按原子轨道的能量高低，而不是按原子轨道离核的远近顺序排列的。

能量相近的能级划为一组，称为能级组。

② 角量子数 l 相同而主量子数不同的能级，其能量次序由主量子数 n 决定，n 越大能量越高。原因：n 越大，电子离核越远，核对电子吸引越弱。

如：$E_{1s}<E_{2s}<E_{3s}<E_{4s}\cdots$。

③ 主量子数 n 相同而角量子数 l 不同的能级，其能量随 l 值增大而升高。原因：发生能级分裂现象。

如：$E_{3s}<E_{3p}<E_{3d}$；$E_{4s}<E_{4p}<E_{4d}<E_{4f}$。

④ 主量子数 n 和角量子数 l 同时变动时，能级的能量次序是比较复杂的。原因：发生能级交错现象，通过钻穿效应解释。

例 $E_{4s}<E_{3d}<E_{4p}$；$E_{5s}<E_{4d}<E_{5p}$；$E_{6s}<E_{4f}<E_{5d}<E_{6p}$。

7.2.2 核外电子的排布

处于稳定态的原子，核外电子将尽可能地按能量高低原理排布。但是微观粒子的运动状态是受量子化条件限制的，电子不可能都挤在一起，它们还要遵循泡利不相容原理。原子的核外电子排布遵循下列原理。

（1）最低能量原理

电子在核外排列应尽量先分布在低能级轨道上，使整个原子系统能量最低。这就是说，电子首先填充 1s 轨道，然后按鲍林能级图所示的顺序依次向较高能级填充。

（2）泡利(W. Pauli)不相容原理

这是由奥地利科学家 W. Pauli 于 1925 年提出来的，每个原子轨道中最多只能容纳两个电子；而且，这两个电子的自旋方向必须相反。或者说同一原子中，不可能有两个电子处于完全相同的状态，即描写原子中电子所处状态的四个量子数(n、l、m、m_s)，一个原子中的两个电子不可能有一组完全相同的数值。

（3）洪特(Hund)规则

在 n 和 l 相同的轨道上分布的电子，将尽可能分占 m 值不同的轨道，且自旋平行。这是德国科学家洪特(F. Hund)从光谱实验数据总结出的，这是著名的洪特规则。

洪特规则特例：等价轨道全充满、半充满或全空的状态是比较稳定的。

全充满：p^6 d^{10} f^{14}

半充满：p^3 d^5 f^7

全空：p^0 d^0 f^0

例如，碳原子、铬原子的核外电子排布

$$C: 1s^2\ 2s^2\ 2p^2$$

$$Cr: 1s^2\ 2s^2\ 2p^6\ 3s^2\ 3p^6\ 3d^5\ 4s^1$$

例题 7-1 写出元素 Sn 的电子排布式。

Sn	$1s^2$	$2s^2\ 2p^6$	$3s^2\ 3p^6$	$4s^2\ 3d^{10}\ 4p^6$	$5s^2\ 4d^{10}\ 5p^2$
能级组	1	2	3	4	5

思考：电子排布时先 4s，后 3d，那它在失去电子时，是先失 4s 电子还是先失 3d 电子？

规律：填电子时，按能级顺序填(由低到高)；失电子时，按电子层顺序失(由外到内)。

例题 7-2 写出 Fe^{2+} 的电子排布式。

$$Fe\ 1s^2\ 2s^2\ 2p^6\ 3s^2\ 3p^6\ 3d^6\ 4s^2$$

$$Fe^{2+}\ 1s^2\ 2s^2\ 2p^6\ 3s^2\ 3p^6\ 3d^6$$

结论。

① 每一种运动状态的电子只能有一个。

② 每一个原子轨道中最多只能容纳两个自旋不同的电子。

③ s、p、d、f 各分层中分别最多能容纳 2、6、10、14 个电子。

④ 每个电子层中原子轨道的总数为 n^2 个，所以，各电子层中电子的最大容量为 $2n^2$ 个。

7.2.3 原子的电子层结构和元素周期性

(1) 电子层结构和周期的划分

根据鲍林的原子轨道近似能级图，可以看出：元素周期表中的 7 个周期分别对应 7 个能级组，即周期数=能级组数，见表 7-1。

表 7-1 周期与能级组的关系

周期	能级组	能级组内各原子轨道	元素数目
1	Ⅰ	1s	2
2	Ⅱ	2s 2p	8
3	Ⅲ	3s 3p	8
4	Ⅳ	4s 3d 4p	18
5	Ⅴ	5s 4d 5p	18
6	Ⅵ	6s 4f 5d 6p	32
7	Ⅶ	7s 5f 6d	32

每一周期元素原子的电子层结构重复 s^1 到 $s^2\ p^6$ 的变化。每一周期元素都是从碱金属开始，以稀有气体元素结束。因为元素的性质主要取决于原子的电子层结构，尤其是最外层电子数。所以周期表很明确地体现了元素的性质随原子序数递增呈周期性变化的客观规律。

(2) 电子层结构和族的划分

a. 七个 A 族 包括短周期中的元素，也叫主族；主族元素特点是族数与该族元素原子的最外层电子数相等，它们彼此性质非常相似。

b. 七个 B 族 只包含长周期的元素，也叫副族。一般副族元素的最外层只有 1～2 个电子，最外层电子数并不等于副族元素的族数。一般价层电子数与族数相同。如钪：[Ar] $3d^1 4s^2$ 最高能级组中的电子总数了，因此，钪元素属于ⅢB 族元素。铜：[Ar] $3d^{10} 4s^1$ 最外层电子数为 1，铜元素属于ⅠB 族元素。

c. 一个零族 稀有气体。除 He 外层只有 2 个电子，其余稀有气体最外电子层的 s、p 轨道已充满，共 8 个电子，这样的结构比较稳定。

d. 一个Ⅷ族 根据Ⅷ族元素在周期表中位置的特殊性，通长把该族九种元素分为两组，铁、钴、镍三种元素称为铁系元素，其余六种元素则称为铂系元素。

(3) 电子层结构与元素的分区

图 7-9 给出了元素周期表中价层电子结构与元素的分区情况。

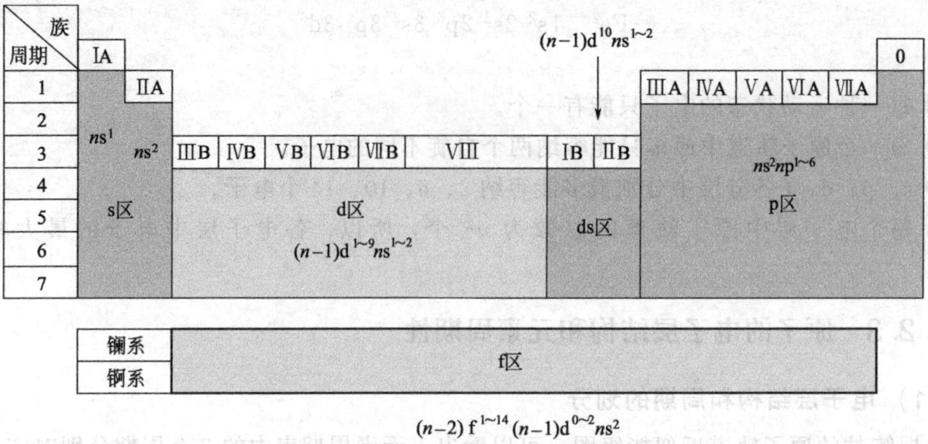

图 7-9 价层电子结构与元素的分区

s 区：最后一个电子填充 s 能级上的元素为 s 区元素。它包括ⅠA 族和ⅡA 族。其结构特点：ns^1 和 ns^2，s 区元素属活泼金属。

p 区：最后一个电子填充 p 能级上的元素为 p 区元素。它包括ⅢA～ⅦA 族和零族元素，除氦外，其结构特点 $ns^2np^{1\sim6}$。p 区元素大部分是非金属。

d 区：最后一个电子填充 d 能级上的元素为 d 区元素。它包括ⅢB～ⅦB 族和第Ⅷ族元素，除 46 号元素钯为 $4d^{10}$ 外，其余元素结构特点：$(n-1)d^{1\sim9}\ ns^{1\sim2}$。

ds 区：最后一个电子填充在 d 能级并且使 d 能级达到全充满结构和最后一个电子填充在 s 能级上并且具有内层 d 全充满结构的元素为 ds 区元素。它包括ⅠB 族和ⅡB 族元素。其结构特点：$(n-1)d^{10}\ ns^{1\sim2}$。

通常将 ds 区元素和 d 区元素合在一起，称为过渡元素。

f 区：最后一个电子填充在 f 能级上的元素为 f 区元素。它包括镧系元素和锕系元素。其结构特点：$(n-2)f^{1\sim14}(n-1d)^{0\sim2}ns^2$，通常称 f 区元素为内过渡元素。

7.3 元素基本性质的周期性变化规律

元素基本性质，如原子半径、电离能、电子亲合能和电负性等都与原子结构密切相关，也呈现出显著的周期性变化。

7.3.1 原子半径

根据不同的标度和测量方法，原子半径的定义不同，常见的有范德华半径（也称范式半径，当两个原子之间没有形成化学键而只靠分子间作用力互相接近时，两原子核间距离的一半）、共价半径（两原子之间以共价键结合时，两核间距离的一半）、金属半径（在金属单质的晶体中，相邻两原子核间距离的一半）等，见图 7-10。同一原子依不同定义得到的原子半径差别可能很大，所以比较不同原子的相对大小时，取用的数据来源必须一致。原子半径主要受电子层数和核电荷数两个因素影响。一般来说，电子层数越多，核电荷数越小，原子半径越大。

原子半径大小的变化规律：显然 $r_{范} \gg r_{金} > r_{共}$。

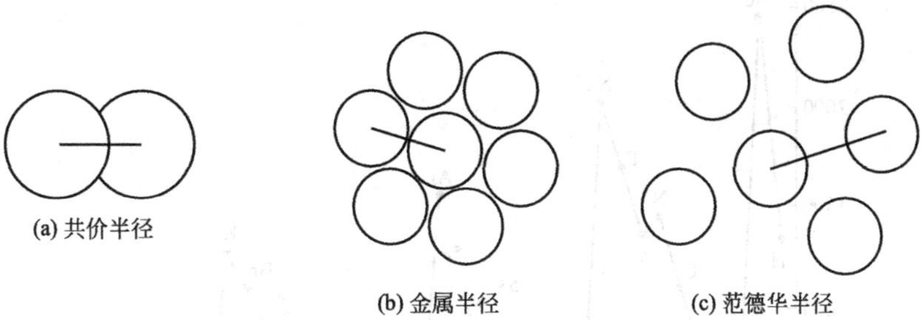

图 7-10　原子半径的定义示意图

① 从左到右原子半径明显减小　因为电子依次填充到最外层上，而同层电子的屏蔽作用较小，因而有效核电荷增加的速度较快，对核外电子的吸引力增强，使原子半径变小。

② 同一主族元素从上到下原子半径逐渐增大　从上到下虽然核电荷的增加有使原子半径减小的作用，但电子层数的增加是主要因素，致使从上到下原子半径递增。

由于 d 区、f 区插入，同一周期中，最后三个元素半径缓慢地递变：

离子半径	K^+	Ca^{2+}	Ga^{3+}	Ge^{4+}	As^{5+}
r/pm	133	99	62	53	47
	Rb^+	Sr^{2+}	In^{3+}	Sn^{4+}	Sb^{5+}
r/pm	148	113	81	71	62
	Cs^+	Ba^{2+}	Tl^{3+}	Pb^{4+}	Bi^{5+}
r/pm	169	135	95	84	74

7.3.2　电离能

使某元素一个基态的气体原子失去一个电子形成正一价的气态离子时所需要的能量，叫作这种元素的第一电离能。用符号 I_1 表示。从正一价离子再失去一个电子形成正二价离子时，所需要的能量，叫作这种元素的第二电离能。用符号 I_2 表示，依此类推。

通常所讲的电离能是指第一电离能，从图 7-11 可清楚地看出元素第一电离能的周期性变化。在同一周期中，从左到右元素的第一电离能在总趋势上依次增加。因为原子半径依次减小而核电荷依次增大，原子核对外层电子的约束力变强(吸引力)，因此不易失去电子，电离能越大。反常的是，Be、N、Mg、P、As 等 I_1 比后一个元素的 I_1 高。是因为电子层结构的影响，等价轨道全充满、半充满或全空，是比较稳定的结构，失去电子较难。所以其电离能比相邻元素的大些。同一主族元素：从上到下随着原子半径增大，元素的第一电离能依次减小。因为从上到下，电子层数增加，最外电子层电子数相同，原子半径增大，原子核对电子的引力越小，越易失去电子，电离能越小。反常的是，第六周期各元素的电离能比第五周期各元素的电离能大(ⅢB 除外)。因为受镧系收缩的影响，第五、六周期的同族元素原子半径相差很小，而核电荷数却增加很多，因而第六周期各元素的电离能比第五周期各元素的电离能大。

7.3.3　电子亲合能

某元素的一个基态的气态原子得到一个电子形成气态负离子时所放出的能量叫该元素的电子亲合能，用 E 表示，单位 $kJ \cdot mol^{-1}$。

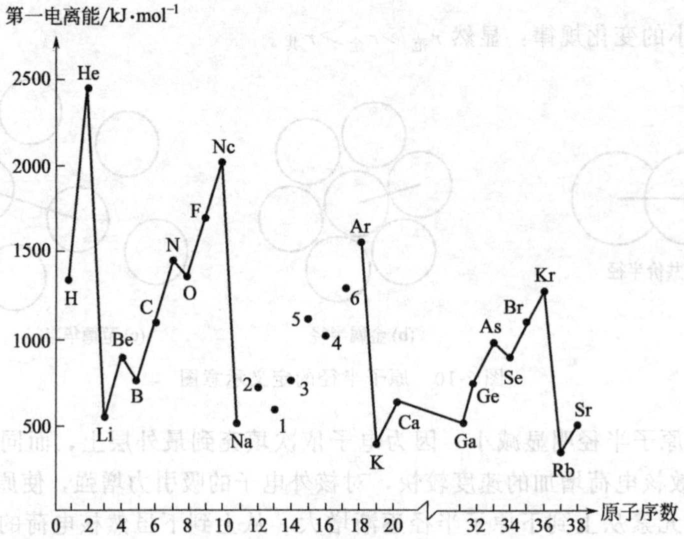

图 7-11　元素第一电离能的周期性变化

一般情况下电子亲合能随原子半径的减小而增大。因为半径减小，核电荷对电子的引力增大。同一周期元素，从左到右电子亲合能逐渐增大。同一族的元素，从上到下电子亲合能逐渐减小。反常现象是由于第二周期的氧、氟原子半径很小，电子云密集程度很大，电子间排斥力很强，以致当原子结合一个电子形成负离子时，由于电子间的相互排斥作用致使放出的能量减少。而第三周期的硫、氯原子半径较大，并且有空的 d 轨道可以容纳电子，电子间的相互作用就显著减小，因而当原子结合电子形成负离子时放出的能量最大。利用亲合能来衡量原子获得电子的难易程度，它也是元素非金属活性的一种衡量标尺。

7.3.4　电负性

电负性是由鲍林于 1932 年首先提出，他定义电负性为“在一个分子中，一个原子将电子吸引到它自身的能力”。由两种原子所形成的异核键键能和两种同核键键能的平均值之间的差别，提出元素的电负性定量标度数据，称为电负性的 Pauling 标度 χ_P。电负性目前为止无法测定，只能用间接方法来标度。鲍林将最活泼非金属氟的电负性定为 4.0，以此计算其他元素电负性。一般采用鲍林的电负性数据。元素电负性的周期性变化规律：同一周期主族元素的电负性从左到右逐渐增大；同一主族元素的电负性从上到下逐渐减小(ⅢA 及ⅣA 除外)。

根据电负性大小，可以衡量元素的金属性或非金属性的强弱。一般来说，非金属的电负性大于金属的电负性。非金属元素的电负性一般在 2.0 以上，而金属的电负性一般在 2.0 以下。电负性数据是研究化学键性质的重要参数。电负性差值大的元素间形成离子键；电负性相同或接近的非金属元素间形成共价键；电负性相同或接近的金属元素间形成金属键。

说明：不能把电负性 2.0 作为划分金属与非金属的绝对界限。

习题

1. 简要说明玻尔理论的基本论点，简要说明玻尔理论的成功之处和不足之处。
2. 波函数 Ψ 是描述______的数学函数式，它和______是同义语。$|\Psi|^2$ 的物理意义是______，电子

云是______的形象化表示。

3. 结合3p轨道的概率密度径向分布图和2p电子云角度分布图，画出3p电子云角度分布平面图。

4. 由氢原子1s轨道的径向分布图，电子在$r=$______pm的球壳夹层出现的______最大。当靠近原子核时，______虽然有较大值，但因r很小，球壳夹层的______较小，故电子______很小。离核较远时，虽然r很大，球壳夹层的______较大，但这时的______却很小。

5. 电子的运动状态用几个量子数来描述？简要说明各量子数的物理含义、取值范围和相互间关系。

6. 下列各组量子数中，是氢原子Schrödinger波动方程合理解的一组为(　　)。

	n	l	m	m_s
A	3	0	1	$-1/2$
B	2	2	0	$1/2$
C	4	3	-4	$-1/2$
D	5	2	2	$1/2$

7. 写出四个量子数为(5、3、1、1/2)、(6、0、0、1/2)电子的原子轨道符号。

8. 5d轨道上一个电子的主量子数为______，角量子数为______，可能的磁量子数为______，自旋量子数为______。

9. 利用斯莱特规则计算P原子最外层s电子和p电子的能量，试求P原子的第一电离能有多大？已知$1eV=96.49kJ\cdot mol^{-1}$。

10. 在多电子原子中，主量子数n相同而角量子数l不同的轨道，由于电子的______效应和______效应，使相邻电子层中的不同电子亚层，有时能量更接近。这种现象叫作______。

11. 由Pauling近似能级图可知，每一能级组对应于周期表中的一个______，其中，在第六能级组中，各原子轨道按能量由低至高依次是______，可容纳的元素数目为______。

12. 下列离子中，外层d轨道达半充满状态的是(　　)。

A. Cr^{3+}　　B. Fe^{3+}　　C. Co^{3+}　　D. Cu^{+}

13. 写出周期表中，电离能最大和最小的元素，电子亲合能最大的元素，电负性最大的元素，主族元素中第一电离能大于左右相邻两个元素的元素。

14. 下列各组元素中，原子第一电离能I_1递增顺序正确的为(　　)。

A. Na<Mg<Al　　B. He<Ne<Ar　　C. Si<P<As　　D. B<C<N

15. 某元素位于周期表第四周期、ⅠB族位置上，该元素基态原子的电子结构式为______，元素名称为______，符号为______，原子序数为______。

16. Ti^{3+}核外能量最大的电子具有的四个量子数可能为(　　)。

A. (3、1、0、1/2)　　B. (4、1、0、1/2)　　C. (4、0、0、1/2)　　D. (3、2、0、1/2)

17. 由氢原子径向分布图可知，6s轨道具有较强的______性，这导致第六周期p区元素Pb、Bi等元素的s价电子，具有一定的惰性效应，使其高价态稳定性______，并具有较强的__________性。

第8章 分子结构

学习要求

① 掌握离子键的基本特征；
② 掌握电子配对法及共价键的特征；
③ 能用杂化轨道理论来解释一般分子的构型；
④ 能用价层电子对互斥理论解释某些分子或离子的构型；
⑤ 了解离子极化和分子间作用力的概念，了解氢键的形成及特征；
⑥ 了解各类晶体的内部结构及特征。

化学变化的实质是原子的化合与分解，在这个过程中有分子的形成和破坏，因而研究分子的结构，对于了解物质的性能与其内部结构的关系，具有十分重要的意义。

8.1 化学键参数和分子的性质

通常把分子或晶体中，原子间直接的、主要的和强烈的相互作用，称为化学键。化学键一般分为离子键、共价键和金属键。化学键的性能在理论上可以由量子力学计算做定量的讨论，也可以通过表征键的性质的某些物理量来描述。如，讨论键的极性用电负性的数值来衡量；表征键的强弱用键能；键长和键角可描述分子的空间结构等。这些表征化学键性质的物理量就叫作键参数。

8.1.1 键参数

(1) 键能

在化学研究中，为了表示方便，通常定义在101.3kPa、298K条件下，把断开1molAB(理想气体、标准状态)为A、B(理想气体、标准状态)时过程的焓变[$\Delta H^{\ominus}_{298}(AB)$]，称为AB键的键能。单位$kJ \cdot mol^{-1}$。

对于双原子分子：键能就等于键的离解能D。

$$D(H—Cl)=431kJ \cdot mol^{-1}=\Delta H^{\ominus}_{298}(HCl)$$
$$D(Cl—Cl)=244kJ \cdot mol^{-1}=\Delta H^{\ominus}_{298}(Cl_2)$$

对于多原子分子：键能ΔH＝等价键(同种键)的平均离解能D。

例：

$$NH_3(g) \longrightarrow NH_2(g) + H(g) \qquad D_1 = 435.1 kJ \cdot mol^{-1}$$

$$NH_2(g) \longrightarrow NH(g) + H(g) \qquad D_2 = 397.5 kJ \cdot mol^{-1}$$

$$NH(g) \longrightarrow N(g) + H(g) \qquad D_3 = 338.9 kJ \cdot mol^{-1}$$

$$NH_3(g) \longrightarrow N(g) + 3H(g) \qquad D_1 + D_2 + D_3 = 1171.5 kJ \cdot mol^{-1}$$

键能 $$\Delta H(N—H) = \frac{D_1 + D_2 + D_3}{3} = 390.5 kJ \cdot mol^{-1}$$

注意：键能越大，键越牢固，由该键构成的分子也就越稳定。

(2) 键长

形成化学键两原子间的距离叫作键长。通常键能越大，键长越短，表示键越强，越牢固。

(3) 键角

在分子中键和键之间的夹角叫作键角。例如：已知CO_2分子的键长是116.2pm，O—C—O键角是180°，就可以确定CO_2分子是一个直线形的非极性分子。又例如，已知NH_3分子H—N—H键角是107°18′，N—H键长是101.9pm，就可以断定NH_3分子是一个三角锥形的极性分子。因此，键长和键角是确定分子的空间构型的重要因素。

(4) 键的极性

在单质分子中两个原子之间形成的化学键，由于原子核正电荷重心与负电荷重心重合，叫作非极性键。不同原子间形成的化学键，由于原子的电负性不同，成键原子的电荷分布不对称，电负性较大的原子带部分负电荷，电负性较小的原子带部分正电荷，正负电荷重心不重合，形成极性键。

8.1.2 分子的性质

(1) 分子的极性

对于双原子分子来说，若两个相同原子形成的单质分子(如，H_2)，由非极性键结合而成，其正、负电荷中心重合的分子，是非极性分子。由两个不相同原子形成的分子(如，HCl)，由于氯元素和氢元素的电负性不同，所形成的分子中正、负电荷中心不重合，这样的分子就是极性分子。

对于多原子分子，看空间构型是否“对称”，即不同方向上键的极性是否抵消，即分子中正、负电荷中心是否重合。如，H_2O分子由于键有极性，且空间构型“不对称”，即分子中正、负电荷中心不重合，分子是极性分子。而CO_2、CCl_4等，尽管键有极性，但空间构型“对称”，即分子中正、负电荷中心重合，分子亦无极性。

用什么物理量来衡量分子是否有极性呢？偶极矩(μ)是衡量分子极性大小的物理量。物理学中，把大小相等、符号相反、彼此相距为d的两个点电荷(q、$-q$)所组成的系统称为偶极子，其电量和距离之积，就是偶极矩。

$$\mu = qd$$

极性分子就是偶极子，当分子的偶极矩$\mu = 0$，为非极性分子；$\mu \neq 0$，为极性分子。μ

越大，分子极性越强。偶极矩的数据可以由实验测定，也可以用物理方法计算。

三种常见的偶极如下。

① 永久偶极　极性分子中固有的偶极。

② 诱导偶极　在外电场影响下所产生的偶极。

③ 瞬间偶极　某一瞬间，分子的正、负电荷重心发生不重合现象时所产生的偶极。

（2）分子的磁性

不同物质的分子在磁场中表现出不同的磁性。从宏观磁性的强弱来分，分为强磁性物质和弱磁性物质；弱磁性物质又分为抗磁性和顺磁性物质。分子的磁性可以这样简单理解：分子中每一个单电子都会自旋，会产生一个小磁场，若把分子放在磁场中，在外磁场的诱导下，会产生一个对着外磁场方向的磁矩，它有微弱的抗力，把一部分外磁场的磁力线推开。而电子配对后，由于两个小磁场方向相反，相互抵消，净磁场等于零。所以如果某一物质分子中的电子都已配对，也就是说没有未成对的单电子，这样的物质就称为抗磁性物质。如果一种物质的分子中存在未成对的单电子，则它的净磁场不等于零，若这种磁场很强，会像磁铁一样，这样的物质呈现出强磁性，称为强磁性物质，如四氧化三铁、金属钴和镍等。如果一种物质的分子中存在未成对的单电子，则它的净磁场不等于零，但磁性很弱，这样的物质就称为顺磁性物质。

顺磁性物质产生的磁矩大小(u_B)，可由实验间接测定。根据测定结果，可按下式算出某些分子中的未成对电子数(n)。

磁矩：
$$u_B=\sqrt{n(n+2)}$$

(u_B 单位：玻尔磁子 B.M.)

由上式可估算出未成对电子($n=1\sim5$)的 u 理论值。

n = 1、2、3、4、5 时，对应的 u_B = 1.73B.M.、2.83B.M.、3.87B.M.、4.9B.M.、5.92B.M.。

8.2 离子键

8.2.1 离子键的形成和本质

离子键是由原子得失电子后，生成的正、负离子之间通过静电作用力形成的化学键。在离子键模型中，可以近似地将正、负离子视为球形电荷。这样根据库仑定律，两种带有相反电荷的离子间就会产生静电作用力，一般说来，阴阳离子所带的电荷越高，半径越小，离子键越强。

正、负离子靠静电吸引相互接近形成晶体。但是，异号离子之间除了静电吸引力之外，还有电子与电子、原子核与原子核之间的斥力。这种斥力，当异号离子彼此接近到小于离子间平衡距离时，会上升成为主要作用；斥力又把原子推到平衡位置。因此，在离子晶体中，离子只能在平衡位置振动。在平衡位置附近振动的离子，吸引力和斥力达到暂时的平衡，整个体系的能量会降到最低点，正、负离子之间就这样以静电作用形成了离子键。由离子键形成的化合物叫离子型化合物。离子键的键能比较大，反映在离子化合物中就是高熔点、高沸点。

离子的电荷分布是球形对称的，因此，只要空间条件许可，它可以从不同方向同时吸引几个带有相反电荷的离子。从离子键作用力的本质看，离子键的特征是，既<u>没有方向性又没有饱和性</u>，只要条件允许，正离子周围可以尽量多地吸引负离子，反之亦然。

但是，应该了解，离子型化合物中的离子并不是刚性电荷，正、负离子原子轨道也有部分重叠。离子化合物中离子键的成分取决于元素电负性差值的大小。

8.2.2 离子型化合物生成过程的能量变化

（1） 氯化钠生成过程的伯恩-哈伯(Born-Haber)循环

电负性相差较大的两个原子相遇时，它们都有达到稳定结构的倾向，因此它们之间容易发生电子的得失而产生正、负离子。电负性大的原子将得到电子而成为负离子，电负性小的原子将失去电子而成为正离子，这样的正、负离子结合形成离子型化合物。先以金属钠和氯气反应为例来说明离子型化合物生成过程的能量变化。

$$Na(s) + \frac{1}{2}Cl_2(g) \longrightarrow NaCl(s), \Delta_f H_m^\ominus$$ 是固体氯化钠的生成热；

即在 298K、101.3kPa 下由稳定状态的单质生成 1mol 的氯化钠要放出的能量为 $\Delta_f H_m^\ominus$。为了理解能量的来源，可以设想反应分为以下四个步骤进行：

$$Na(s) + \frac{1}{2}Cl_2(g) \xrightarrow{\Delta_f H_m^\ominus} NaCl(s)$$
$$\downarrow \Delta H_1 \qquad\qquad\qquad \uparrow \Delta H_4$$
$$Na(g) + Cl(g) \xrightarrow{\Delta H_2} Na^+(g) + Cl^-(g) \xrightarrow{\Delta H_3} NaCl(g)$$

NaCl离子键的键能 E_i

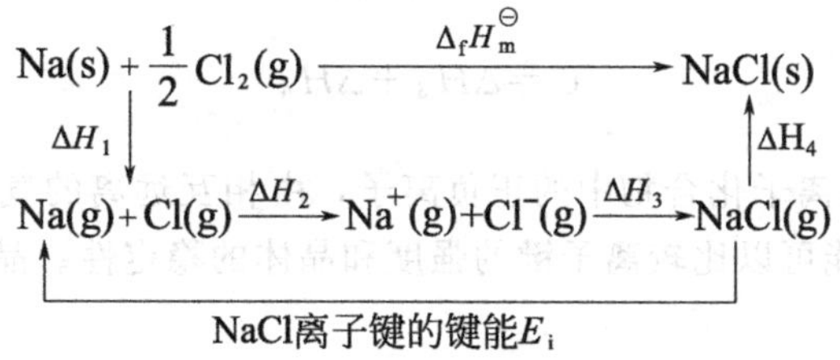

① 在 298K、101.3kPa 下由稳定状态的单质转变成气态原子。

$$Na(s) + \frac{1}{2}Cl_2(g) \longrightarrow Na(g) + Cl(g), \Delta H_1 = 230 kJ \cdot mol^{-1}, \Delta H_1 = S(升华能) + 0.5D$$

(解离能)，是固态钠由固体转化为气体钠原子的升华能和 0.5mol 氯气解离为氯原子所需能量。

② 气态原子发生电子转移形成离子。

$$Na(g) + Cl(g) \xrightarrow{\Delta H_2} Na^+(g) + Cl^-(g)$$

$$\Delta H_2 = 128 kJ \cdot mol^{-1}$$

③ 气态氯离子和气态钠离子结合生成气态 NaCl。

$$Na^+(g) + Cl^-(g) \xrightarrow{\Delta H_3} NaCl(g)$$

$$\Delta H_3 = -526 kJ \cdot mol^{-1}$$

④ 气态 NaCl 转化为固态 NaCl。

$$NaCl(g) \xrightarrow{\Delta H_4} NaCl(s)$$

$$\Delta H_4 = -243 \text{kJ} \cdot \text{mol}^{-1}$$

按照盖斯定律：$\Delta_f H_m^{\ominus} = \Delta H_1 + \Delta H_2 + \Delta H_3 + \Delta H_4 = 230 + 128 - 526 - 243 = -411 (\text{kJ} \cdot \text{mol}^{-1})$。

（2）氯化钠离子键的键能

NaCl 离子键的键能是指 1mol 气态氯化钠分子解离为气态中性 Na(g) 和 Cl(g) 时所需要的能量，它等于上述循环中第二、第三步热焓变之和的负值(因为方向相反)：

$$E_i = -(\Delta H_2 + \Delta H_3) = -(-526 + 128) = 398 (\text{kJ} \cdot \text{mol}^{-1})$$

由于离子型化合物一般以晶体状态存在，所以离子键键能的数据并不常用，而通常用晶格能的大小来衡量离子键的强弱。

（3）晶格能

从伯恩-哈伯循环，氯化钠的稳定性取决于最后两步放热反应，定义这两步焓变之和为晶格能。

$$\text{Na}^+(g) + \text{Cl}^-(g) \xrightarrow{\Delta H_3} \text{NaCl}(g) \xrightarrow{\Delta H_4} \text{NaCl}(s)$$

NaCl的晶格能U

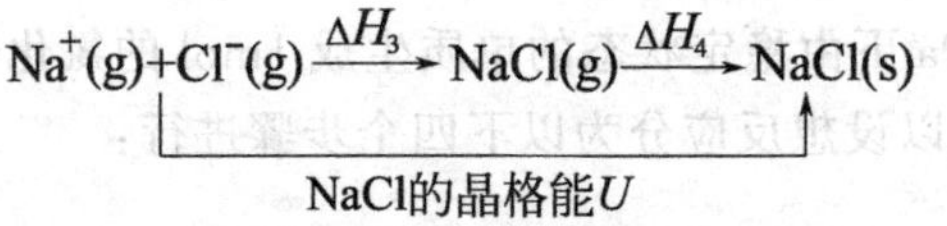

$$U = \Delta H_3 + \Delta H_4$$

晶格能是指 1mol 的离子化合物中的正负离子，由相互远离的气态，结合成离子晶体时所释放出的能量。晶格能可以比较离子键的强度和晶体的稳定性。晶格能越大，晶体的熔点越高，硬度越大。

8.2.3 离子极化理论

离子极化理论是离子键理论的重要补充。离子极化理论认为：离子化合物中除了起主要作用的静电引力之外，诱导力也起着很重要的作用。离子本身带电荷，阴、阳离子接近时，在彼此相反电场的影响下，电子云变形，使得正、负电荷重心不再重合，产生诱导偶极，导致离子极化，致使物质在结构和性质上发生相应的变化。

离子极化作用的大小取决于离子的极化力和变形性。离子使异号离子极化而变形的作用称为该离子的"极化作用"；被异号离子极化而发生离子电子云变形的性能称为该离子的"变形性"(极化率)。虽然异号离子之间都可以使对方极化，但因阳离子是原子失去外层电子后形成的正电荷，半径较小，在外层上缺少电子，导致离子势大，因此它对相邻的阴离子的极化作用显著；而阴离子则是由原子得到电子形成的，因此半径较大，在外壳上有较多的电子，容易被诱导产生变形。所以，对阳离子来说，极化作用应占主要地位；而对阴离子来说，变形性(极化率)应占主要地位。

（1）影响离子极化作用大小的因素

① 离子的电子构型相同，半径相近，电荷高的阳离子有较强的极化作用。如：$Al^{3+} > Mg^{2+} > Na^+$。

② 半径相近，电荷相等，对于不同电子构型的阳离子，其极化作用顺序如表 8-1 所示。

表 8-1　不同电子构型的阳离子的极化作用大小对比

18 电子和 18+2 电子构型以及氦型离子。如：Ag^+、Pb^{2+}、Li^+ 等	>	9～17 电子构型的离子。如：Fe^{2+}、Ni^{2+}、Cr^{3+} 等	>	离子壳层为 8 电子构型的离子。如：Na^+、Ca^{2+}、Mg^{2+} 等

③ 离子的构型相同，电荷相等，半径越小，离子的极化作用越大。

(2) 影响离子变形性(极化率)的主要因素

① 离子的电子层构型相同，正电荷越高的阳离子变形性越小。例如：$O^{2-} > F^- > Ne > Na^+ > Mg^{2+} > Al^{3+} > Si^{4+}$。

② 离子的电子层构型相同，半径越大，变形性越大。例如：$F^- < Cl^- < Br^- < I^-$。

③ 若半径相近，电荷相等，18 电子层构型和不规则(9～17 电子)构型的离子，其变形性大于 8 电子构型离子的变形性。例如：$Ag^+ > K^+$；$Hg^{2+} > Ca^{2+}$。

④ 复杂阴离子的变形性通常不大，而且复杂阴离子中心原子氧化数越高，其变形性越小。例如：$ClO_4^- < F^- < NO_3^- < H_2O < OH^- < CN^- < Cl^- < Br^- < I^-$。

$SO_4^{2-} < H_2O < CO_3^{2-} < O^{2-} < S^{2-}$。

从上面的影响因素看出，最容易变形的离子是体积大的阴离子(如 I^-、S^{2-} 等)和 18 电子层或不规则电子层构型的少电荷的阳离子(如：Ag^+、Hg^{2+} 等)。最不容易变形的离子是半径小、电荷高、8 电子构型的阳离子(如：Be^{2+}、Al^{3+}、Si^{4+} 等)。

(3) 离子极化对化学键型的影响

当正、负离子结合成化合物时，相互极化越强，电子云重叠的程度也越大，键的共价成分也越多，化学键型就发生了一定变化，使得离子键逐渐向极性共价键过渡，导致晶格能降低。

(4) 离子极化对化合物性质的影响

① 离子晶体熔点、沸点下降　例如：AgCl 与 NaCl 同属于 NaCl 型晶体，但 Ag^+ 的极化力和变形性远大于 Na^+，所以，AgCl 的键型为过渡型，晶格能小于 NaCl 的晶格能。因而 AgCl 的熔点(455℃)远远低于 NaCl 的熔点(800℃)。

② 化合物颜色加深　影响化合物颜色的因素很多，其中离子极化作用是重要的影响因素之一。在化合物中，阴、阳离子相互极化的结果，使电子能级改变，致使激发态和基态间的能量差变小。所以，只要吸收可见光部分的能量即可引起激发，从而呈现颜色。极化作用越强，激发态和基态能量差越小，化合物的颜色就越深，如表 8-2 所示。

表 8-2　化合物的颜色与极化作用大小的对比

种类	Hg^{2+}	Pb^{2+}	Bi^{3+}	Ni^{2+}
Cl^-	白	白	白	黄褐
Br^-	白	白	橙	棕
I^-	红	黄	黑	黑

③ 晶体溶解度下降　物质的溶解度是一个复杂的问题，它与晶格能、水化能、键能等因素有关，但离子的极化往往起很重要的作用。一般说来，由于极性水分子的吸引，离子化合物是可溶于水的，而共价型的无机晶体却难溶于水。因为水的介电常数(约为 80)大，离子化合物中阳、阴离子间的吸引力在水中可以减少 80 倍，容易受热运动及其他力量冲击而分离溶解。

如果离子间相互极化强烈，离子间吸引力很大，甚至引起键型变化，由离子键向共价键过渡，无疑会增加溶解的难度。因此说，随着无机物中离子间相互极化作用的增强，共价程度增强，其溶解度下降。如表 8-3 中卤化银的溶解度对比。

表 8-3 离子间相互极化作用与其溶解度的关系

项目	AgCl	AgBr	AgI
溶度积 K_{sp}	1.56×10^{-10}	7.7×10^{-13}	1.5×10^{-16}

④ 离子化合物热稳定性下降　在离子化合物中，如果阳离子极化力强，阴离子变形性大，受热时则因相互作用强烈，阴离子的价电子振动剧烈，可克服阳离子外层电子斥力进入阳离子的原子轨道，为阳离子所有，从而使化合物分解。

在二元化合物中，对于同一阴离子，阳离子极化力越大，则化合物越不稳定。例如，KBr 的稳定性远远大于 AgBr 的稳定性。对于同一阳离子来说，阴离子的变形性越大，电子越易靠拢阳离子，化合物就越不稳定，越容易分解。如表 8-4 所示的铜(Ⅱ)的卤化物热分解温度对比。

表 8-4 铜(Ⅱ)的卤化物热分解温度对比

铜(Ⅱ)的卤化物	CuF_2	$CuCl_2$	$CuBr_2$	CuI_2
热分解温度/℃ ($2CuX_2 = 2CuX + X_2$)	950	500	490	不存在

在含氧酸中，阳离子极化力强的盐，则由于阳离子的反极化作用强，对相邻氧原子的电子云争夺力强，受热时容易形成金属氧化物使盐分解。表 8-5 为碳酸盐热分解温度对比。

表 8-5 碳酸盐热分解温度对比

碳酸盐	$BaCO_3$	$MgCO_3$	$ZnCO_3$	Ag_2CO_3
分解温度/K ($MCO_3 = MO + CO_2$)	1633	813	573	491

含氧酸与其含氧酸盐相比较，含氧酸的热稳定性比其盐小得多。

离子极化理论在无机化学中，有一定的实用价值，能够粗略地解释一些简单无机物的性质，目前成为无机化学、结晶化学等教科书中的一个基本原理。然而此理论还不是很完善，不能解释所有的过渡晶体物质现象，所以在应用时应充分注意它的局限性，不宜乱加套用。

8.3 共价键

同核双原子分子 H_2、O_2、N_2 是怎样形成的？是什么作用使相同的原子结合成分子？曾经有人尝试用离子键的生成方式来回答这个问题，但失败了。因为，参加成键的是同一种原子，其电离能和电子亲合能皆相同，很难形成稳定的正负离子。1916 年，美国化学家路易斯(Lewis)提出了共价键学说，建立了经典共价键理论。他认为 H_2、O_2、N_2 中两个原子通过共用电子对吸引两个相同的原子核；电子共用成对后每个原子都达到稳定的稀有气体原子结构，又称“八隅体规则”或“八电子结构”。

经典共价键理论初步揭示了共价键不同于离子键的本质，对分子结构的认识前进了一步。但是，经典共价键理论也具有一定的局限性：①根据经典的静电理论，同性电荷应该相斥，而两个带负电荷的电子为何不相斥，反而互相配对；②不能解释许多分子的结构，如 BF_3、PCl_5 等分子相当稳定，但是中心原子并不具有稀有气体原子结构（八电子体）；③不能解释共价键的方向性等。

为了解决这些矛盾，1927 年，德国化学家海特勒（Heitler）和伦敦（Londen）首次把量子力学理论应用到分子结构中，后来，鲍林（Pauling）等人又建立了现代价键理论（valence bond theory，VB），又叫电子配对法、杂化轨道理论、价层电子对互斥理论。1932 年，美国化学家密立根（Milliken）和德国化学家洪特（Hund）提出了分子轨道理论（molecular orbital theory，MO）。

8.3.1 现代价键理论

（1）H_2 共价键的形成和本质

从量子力学的观点来看，只有自旋方向相反的电子才能占据同样的空间轨道，那么双原子分子中共用电子对的两个电子能够取同样的空间运动状态，必须自旋方向相反。海特勒和伦敦用量子力学处理 2 个氢原子形成 H_2 分子的过程，得到两个 H 原子体系的能量 E 与核间距离 R 关系的曲线，这个曲线关系进一步说明了这一观点。

从图 8-1 可以看出，当两个 H 原子彼此接近，如果两个原子所带的电子自旋方向相反，在到达平衡距离 R_0 之前，体系的能量随 R 减小而降低，说明随 R 减小，两个电子的空间轨道发生重叠，电子在两核之间出现的概率增大，即电子密度增大，能量降低，原子间的相互作用主要表现为吸引。这种吸引作用使生成 H_2 时放出能量，达到稳定状态。当核间距离 R 小于平衡距离 R_0 后，随 R 减小，原子核之间的斥力使体系能量迅速升高，这种排斥作用，又将 H 原子推回到平衡位置。因此，稳定状态的 H_2 分子中的两个原子，是在平衡距离 R_0 附近振动。故 R_0 也为 H_2 的核间距，等于 H_2 共价键的键长。

如果两个原子所带的电子自旋方向相同，随 R 减小，它们之间的作用力渐渐增大，原子间的作用力总是排斥的，体系能量升高。因此氢的排斥态不可能形成稳定的分子（见图 8-1）。

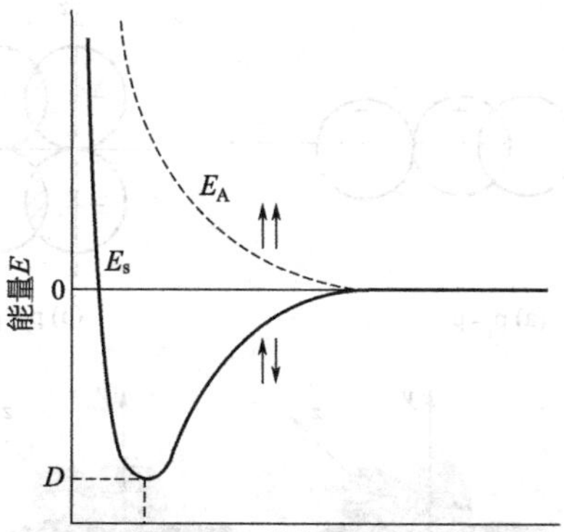

图 8-1　H_2 形成过程能量随核间距的变化

（2）现代价键理论

现代价键理论的基本要点，对于 H_2 的讨论推广到其他双原子分子和多原子分子，其基本要点如下。

① 自旋方向相反的电子配对　两个原子接近时，自旋方向相反的成单电子可以互相配

对，形成共价键。

② 共价键的饱和性　一个原子有几个未成对电子，便可和几个自旋方向相反的单电子配对成键，这就是共价键的饱和性。

③ 共价键的方向性　这是因为，共价键尽可能沿着原子轨道最大重叠的方向形成，这叫最大重叠原理。也就是说，轨道重叠越多，电子在两核间出现的概率越大，形成的键也越稳定。除了 s 轨道和 s 轨道成键没有方向限制以外，为了形成稳定的共价键，原子轨道的重叠只有沿着一定方向进行，才会有最大的重叠，这就是共价键有方向性的原因。例如，s 轨道与 p 轨道只有沿着 p 轨道对称轴方向重叠，才能最大重叠形成稳定的共价键。p 轨道和 p 轨道的重叠也只有各自沿着 p 轨道对称轴方向重叠，才会有最大的重叠，如图 8-2 所示。

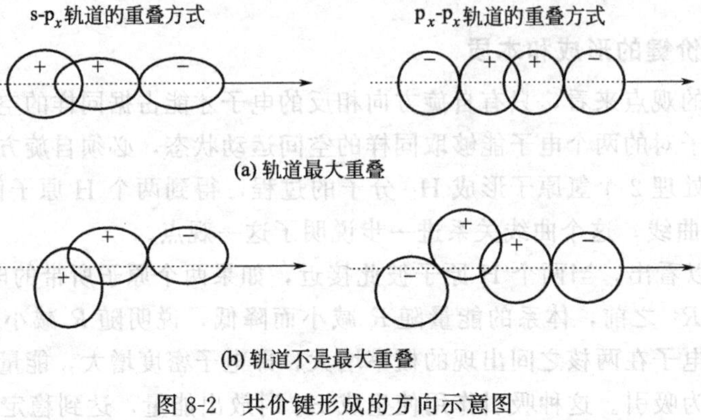

图 8-2　共价键形成的方向示意图

(3) σ 键，π 键

用 VB 法来讨论 N_2 的结构，进而说明 σ 键、π 键。氮原子的电子层结构为：$1s^2 2s^2 2p_x^1 2p_y^1 2p_z^1$。三个未成对的 p 电子，分别位于三个对称轴相互垂直的 p 轨道上，当两个氮原子结合时，每个氮原子以一个 p 轨道（如 p_x），沿着 p_x 轨道对称轴的方向（即 x 轴）以“头碰头”的方式发生轨道重叠，形成键，轨道重叠部分是沿着键轴呈圆柱形的对称分布，

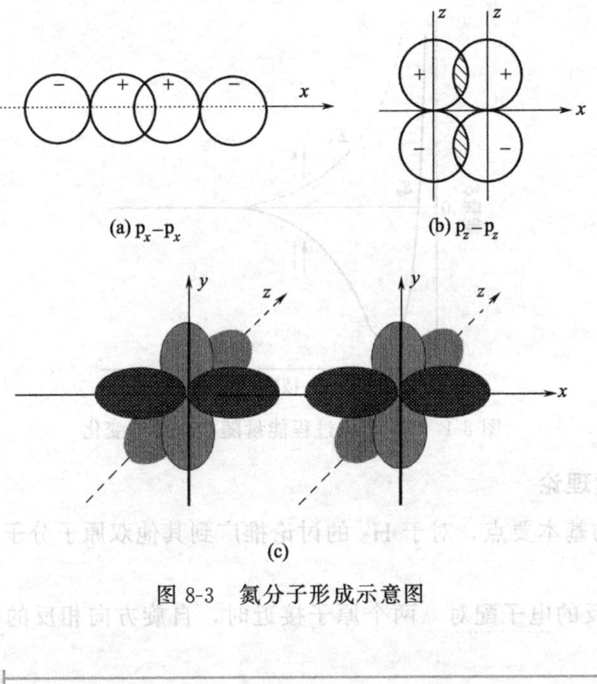

图 8-3　氮分子形成示意图

这种键叫 σ 键，如图 8-3(a)所示。另两个 p 轨道(p_y、p_z)只能以“肩并肩”(或平行)的方式发生轨道重叠，轨道重叠部分对通过一个键轴的平面，具有镜面反对称性，形成的键就叫 π 键。如图 8-3(b)所示。

从原子轨道重叠程度来看，π 键的重叠程度要比 σ 键重叠程度小很多，所以，σ 键的键能大，稳定性高；π 键的稳定性低于 σ 键，π 键的电子活动性较高，它是化学反应的积极参与者。因此在 N_2 分子中，两个 N 原子是以一个 σ 键、两个 π 键结合的。

思考：C 原子核外只有两个未成对电子，根据 VB 理论它只能形成两个共价键，那如何来解释 CH_4 的成键？还有，根据 VB 理论，水的分子 O—H 之间的夹角应为 90°，但实验测量的却为 104.5°，为什么？这是 VB 理论不能回答的问题，但杂化轨道理论对此却有较完美的解释。

8.3.2 杂化轨道理论

8.3.2.1 “杂化” 和“杂化轨道”

为了更好地解释分子的空间构型和稳定性，鲍林在“电子配对”假设的基础上，提出了“杂化轨道理论”。它很好地解释了许多仅用“电子配对法”不能说明的分子空间结构和稳定性的事实，进一步发展了 VB 法。

该理论的要点：原子轨道在成键的过程中并不是一成不变的。同一原子中的能量相近的某些原子轨道，在成键过程中重新组合成一系列能量相等的新轨道而改变了原有轨道的状态。这一过程称为“杂化”。所形成的新轨道叫作“杂化轨道”。杂化轨道比原来未杂化的轨道成键能力增强，形成的分子更加稳定。同一原子中的 n 个原子轨道参加杂化，只能得到 n 个新的杂化轨道。

8.3.2.2 杂化轨道的类型

(1) sp^3 杂化及其有关分子的结构

sp^3 杂化轨道是由一个 s 轨道和三个能量相近的 p 轨道杂化所产生的四个杂化轨道。sp^3 杂化轨道特点：每个杂化轨道都含有(1/4)s 成分和(3/4)p 成分；sp^3 轨道间的夹角是 109.5°；四个 sp^3 杂化轨道空间构型为四面体。用 sp^3 杂化轨道来解释甲烷(CH_4)分子的结构。碳原子的电子层结构为：$1s^2 2s^2 2p_x^1\ 2p_y^1$。CH_4 形成的过程：假设碳原子在形成 CH_4 时，激发一个 2s 电子到能量相近的 2p 轨道上(如图 8-4 所示)，形成 C 原子的激发态，一个 2s 和三个 2p 轨道重新组合成四个 sp^3 轨道(并且每个轨道各有一个电子)，这四个等价的 sp^3 轨道在空间构型上为四面体结构，如图 8-4 所示；这四个等价的 sp^3 轨道分别接纳一个 H 原子(带有自旋方向相反的电子)形成四个 σ 键。这就很好地解释了 CH_4 分子的正四面体空间构型。

(2) sp^2 杂化轨道及其有关分子结构

sp^2 杂化轨道是由一个 s 轨道和两个能量相近的 p 轨道组合而成的三个杂化轨道。特点：①每个 sp^2 杂化轨道都含有(1/3)s 和(2/3)p 成分；②杂化轨道间的夹角为 120°；③分子具有平面三角形结构。

实验测得三氟化硼(BF_3)分子的原子都在同一平面内，任意两个键的夹角都是 120°，且三个键都是等同的，这可利用 sp^2 杂化轨道的知识来解释。中心 B 原子用 sp^2 杂化轨道与 3 个 F 原子成键，这个分子呈平面正三角形，这就解释了 BF_3 的几何构型，见图 8-5。

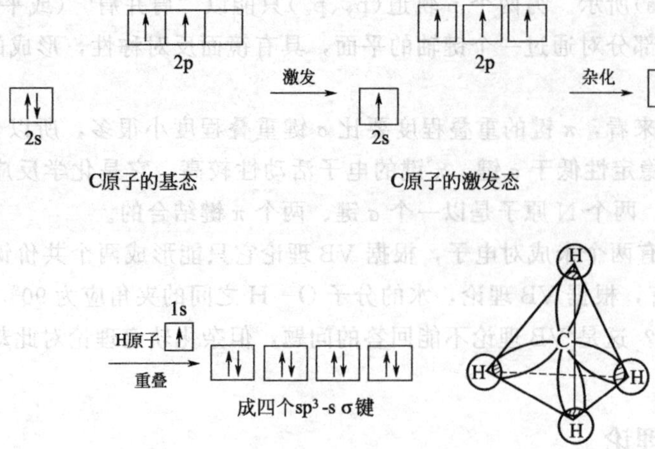

图 8-4　sp^3 杂化示意图

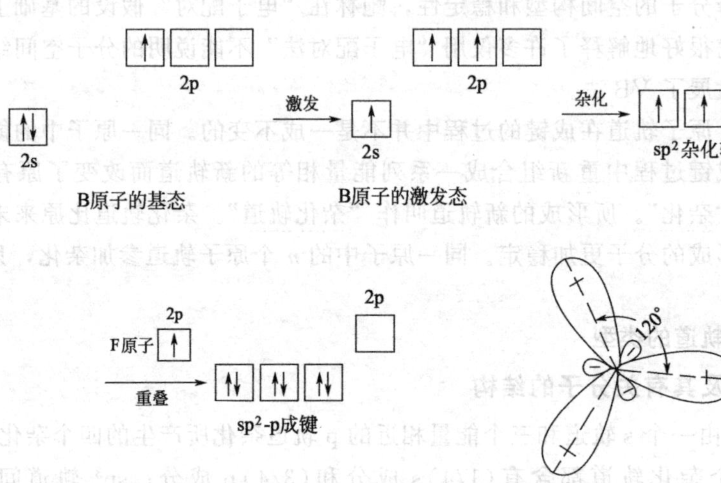

图 8-5　sp^2 杂化示意图

(3) sp 杂化轨道及其分子结构

sp 杂化轨道是由一个 s 和一个 p 轨道组合而成的两个杂化轨道。特点：①每个 sp 杂化轨道含有(1/2)s 和(1/2)p 的成分；②sp 杂化轨道间的夹角是 180°；③分子是直线形结构。

现在来研究 Be 与氯气反应生成 $BeCl_2$ 分子的生成过程：Be 原子的电子层结构是 $1s^2\ 2s^2$，基态时，Be 不能成键，采用杂化轨道理论来解释 $BeCl_2$ 分子的生成过程，见图 8-6。

杂化轨道的类型还有很多，如，sp^3d^2、d^2sp^3、dsp^2 等。

8.3.2.3 等性杂化与不等性杂化

(1) 等性杂化

凡是由不同类型的原子轨道混合起来，重新组合成一组完全等同(能量相等、成分相同)的杂化轨道。这种杂化叫等性杂化。例如，甲烷分子中 C 原子的杂化轨道。

(2) 不等性杂化

凡是由于杂化轨道中有不参加成键的孤电子对的存在，而造成不完全等同的杂化轨道，

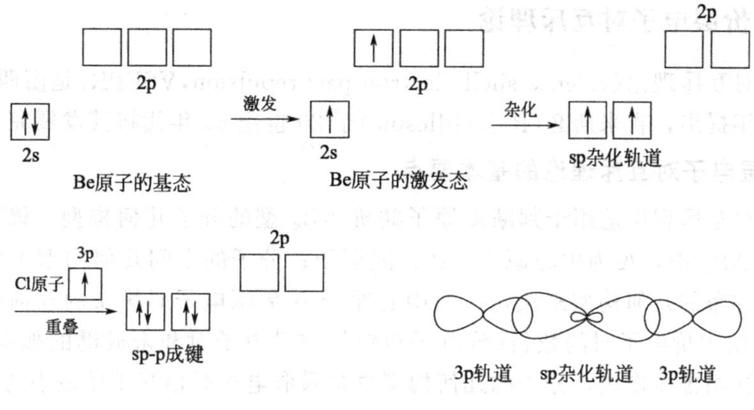

图 8-6　sp 杂化示意图

这种杂化叫不等性杂化。

如：用杂化理论解释 H_2O 分子的结构，氧原子的电子结构式：$1s^2\ 2s^2\ 2p^4$，形成 H_2O 分子时的杂化过程见图 8-7。

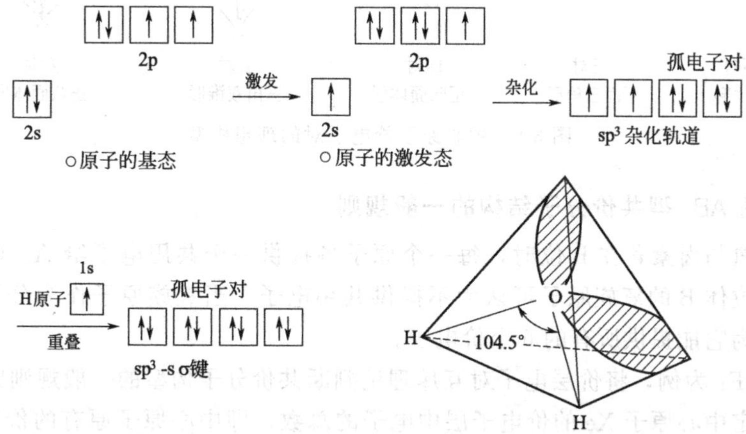

图 8-7　sp^3 不等性杂化示意图

由于孤电子对和成键电子对之间会产生排斥作用，因此孤电子对的存在会影响 O—H 共价键的空间排布，使它们的夹角压缩到 104.5°。该例中考虑孤电子对也参加了杂化，得到性质不完全等同的杂化轨道，这种情况就称为不等性杂化。

与上述情况相似，NH_3 中的 N 原子也采用了 sp^3 杂化的方式形成 4 个 sp^3 杂化轨道，其中一个轨道有孤电子对，不参与成键。同样由于孤电子对和成键电子对之间会产生排斥作用，影响到 N—H 键的夹角，被压缩到 107.3°的键角。

一般来说，电子对之间斥力大小的顺序：孤电子对-孤电子对＞孤电子对-成键电子＞成键电子-成键电子。

现代价键理论抓住了形成共价键的主要因素，模型直观，与之前熟悉的经典价键理论相一致，容易理解，而且杂化轨道理论在解释分子空间构型方面是非常成功的。但是，它们也有其局限性，譬如，都无法推断分子的空间构型。为此，下面将介绍“价层电子对互斥理论”，利用该理论可以较准确地判断共价 AB_n 型分子的空间几何构型。

8.3.3 价层电子对互斥理论

价层电子对互斥理论(valence shell electron pair repulsion,VSEPR)是由西奇威克(Sidgwick)于 1940 年提出，吉来斯必(R. J. Gillespie)于 20 世纪 60 年代将其发展完善。

(1) 价层电子对互斥理论的基本要点

价层电子对互斥理论适用于判断多原子共价 AB_n 型的分子几何构型。该理论认为，在一个共价分子 AB_n 中，A 为中心原子，B 为配原子；分子的空间几何构型主要由中心原子 A 周围电子对排布的几何构型来决定；而中心原子 A 周围电子对排布的几何构型主要取决于 A 原子电子层中价电子对的数目(价电子对包括成键电子对和未成键的孤电子对)。由于电子对之间的互相排斥作用，分子的几何构型总是采取电子对相互排斥最小的结构。电子对的排布采取距离尽可能远的方式，以使键间斥力最小、分子最稳定。

根据价层电子对互斥理论，中心原子价电子对的理想构型如图 8-8 所示。

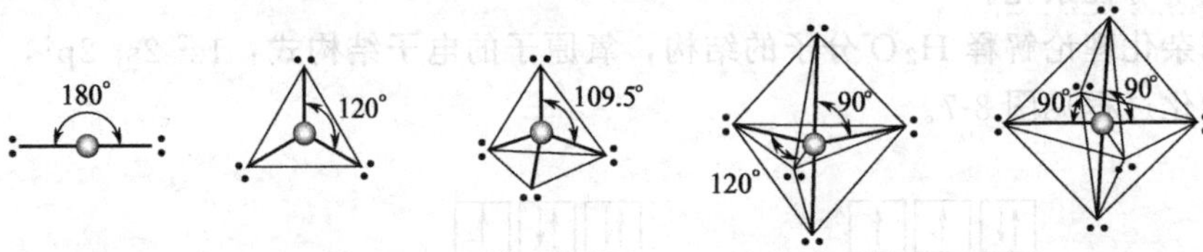

图 8-8 中心原子价电子对的理想构型

(2) 判断 AB_n 型共价分子结构的一般规则

说明：①氢与卤素若在 B 位时，每一个原子各提供一个共用电子给 A。②在形成共价键时，作为配位体 B 的氧族原子可认为不提供共用电子，当氧族原子作为分子的中心原子 A 时，可以认为它能提供所有的 6 个价电子。

下面以 XeF_4 为例，将价层电子对互斥理论判断共价分子构型的一般规则归纳如下。

第一，确定中心原子 Xe 的价电子层中电子的总数，即中心原子原有的价电子数与配位原子 F 提供的共用电子数之和。Xe 原子有 8 个价电子，四个氟原子各提供给 1 个电子，所以 Xe 的价电子层总数为(8+1×4)即 12 个,价电子对数是 6 对。如果讨论的对象是离子,如 SO_4^{2-} 等带负电荷的离子,S 有 6 个价电子,每个氧不提供价电子。此外还加上带的 2 个负电荷的电子数,所以 S 的价电子总数为(6+2)即 8 个。对于 NH_4^+，则应减去 1 个电子，因此中心原子 N 的价电子层的价电子对数也是(5+4−1)即 8 个。最后，除以 2 即得中心原子的价电子对数(注意:如果中心原子价层电子总数为奇数,应把单电子看成电子对)。

第二，根据中心原子的价电子对数，从图 8-8 中选定价层电子对合适的构型。XeF_4 中 Xe 的价电子对数是 6 对，因此，它的价电子对排布构型应为正八面体。

第三，绘出构型图，把配原子排在中心原子周围，每一对价电子对连接一个配位原子，剩下未结合的电子对称为孤电子对，也放在几何构型的一定位置上。如果一个分子可能画出几种构型，再按下列规则确定出最稳定的构型。

① 电子对之间的夹角越小，排斥力越大；

② 电子对之间斥力大小的顺序：孤电子对-孤电子对＞孤电子对-成键电子＞成键电子-成键电子；

③ 由于重键(三键、双键)比单键包含的电子数目多，所以其斥力大小的次序为：三键>双键>单键，所以含有双键或三键的分子，其结构都发生不同程度的变形，如：

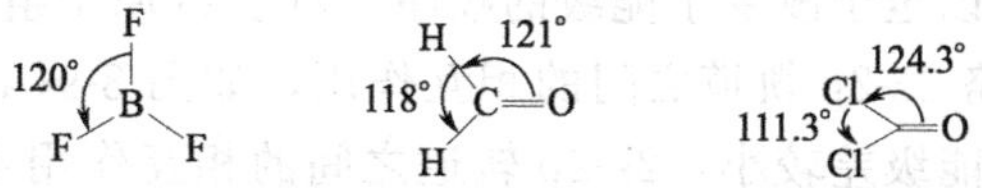

随着孤对电子的增多，键与键之间的排斥作用也就越显著。为了使分子或离子的总能量最低，孤对电子一般应处于不易受排斥的位置，相距越远越好。

遵循这些原则，XeF_4 构型应该选平面正方形结构最为稳定。

同理可以判断 XeF_2 分子的空间构型为直线，PO_4^{3-} 空间构型为四面体形，NO_2 分子的空间结构为 V 形，ClO_4^- 空间构型为正四面体形等。

已经了解了现代价键理论、杂化轨道理论以及价层电子对互斥理论，它们在解释、判断某些分子的空间构型或成键情况方面还是比较成功的，但是，它们都无法解释为什么 O_2、B_2 具有顺磁性？O_2、B_2 具有顺磁性的原因可以用分子轨道理论解释。

* 8.3.4 分子轨道理论

(1) 分子轨道的含义

分子轨道理论把组成分子的所有原子作为一个整体来考虑。在分子中电子从不属于某些特定的原子，而是在遍及整个分子范围内运动，每个电子的运动状态可以用波函数 Ψ 来描述，这个 Ψ 称为分子轨道。

分子轨道与原子轨道的比较如下。

电子在原子中的空间运动状态叫作原子轨道；电子在分子中的空间运动状态就叫作分子轨道。原子轨道用 s、p、d、f 等符号表示，而分子轨道通常用 σ、π 等符号表示。

(2) 分子轨道的形成

分子轨道是由形成分子的各原子的原子轨道组合而成，一般说，几个原子轨道组合后仍然得到几个分子轨道。原子轨道有效地组成分子轨道，必须满足以下三个原则：①能量相近原则，指只有能量相近的原子轨道才能组合成有效的分子轨道；②最大重叠原则，指两个原子轨道要有效组成分子轨道，必须尽可能多地重叠，以使成键轨道的能量尽可能降低；③对称性匹配原则，只有对称性相同的原子轨道才能组合成分子轨道。

按照上述三原则，由原子轨道组成分子轨道时，就会组合成两种类型的分子轨道，一类是成键分子轨道，另一类是反键分子轨道。成键分子轨道的能量低于原来原子轨道，而反键分子轨道的能量高于原来原子轨道的能量。

对于 s 原子轨道组成分子轨道时，有 σ_s 成键分子轨道和 σ_s^* 反键分子轨道；对于 p 原子轨道组成分子轨道时，情况稍微复杂一些，p 轨道有三个伸展方向，分别是 p_x、p_y 和 p_z。当两个原子沿 x 轴方向接近时，2 个 p_x 原子轨道“头碰头”重叠，形成 σ_{p_x} 成键分子轨道和 σ_x^* 反键分子轨道，还有另外两个相互垂直的方向的 p 轨道形成 π_{p_y} 成键分子轨道和 $\pi_{p_y^*}$ 反键分子轨道，还有 π_{p_z} 成键分子轨道和 $\pi_{p_z^*}$ 反键分子轨道。这样两个原子的三个 p 轨道共组成六个分子轨道：σ_{p_x}、$\sigma_{p_x^*}$、π_{p_y}、$\pi_{p_y^*}$、π_{p_z} 和 $\pi_{p_z^*}$，其中 π_{p_y} 和 π_{p_z} 是简并轨道，$\pi_{p_y^*}$ 和 $\pi_{p_z^*}$ 是简并轨道。

2s 和 2p 轨道能不能发生组合？

在对称性相同的前提下，这取决于 2s 和 2p 轨道的能量差的大小。当组成原子的 2s 和

2p 轨道能量差较大时，不会发生 2s 和 2p 轨道之间的相互作用。当组成原子的 2s 和 2p 轨道能量差较小时，两个相同原子互相靠近时，不但会发生 s-s 和 p-p 重叠，而且 2s 和 2p 轨道之间也会发生相互作用，以至于改变了能级的顺序。对于 O 原子组成氧分子 O_2 和 F 原子组成 F_2 分子来说，可以忽略 2s-2p 轨道之间的相互作用，如图 8-9(a)所示；从氮元素开始向左，第二周期其他元素的能级差较小，2s-2p 轨道之间的相互作用不能忽视。因此，从氮分子开始向左，原子轨道(atomic orbitals)组成分子轨道(molecular orbital)时，不但要考虑 2s-2s、2p-2p 的相互作用，而且必须考虑 2s-2p 轨道之间的相互作用，如图 8-9(b)所示。

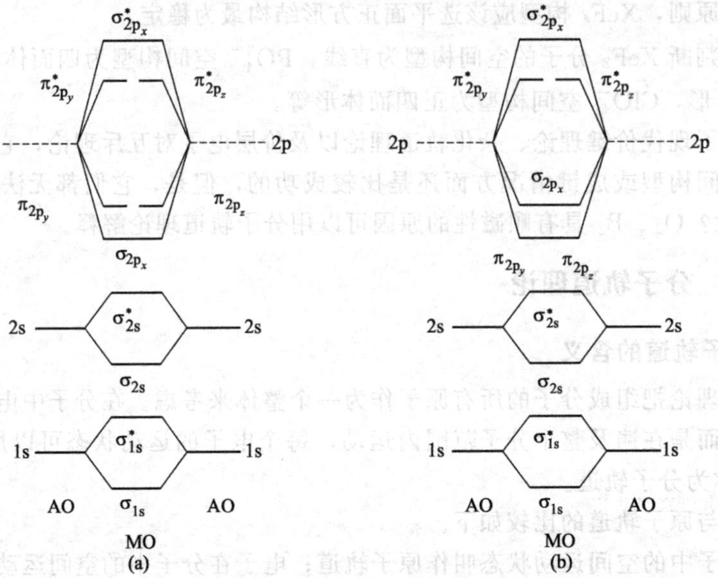

图 8-9　第二周期同核双原子分子轨道的能级次序示意图

[CO 与 N_2 互为等电子体($14e^-$)，分子轨道能级相似]

(3) 分子轨道中电子的排布

电子在填充分子轨道时，仍然遵守电子填充原子轨道的三原则。根据氮分子和氧分子的分子轨道能级图和电子填充三原则，可以得出 O 和 N 的电子构造示意图，如图 8-10 所示。

O_2 的分子轨道式：

$$O_2[KK(\sigma_{2s})^2(\sigma_{2s}^*)^2(\sigma_{2p_x})^2(\pi_{2p_y})^2(\pi_{2p_z})^2(\pi_{2p_y}^*)^1(\pi_{2p_z}^*)^1]$$

KK 表示 K 层全充满，成键轨道和反键轨道相互抵消，相当于电子未参加成键，又叫非键电子，这样的轨道又叫非键轨道。O_2 分子中有三个化学键，即一个 σ 键、两个 $(\pi_{2p})^2$ 与 $(\pi_{2p}^*)^1$ 构成的三电子 π 键。O_2 分子的结构式是

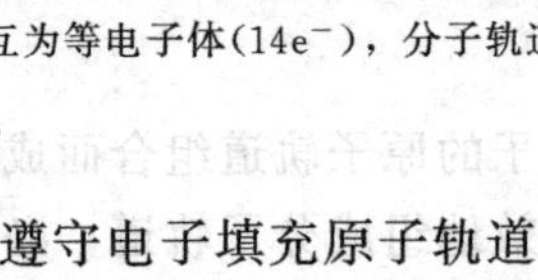

每个三电子 π 键中各包含一个单电子。前面已讲过，用价键理论很难解释 O_2 的磁性，即含单电子，但用分子轨道理论却能很自然地说明这个问题。

N_2 的分子轨道式：

$$N_2[(\sigma_{1s})^2(\sigma_{1s}^*)^2(\sigma_{2s})^2(\sigma_{2s}^*)^2(\pi_{2p})^4(\sigma_{2p})^2] \text{ 或 } [KK(\sigma_{2s})^2(\sigma_{2s}^*)^2(\pi_{2p_y})^2(\pi_{2p_z})^2(\sigma_{2p_x})^2]$$

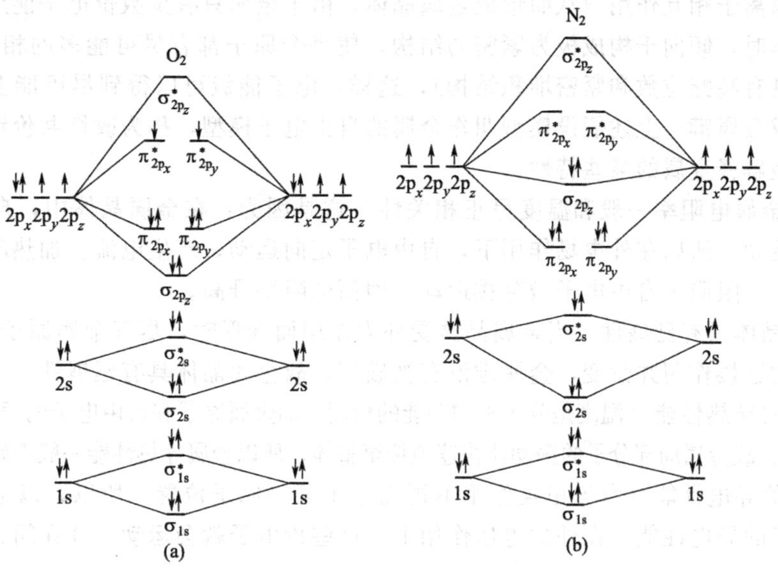

图 8-10 O_2、N_2 分子轨道的能级次序示意图

（4）键级

分子轨道理论中以成键电子数与反键电子数之差的一半来表示分子的键级。键级的大小表示两个相邻原子间成键的强度。一般说来，键级越大，成键电子数就越多，共价键就越牢固。

比如：

H_2 分子的键级：$\dfrac{2-0}{2}=1$

N_2 分子的键级：$\dfrac{6-0}{2}=3$

O_2 分子的键级：$\dfrac{6-2}{2}=2$

* 8.4 金属键

8.4.1 自由电子理论

由于金属原子电负性、电离能较小，价电子与原子核间较松弛，易脱落。金属原子脱落电子变成了金属阳离子。而脱落下的电子并不固定在某些金属离子附近，而是在整个晶体内自由运动，叫“自由电子”。自由电子与排列成晶格状的金属离子之间的静电吸引力所形成的化学键就是金属键。金属键(metallic bond)是化学键的一种，主要在金属中存在。这种键可以看成由多个原子、阳离子共用一些自由电子所组成，是一种特殊形式的共价键。金属键无方向性、饱和性。

在金属晶体中，自由电子不专属于某个金属原子而为整个金属晶体所共有。这些自由电子与全部金属离子相互作用，从而形成金属晶体。由于金属只有少数价电子能用于成键，金属在形成晶体时，倾向于构成极为紧密的结构，使每个原子都有尽可能多的相邻原子(金属晶体一般都具有高配位数和紧密堆积结构)，这样，电子能级可以得到尽可能多的重叠，从而有利于形成金属键。上述假设模型叫作金属的自由电子模型，称为改性共价键理论，该理论能够较好地解释金属的某些特性。

如，① 金属电阻率一般和温度呈正相关性　这是因为：在金属晶体中，自由电子在金属中做穿梭运动，所以在外电场作用下，自由电子定向运动，产生电流。加热时，因为金属原子振动加剧，阻碍了自由电子做穿梭运动，因而电阻率升高。

② 金属晶体具有延展性　当金属晶体受外力作用而变形时，尽管金属原子发生了位移，但自由电子的连接作用并没变，金属键没有被破坏，故金属晶体具有延展性。

③ 优良的导热性能　温度是分子平均动能的量度，而金属原子和自由电子的振动很容易一个接一个地传导，故金属局部分子的振动能快速地传至整体，所以金属导热性能一般很好。

④ 优良的导电性能　由于相互作用不再固定于某一原子位置，所以，以金属键结合的物质具有很好的导电性能。在外加电压作用下，这些价电子就会运动，并在闭合回路中形成电流。

但是，由于金属的自由电子模型过于简单化，不能解释金属晶体为什么有结合力，也不能解释金属晶体为什么有导体、绝缘体和半导体之分。随着科学和生产的发展，主要是量子理论的发展，建立了能带理论。

8.4.2 金属能带理论

金属键的能带理论是利用量子力学的观点来说明金属键的形成。因此，能带理论也称为金属键的量子力学模型，它有 5 个基本点。

① 所有价电子应该属于整个金属晶格的原子共有。

② 金属晶格中原子很密集，能组成许多分子轨道，而且相邻的分子轨道能量差很小，可以认为各能级间的能量变化基本上是连续的。

③ 分子轨道所形成的能带，也可以看成紧密堆积的金属原子的电子能级发生的重叠，这种能带是属于整个金属晶体的。例如，金属锂中锂原子的 1s 能级互相重叠形成了金属晶格中的 1s 能带。

④ 按原子轨道能级的不同，金属晶体可以有不同的能带(如上述金属锂中的 1s 能带和 2s 能带)，由已充满电子的原子轨道能级所形成的低能量能带，叫作“满带”；由未充满电子的原子轨道能级所形成的高能量能带，叫作“导带”。这两类能带之间的能量差很大，以致低能带中的电子向高能带跃迁几乎不可能，所以把这两类能级间的能量间隔叫作“禁带”。如图 8-11 所示，金属锂(电子层结构为 $1s^2 2s^1$)的 1s 轨道已充满电子，2s 轨道未充满电子，1s 能带是个满带，2s 能带是个导带，二者之间的能量差比较悬殊，它们之间的间隔是个禁带，是电子不能逾越的(即电子不能从 1s 能带跃迁到 2s 能带)。但是 2s 能带中的电子却可以在外来能量的情况下，在带内相邻能级中自由运动，传导电流。

⑤ 金属中相邻近的能带也可以互相重叠，如图 8-12 所示的铍(电子层结构为 $1s^2 2s^2$)的 2s 轨道已充满电子，2s 能带应该是个满带，似乎铍应该是一个非导体。但由于铍的 2s 能带和空的 2p 能带能量很接近而可以重叠，2s 能带中的电子可以升级进入 2p 能带运动，于是铍依然是一种有良好导电性的金属，并且具有金属的通性。

根据此理论可把固体分为导体、绝缘体和半导体。如果一种物质的能带是部分被电子充

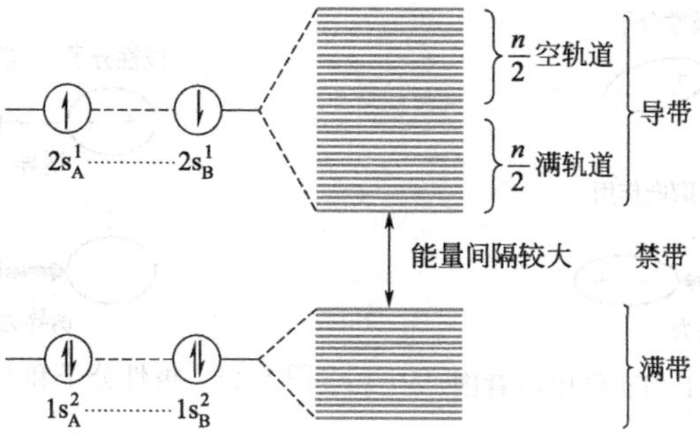

图 8-11　n 个金属 Li 分子轨道(能带模型)

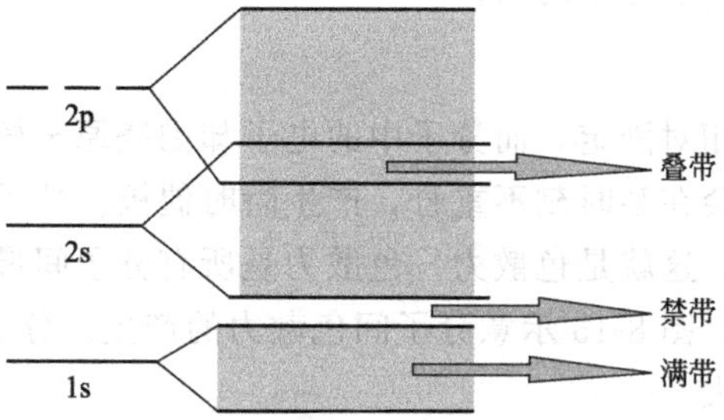

图 8-12　金属铍原子中相邻近的能带重叠

满，或者有空能带且能量间隙很小，能够和相邻(有电子的)能带发生重叠，它是一种导体。绝缘体只有满带和空带，且禁带宽度较大($E_g \geqslant 5eV$)，在外电场作用下，满带中的电子不能跃迁到导带，不能导电。半导体的能带结构是满带被电子充满，导带是空的，而禁带的宽度很窄($E_g \leqslant 3eV$)，在一般情况下，由于满带上的电子不能进入导带，因此晶体不导电(尤其在低温下)。由于禁带宽度很窄($E_g \leqslant 3eV$)，在一定条件下，满带上的电子很容易跃迁到导带上去，使原来空的导带也充填部分电子，同时在满带上也留下空位(通常称为空穴)，因此使导带与原来的满带均未充满电子，所以能导电。

但是能带理论对某些问题还难以说明，如某些过渡金属具有高硬度、高熔点等性质，所以说，金属键理论仍在发展中。

8.5 分子间作用力和氢键

8.5.1 分子间作用力

分子间作用力(intermolecular forces)通常又叫范德华力，按作用力产生的原因和特性可分为三部分：取向力、诱导力、色散力。

(1) 取向力

取向力是极性分子与极性分子之间的永久偶极与永久偶极之间的静电引力，见图 8-13。

(2) 诱导力

在极性分子的固有偶极诱导下，临近它的分子会产生诱导偶极，分子间的诱导偶极与固有偶极之间的电性引力称为诱导力，见图8-14。极性分子和极性分子相互接近时，彼此

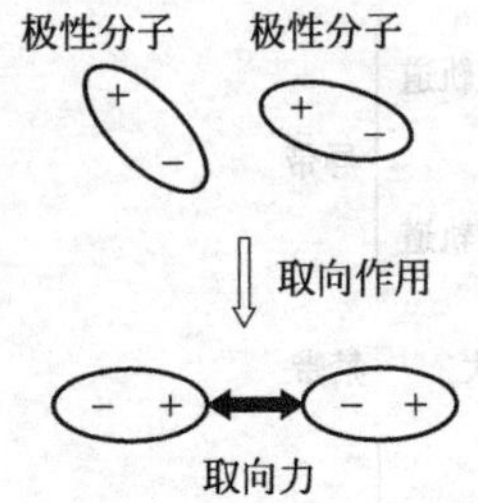

图 8-13　两个极性分子相互作用示意图

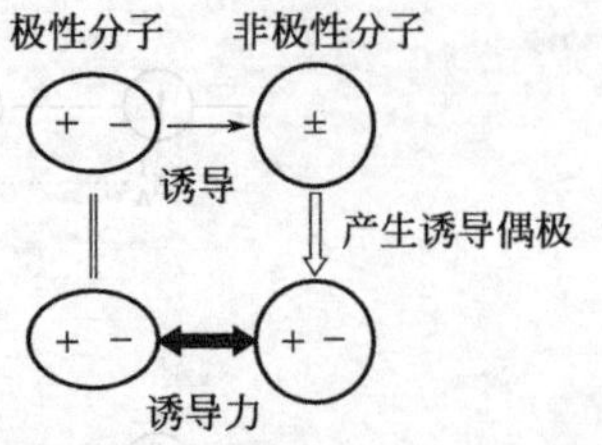

图 8-14　极性分子和非极性分子相互作用示意图

间的相互作用除了取向力以外，在偶极的相互影响下，每个分子也会发生变形，产生诱导偶极。因此诱导力也存在于极性分子之间。

(3) 色散力

分子中原子核的位置相对固定，而分子中的电子却围绕原子核快速运动。于是，分子的正电荷重心与负电荷重心会在某时刻不重合，产生瞬时偶极。分子相互靠拢时，它们的瞬时偶极之间会产生电性引力，这就是色散力。色散力是所有分子间最普遍存在的范德华力，而且是范德华力的主要构成。图 8-15 示意分子间色散力的产生。分子量越大、分子体积越大，越容易变形，色散力就越大。

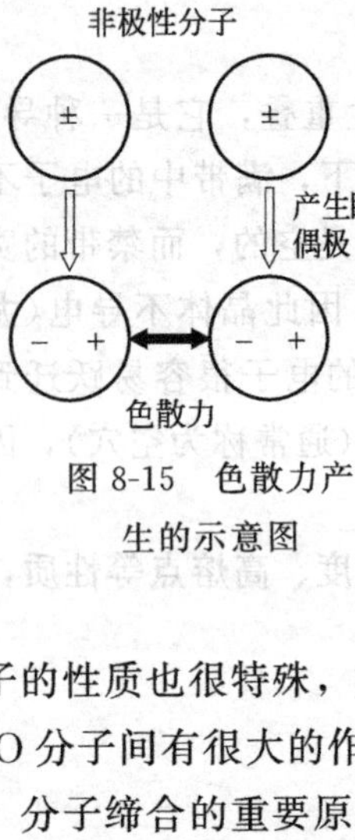

图 8-15　色散力产生的示意图

上述三种作用力在分子间的总作用分配情况是这样的，对于大多数分子，色散力是主要的。只有极性很大的分子，取向力才占较大比重，诱导力一般都很小。

分子间作用力大小直接影响物质的许多物理性质，如，熔点、沸点、溶解度、表面吸附等。

8.5.2　氢键

(1) 氢键的形成

众所周知，卤素氢化物的性质随分子量的增大而递变，但 HF 却例外，如沸点最高。还有第ⅥA 族的氢化物中，水分子的性质也很特殊，如沸点最高。这些反常现象，说明 HF 分子间有很大的作用力，同样 H_2O 分子间有很大的作用力，这些简单的分子称为缔合分子。

分子缔合的重要原因是分子间产生了氢键，与电负性极强的元素相结合的氢原子，和另一分子中电负性极强的原子间所产生的吸引力，这种吸引力叫作氢键(hydrogen bonding)。

以 H_2O 分子为例来说明氢键的形成，如图 8-16 所示，在 H_2O 分子中，由于 O 的电负性很大，共用电子对强烈偏向 O 原子一边，而 H 原子核外只有一个电子，其电子云向 O 原子偏移的结果，致使 H 带正电，这个半径很小、无内层电子的带部分正电荷的氢原子，使附近另一个 H_2O 分子中含有孤电子对并带部分负电荷的 O 原子有可能充分靠近它，从而产生静电吸引作用。这个静电吸引作用就是所谓氢键。同样 HF 分子间的缔合现象也是因为生成了氢键。

氢只有与电负性很大、含有孤对电子的原子之间才形成较强的氢键。

氢键通常用 X—H…Y 表示，式中 X 和 Y 代表 F、O、N 等电负性大而原子半径较小的非金属原子。

(2) **氢键的类型**

实验已证明存在分子间氢键和分子内氢键。如 HF 分子间的氢键是分子间氢键。像苯酚的邻位上有硝基—NO_2 的邻硝基苯酚，可形成分子内氢键，如图 8-17 所示。

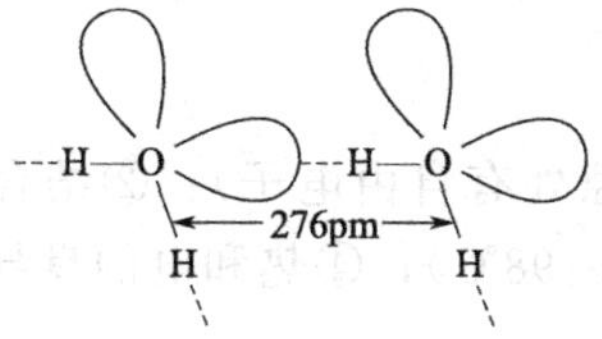

图 8-16　水分子间的氢键

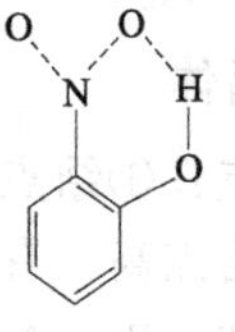

图 8-17　邻硝基苯酚分子内氢键

总体来说，一般分子形成氢键必须具备两个条件，①分子中必须有一个与电负性很强的元素形成强极性键的氢原子；②分子中必须有带孤电子对、电负性大而且原子半径小的元素。

(3) **氢键的特点**

① 氢键具有方向性　氢键的方向性是指 Y 原子与 X—H 形成氢键时，在尽可能的范围内要使氢键的方向与 X—H 键轴在同一个方向。

② 氢键具有饱和性　氢键的饱和性是指每一个 X—H 只能与一个 Y 原子形成氢键。

③ 氢键的本性可看作有方向性的分子间力。

8.6 晶体内部结构

固体物质的内部结构分为晶体结构和非晶体结构两大类。晶体结构特点：原子规则排列，主要体现是原子排列具有周期性，或者称长程有序，有此排列结构的材料为晶体(如:食用盐等)。非晶体结构特点：不具有长程有序，有此排列结构的材料为非晶体(玻璃、松香等)。

晶体内部粒子(原子、分子或离子)是做有规则排列的。把粒子当成几何的点，晶体由这些点在空间按一定规则排列而成，这些点的总和称为晶格。在晶格切割出一个能代表一切特征的最小部分的平行六面体，这个最小部分就称为晶胞。晶胞在三维空间中的无限重复就形成了晶格。根据晶体晶格上粒子的种类，可把晶体分成四大基本类型：离子晶体、原子晶体、分子晶体和金属晶体。

(1) **离子晶体**

离子晶体特点：①结点上交替排列着正负离子；②结合力是离子键；③具有较高的熔点和硬度；④固态时不能导电，熔融态或溶于水中时就有较大的导电性能，易溶于极性溶剂。如：NaCl、CsCl、MgO 和 Al_2O_3 等。

(2) **原子晶体**

原子晶体特点：①结点上排列着中性原子；②结合力是共价键；③具有很高的熔点和硬度；④即使在熔融时导电性能也很差，不易溶于溶剂中。如：金刚石(C)、碳化硅(SiC)和氮化铝(AlN)等。

(3) **分子晶体**

分子晶体特点：①结点上的粒子是分子(包括极性和非极性分子)；②极性分子形成的晶

体结合力是分子间力或氢键，非极性分子形成的晶体结合力是分子间力；③都具有较低熔点和硬度；④固态、液态不导电，但水溶液导电(非极性分子形成的分子晶体为非导体)；⑤极性分子形成的晶体易溶于极性溶剂，如 HCl、NH_3，而非极性分子形成的晶体易溶于非极性溶剂，如 CO_2、H_2。

(4) 金属晶体

金属晶体特点：①结点上排列着原子、正离子(间隙处有自由电子)；②结合力是金属键；③有的金属熔点高，有的金属熔点低(W:3380℃；Na:98℃)；④热和电的良导体，不溶于极性溶剂中。如：W、Ag 和 Cu 等。

习题

1. 离子键没有方向性和饱和性，但在离子晶体中，每个离子又有一定的配位数，即每个正负离子周围都有一定数目的带相反电荷的离子，为什么？

2. 原子轨道重叠形成共价键必须满足哪些原则？σ 键和 π 键有何区别？

3. $COCl_2$ 分子是平面形分子，中心原子 C 采用的是______杂化方式，该分子中有______个 σ 键、______个 π 键。

4. 在 BCl_3 和 NCl_3 分子中，中心原子的配体数相同，但为什么二者的中心原子采取的杂化类型和分子的构型却不同？

5. NCl_3 分子构型是三角锥形，N 原子与三个 Cl 原子之间成键所采用的轨道是(   )。

A. 两个 sp 杂化轨道，一个 p 轨道成键　　B. 三个 sp^3 杂化轨道成键

C. p_x、p_y、p_z 轨道成键　　D. 三个 sp^2 杂化轨道成键

6. 根据价层电子对互斥理论，BrF_3 分子的几何构型为(   )。

A. 平面三角形　　B. 三角锥形　　C. 三角双锥　　D. T 形

7. 根据价层电子对互斥理论，ClO_3F 分子的几何构型属于(   )。

A. 线形　　B. 平面正方形　　C. 四面体　　D. 平面三角形

8. 根据价层电子对互斥理论，试写出下列各化合物分子的空间构型；并分析成键时，中心原子的杂化轨道类型以及分子的极性。

① SiH_4；　② H_2S；　③ BCl_3；　④ $BeCl_2$；　⑤ PH_3。

9. 用价层电子对互斥理论判断并填写下表。

物质	成键电子对数	孤对电子对数	分子或离子的构型
XeF_4			
AsO_4^{3-}			

10. 用价层电子对互斥理论判断下列分子或离子的构型：PCl_6^-、XeF_2、SO_2、SCl_2。

11. 由价层电子对互斥理论，IF_5 分子中，I 原子的价电子总数是______，价层电子对产生的空间构型是______，分子的空间构型是______。

*12. 由分子轨道理论，B_2 与 H_2 的键级均为 1，H_2 具有化学稳定性，而 B_2 只具有光谱稳定性。试解释其原因。

*13. 画出 NO 的分子轨道能级图，写出 NO 的分子轨道表示式，计算其键级，说明其稳定性和磁性高低(NO 的分子轨道能级与 N_2 分子相似，O 原子的 2s、2p 轨道能量略低于 N 原子的 2s、2p 轨道的能量)。

*14. 根据分子轨道理论说明 CO 分子的成键情况，并说明为什么 C 和 O 的电负性差较大，而 CO 分子的极性却较弱。

15. 在下列各组分子中，哪一种化合物的键角更大？说明其原因。

A. CH_4 和 NH_3　　B. OF_2 和 Cl_2O　　C. NH_3 和 NF_3　　D. PH_3 和 NH_3

16. 为什么由不同种元素形成的 PCl_5 分子为非极性分子，而由同种元素形成的 O_3 分子却是极性分子？

17. 下列各种含氢的化合物中含有氢键的是________。

A. HI　　B. $NaHCO_3$　　C. CH_4　　D. SiH_4

18. 下列化合物中不存在氢键的是(　　)。

A. HNO_3　　B. H_2S　　C. H_3BO_3　　D. H_3PO_3

19. 具有分子内氢键的分子是(　　)。

A. H_2O　　B. NH_3　　C. HNO_3　　D. C_6H_6

20. HNO_3 的分子量比 H_2O 大得多，但其沸点只有 76℃。试解释其原因。

21. 氢键一般具有______性和______性，分子间存在氢键使物质的熔点、沸点______，而具有分子内氢键的物质的熔沸点往往是______。

22. 下列几种物质的分子间只存在色散力的是________。

A. CO_2　　B. NH_3　　C. H_2S　　D. HBr

23. 判断下列各组物质间存在什么形式的分子间作用力？

A. 硫化氢气体　　B. 甲烷气体　　C. 氯仿气体　　D. 氨气

E. 溴与四氯化碳　　F. 氖与水

24. 下列卤化物中共价性最强的是(　　)。

A. LiF　　B. RbCl　　C. LiI　　D. BeI_2

25. 解释 ZnS、CdS、HgS 颜色变深、水溶性降低的原因。

26. 一个离子具有下列哪一种特性，则它的极化能力最强(　　)。

A. 离子电荷高，离子半径大　　B. 离子电荷高，离子半径小

C. 离子电荷低，离子半径小　　D. 离子电荷低，离子半径大

27. 用离子极化理论说明下列各组氯化物的熔沸点高低。

A. $MgCl_2$ 和 $SnCl_4$　B. $ZnCl_2$ 和 $CaCl_2$　C. $FeCl_3$ 和 $FeCl_2$　D. $MnCl_2$ 和 $TiCl_4$

28. 下列说法是否正确？举例说明其原因。

(1)极性分子只含极性共价键。

(2)非极性分子只含非极性共价键。

(3)色散力只存在于非极性分子之间。

(4)共价型的氢化物间可以形成氢键。

第9章

配位反应及配位滴定

学习要求

① 掌握配位化合物的组成和结构特点，了解配位化合物的定义和命名规则；
② 能利用价键理论解释某些配位化合物空间结构和某些性质；
③ 掌握配位化合物解离平衡的意义及有关计算；
④ 掌握配位滴定的基本原理以及实际应用。

9.1 配位化合物的基本概念

9.1.1 配位化合物的定义

当过量的氨水加到硫酸铜溶液中，会看到溶液逐渐变成深蓝色。用酒精处理后，还可以得到深蓝色的晶体，经分析证明为$[Cu(NH_3)_4]SO_4$。溶液中几乎测不出Cu^{2+}和NH_3分子的存在，说明Cu^{2+}和NH_3分子在一定程度上丧失了各自独立存在时的化学性质，而结合生成了一种非常稳定、难以电离的复杂离子$[Cu(NH_3)_4]^{2+}$（配离子），对应的化合物$[Cu(NH_3)_4]SO_4$，称为配位化合物，简称配合物。

$[Cu(NH_3)_4]^{2+}$配离子的形成过程如图9-1所示。

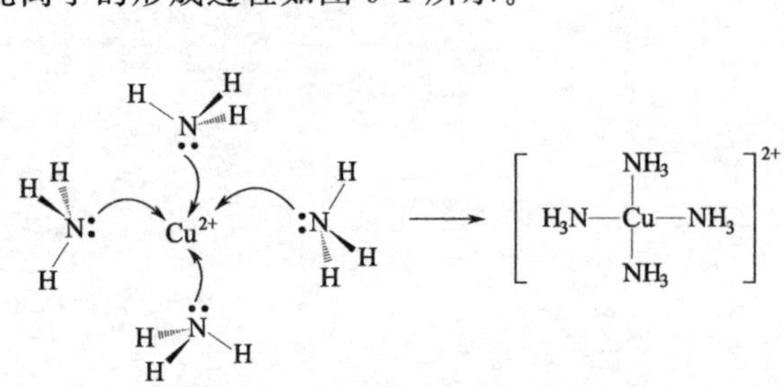

图9-1 $[Cu(NH_3)_4]^{2+}$配离子的形成过程示意图

配合物中存在着与简单化合物不同的键——配位键，这也是配合物最本质的特点。因此，配合物的定义可归纳为：由中心离子或原子与一定数目的分子或离子(配位体)以配位键结合形成复杂离子——配位个体，含配位个体的化合物称作配合物。如：$K_4[Fe(CN)_6]$、

$[Co(NH_3)_6]Cl_3$、$[Co(NH_3)_5(H_2O)]Cl_3$ 等。

9.1.2 配合物的组成

配合物的组成如图 9-2 所示。多数配合物由配离子和带相反电荷的离子组成，配离子部分为内层或内界(inner sphere)，用方括号括起来，配离子以外的部分称为外层或外界(outer sphere)，写在方括号外面，如为配位分子，则把整个分子式写在方括号内。中心原子与配位体以配位键结合，在溶液中表现为弱电解质，内界与外界以离子键结合，在溶液中表现为强电解质。

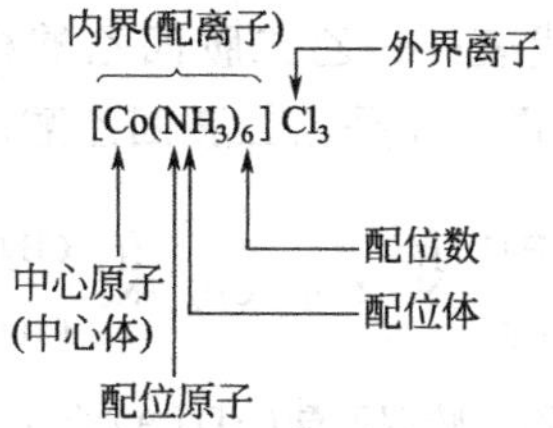

图 9-2 配合物的组成示意图

9.1.2.1 中心体

中心体是能接受配位体孤对电子的离子或原子。多为过渡金属离子：Cu^{2+}、Ag^{+}、Zn^{2+}、Fe^{3+}、Fe^{2+}、Co^{2+}、Ni^{2+}、Au^{3+}、Pt^{2+}、Pt^{4+} 等，少数为原子：Fe、Cr、Ni 等，另有少部分高氧化态非金属元素：Si(Ⅳ)、P(Ⅴ)等。如 $K_3[Fe(CN)_6]$ 和 $Ni(CO)_4$ 中的 Fe^{3+} 和 Ni 原子。

9.1.2.2 配位体

配位体是含有孤对电子的分子或离子，如 NH_3、H_2O、CO、Cl^-、Br^-、I^-、CN^-、SCN^-、en、EDTA 等。配体中能提供孤对电子直接与中心原子相连的原子为配位原子，如：NH_3 中的 N，常用配位原子有 C、N、O、F、P、S、Cl、Br、I 等。

一个配体中只含一个配位原子的配体叫单齿配体，如：$^*NH_3$、$^*OH^-$、$^*X^-$、$^*CN^-$、$^*CO$、$^*SCN^-$ 等；一个配体中含 2 个或 2 个以上配位原子的配体叫多齿配体，如：草酸根($C_2O_4^{2-}$)、$-^*OOC-COO^{*-}$ 双齿、乙二胺(en) $^*NH_2-CH_2-CH_2-^*NH_2$ 双齿、乙二胺四乙酸根(EDTA 或 Y)六齿配体(带 * 号的原子是配位原子)。常用的配位体见表 9-1。

表 9-1 常用的配位体

配位种类		实例	配位原子
单齿配位体	含氮配位体	NH_3、RNH_2	N
	含氧配位体	H_2O、OH^-、ROH、RCOOH	O
	含碳配位体	CO、CN^-	C
	含卤素配位体	F^-、Cl^-、Br^-、I^-	F、Cl、Br、I
	含硫配位体	H_2S、RSH	S
多齿配位体	双齿配位体	$H_2NCH_2CH_2NH_2$	N
		$C_2O_4^{2-}$	O
		NH_2CH_2COOH	N、O
	六齿配位体	EDTA	N、O

(1) 氨羧配位剂

氨羧配位剂是指含有$-N(CH_2COOH)_2$ 基的有机化合物。其分子中含有氨基氮($\ddot{N}$)和羧基氧(—C$\overset{O}{\underset{\ddot{O}}{\diagdown}}$)配位原子，前者易于同 Co^{2+}、Ni^{2+}、Zn^{2+}、Cu^{2+}、Cd^{2+}、Hg^{2+} 等金属离子配位；后者几乎与所有高价金属离子配位。因氨羧配位剂同时具有氨基氮和羧基氧的配位能力，故氨羧配位剂几乎与所有的金属离子配位。

较重要的氨羧配位剂：乙二胺四乙酸(EDTA)、环己二胺四乙酸(CDTA)、乙二醇二乙醚二胺四乙酸(EGTA)、氨三乙酸(NTA)、乙二胺四丙酸(EDTP)、2-羟乙基乙二胺三乙酸(HEDTA)，其中 EDTA 应用最广。

（2）EDTA

① 结构 多齿配体中的典型代表——乙二胺四乙酸根(EDTA)是六齿配体，它的配位原子有 2 个氨基氮和 4 个羧基氧，图 9-3 是乙二胺四乙酸的分子结构式。

$$HOOCH_2C\diagdown \overset{+}{\underset{H}{N}}-CH_2-CH_2-\overset{+}{\underset{H}{N}}\diagup CH_2COO^-$$
$$^-OOCH_2C\diagup \qquad\qquad\qquad\qquad \diagdown CH_2COOH$$

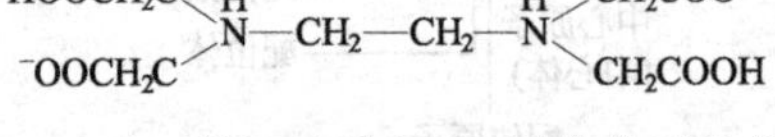

图 9-3 乙二胺四乙酸(EDTA)的分子结构式

EDTA 能通过 6 个可配位原子与金属螯合，形成螯合物(金属离子与多齿配体键合而成的具有环状结构的配合物)。如 EDTA 钙的配合物结构式如图 9-4 所示。

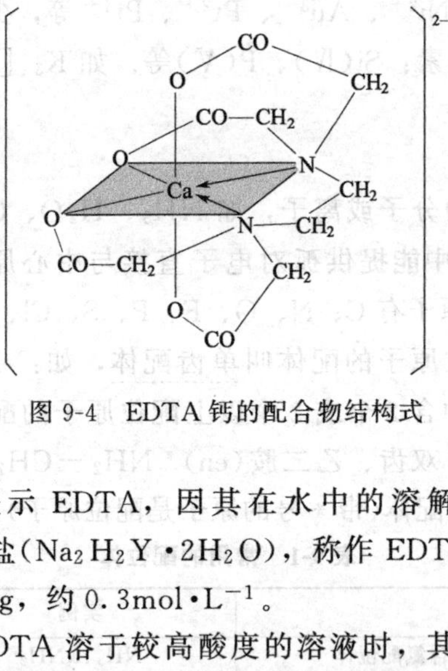

图 9-4 EDTA 钙的配合物结构式

② 溶解度 用 H_4Y 表示 EDTA，因其在水中的溶解度较小，每 100mL 水溶解 0.02g EDTA。通常制成二钠盐($Na_2H_2Y \cdot 2H_2O$)，称作 EDTA 二钠盐，也简称为 EDTA。25℃时每 100mL 水溶解 11.1g，约 $0.3 mol \cdot L^{-1}$。

③ EDTA 的解离 当 EDTA 溶于较高酸度的溶液时，其两个羧基上可以再接受两个 H^+，形成 H_6Y^{2+}，这样 EDTA 相当于一个六元酸(EDTA 本身为四元酸)，在溶液中存在六级离解平衡。在不同的酸度下 EDTA 能以七种型体(H_6Y^{2+}、H_5Y^-、H_4Y、H_3Y^-、H_2Y^{2-}、HY^{3-} 和 Y^{4-})存在。

$$H_6Y^{2+} \rightleftharpoons H^+ + H_5Y^- \qquad K_{a_1}=1.26\times10^{-1}=10^{-0.90} \qquad pK_{a_1}=0.90$$
$$H_5Y^+ \rightleftharpoons H^+ + H_4Y \qquad K_{a_2}=2.51\times10^{-2}=10^{-1.60} \qquad pK_{a_2}=1.60$$
$$H_4Y \rightleftharpoons H^+ + H_3Y^- \qquad K_{a_3}=1.00\times10^{-2}=10^{-2.00} \qquad pK_{a_3}=2.00$$
$$H_3Y^- \rightleftharpoons H^+ + H_2Y^{2-} \qquad K_{a_4}=2.14\times10^{-3}=10^{-2.67} \qquad pK_{a_4}=2.67$$
$$H_2Y^{2-} \rightleftharpoons H^+ + HY^{3-} \qquad K_{a_5}=6.92\times10^{-7}=10^{-6.61} \qquad pK_{a_5}=6.61$$

$$HY^{3-} \rightleftharpoons H^+ + Y^{4-} \qquad K_{a_6} = 5.50 \times 10^{-11} = 10^{-10.26} \quad pK_{a_6} = 10.26$$

④ EDTA 与金属离子配合的特点

a. 范围广泛　EDTA 具有广泛的配位性能，Y^{4-} 几乎能与所有的金属离子形成配合物，且绝大多数配合物相当稳定。

b. 配合比简单　EDTA 与金属离子大多数形成 1∶1 的配合物，配合比简单。

c. 水溶性好　EDTA 与金属离子形成的配合物大多带电荷，因此能溶于水中，配位反应速率大多较快。

d. 配合物的颜色　无色离子为无色；有色离子颜色加深。如，FeY^-（黄色）、CoY^{2-}（紫红色）、CrY^-（深紫色）、CuY^{2-}（深蓝色）、NiY^{2-}（蓝绿色）。

（3）螯合物

螯合物(旧称内络盐)是由中心离子和多齿配体结合而成的具有环状结构的配合物。螯合物是配合物的一种，在螯合物的结构中，一定有一个或多个多齿配体提供多对电子与中心体形成配位键。“螯”指螃蟹的大钳，此名称比喻多齿配体像螃蟹一样用两只大钳紧紧夹住中心体。

如，乙二胺四乙酸钙、血红素和叶绿素等都是螯合物，见图 9-5。

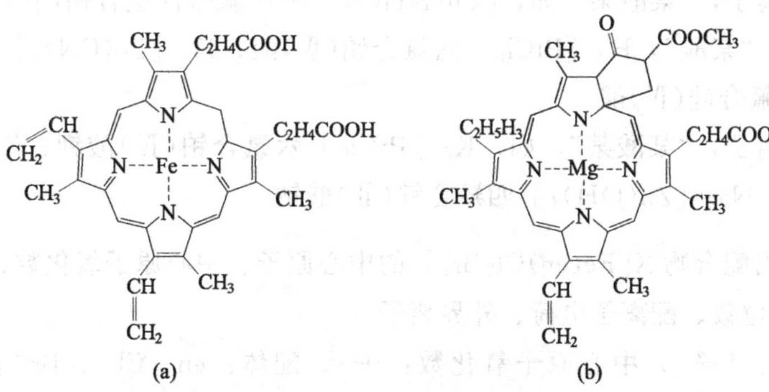

图 9-5　血红素(a)和叶绿素(b)的分子结构

9.1.2.3　配位数

直接与同一个中心离子或原子结合的配位原子数目，为该中心离子或原子的配位数。对于单齿配体：配位数＝∑配位体数，如，$Cu(NH_3)_4^{2+}$、$Fe(CN)_6^{3-}$、$CoCl_3(NH_3)_3$ 的配位数分别为 4、6、6；对于多齿配体：配位数＝∑配位体数×配位原子数。

如，对 $Cu(en)_2^{2+}$、FeY^-、$Fe(C_2O_4)_3^{3-}$ 来说，配位数为 4、6、6。

中心离子的配位数最常见的是 2、4、6、8。中心离子配位数的大小，主要取决于中心离子、配位体的性质(内因)外，也与形成配合物时的条件(外因)有关。如增大配位体浓度，降低反应温度，有利于形成高配位数的配合物。

9.1.2.4　配离子的电荷

配离子的电荷为中心原子的电荷与配体的电荷的代数和。如 $[Fe(CN)_6]^{3-}$，电荷数＝(＋3)＋［(＋6)×(－1)］＝－3；$[Pt(en)_2]^{2+}$，电荷数＝(＋2)＋(0×2)＝＋2。

注意：配位分子不带电，配位化合物电中性，内界、外界带电荷数相等，电性相反。

9.1.3 配位化合物的命名

配位化合物的命名比一般无机化合物命名更复杂的地方在于配合物的内界。处于配合物内界的配离子，其命名方法依照如下顺序：配体数(汉字大写)→配体名称(不同配体之间用中圆点·分开)→合→中心离子(氧化数，罗马数字表示)。

现具体举例加以说明：$[Fe(CN)_6]^{3-}$六氰合铁(Ⅲ)离子；$[Cu(NH_3)_4]^{2+}$四氨合铜(Ⅱ)离子；$[Ag(S_2O_3)_2]^{3-}$二硫代硫酸根合银(Ⅰ)离子。

配体不止一种时，先无机配体，后有机配体，先负离子，后中性分子；配体均为负离子或中性分子，按配体中配位原子的元素符号字母顺序(如氨在前，水在后)等原则。

如，$[Pt(NH_3)_2Cl_2]$ 二氯·二氨合铂(Ⅱ)；$[Cr(H_2O)_2(Py)_2Cl_2]^-$二氯·二水·二吡啶合铬(Ⅲ)离子；$[Co(NH_3)_3(H_2O)Cl_2]^-$二氯·三氨·水合钴(Ⅲ)离子；$[Co(ONO)_3Cl_3]^{3-}$三氯·三(亚硝酸根)合钴(Ⅲ)离子；$[Co(NO_2)(NH_3)_5]^{2-}$一硝基·五氨合钴(Ⅲ)离子；$[Fe(CO)_5]$五羰基合铁(0)。

配合物的系统命名服从一般无机化合物的命名原则，阴离子在前，阳离子在后。外界是简单阴离子(OH^-、Cl^-)，“某化某”，如，$[Ag(NH_3)_2]$ OH 氢氧化二氨合银(Ⅰ)；$[Co(NH_3)_6]$ Cl_3三氯化六氨合钴(Ⅲ)。

外界是复杂阴离子，“某酸某”如，$[Cu(NH_3)_4]$ SO_4 硫酸四氨合铜(Ⅱ)。

外界为氢离子，“某酸”，H_2 $[PtCl_6]$ 六氯合铂(Ⅳ)酸；H_3 $[Fe(CN)_6]$ 六氰合铁(Ⅲ)酸。H_2 $[SiF_6]$ 六氟合硅(Ⅳ)酸。

外界为其他阳离子，“某酸某”，如，K_2 $[PtCl_6]$ 六氯合铂(Ⅳ)酸钾；K_3 $[Fe(CN)_6]$ 六氰合铁(Ⅲ)酸钾；Na_2 $[Zn(OH)_4]$ 四羟合锌(Ⅱ)酸钠。

例题 9-1 指出配合物 $K[Fe(en)Cl_2Br_2]$ 的中心原子、中心原子氧化数、配体、配位原子、配体数、配位数、配离子电荷、外界离子。

解：中心原子：Fe^{3+}，中心原子氧化数：+3，配体：en、Cl^-、Br^-，配位原子：N、Br、Cl；配体数：5；配位数：6；配离子电荷：−1；外界离子：K^+。

9.2 配合物的化学键理论

配合物中的化学键主要是指中心离子与配体之间的配位键。阐明配离子中结合力本质的理论有：价键理论(valence bond theory)、晶体场理论(crystal field theory)和分子轨道论。

9.2.1 价键理论要点

价键理论(valence bond theory)是将杂化轨道理论应用于配合物的研究，较成功地解释了配合物的空间构型、稳定性和磁性。

价键理论要点主要有两点：①配合物的中心离子与配体之间以配位键相结合，配体至少应含有一对孤对电子，而中心原子则必须有空的价电子轨道；②为了增强成键能力，中心原子所提供的空轨道必须首先进行杂化，形成杂化轨道。配体的孤对电子填入已杂化的空轨道形成配离子。配离子的空间构型、配位数等与杂化轨道类型有关。表 9-2 列出部分杂化轨道的类型以及配离子空间构型。

表 9-2　杂化轨道的类型以及配离子空间构型

配位数	杂化轨道(类型)	空间构型
2	sp	直线形
3	sp^2	正三角形
4	sp^3	正四面体
4	dsp^2	正方形
5	dsp^3	三角双锥
5	d^2sp^2	四方锥形
6	d^2sp^3　sp^3d^2	正八面体形

从表 9-2 中可见，同是正八面体构型的杂化类型有两种杂化方式，同是五配位构型的杂化类型也有两种杂化方式，同是四配位构型的杂化类型也有两种杂化方式，对此价键理论都给予了简单明了的解释。

(1) 配位数为 2 的配合物

氧化数为＋1 的金属离子形成了配位数为 2 的配合物，如 Ag^+ 的配合物为 $[Ag(NH_3)_2]^+$、$[AgCl_2]^-$、$[Au(CN)_2]^-$ 和 $[AgI_2]^-$ 等，价键理论都给予了解释。

下面以 $[Ag(NH_3)_2]^+$ 的形成为例来分析其形成过程：Ag^+ ($[Kr]4d^{10}5s^05p^0$)采取 sp 杂化形成两个新的能量相同的空的 sp 杂化轨道，两个 NH_3 中的 N 上的孤对电子，进入 Ag^+ 的空的 sp 杂化轨道中，形成$[Ag(NH_3)_2]^+$配离子(如图 9-6 所示)。

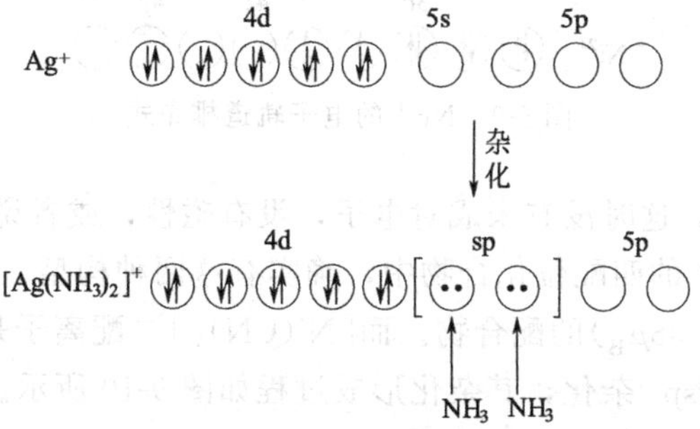

图 9-6　Ag^+ 形成 $[Ag(NH_3)_2]^+$ 配离子的过程示意图

(2) 配位数为 4 的配合物

例如，Zn^{2+} 的电子组态为 $3d^{10}$，当它与 NH_3 分子形成 $[Zn(NH_3)_4]^{2+}$ 时，可提供一个 4s 和三个 4p 空轨道进行杂化，形成四个 sp^3 杂化轨道与四个 NH_3 中的 N 原子形成四个配位键，从而形成空间构型为正四面体的配离子，由于该配离子无未成对电子，具有反磁性，其杂化形成过程如图 9-7 所示。

例如，Be^{2+} 形成 $[BeF_4]^{2-}$ 时，形成四个 sp^3 杂化轨道与四个 F^- 形成四个配位键，从而形成空间构型为正四面体的配离子。其杂化过程如图 9-8 所示。

有些价电子轨道中 d 轨道未充满的，形成配合物时与 Be^{2+} 不完全相同，例如，Ni^{2+} 的电子轨道排布式如图 9-9 所示。

形成四配位化合物时，有两种杂化的可能，一种是 4s 和 4p 轨道采取 sp^3 杂化轨道成键，应该是四面体构型，因有两个单电子，具有磁性(磁矩 $\mu=2.38\mu_B$)；另一种可能是由于受到配体的影响，d 电子先成对，空出一个 d 轨道。之后，一个 3d、一个 4s 和两个 p 轨道

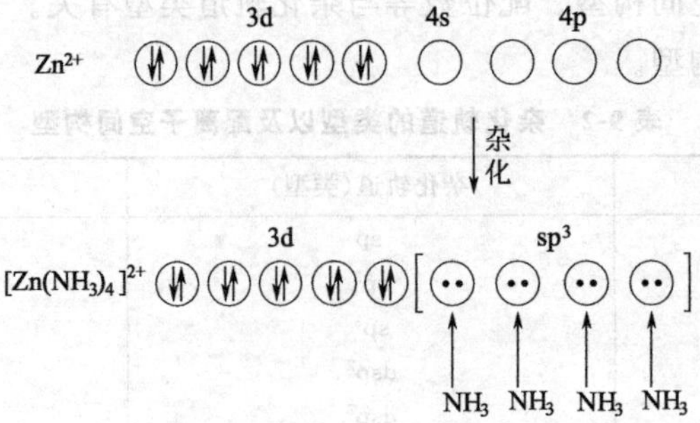

图 9-7　Zn^{2+}形成$[Zn(NH_3)_4]^{2+}$配离子的过程示意图

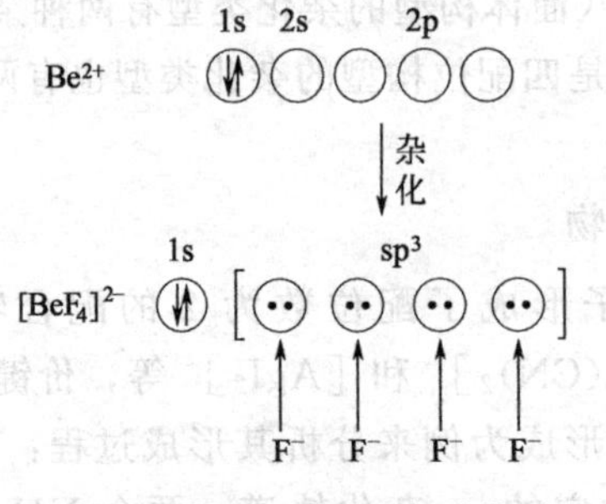

图 9-8　Be^{2+}形成 $[BeF_4]^{2-}$配离子的过程示意图

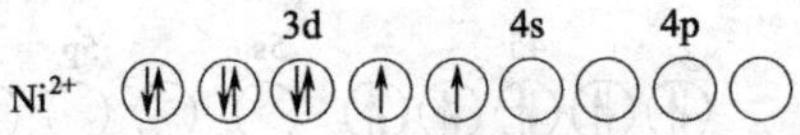

图 9-9　Ni^{2+}的电子轨道排布式

采用 dsp^2 杂化轨道成键，这时没有未成对电子，没有磁性，或者说具有反磁性。

实验测定发现：Ni^{2+}的四配位化合物中，确实有这两种构型。如，$[Ni(Cl)_4]^{2-}$是四面体构型，具有磁性($\mu=2.38\mu_B$)的配合物。而$[Ni(CN)_4]^{2-}$配离子是平面正方形结构，是反磁性的配合物，采用的 dsp^2 杂化，其杂化形成过程如图 9-10 所示。

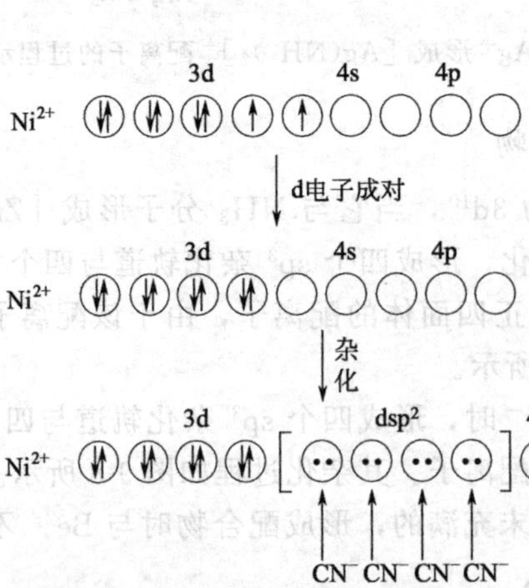

图 9-10　Ni^{2+}形成$[Ni(CN)_4]^{2-}$配离子的过程示意图

可见 Ni^{2+}形成四配体化合物时有两种不同的杂化类型：sp^3 杂化和 dsp^2 杂化。

(3) 配位数为 5 的配合物

Fe 可以和 CO 形成五配位的化合物，$Fe(CO)_5$，三角双锥形，具有反磁性，其杂化形成过程如图 9-11 所示。

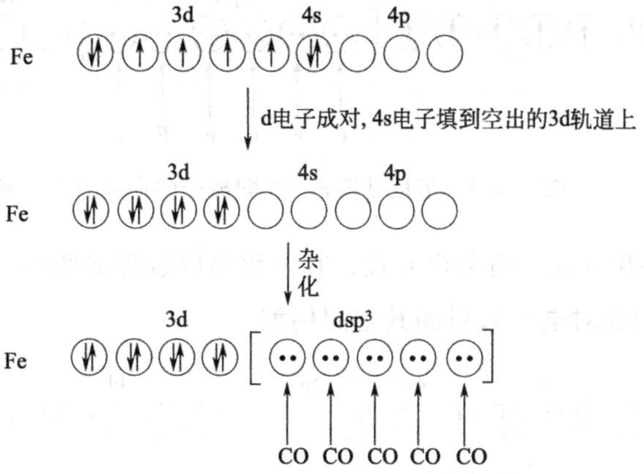

图 9-11　Fe 与 CO 形成 $Fe(CO)_5$ 配合物的过程示意图

(4) 配位数为 6 的配合物

配位数为 6 的配合物大多是正八面体构型，这种构型的配合物可能有 sp^3d^2 和 d^2sp^3 两种杂化方式。例如形成 $[AlF_6]^{3-}$ 配离子时，Al^{3+} 与六个 F^- 形成配位键，首先 sp^3d^2 杂化，形成六个等价的 sp^3d^2 杂化轨道，每个 sp^3d^2 杂化轨道再接受一个 F^- 形成配位键。这样就形成了六配位的 $[AlF_6]^{3-}$ 配离子，形成过程如图 9-12 所示。

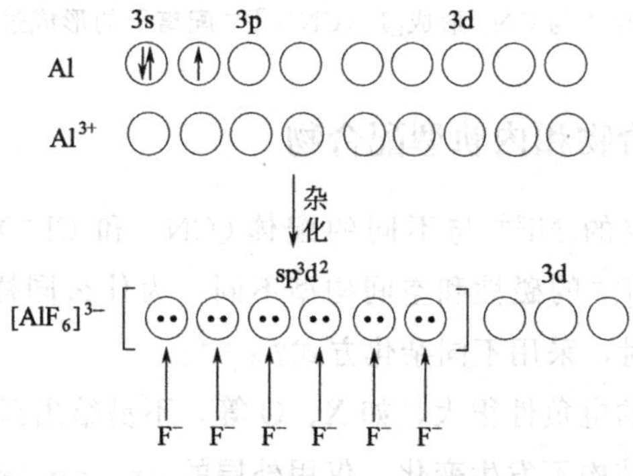

图 9-12　Al^{3+} 与 F^- 形成$[AlF_6]^{3-}$配离子的形成过程示意图

Fe^{3+}含有五个未成对的电子。实验测得 $[FeF_6]^{3-}$ 的磁矩为 5.9(玻尔磁子)，可推知此配离子中的 Fe^{3+}含有五个未成对的电子，成键前后 d 轨道未成对电子数未变。而实验测得 $[Fe(CN)_6]^{3-}$ 的磁矩只有 2.4(玻尔磁子)，那么 Fe^{3+} 在这两种配合物中采用哪种杂化方式呢?

对 $[FeF_6]^{3-}$ 的 Fe^{3+}，其杂化形式如图 9-13 所示。这样就很好地解释了$[FeF_6]^{3-}$的未成对电子数和空间构型。

而对$[Fe(CN)_6]^{3-}$的 Fe^{3+}，3d 电子受到配体 CN^- 的影响先配对，空出两个 3d 轨道，

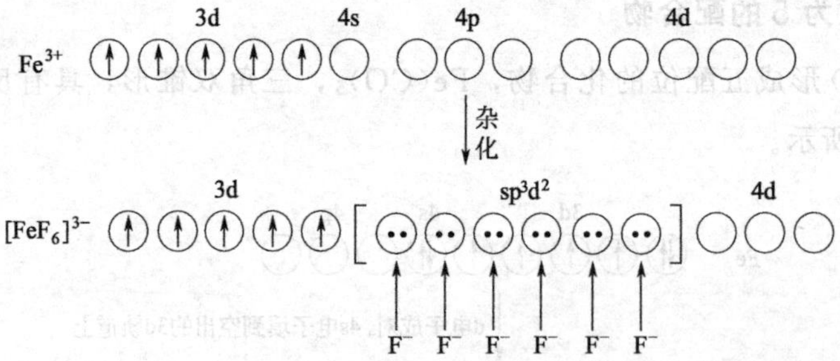

图 9-13　Fe^{3+} 与 F^- 形成 $[FeF_6]^{3-}$ 配离子的形成过程示意图

再利用 4s 和 4p 轨道采用 d^2sp^3 的杂化方式，其杂化形成过程如图 9-14 所示，这样很好地解释了 $[Fe(CN)_6]^{3-}$ 的未成对电子数目和其空间构型。

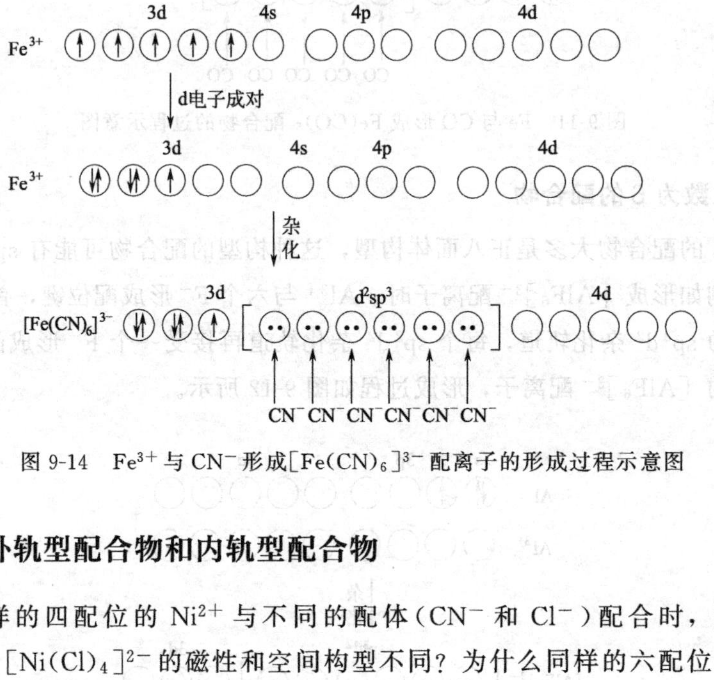

图 9-14　Fe^{3+} 与 CN^- 形成 $[Fe(CN)_6]^{3-}$ 配离子的形成过程示意图

9.2.2　外轨型配合物和内轨型配合物

为什么同样的四配位的 Ni^{2+} 与不同的配体（CN^- 和 Cl^-）配合时，形成的配离子 $[Ni(CN)_4]^{2-}$、$[Ni(Cl)_4]^{2-}$ 的磁性和空间构型不同？为什么同样的六配位的 Fe^{3+} 与不同的配体（CN^- 和 F^-）配合时，采用不同杂化方式？

原因是：当配位原子的电负性很大，如 X、O 等，不易给出孤电子对，它们对中心离子影响较小，使中心离子的结构不发生变化，仅用外层的 ns、np、nd 进行杂化，生成能量相同、数目相等的杂化轨道与配位体结合。这类配合物叫外轨型配合物。简单说，形成配位键时，中心原子的结构不发生变化，仅提供其外层空轨道与配位体结合。

当配位原子的电负性较小，如碳（CN^- 以 C 配位）、氮（$—NO_2$ 以氮配位）等，较易给出孤电子对，它们对中心离子影响较大，使中心离子的电子结构发生变化，$(n-1)$d 轨道上（即次外层的轨道）的成单电子被强行配对，空出内层能量较低的 d 轨道与 n 层（外层）的 s、p 轨道进行杂化，生成能量相同、数目相等的杂化轨道与配位体结合。这类配合物叫内轨型配合物。

从上面的 $[FeF_6]^{3-}$ 和 $[Fe(CN)_6]^{3-}$ 的杂化类型看，尽管它们都有两个 Fe^{3+} 的 d 轨道参

与杂化，前者采用的是能量较高的4d轨道，而后者采用的是能量较低的3d轨道。因此形成的 $[FeF_6]^{3-}$ 为外轨配合物，而 $[Fe(CN)_6]^{3-}$ 为内轨配合物。中心离子次外层 $(n-1)$d 和 ns、np 轨道参与杂化形成的配合物称为内轨配合物，中心离子利用 ns、np 和 nd 轨道参与杂化形成的配合物称为外轨配合物。由于 $(n-1)$d 比 nd 轨道能量低，因此，同一种离子形成的内轨配合物比外轨配合物稳定。如 $[FeF_6]^{3-}$ 和 $[Fe(CN)_6]^{3-}$ 稳定常数 pK_f 为 14.3 和 52.6。

价键理论成功地解释了配合物的空间构型、磁性及稳定性，但由于它仅考虑了中心原子的杂化情况，没有考虑配体与中心原子 d 轨道的相互作用，所以在应用时存在一定的局限性。如，不能解释配离子的特征颜色、内轨型和外轨型配合物形成的原因以及空间构型变化等现象。事实上，配合物中的配位体对中心离子的 d 轨道的影响是很大的，它不仅影响电子云的分布，而且影响 d 轨道能量的变化，而这种变化与配合物的性质有密切的关系。

*9.2.3 晶体场理论

可以说，晶体场理论是一种改进了的静电理论，它将配位体 L 和中心离子 M 都看作点电荷(离子键的理论)，带正电荷的中心离子 M 和带负电荷的配体 L 以静电相互吸引，配体间相互排斥。晶体场理论考虑了带负电的配体对中心离子最外层的电子的排斥作用，把配位体对中心离子产生的静电场叫晶体场，中心离子 M 处于带电的配位体 L 形成的静电场中。

9.2.3.1 晶体场理论的基本要点

在配合物中，中心离子 M 处于带电的配位体 L 形成的静电场中，靠静电作用结合在一起；晶体场对中心离子 M 的 5 个能量相同的 d 轨道产生不同程度的排斥作用，发生能级分裂，有的轨道能量升高，有的能量降低；由于 d 轨道的能级分裂，d 轨道的电子需重新分布，使体系能量降低，即给配合物带来了额外的配位场稳定化能(CFSE)。

现在主要以正八面体构型的配合物为例来说明 d 轨道的分裂情况。

(1) d 轨道分裂

已知自由的气态过渡金属离子的 5 个 d 轨道中，$d_{x^2-y^2}$ 沿 x 轴、y 轴分布，d_{z^2} 沿 z 轴分布，而 d_{xy}、d_{yz} 和 d_{xz} 分别沿 x 轴、y 轴和 z 轴的夹角的平分线方向上分布，虽然方向不同，但是其能量是相同的。如果把此离子放入球形对称的负静电场中，d 轨道的能量会有所提高，但由于受到的静电力的程度相同，5 个 d 轨道的能量仍相同(图 9-15)。但在配合物中，金属离子周围被一定数量的配体包围，这些配体产生的电场不是球形对称的，因而 5 个 d 轨道受到的影响也不同。下面以 $[Fe(CN)_6]^{4-}$ 为例来说配体对中心离子 d 轨道的影响：Fe^{2+} 被 6 个 CN^- 包围形成正八面体，Fe^{2+} 中有 6 个 d 电子。

当 Fe^{2+} 是自由离子时，其中有一个 d 轨道上电子是成对的，成对的电子对在 5 个简并的 d 轨道上的任意一个轨道都是一样的。但有配体存在时，情况就不同了。例如，把 Fe^{2+}(M)放在坐标原点，当 6 个 CN^- 配体(L)分别从 $\pm x$、$\pm y$ 和 $\pm z$ 方向向 Fe^{2+}(M)靠近时，如图 9-15 所示，其中 $d_{x^2-y^2}$ 和 d_{z^2} 与配体处于迎头相碰的状态。d 轨道上的电子就会受到配体负电荷强烈的排斥作用，能量升高得多；而 d_{xz}、d_{xy} 和 d_{yz} 正好插在配体空隙中间，这些轨道上的电子受到配体负电荷的排斥力较小，能量升高得少。

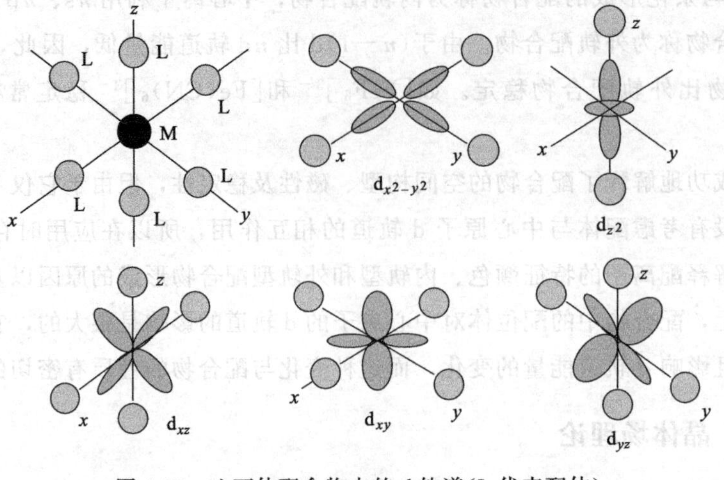

图 9-15　八面体配合物中的 d 轨道(L 代表配体)

本来 5 个简并的 d 轨道，现在就分裂为两组(如图 9-16 所示)，一组轨道为 e_g，另一组轨道为 t_{2g}。

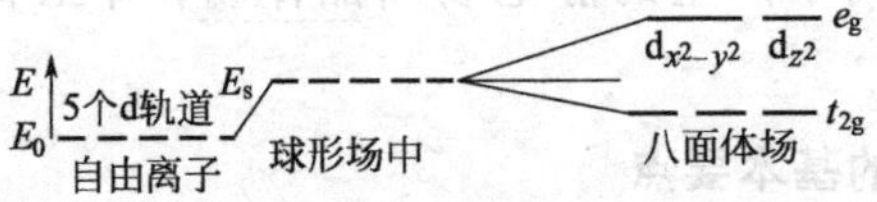

图 9-16　中心离子 M 的 d 轨道能量在正八面体中的分裂

(2) 分裂能

d 轨道分裂后，高能量 d 轨道(e_g)和低能量的 d 轨道(t_{2g})的能量之差，叫分裂能，用符号 Δ_0 表示，它相当于一个电子在 e_g 和 t_{2g} 间跃迁所需能量。此能量的大小可由配合物的光谱来测定。d 轨道在不同构型的配合物中，分裂的方式和 Δ_0 大小都不同。即使是相同构型的配合物，也因中心离子和配位体的不同而有不同的 Δ_0。

根据晶体场理论规定：与球形场中未分裂 d 轨道的总能量(E_s)相比，在晶体场中 d 轨道分裂前后总能量不变，即升高的总能量和降低的总能量相同。假使自由状态时中心离子的 d 轨道能量为 E_0(见图 9-16)，在球形场时能量升高为 E_s，取 $E_s=0$，在正八面体场中，通常规定 $\Delta_0=E(e_g)-E(t_{2g})=10Dq$。又因 d 轨道分裂前后总能量不变，所以 e_g 和 t_{2g} 总能量为 0。两个 e_g 轨道中可容纳 4 个电子，3 个 t_{2g} 轨道中可容纳 6 个电子，可以得到以下方程组：

$$4E(e_g)+6E(t_{2g})=0$$

$$\Delta_0=E(e_g)-E(t_{2g})=10Dq$$

解得：$E(e_g)=6Dq$；$E(t_{2g})=-4Dq$

可见在八面体场中，d 轨道分裂的结果是每个 e_g 轨道能量上升 $6Dq$ 和每个 t_{2g} 轨道的能

量下降 $4Dq$。

分裂能 Δ_0 大小，既与中心离子有关，也与配位体有关。总结大量光谱实验数据和理论研究的结果，可得到下列经验规律。

① 对同一金属离子，Δ_0 大小随配位体不同而变化，大致按下列顺序增加。

$I^- < Br^- < S^{2-} < SCN^- < Cl^- < NO_3^- < F^- < OH^- < C_2O_4^{2-} < H_2O < NCS^- < EDTA < NH_3 < en < bipy < phen < NO_2^- < CO$，$CN^-$。

由于 Δ_0 通常由光谱确定，上述顺序称为光谱化学序，即配位体强度的顺序，CN^-、NO_2^- 等通常称为强场配体，而 I^-、Br^- 等称为弱场配体。

② 对于相同的配体，同一金属元素高价离子比低价离子的 Δ_0 值大。

③ 相同氧化数、同族过渡元素与相同配体形成配合物时，中心离子所在周期数越大，其 Δ_0 越大。$[Co(NH_3)_6]^{3+}$、$[Rh(NH_3)_6]^{3+}$、$[Ir(NH_3)_6]^{3+}$ 的 Δ_0 分别是 $274kJ\cdot mol^{-1}$、$408kJ\cdot mol^{-1}$ 和 $490kJ\cdot mol^{-1}$。

（3）晶体场稳定化能

由于配位场的作用，d 轨道发生分裂，有的能量升高，有的能量降低。d 电子进入分裂轨道后总能量往往低于进入未分裂轨道的总能量(当 d 轨道处于全空、全满时，d 轨道分裂前后总能量保持不变，但大多数情况下，d 轨道不是全空、全满，所以分裂后 d 电子进入轨道后总能量往往低于进入未分裂轨道的总能量)，这个总能量的降低值称为晶体场稳定能(crystal field stabilization energy，CFSE)。

例如，Fe^{2+} 中的 6 个 d 电子在八面体弱场中，由于 Δ_0 较小，6 个 d 电子尽可能排列在 5 个轨道上，即 4 个在 t_{2g} 轨道上，2 个在 e_g 轨道上。相应的 CFSE 为：

$$E=4(-4Dq)+2\times 6Dq=-4Dq$$

这表明分裂后能量降低了 $4Dq$。

Fe^{2+} 中的 6 个 d 电子在八面体强场中，由于 Δ_0 较大，6 个 d 电子尽可能排列在低能量的 t_{2g} 轨道上。相应的 CFSE 为：

$$E=6(-4Dq)+0\times 6Dq=-24Dq$$

可见，在此情况下分裂后能量降低更多。

晶体场稳定化能与中心离子的 d 电子数目有关，也与晶体场的强弱有关，此外还与晶体场的构型有关(鉴于篇幅原因，不再叙述)。在相同条件下，晶体场稳定化能越大，配合物越稳定。

9.2.3.2 晶体场理论的应用

晶体场理论对于过渡元素配合物的许多性质都给予了很好的解释。以下就配合物的稳定性、磁性、颜色等几个方面加以讨论。

（1）配合物的稳定性

在相同条件下，晶体场稳定化能越大，配合物越稳定。

（2）配合物的磁性

还是以 Fe^{2+} 中的 6 个 d 电子在八面体弱场和八面体强场中对比为例。在八面体弱场中，有 4 个电子，配合物具有顺磁性；在八面体强场中，Fe^{2+} 中的 6 个 d 电子尽可能排列在低能量的 t_{2g} 轨道上成对，没有未成对电子，配合物具有抗磁性。

(3) 解释配合物颜色

当 d 轨道没有填满电子，配合物吸收可见光某一波长的光，d 电子从 t_{2g} 跃迁到 e_g 轨道(称为 d-d 跃迁)，配合物就呈现其互补色。如，$[Ti(H_2O)_6]^{3+}$，由于发生 d-d 跃迁时最大吸收峰在 490nm(蓝绿光)处，所以呈现其互补色紫红色。

9.3 溶液中配合物的稳定性

在应用或研究配合物时，首先需要关注的是它的稳定性。配合物受热是否容易分解，这是它的热稳定性；是否容易进行氧化还原反应，这是配合物的氧化还原稳定性；在溶液中是否容易电离出它的组分——中心离子和配体，这是配合物在溶液中的稳定性；在实际应用中使用最广的是配合物在溶液中的稳定性。

9.3.1 配合物的稳定常数

对于配位反应：$Ag^+ + 2NH_3 \longrightarrow [Ag(NH_3)_2]^+$，若加入少量 NaCl 溶液，无 AgCl 沉淀生成；而加入少量 KI 溶液，有 AgI 生成，说明$[Ag(NH_3)_2]^+$可以解离出少量的 Ag^+。

因此，配离子的解离反应为：

$$[Ag(NH_3)_2]^+ \longrightarrow Ag^+ + 2NH_3$$

当配位反应速率与解离反应速率相等时，体系达到平衡状态，称为配位平衡：

$$Ag^+ + 2NH_3 \rightleftharpoons [Ag(NH_3)_2]^+$$

依据化学平衡原理，平衡常数表达式为：$K_f[Ag(NH_3)_2]^+ = \dfrac{[Ag(NH_3)_2]^+}{[Ag^+][NH_3]^2}$

$K_d\ [Ag(NH_3)_2]^+ = \dfrac{[Ag^+][NH_3]^2}{[Ag(NH_3)_2]^+}$，称为 $[Ag(MH_3)_2]^+$ 配离子的不稳定常数。

同理，对于任意一个配位反应达到平衡时：$M + nL \rightleftharpoons ML_n$

$$K_f\ (ML_n) = \frac{[ML_n]}{[M][L]^n}$$

$$K_d\ (ML_n) = \frac{[M][L]^n}{[ML_n]}$$

式中，$[M]$、$[L]$、$[ML_n]$ 分别为金属离子、配体及配离子平衡时的浓度；n 表示配体的数目；$K_f(ML_n)$称为配位化合物稳定常数(stability constant)；$K_d(ML_n)$称为配位化合物不稳定常数(instability constant)。

$$K_f(ML_n) = \frac{1}{K_d(ML_n)}$$

注意：附录Ⅴ中数据是指无副反应(18～25℃，$I = 0.1mol \cdot L^{-1}$)的情况下的绝对稳定常数(常见配合物的绝对稳定常数可查附录Ⅴ)。

9.3.2 配合物稳定常数的应用

(1) 比较配合物的稳定性

对于同类型配合物(配体数相同)直接用 K_f 比较，K_f 越大，形成配离子的倾向越大，配离子解离的倾向越小，即配合物越稳定。如，$[Ag(CN)_2]^-$ 和 $[Ag(NH_3)_2]^+$ 的 K_f 分别为 1.26×10^{21} 和 1.12×10^{7}，说明前者较后者稳定得多。对于不同类型配合物(配体数不相同)，不能直接用 K_f 比较。要根据配位平衡，计算出金属离子的浓度再进行比较。

例题 9-2 已知 $[CuY]^{2-}$ 和 $[Cu(en)_2]^{2+}$ 的 K_f 分别为 5.01×10^{18} 和 1.0×10^{20}，试通过计算解离平衡时两种配离子解离出的 $[Cu^{2+}]$，来比较两种配离子的稳定性(Y 代表乙二胺四乙酸根,en 代表乙二胺)。

解: 设 $[CuY]^{2-}$ 和 $[Cu(en)_2]^{2+}$ 配离子的初始浓度均为 $0.1mol\cdot L^{-1}$，由 $[CuY]^{2-}$ 和 $[Cu(en)_2]^{2+}$ 配离子解离出的 $[Cu^{2+}]$ 分别为 x、y，则

$$Cu^{2+} + Y^{4-} \rightleftharpoons CuY^{2-}$$

初始浓度/$mol\cdot L^{-1}$　　0　　0　　0.1

平衡浓度/$mol\cdot L^{-1}$　　x　　x　　$0.1-x$

$$K_f([CuY]^{2-})=\frac{0.1-x}{x^2}=6.3\times10^{18}$$

x 很小，$0.1-x\approx0.1$　　$x=1.41\times10^{-10}mol\cdot L^{-1}$

$$Cu^{2+} + 2en \rightleftharpoons [Cu(en)_2]^{2+}$$

初始浓度/$mol\cdot L^{-1}$　　0　　0　　0.1

平衡浓度/$mol\cdot L^{-1}$　　y　　$2y$　　$0.1-y$

$$K_f([Cu(en)_2]^{2+})=\frac{0.1-y}{y(2y)^2}=1.0\times10^{20}$$

y 很小，$0.1-y\approx0.1$　　$y=6.2\times10^{-8}mol\cdot L^{-1}$

比较结果：

$[Cu(en)_2]^{2+}$ 解离出的 $[Cu^{2+}]$ 为 $6.2\times10^{-8}mol\cdot L^{-1}$，而 $[CuY]^{2-}$ 配离子解离出的 Cu^{2+} 浓度较小，为 $1.41\times10^{-10}mol\cdot L^{-1}$，故 $[CuY]^{2-}$ 的稳定性较大。

(2) 计算配离子溶液中有关离子的浓度

例题 9-3 在 10.0mL $0.0400mol\cdot L^{-1}$ $AgNO_3$ 溶液中加入 10.0mL $2mol\cdot L^{-1}$ 氨水，计算达到平衡后溶液中的 Ag^+ 浓度(已知 $[Ag(NH_3)_2]^+$ 的 $K_f=1.12\times10^{7}$)。假定混合后体积不减小。

解: 等体积混合，浓度减半：

$$c(AgNO_3)=0.0200mol\cdot L^{-1},\ c(NH_3)=1.00mol\cdot L^{-1}$$

设平衡后　$[Ag^+]=x$ 则

$$Ag^+ + 2NH_3 \rightleftharpoons [Ag(NH_3)_2]^+$$

平衡时/$mol\cdot L^{-1}$　　x　　$1-2\times(0.02-x)$　　$0.02-x$

$$K_f([Ag(NH_3)_2]^+)=\frac{[Ag(NH_3)_2]^+}{[Ag^+][NH_3]^2}=\frac{0.02-x}{x(1-2\times0.02+2x)^2}$$

$$x=1.0\times10^{-9}mol\cdot L^{-1}$$

所以平衡后溶液中的 Ag^+ 浓度为 $1.0\times10^{-9}mol\cdot L^{-1}$。

（3）判断配位反应进行的方向

例题 9-4 通过计算说明金属银不能置换水中的氢，而加入 KCN 后，维持 CN^- 浓度为 1.00mol·L^{-1}，此时银可以置换水中的氢。已知 $\varphi^\ominus(Ag^+/Ag)=0.7996V$，$[Ag(CN)_2]^-$ 的 $K_f([Ag(CN)_2]^-)=1.26\times10^{21}$。

解：(1)根据标准电极电位，$\varphi^\ominus(Ag^+/Ag)>\varphi^\ominus(H^+/H_2)$，金属银不能置换水中的氢。

(2)对于标准银电极，$[Ag^+]=1.00mol\cdot L^{-1}$，加入 KCN 后，可生成 1.00mol·$L^{-1}$ $[Ag(CN)_2]^-$，此时溶液中的 Ag^+ 来源于 $Ag(CN)_2^-$ 的解离。当维持 CN^- 浓度为 1.00mol·L^{-1}，$[Ag^+]$可根据配位平衡算出。

$$Ag^+ + 2CN^- \rightleftharpoons [Ag(CN)_2]^-$$

$$K_f([Ag(CN)_2]^-)=\frac{([Ag(CN)_2]^-)^2}{[CN^-]^2\ [Ag^+]}=\frac{1}{[Ag^+]}=1.26\times10^{21}$$ 解得：$[Ag^+]=7.94\times10^{-22}mol\cdot L^{-1}$

此时银电极的电极电位：$Ag^+ + e^- \rightleftharpoons Ag$

$$\varphi(Ag^+/Ag)=\varphi^\ominus(Ag^+/Ag)+0.0592\lg[Ag^+]$$
$$=\varphi^\ominus(Ag^+/Ag)+0.0592\lg(7.94\times10^{-22})=-0.449V$$

$\varphi(Ag^+/Ag)<0$，所以加入 KCN 后，形成 $[Ag(CN)_2]^-$ 配离子，改变了金属银的还原能力，银可以置换水中的氢。

（4）计算由配合物组成电极的标准电极电位

例题 9-5 计算电对 $[Cd(CN)_4]^{2-}/Cd$ 的标准电极电势 $\varphi^\ominus([Cd(CN)_4]^{2-}/Cd)$。[已知$[Cd(CN)_4]^{2-}$的 $K_f=6.0\times10^{18}$；$\varphi^\ominus(Cd^{2+}/Cd)=-0.403V$]

解：

$$[Cd(CN)_4]^{2-} \rightleftharpoons Cd^{2+}+4CN^- \qquad K_f([Cd(CN)_4]^{2-})=6.0\times10^{18}$$
$$Cd^{2+}+2e^- \rightleftharpoons Cd \qquad \varphi^\ominus(Cd^{2+}/Cd)=-0.403V$$

由 Nernst 方程式可得：$\varphi(Cd^{2+}/Cd)=\varphi^\ominus(Cd^{2+}/Cd)+\frac{0.0592}{2}\lg[Cd^{2+}]$

设想，在标准镉电极溶液中加入足量的 CN^-，1.00mol·L^{-1}的 Cd^{2+} 将与 CN^- 结合成 1.00mol·L^{-1}的 $[Cd(CN)_4]^{2-}$，并控制溶液中 $[CN^-]$ 为 1.00mol·L^{-1}，此时镉电极不再是 Cd^{2+}/Cd 标准电极，而变成标准的 $[Cd(CN)_4]^{2-}/Cd$ 电极。

$$[Cd^{2+}]=\frac{[Cd(CN)_4^{2-}]}{K_f([Cd(CN)_4]^{2-})\ [CN^-]^4}=\frac{1}{K_f([Cd(CN)_4]^{2-})}$$

$$\varphi(Cd^{2+}/Cd)=\varphi^\ominus(Cd^{2+}/Cd)+\frac{0.0592}{2}\lg[Cd^{2+}]=-0.403+\frac{0.0592}{2}\lg\frac{1}{6.0\times10^{18}}$$
$$=-0.959(V)$$

$$\varphi^\ominus([Cd(CN)_4]^{2-}/Cd)=\varphi(Cd^{2+}/Cd)=-0.959V$$

9.3.3 配合物的逐级稳定常数和累积稳定常数

事实上，对于1∶n 型的配合物 ML_n 形成来说，并不是一步就形成了配合物 ML_n，而是逐级形成的。首先形成1配位产物，再形成2配位产物，再形成3配位产物，……，依次到 n 配位产物。也就是说，在中心体M和配体L的溶液中，会同时存在着ML、ML_2、…、ML_n，每一种配合物型体的含量与其逐级稳定常数 K_n 或者累积形成常数 β_n（附录V）相关。

（1）配合物的逐级稳定常数

$M+L \longrightarrow ML$ 第一级稳定常数 K_1 $K_1=\frac{[ML]}{[M][L]}$

$ML+L \longrightarrow ML_2$ 第二级稳定常数 K_2 $K_2=\frac{[ML_2]}{[ML][L]}$

⋮ ⋮ ⋮ ⋮ ⋮

$ML_{n-1}+L \longrightarrow ML_n$ 第 n 级稳定常数 K_n $K_n=\frac{[ML_n]}{[ML_{n-1}][L]}$

（2）配合物的累积稳定常数 β（累积形成常数）

$M+L \longrightarrow ML$ $\beta_1=K_1=\frac{[ML]}{[M][L]}$

$M+2L \longrightarrow ML_2$ $\beta_2=K_1K_2=\frac{[ML_2]}{[M][L]^2}$

⋮ ⋮ ⋮ ⋮

$M+nL \longrightarrow ML_n$ $\beta_n=K_1K_2\cdots K_n=\frac{[ML_n]}{[M][L]^n}$

$[ML]=\beta_1[M][L]$，$[ML_2]=\beta_2[M][L]^2$，……$[ML_n]=\beta_n[M][L]^n$

例题 9-6 在0.1mol·L^{-1}的 Al^{3+} 溶液中，加入 F^- 的溶液，平衡后，游离 Al^{3+} 的浓度为 1.12×10^{-11} mol·L^{-1}，游离 F^- 的浓度为0.010mol·L^{-1}，计算溶液中的 AlF^{2+}、AlF_2^+、AlF_3、AlF_4^-、AlF_5^{2-}、AlF_6^{3-} 的浓度并指出溶液中配合物的主要存在形式。

解： Al^{3+} 和 F^- 配位的 $\lg\beta_1=6.13$，$\lg\beta_2=11.15$，$\lg\beta_3=15.00$，

$\lg\beta_4=17.75$，$\lg\beta_5=19.36$，$\lg\beta_6=19.84$，

$\beta_1=\frac{[AlF]}{[Al][F]}=10^{6.13}$ 解得 $[AlF^{2+}]=1.51\times10^{-5}$ mol·L^{-1}

同理解得：

$[AlF_2^+]=3.54\times10^{-4}$ mol·L^{-1}

$[AlF_3]=1.12\times10^{-2}$ mol·L^{-1}

$[AlF_4^-]=6.30\times10^{-2}$ mol·L^{-1}

$[AlF_5^{2-}]=2.57\times10^{-2}$ mol·L^{-1}

$[AlF_6^{3-}]=7.75\times10^{-4}$ mol·L^{-1}

由上述计算可知溶液中配合物的主要存在形式：AlF_4^-、AlF_5^{2-}、AlF_3。

9.3.4 配位反应的副反应系数

在同一环境下发生多种反应，相对于主反应而言的其他反应称之为副反应。若参与主反应的物质也参与副反应则会导致其浓度的变化，也就是说副反应会影响主反应。为了反映副反应对主反应的影响程度，引入副反应系数 α。对一种物质而言，其副反应系数等于该反应未参加主反应的浓度与其平衡浓度之比。

下面以金属离子和配位剂 EDTA 的配位反应为例，来介绍配位反应的副反应系数。在配位反应中，除了金属离子与配位剂 EDTA 之间的主反应外，金属离子或配位剂的其他副反应也可能同时发生，溶液中可能存在的平衡关系可表示为(为了书写方便省去电荷)：

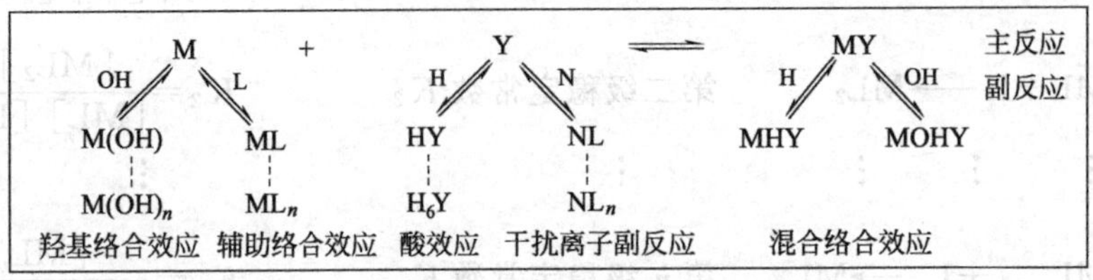

不存在副反应时：$K_f(MY)=\dfrac{[MY]}{[M][Y]}$，这是金属离子 M 与 Y 形成配合物的绝对稳定常数，可以查阅附录Ⅴ。

9.3.4.1 配位体的副反应系数 α_Y

以配位体 EDTA 为例，配位体 EDTA 的副反应系数包括酸效应系数 $\alpha_Y(H)$和共存离子效应系数 $\alpha_Y(N)$。

(1) 酸效应系数

根据酸碱质子理论，乙二胺四乙酸根是六元碱，易接受质子形成相应的共轭酸。为了便于处理平衡计算问题，可以把酸看作氢配合物，配位剂 Y 与 H 的逐级反应产生 HY、H_2Y、H_3Y、H_4Y、H_5Y、H_6Y，其反应与相应的平衡常数为：

$$Y+H \rightleftharpoons HY,\ K_1^H=\frac{1}{K_{a_6}}=10^{10.26},\ \beta_1^H=K_1^H=\frac{1}{K_{a_6}}$$

$$HY+H \rightleftharpoons H_2Y,\ K_2^H=\frac{1}{K_{a_5}}=10^{6.16},\ \beta_2^H=K_1^HK_2^H=\frac{1}{K_{a_6}}\times\frac{1}{K_{a_5}}$$

$$H_2Y+H \rightleftharpoons H_3Y,\ K_3^H=\frac{1}{K_{a_4}}=10^{2.67},\ \beta_3^H=K_1^HK_2^HK_3^H=\frac{1}{K_{a_6}}\times\frac{1}{K_{a_5}}\times\frac{1}{K_{a_4}}$$

$$H_3Y+H \rightleftharpoons H_4Y,\ K_4^H=\frac{1}{K_{a_3}}=10^{2.00},\ \beta_4^H=K_1^HK_2^HK_3^HK_4^H=\frac{1}{K_{a_6}}\times\frac{1}{K_{a_5}}\times\frac{1}{K_{a_4}}\times\frac{1}{K_{a_3}}$$

$$H_4Y+H \rightleftharpoons H_5Y,\ K_5^H=\frac{1}{K_{a_2}}=10^{1.60},\ \beta_5^H=K_1^HK_2^HK_3^HK_4^HK_5^H$$

$$=\frac{1}{K_{a_6}}\times\frac{1}{K_{a_5}}\times\frac{1}{K_{a_4}}\times\frac{1}{K_{a_3}}\times\frac{1}{K_{a_2}}$$

$$H_5Y+H \rightleftharpoons H_6Y,\ K_6^H=\frac{1}{K_{a_1}}=10^{0.90},\ \beta_6^H=K_1^HK_2^HK_3^HK_4^HK_5^HK_6^H$$

$$=\frac{1}{K_{a_6}}\times\frac{1}{K_{a_5}}\times\frac{1}{K_{a_4}}\times\frac{1}{K_{a_3}}\times\frac{1}{K_{a_2}}\times\frac{1}{K_{a_1}}$$

由于生成 HY、H_2Y、H_3Y、H_4Y、H_5Y 和 H_6Y 影响了 Y 和金属离子的配位反应，这种由于存在 H^+ 所产生的副反应，就称为酸效应。酸度对配位反应的影响程度，称为酸效应系数［用 $\alpha_Y(H)$表示］。

$$\alpha_Y(H)=\frac{[Y']}{[Y]}=\frac{[Y]+[HY]+[H_2Y]+[H_3Y]+[H_4Y]+[H_5Y]+[H_6Y]}{[Y]}$$

$$\alpha_Y(H)=1+K_1^H[H^+]+K_1^HK_2^H[H^+]^2+\cdots+K_1^HK_2^HK_3^HK_4^HK_5^HK_6^H[H^+]^6$$

$$=1+\beta_1^H[H^+]+\beta_2^H[H^+]^2+\cdots+\beta_6^H[H^+]^6$$

$$\alpha_Y(H)=1+\frac{[H^+]}{K_{a_6}}+\frac{[H^+]^2}{K_{a_6}K_{a_5}}+\cdots+\frac{[H^+]^6}{K_{a_6}K_{a_5}\cdots K_{a_1}}$$

$\alpha_Y(H)$仅是［H^+］的函数。酸度越高，$\alpha_Y(H)$值越大，反之，$\alpha_Y(H)$越小。它反映了酸度对配位剂的影响程度。当 $\alpha_Y(H)=1$ 时，不存在酸效应的影响。不同 pH 值时 EDTA 的 $\lg\alpha_Y(H)$见附录Ⅵ。

(2) 共存离子效应系数

当有共存金属离子 N 时，配位剂 Y 与其他金属离子 N 发生副反应。

$$\alpha_Y(N)=\frac{[Y']}{[Y]}=\frac{[Y]+[NY]}{[Y]}=\frac{[Y]+K_f(NY)[N][Y]}{[Y]}=1+K_f(NY)[N]$$

(3) 配位体 Y 的副反应系数 α_Y

假如，只有一种共存离子

$$\alpha_Y=\frac{[Y]+[HY]+[H_2Y]+[H_3Y]+[H_4Y]+[H_5Y]+[H_6Y]+[NY]}{[Y]}$$

$$=\frac{[Y]+[HY]+[H_2Y]+[H_3Y]+[H_4Y]+[H_5Y]+[H_6Y]}{[Y]}+\frac{[Y]+[NY]}{[Y]}-\frac{[Y]}{[Y]}$$

其中，$\frac{[Y]+[HY]+[H_2Y]+[H_3Y]+[H_4Y]+[H_5Y]+[H_6Y]}{[Y]}=\alpha_Y(H)$

$$\frac{[Y]+[NY]}{[Y]}=\alpha_Y(N)$$

所以，$\alpha_Y=\alpha_Y(H)+\alpha_Y(N)-1$

9.3.4.2 金属离子的副反应及副反应系数

(1) 金属离子的副反应

溶液中金属离子 M 的副反应的大小用副反应系数 α_M 来表示。溶液中由于其他配位体 L 的存在使金属离子参加主反应能力降低的现象，称为配位效应。配位体 L 引起副反应时的副反应系数称为配位效应系数，用 $\alpha_M(L)$表示。

$$\alpha_M(L)=\frac{[M']}{[M]}=\frac{[M]+[ML]+[ML_2]+\cdots+[ML_n]}{[M]}$$

$$=\frac{[M]+\beta_1[M][L]+\beta_2[M][L]^2+\cdots+\beta_n[M][L]^n}{[M]}$$

$$\alpha_M(L)=1+\beta_1[L]+\beta_2[L]^2+\cdots+\beta_n[L]^n$$

$\alpha_M(L)$越大，即副反应越严重。如果M没有副反应，$\alpha_M(L)=1$。

对于某些易水解的金属离子，酸度越低越易水解，生成一系列羟基配离子，甚至生成氢氧化物沉淀。水解效应系数，用$\alpha_M(OH)$表示。

$$\alpha_M(OH)=\frac{[M']}{[M]}=\frac{[M]+[M(OH)]+[M(OH)_2]+\cdots+[M(OH)_n]}{[M]}$$

$$\alpha_M(OH)=1+\beta_1[OH]+\beta_2[OH]^2+\cdots+\beta_n[OH]^n$$

附录Ⅴ中列出了常见金属离子与羟基配合物累计形成常数值。

(2) 金属离子的总副反应系数 α_M

若溶液中有两种配位体L和A同时与金属离子M发生副反应，则其影响可用M的总副反应系数α_M表示：

$$\alpha_M=\frac{[M']}{[M]}=\frac{[M]+[ML]+\cdots+[ML_n]+[MA]+\cdots+[MA_m]}{[M]}$$

$$\alpha_M=\frac{[M']}{[M]}=\frac{[M]+[ML]+\cdots+[ML_n]}{[M]}+\frac{[M]+[MA]+\cdots+[MA_m]}{[M]}-\frac{[M]}{[M]}$$

其中，

$$\frac{[M]+[ML]+[ML_2]+\cdots+[ML_n]}{[M]}=\alpha_M(L)$$

$$\frac{[M]+[MA]+\cdots+[MA_m]}{[M]}=\alpha_M(A)$$

所以，$\alpha_M=\alpha_M(L)+\alpha_M(A)-1$

同理，若溶液中有多种配位体L_1、L_2、L_3、…、L_n同时与金属离子M发生副反应，则M的总副反应系数α_M为：

$$\alpha_M=\alpha_M(L_1)+\alpha_M(L_2)+\cdots+\alpha_M(L_n)-(n-1)$$

例题9-7 计算pH=5、10、11、12时，当溶液中游离的氨的平衡浓度均为$0.1mol\cdot L^{-1}$时，Zn^{2+}的副反应系数。

已知：$[Zn(OH)_4]^{2+}$的$\lg\beta_1\sim\lg\beta_4$为4.4、10.1、14.2、15.5；

$[Zn(NH_3)_4]^{2+}$的$\lg\beta_1\sim\lg\beta_4$为2.27、4.61、7.01、9.06。

解：(1)pH=5时，$[OH]=10^{-9.0}$，$[NH_3]=0.1=10^{-1.0}$

$$\alpha_{Zn}(OH)=1+\beta_1[OH]+\beta_2[OH]^2+\beta_3[OH]^3+\beta_4[OH]^4$$

$$=1+10^{4.4-9.0}+10^{10.1-18.0}+10^{14.2-27.0}+10^{15.5-36.0}=1$$

$$\alpha_{Zn}(NH_3)=1+\beta_1[NH_3]+\beta_2[NH_3]^2+\beta_3[NH_3]^3+\beta_4[NH_3]^4$$

$$=1+10^{2.27-1.00}+10^{4.61-2.00}+10^{7.01-3.00}+10^{9.06-4.00}=10^{5.10}$$

$$\alpha_{Zn}=1+10^{5.10}=10^{5.10}$$

同理可计算得到pH=10、11、12时，α_{Zn}分别为：$10^{5.10}$、$10^{5.58}$、$10^{8.50}$。

计算表明，在pH=5、10的情况下可以忽略金属离子的水解效应的影响，尽管在pH=10时水解效应增加，但相对配位效应仍可以忽略；在pH=11时两种效应势均力敌，必须同时考虑它们的影响；当pH升至12时，主要以Zn^{2+}的水解效应为主。

9.3.4.3 配合物 MY 的副反应及副反应系数 α_{MY}

在较高酸度下，M 除了能与 EDTA 生成 MY 外，还能与 EDTA 生成酸式配合物 MHY。酸式配合物的形成，使 EDTA 对 M 的总配合能力增强一些，所以这种副反应对主反应有利。在较低酸度下，金属离子还能与 EDTA 生成碱式配合物 M(OH)Y。碱式配合物的形成，也会加强 EDTA 对 M 的配合能力。

形成酸式或碱式 EDTA 配合物时的副反应系数为：

$$\alpha_{MY}(H)=\frac{[MY']}{[MY]}=\frac{[MY]+[MHY]}{[MY]} \qquad K_{MHY}(H)=\frac{[MHY]}{[MY][H^+]}$$

同理得到：

$$\alpha_{MY}(OH)=\frac{[MY']}{[MY]}=\frac{[MY]+[M(OH)Y]}{[MY]} \qquad K_{M(OH)Y}(OH)=\frac{[M(OH)Y]}{[MY][OH^-]}$$

$$K'_f(MY)=\frac{[MY']}{[M'][Y']}=\frac{[MY]}{[M][Y]}\times\frac{\alpha_{MY}}{\alpha_M\alpha_Y}=K_{f(MY)}\frac{\alpha_{MY}}{\alpha_M\alpha_Y}$$

$$\lg K'_f(MY)=\lg K_f(MY)-\lg\alpha_Y-\lg\alpha_M+\lg\alpha_{MY}$$

在一定条件下，如溶液的 pH 及各试剂的浓度一定时，α_Y、α_M、α_{MY} 均为定值，因此 $K'_f(MY)$ 在一定条件下是个常数，因其随条件改变而变化，故称之为条件稳定常数，简称条件常数。根据其特点又称为有效稳定常数或表观稳定常数。

通常情况下，由于酸式、碱式配合物一般不太稳定，在多数计算中忽略不计。

因此，通常情况下：$\lg K'_f(MY)=\lg K_f(MY)-\lg\alpha_Y-\lg\alpha_M$

例题 9-8 计算在 pH=5.00 的 0.10mol·L^{-1} AlY 溶液中，游离 F^- 浓度为 0.010 mol·L^{-1}时，AlY 的条件稳定常数。

解：在 pH=5.00 时，$\lg\alpha_Y(H)=6.45$，

已知 AlF 的 $\lg\beta_1=6.15$，$\lg\beta_2=12.15$，$\lg\beta_3=15.00$，$\lg\beta_4=17.75$，$\lg\beta_5=19.36$，$\lg\beta_6=19.84$，

$$\begin{aligned}\alpha_{Al}(F)&=1+\beta_1[F]+\beta_2[F]^2+\beta_3[F]^3+\beta_4[F]^4+\beta_5[F]^5+\beta_6[F]^6\\&=1+10^{6.15}\times0.010+10^{12.15}\times(0.010)^2+10^{15.00}\times(0.010)^3\\&\quad+10^{17.75}\times(0.010)^4+10^{19.36}\times(0.010)^5+10^{19.84}\times(0.010)^6\\&=1+1.4\times10^4+1.4\times10^7+1.0\times10^9+5.6\times10^9+2.3\times10^9+6.9\times10^7=8.9\times10^9\end{aligned}$$

$$\alpha_{Al}=\alpha_{Al}(F)+\alpha_{Al}(OH)-1\approx\alpha_{Al}(F)=8.9\times10^9$$

$$\lg\alpha_{Al}(F)=9.95$$

$$\lg K'_f(AlY)=\lg K_f(AlY)-\lg\alpha_Y(H)-\lg\alpha_{Al}(F)$$

$$=16.3-6.45-9.95=-0.1$$

9.3.5 配位平衡的移动

(1) 酸度的影响

配离子中的配体如果是弱酸根离子(如 F^-、CN^-、SCN^-、CO_3^{2-}、$C_2O_4^{2-}$ 等)或弱碱(如 NH_3、en 等)，它们能与外加强酸反应，使配离子发生解离。

例如，在深蓝色的 $[Cu(NH_3)_4]SO_4$ 溶液中加入过量的稀硫酸，溶液变成浅蓝色：

$$[Cu(NH_3)_4]SO_4+4H^+ = Cu^{2+}+4NH_4^++SO_4^{2-}$$

$$[FeF_6]^{3-}+6H^+ = Fe^{3+}+6HF$$

(2) 沉淀反应的影响

如果在难溶化合物体系中加入合适的配位剂，就会生成配位化合物，使沉淀溶解；同

样，在配离子的溶液中加入合适的沉淀剂，中心离子会形成沉淀而使配离子发生解离。

例如：
$$AgCl+2NH_3 \rightleftharpoons [Ag(NH_3)_2]^+ + Cl^-$$
$$[Ag(NH_3)_2]^+ + Br^- \rightleftharpoons AgBr + 2NH_3$$

例题 9-9 将 $0.2mol \cdot L^{-1}[Ag(NH_3)_2]^+$ 与等体积 $0.2mol \cdot L^{-1}$ KBr 溶液混合，有无 AgBr 沉淀生成？

解：
$$Ag^+ + 2NH_3 \rightleftharpoons [Ag(NH_3)_2]^+$$

平衡/$mol \cdot L^{-1}$：　x　　$2x$　　$0.1-x$

$$K_f([Ag(NH_3)_2]^+) = \frac{0.1-x}{x(2x)^2} = 1.1\times10^7$$
$$0.1-x \approx 0.1$$
$$x = 1.14\times10^{-3}\,mol \cdot L^{-1}$$
$$[Br^-] = 0.1mol \cdot L^{-1}$$

$[Ag^+][Br^-] = 1.14\times10^{-4} > K_{sp}(AgBr)$ 所以，有 AgBr 沉淀生成。

(3) 氧化还原反应的影响

如果金属离子在水溶液中发生氧化还原反应，也可以使配位平衡发生移动。如湿法冶金中金的提取：
$$4Au + 8CN^- + 2H_2O + O_2 \rightleftharpoons 4[Au(CN)_2]^- + 4OH^-$$
$$2[Au(CN)_2]^- + Zn \rightleftharpoons 2Au + [Zn(CN)_4]^{2-}$$

(4) 配离子之间的转化

在含有 Fe^{3+} 的溶液中加入 KSCN，就会生成红色的($n=1\sim6$)配离子：
$$Fe^{3+} + nSCN^- \rightleftharpoons [Fe(SCN)_n]^{3-n}$$
在上述溶液中滴加 NaF 溶液，红色会逐渐消失，这是由于发生了如下反应：
$$[Fe(SCN)_6]^{3-} + 6F^- \rightleftharpoons [FeF_6]^{3-} + 6SCN^-$$
在溶液中，配离子之间的转化总是向着生成更稳定配离子的方向进行。

9.4 配位滴定法

9.4.1 配位滴定法概述

配位滴定法是以配位反应为基础的滴定分析方法，可用于对金属离子进行测定。它利用配位剂作为标准溶液直接或间接滴定被测物质，并选用适当的方法指示滴定终点。作为配位滴定的反应必须符合的条件：生成的配合物要有确定的组成；生成的配合物要有足够的稳定性；配合反应速率要足够快；要有适当的反映化学计量点到达的指示剂或其他方法。

常用的滴定剂即配位剂主要是有机配位剂，因氨羧配位剂可以与中心离子(原子)形成稳定的螯合物，在滴定分析中得到了广泛的应用。本课程将讨论其中应用最广泛的乙二胺四乙酸(EDTA)。

9.4.2 绘制滴定曲线

配位滴定曲线是以滴定过程中所加入的 EDTA 的标准溶液的量为横坐标，以相应溶液中的金属离子浓度 pM′值为纵坐标，所绘制的关系曲线。

对主反应：$M+Y \Longrightarrow MY$ 来说，

当滴定反应到达化学计量点时，金属 M 离子的总浓度：$c_M^{sp}=[M]+[MY]=\frac{1}{2}c(M)$，$c(M)$是金属离子初始浓度；并且$[M]=[Y]$。

由于主反应进行得比较彻底，因此，$[M]+[MY]\approx[MY]$，所以，$[MY]\approx\frac{1}{2}c(M)$。

$$K_f'(MT)=\frac{[MY]}{[M][Y]}=\frac{\frac{1}{2}c(M)}{[M]^2}$$

$$[M]^2=\frac{c_M^{sp}}{K_f'(MY)}$$

所以

$$[M]=\sqrt{\frac{c_M^{sp}}{K_f'(MY)}}$$

$pM'_{sp}=\frac{1}{2}(\lg K_f'(MY)+pc_M^{sp})$ [$K_f'(MY)$为条件稳定常数。条件：金属离子的原始浓度＝EDTA 的原始浓度]。

下面以 pH＝12 时，用 $0.01\text{mol}\cdot L^{-1}$ EDTA 溶液滴定 20.00mL $0.01\text{mol}\cdot L^{-1}$ Ca^{2+} 溶液为例来绘制配位滴定曲线。

pH＝12 时，$\lg\alpha_Y(H)=0.01$，没有其他副反应的影响，$K_f'(CaY)=K_f(CaY)=10^{10.69}$

(1) 滴定前

$$[Ca^{2+}]=0.01\text{mol}\cdot L^{-1}$$
$$pCa^{2+}=2.00$$

(2) 滴定开始到化学计量点前

设加入 $V_{EDTA}=19.98\text{mL}$

$$[Ca^{2+}]=\frac{0.01\times(20.00-19.98)}{20.00+19.98}=5\times10^{-6}(\text{mol}\cdot L^{-1})$$
$$pCa^{2+}=5.30$$

(3) 化学计量点

$$c_{Ca^{2+}}^{sp}=\frac{n_{CaY}}{V_{sp}}=\frac{c_0V_0}{2V_0}=\frac{c_0}{2}=\frac{0.01}{2}=5\times10^{-3}(\text{mol}\cdot L^{-1})$$

$$[Ca^{2+}]=\sqrt{\frac{c_M^{sp}}{K_f'(CaY)}}$$

$$pCa_{sp}=\frac{1}{2}(\lg K_f'(CaY)+pc_{Ca}^{sp})=\frac{1}{2}[10.69-\lg(5\times10^{-3})]=6.5$$

(4) 化学计量点后

$V(EDTA)=20.02\text{mL}$　过量 0.02mL

$$K_f'(CaY)=\frac{[CaY]}{[Ca^{2+}][Y]}$$

$$[Y]=\frac{0.01\times0.02}{20.00+20.02}=5\times10^{-6}(\text{mol}\cdot L^{-1})$$

$$[CaY]=\frac{n_{CaY}}{V}=\frac{0.01\times20.00}{20.00+20.02}\approx5\times10^{-3}(\text{mol}\cdot L^{-1})$$

$$[Ca^{2+}]=\frac{[CaY]}{K_f'(CaY)[Y]}=\frac{5\times10^{-3}}{10^{10.69}\times5\times10^{-6}}=10^{-7.69}(mol\cdot L^{-1})$$

$$pCa^{2+}=7.7$$

以 pCa^{2+} 为纵坐标，加入的 $V(EDTA)$ 为横坐标绘制得一曲线见图 9-17。

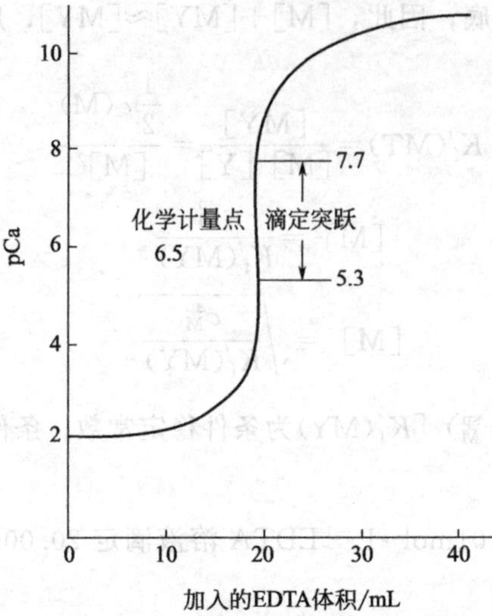

图 9-17　0.01mol·L^{-1} EDTA 溶液滴定 0.01mol·L^{-1} Ca^{2+} 溶液的滴定曲线

其中相对误差：－0.1%～0.1%，pM 的突跃范围：5.3～7.7。

9.4.3　影响突跃范围的因素

（1）金属离子初始浓度 c(M)的影响

从图 9-18 中看出，当 $K_f'(MY)$一定时，被滴定的金属离子初始浓度越大，滴定突跃范围越大。

（2）条件稳定常数 $K'_f(MY)$的影响

从图 9-19 中看出，当金属离子浓度和其他条件不变时，配合物的条件稳定常数越大，滴定曲线的突跃范围越大。溶液酸度的影响与条件稳定常数的影响相似。这是因为 $K'_f(MY)$受酸度影响，pH 越大，$\alpha_Y(H)$ 越小，$K_f'(MY)$越大，突跃范围越大。反之则越小。故滴定反应要严格控制酸度。

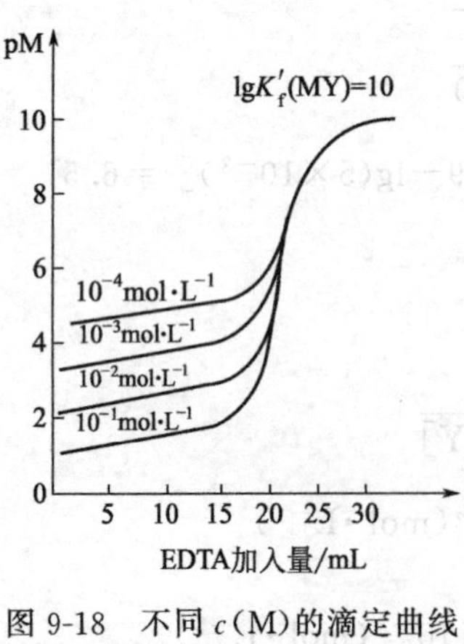

图 9-18　不同 c(M)的滴定曲线

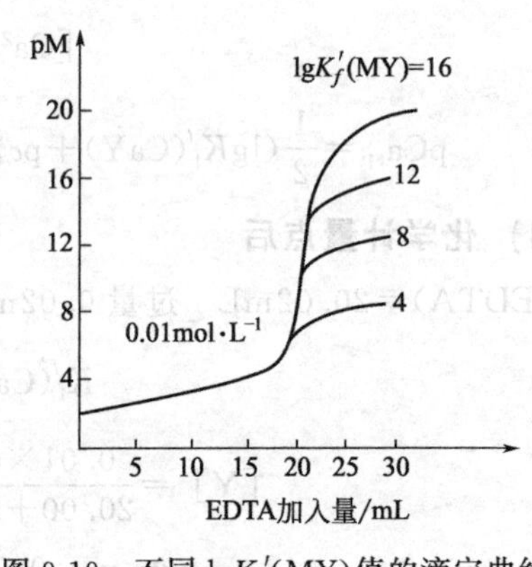

图 9-19　不同 $\lg K_f'$(MY)值的滴定曲线

9.4.4 准确滴定的条件

由林邦(*Ringbom*)终点误差公式：

$$E_t=\frac{10^{\Delta pM'}-10^{-\Delta pM'}}{\sqrt{c_M^{sp}K_f'(MY)}}$$

可得，单一离子准确滴定的条件：$E_t=\pm0.1\%$，$\Delta pM'\geqslant\pm0.2$，则 $\lg c_M^{sp}K_f'(MY)\geqslant6$。

例题 9-10 判断在 pH=2.0 和 pH=5.0 的溶液中，0.02mol·L^{-1}锌离子能否用 EDTA 准确测定。

解：准确测定满足 $\lg c_M^{sp}K_f'(MY)\geqslant6$

查表得 $\lg K_f(ZnY)=16.5$

pH=2.0 时，$\lg\alpha_Y(H)=13.5$；pH=5.0 时，$\lg\alpha_Y(H)=6.6$

由公式：$\lg K_f'(MY)=\lg K_f(MY)-\lg\alpha_Y-\lg\alpha_M$

得：pH=2.0 时，$\lg K_f'(ZnY)=16.5-13.5=3.0$

pH=5.0 时，$\lg K_f'(ZnY)=16.5-6.6=9.9$

$c_M^{sp}=10^{-2}$mol·L^{-1}时，$\lg K_f'(ZnY)\geqslant8$ 才能准确测定

pH=5.0 时，$\lg K_f'(ZnY)=9.9>8$，能准确滴定。

pH=2.0 时，$\lg K_f'(ZnY)=3.0<8$，不能滴定。

从计算结果看：配位滴定控制酸度很重要。

9.4.5 酸效应曲线与酸度控制

(1) 酸效应曲线

如果 $E_t\leqslant\pm0.1\%$，单一离子准确滴定的条件 $\lg c_M^{sp}K_f'(MY)\geqslant6$，如果只考虑酸效应，当金属离子浓度 c_M^{sp} 为 0.01mol·L^{-1}，$K_f'(MY)\geqslant10^8$，即 $\lg K_f'(MY)\geqslant8$，得：

$$\lg K_f'(MY)=\lg K_f(MY)-\lg\alpha_Y(H)\geqslant8$$

得：

$$\lg\alpha_Y(H)\leqslant\lg K_f(MY)-8 \tag{9-1}$$

对不同的 $K_f(MY)$，由式(9-1)可计算出 $\lg\alpha_Y(H)$，从而算出 EDTA 滴定各种金属离子所允许的最高酸度(或最低 pH 值)。

以金属离子的 $\lg K_f(MY)$或 $\lg\alpha_Y(H)$为横坐标，pH 值为纵坐标绘制曲线，该曲线称为酸效应曲线，见图 9-20。

(2) 酸效应曲线的应用

① 可粗略地确定各种单一金属离子进行准确滴定所允许的最低 pH 值。若要准确滴定必须大于其最低值，如，Fe^{3+}：pH>1.2；Mn^{2+}：pH>5.4；Ca^{2+}：pH>7.6；Mg^{2+}：pH>9.6。

② 可以判断出某一酸度下各共存离子相互间的干扰情况。例如，在 pH=10.0 时，滴定钙、镁含量时，溶液中共存的 Fe^{3+}、Al^{3+}、Mn^{2+}、TiO^{2+}等离子位于 Ca^{2+}、Mg^{2+} 的下面，干扰测定，必须消除其影响。

③ 可确定滴定 M 离子而 N 离子不干扰的 pH 值，以便利用控制溶液酸度的方法，在同一溶液中进行选择滴定或连续滴定。例如，当溶液中有 Bi^{3+}、Zn^{2+}、Mg^{2+}三种离子共存

时，首先在 pH＝1.0 时用 EDTA 溶液滴定 Bi^{3+}，然后在 pH＝3～4 时滴定 Zn^{2+}，最后在 pH＝10 时滴定 Mg^{2+}。

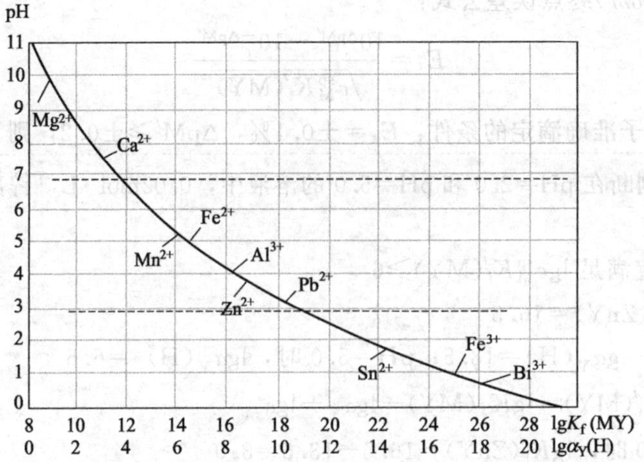

图 9-20　EDTA 的酸效应曲线(林邦曲线)

(3) 酸度控制

由 $\lg\alpha_Y(H) \leqslant \lg K_f(MY) - 8$ 可以估算出，EDTA 滴定各种金属离子所允许的最高酸度(或最低 pH 值)，那么准确滴定所允许的最低酸度(最高 pH 值)如何来确定？允许的最低酸度(最高 pH)是由金属离子的水解酸度确定的。

例题 9-11　用 2×10^{-2} mol·L^{-1} EDTA 滴定 2×10^{-2} mol·L^{-1} Fe^{3+} 溶液，若要求 $\Delta pM=\pm0.2$，$E_t=0.1\%$，计算适宜的酸度范围。

解： $c^{sp}_{Fe^{3+}}=0.01\text{mol}\cdot L^{-1}$　$\lg K_f'(FeY)c^{sp}_{Fe^{3+}}\geqslant 6$　$\lg K_f'(FeY)\geqslant 8$

得：$\lg\alpha_Y(H)=\lg K_f(FeY)-8=25.10-8=17.10$

查表可知，$\lg\alpha_Y(H)=17.10$ 时，$pH_{min}=1.2$

由：$Fe(OH)_3 \rightleftharpoons Fe^{3+}+3OH^-$

$K_{sp}[Fe(OH)_3]=[Fe^{3+}][OH^-]^3$

$K_{sp}[Fe(OH)_3]=10^{-37.1}$

$$[OH^-]=\sqrt[3]{\frac{K_{sp}[Fe(OH)_3]}{c(Fe^{3+})}}=\sqrt[3]{\frac{10^{-37.1}}{2\times10^{-2}}}=10^{-11.9}(\text{mol}\cdot L^{-1})$$

$$pH_{max}=14.0-11.9=2.1(\text{水解酸度})$$

故：滴定铁适宜的酸度范围为：pH＝1.2～2.1

9.4.6 金属离子指示剂

(1) 指示剂作用原理

金属指示剂是一种有机配位剂，可与被测金属离子形成有色配合物，其颜色与游离指示剂的颜色不同。当滴定至接近终点时，溶液中的被测金属离子几乎完全反应，稍过量的滴定剂(EDTA)夺取与指示剂配位的金属离子，使指示剂游离出来，呈现指示剂本身颜色。利用滴定终点前后溶液颜色的变化，从而指示滴定终点的到达。

如，滴定前，加入指示剂In(有机配位剂)，被滴定离子M与In形成有色配合物MIn，

即：M+In(乙色)$\rightleftharpoons$MIn(甲色)；

用EDTA滴定M，这时：M+Y$\rightleftharpoons$MY；

到终点时，稍微过量的Y就夺取了MIn中的M，使得In游离出来，这时溶液显示In的颜色，

即：MIn(甲色)+Y(稍过量1滴)$\rightleftharpoons$MY+In(乙色)

(2) 金属离子指示剂应具备的条件

① MIn与In应为不同的颜色，且颜色对比度要大，因金属指示剂多为有机弱酸，颜色随pH而变，须控制合适的pH范围。

比如：铬黑T，当pH<6.3时溶液呈紫红色，pH>11.6时，呈橙色，均与铬黑T金属配合物颜色相近，为使终点颜色变化明显，使用铬黑T的pH=6.3～11.6。

② MIn的稳定性要适当，既不能太大，也不能太小。满足下式：

$$K_f'(\text{MY})/K_f'(\text{MIn})>100 \qquad 即：\lg K_f'(\text{MY})-\lg K_f'(\text{MIn})>2$$

若MIn的稳定性太大滴定终点滞后，太小滴定终点则提前。

③ 显色反应灵敏、迅速，且具有良好的可逆性与选择性。

④ MIn配合物应易溶于水，不能生成胶体或沉淀，否则会使变色不明显。

⑤ 金属离子指示剂应比较稳定，便于储藏和使用。

(3) 金属指示剂的选择

设金属指示剂为In，则， In+M$\rightleftharpoons$MIn

$$K_f(\text{MIn})=\frac{[\text{MIn}]}{[\text{M}][\text{In}]}$$

$$\lg K_f'(\text{MIn})=\text{pM}+\lg\frac{[\text{MIn}]}{[\text{In}]'}$$

指示剂变色点(终点)pM_{ep}尽量与pM'_{sp}基本相接近，即指示剂的$\lg K_f'(\text{MIn})$与pM'_{sp}相接近，这时误差较小。

(4) 常见的金属指示剂

① 铬黑T(EBT) EBT指示剂的适宜酸度范围为pH6.3～11.6。

$$\text{NaH}_2\text{In}\rightleftharpoons\text{Na}^+ +\text{H}_2\text{In}^-$$

$$\text{H}_2\text{In}^-\rightleftharpoons\text{H}^+ +\text{HIn}^{2-}\rightleftharpoons 2\text{H}^+ +\text{In}^{3-}$$

紫红色	蓝色	橙色
pH<6	pH=7～11	pH>12

滴定Mg^{2+}时，pH=10缓冲液，滴定过程的反应如下：

滴定前：$Mg^{2+}+HIn^{2-}$(蓝色)$\rightleftharpoons H^+ +MgIn^-$(酒红色)

滴定中：$Mg^{2+}+HY^{3-}\rightleftharpoons H^+ +MgY^{2-}$(无色)

滴定终点：$MgIn^- + HY^{3-} \rightleftharpoons MgY^{2-} + HIn^{2-}$

（酒红色）　　　　　　　（蓝色）

实验结果证实，EBT 指示剂的适宜酸度范围为 pH＝8～11。

② 钙指示剂　简称 NN，适宜酸度 pH＝8～13。

自身为蓝色，在 pH＝12～13 时与 Ca^{2+} 形成红色配合物。

③ 二甲酚橙　简称 XO，适宜酸度 pH＜6。

自身为亮黄色，在 pH＝5～6 时与 Pb^{2+}、Zn^{2+}、Cd^{2+} 等形成红色配合物。

④ 磺基水杨酸　简称 ssal，适宜酸度 pH＝1.5～2.5，自身为无色，在此 pH 范围内与 Fe^{3+} 形成紫红色配合物。

（5）金属指示剂的封闭、僵化、氧化变质现象

① 封闭现象　当滴定 M 离子时，溶液中有共存离子 N。加入指示剂 In 后，若 NIn 比相应的 MY 还要稳定，以致到达化学计量点时，加入稍过量的 EDTA 仍不能夺取 NIn 中的 N 离子使指示剂 In 游离出来，因而看不到终点颜色的变化，这种现象称为指示剂的封闭现象(干扰离子与 In 结合牢固)。

可采取加入掩蔽剂或返滴定法来消除。

例如，在 pH＝10 的溶液中，用 EDTA 滴定 Ca^{2+}、Mg^{2+} 时，Fe^{3+}、Al^{3+}、Cu^{2+}、Co^{2+}、Ni^{2+} 对铬黑 T 存在封闭现象，必须加入适当掩蔽剂，如三乙醇胺掩蔽 Fe^{3+}、Al^{3+}，氰化钾掩蔽 Cu^{2+}、Co^{2+}、Ni^{2+}，进行消除。

② 僵化现象　有些金属指示剂本身及 MIn 的溶解度很小，因而使滴定终点变化不明显；有些 MIn 稳定性仅次于相应 MY，使得化学计量点处 EDTA 与 MIn 之间的置换反应缓慢，终点拖长。这种现象就叫指示剂的僵化现象。

通常采用加热或加入适当的有机溶剂增加金属指示剂及其金属指示剂配合物的溶解度，从而加快反应速度，使终点敏锐。

例如，用 PAN[1-(2-吡啶偶氮)-2-萘酚] 作指示剂时，可以加入少量的乙醇，或将溶液适当加热(控制滴定温度在 90℃左右)。

③ 氧化变质现象　由于金属指示剂大多数具有双键基团，易被日光、空气、氧化剂等分解。有些指示剂在水溶液中稳定性差，日久会变质，在使用时会出现反常现象。为了防止指示剂变质，可以采用中性盐如 KNO_3 或 NaCl 按照一定的比例稀释后配成固体指示剂；或者在指示剂的溶液中加入一些防止变质的试剂。如，配制铬黑 T 时可以加入适量的盐酸羟胺或三乙醇胺等。

一般金属指示剂溶液都不能久放，最好是临用时配制。

*9.4.7　提高配位滴定法选择性的方法

利用酸效应、掩蔽效应、解蔽作用、选用其他配位滴定剂及采用不同的滴定方式等，可以提高配位滴定法的选择性(干扰离子的消除)。

（1）酸效应利用——控制溶液的酸度

若溶液中有 M、N 两种金属离子共存时，欲准确滴定 M 而 N 不干扰的条件，一般 $E_t \leqslant \pm 0.3\%$：

①　　$\lg c_M^{sp} K_f(MY) \geqslant 6$，$\lg c_N^{sp} K_f(NY) \geqslant 6$；

② $$\lg c_M^{sp} K_f(MY) / \lg c_N^{sp} K_f(NY) \geqslant 10^5$$。

若 $c_M^{sp}=c_N^{sp}$，则 $\lg K_f(MY)-\lg K_f(NY)\geqslant 5$，即 $\Delta\lg K_f\geqslant 5$。

则利用控制溶液酸度的方法就可实现混合离子的分别滴定。

例题 9-12 某一硅酸盐试液含有 Fe^{3+}、Al^{3+}、Ca^{2+}、Mg^{2+} 四种离子，它们与 EDTA 配合物的 $\lg K_f(MY)$ 分别为 25.1、16.3、10.69、8.7。若要测定 Fe^{3+} 的含量，能否通过控制酸度的方法进行？

解： EDTA 与 Al^{3+}、Ca^{2+}、Mg^{2+} 三种 EDTA 配合物的 $\Delta\lg K$ 分别为 8.8、14.4、16.4，均大于 5，故可以通过控制酸度进行分别滴定。

一般可控制 pH＝2.0，这样既能满足 Fe^{3+} 所允许的最低 pH 值，而又远小于滴定 Al^{3+}、Ca^{2+}、Mg^{2+} 离子时所允许的最低 pH 值。因此控制适宜的酸度用 EDTA 滴定 Fe^{3+}，可以避免其他三种离子的干扰。

例题 9-13 设计测定水中 Bi^{3+} 和 Pb^{2+} 含量的方案。

解： 已知 $\lg K_f(BiY)=27.94$，$\lg K_f(PbY)=18.04$

设铅、铋浓度均为 $2\times10^{-2}mol\cdot L^{-1}$，$\Delta\lg K=27.94-18.04=9.90>5$

因此可以分别滴定。

$\lg\alpha_Y(H)\leqslant\lg K_f(BiY)-8=27.94-8=19.94$，查表可得：

EDTA 滴定 Bi^{3+} 允许的最低 pH 值是 0.7，最高 pH 值是 2.0。可在 pH＝1.0 时滴定 Bi^{3+}。

$$\lg\alpha_Y(H)\leqslant\lg K_f(PbY)-8=18.04-8=10.04$$ 查表可得：

EDTA 滴定 Pb^{2+} 允许的最低 pH 值是 3.3，最高 pH 值是 7.5。可在 pH＝5 时滴定 Pb^{2+}。

例题 9-14 在 Fe^{3+} 和 Al^{3+} 共存时，当 $c=2\times10^{-2}mol\cdot L^{-1}$ 时，求 EDTA 滴定 Fe^{3+} 和 Al^{3+} 允许的最低 pH 各是多大？能否利用控制溶液酸度的方法实现混合离子的分别滴定？

解： 已知 $\lg K_f(FeY)=25.1$，$\lg K_f(AlY)=16.1$

$$\Delta\lg K=25.1-16.1=9.0>5$$，因此可以分别滴定。

$$\lg\alpha_Y(H)\leqslant\lg K_f(FeY)-8=25.1-8=17.1$$

$$\lg\alpha_Y(H)\leqslant\lg K_f(AlY)-8=16.1-8=8.1$$

查表可得：滴定 Fe^{3+} 允许的最低 pH 值为 1.2，滴定 Al^{3+} 允许的最低 pH 值为 4.0。故可以利用控制溶液酸度的方法实现混合离子的分别滴定。

（2）掩蔽效应的利用——使用掩蔽剂

① 络合掩蔽法　加入一种能与干扰离子生成更稳定配合物的掩蔽剂，而被测离子不与它生成稳定配合物。

例如：Fe^{3+}、Al^{3+} 的存在干扰对 Ca^{2+}、Mg^{2+} 的测定，加入三乙醇胺可掩蔽 Fe^{3+}、Al^{3+}。

② 氧化还原掩蔽法　利用氧化还原反应改变干扰离子的价态消除干扰。

例如：在 Zr^{4+}、Fe^{3+} 混合液中，Fe^{3+} 干扰 Zr^{4+} 的测定，加入盐酸羟胺等还原剂使 Fe^{3+} 还原生成 Fe^{2+}，从而消除干扰。

③ 沉淀掩蔽法　通过加入沉淀剂使干扰离子生成沉淀。

例如：Ca^{2+}、Mg^{2+}性质相似，要消除Mg^{2+}对Ca^{2+}测定的干扰，可在pH≥12时，使Mg^{2+}与OH^-生成$Mg(OH)_2$沉淀，然后用EDTA测定Ca^{2+}含量。

(3) 解蔽作用的利用

解蔽：将掩蔽的离子从配合物中释放出来继续滴定。

例如，铜合金中锌和铅的测定，为了分别测定两者的含量，可以先在pH＝10的溶液中，加入KCN，使Cu^{2+}、Zn^{2+}形成$[Cu(CN)_4]^{2-}$、$[Zn(CN)_4]^{2-}$配离子而掩蔽，用EDTA滴定Pb^{2+}。然后在滴定完Pb^{2+}后的溶液中加入甲醛，破坏$[Zn(CN)_4]^{2-}$配离子，使Zn^{2+}重新释放出来，用EDTA滴定Zn^{2+}。解蔽反应如下：

$$[Zn(CN)_4]^{2-}+4HCHO+4H_2O \longrightarrow Zn^{2+}+4OH^-+4HOCH_2CN\text{(羟基乙腈)}$$

(4) 选用其他配位滴定剂

选用其他与金属离子形成不同稳定性的配合物的配位剂，例如：乙二醇二乙醚二胺四乙酸(EGTA)、乙二胺四丙酸(EDTP)等。

例：Ca^{2+}、Mg^{2+}混合溶液

EDTA-Ca　$\lg K_f(CaY)=10.69$

EDTA-Mg　$\lg K_f(MgY)=8.69$

$\Delta\lg K=2$，所以不能用控制酸度的方法分别测定。

而　EGTA-Ca　$\lg K_f(CaY)=11.00$

　　EGTA-Mg　$\lg K_f(MgY)=5.2$

$\Delta\lg K=5.8$，所以能用控制酸度的方法分别测定。

(5) 改变配位滴定方式

在配位滴定中，采用不同的滴定方式不仅可以提高配位滴定的选择性，还可以扩大配位滴定的应用范围。常用的滴定方式有直接滴定、返滴定、置换滴定和间接滴定四种。

① 直接滴定法　条件：M与EDTA的反应速率快，且$\lg c_M^{sp} K_f'(MY)\geq 6$；且有变色敏锐的指示剂。

例如：Zn^{2+}、Mg^{2+}、Fe^{3+}、Pb^{2+}的滴定。

② 返滴定法　例如，Al^{3+}的测定：由于Al^{3+}与EDTA络合反应速率较慢，在水中容易生成多羟基配合物，也没有合适的指示剂，因此采用返滴定方式测定Al^{3+}。

例题9-15　称取含铝试样质量为m_s，经处理成溶液后，先准确加入过量的体积为V的EDTA标准溶液［浓度为c(EDTA)］，加热反应完全后，再用锌标准溶液［浓度为$c(Zn^{2+})$］滴定过量的EDTA溶液，用去Zn^{2+}体积为$V(Zn^{2+})$，写出试样中铝含量的计算式。

解：根据滴定过程：

$$w(Al)=\frac{[c(EDTA)V(EDTA)-c(Zn^{2+})V(Zn^{2+})]\ M(Al)}{m}$$

例题 9-16 在 25.00mL 含 Ni^{2+}、Zn^{2+} 的溶液中加入 50.00mL 0.01500mol·L^{-1} EDTA溶液，用 0.01000mol·$L^{-1}$$Mg^{2+}$返滴定过量的 EDTA，用去 17.52mL，然后加入二巯基丙醇解蔽 Zn^{2+}，释放出 EDTA，再用去 22.00mL Mg^{2+}溶液滴定。计算原试液中 Ni^{2+}、Zn^{2+}的浓度。

解： $[c(Ni^{2+})+c(Zn^{2+})]V=c(EDTA)V(EDTA)-c(Mg^{2+})V(Mg^{2+})$

$$c(Ni^{2+})+c(Zn^{2+})=\frac{50.00\times0.01500-0.01000\times17.52}{25.00}$$

$$=0.02299(mol\cdot L^{-1})$$

解蔽 Zn^{2+}后，

$$c(Zn^{2+})V=c(Mg^{2+})V(Mg^{2+})$$

$$c(Zn^{2+})=\frac{0.01000\times22.00}{25.00}=0.008800(mol\cdot L^{-1})$$

$$c(Ni^{2+})=0.02299-0.008800=0.01419(mol\cdot L^{-1})$$

③ 置换滴定法 置换出金属离子：例，测定 Ag^+，由于 $\lg K_f(AgY)=7.8$，稳定常数较小，采用 $2Ag^++[Ni(CN)_4]^{2-}=\!=\!=2[Ag(CN)_2]^-+Ni^{2+}$，用 EDTA 滴定 Ni^{2+}，再计算 Ag^+的含量。

还可以置换出 EDTA：M-EDTA+L ═══ ML+EDTA，用 Ni 滴定 EDTA。

阅读材料：配合物的应用

配合物已经被广泛应用于工业、医药、化妆品行业中，下面简单列举几个方面。

1. 在工业生产上的应用

① 可用于提取贵金属，例如，Au 与 NaCN 在氧化气氛中生成 $[Au(CN)_2]^-$配离子，将金从难溶的矿石中溶解，与其不溶物分离，再用 Zn 粉作为还原剂置换得到单质金。②用于制备高纯金属，如，CO 能与许多过渡金属(Fe、Ni、Co)形成羰基配合物，且这些金属配合物易挥发，受热后易分解成金属和一氧化碳。利用此可以制备高纯金属。③用于电镀，电镀工业中，为获得牢固致密均匀光亮的镀层，需要控制金属离子的浓度，使其在镀件上缓慢还原析出，如电镀镀锌。

2. 在医药上的应用

① 可用作解毒剂，如，1,2-二巯基丙醇，简称 BAI，它和 As、Hg、Pb 等的螯合配位能力比蛋白质和这些金属的螯合力强，所以，它是一种常用来治疗肾中毒和汞中毒的金属解毒剂。毒性较低的二巯基丁酸(DMSA)，具有良好的耐受性，副作用缓和，对血铅和尿铅等有明显的减低作用，被广泛用于治疗 Pb、Hg 和 As 中毒。EDTA 可排出 Ca、Al、Pb、Cu、Au、K、Na，其中最为有效的是用于治疗血钙过多和职业性铅中毒。对于放射性核素，DTPA、EHDP 等螯合剂具有优良的亲和性，尤其表现在对锕系、镧系元素有良好的促排效果。普鲁士蓝($Fe_4[Fe(CN)_6]_3$) 是铊元素中毒的解毒剂。②钆类配合物作为核磁共振造影剂的应用，核磁共振造影技术已成为当今临床诊断中最为有力和安全的检测手段之一。多数的核磁造影剂均为 Gd(Ⅲ)、Mn(Ⅱ)和 Fe(Ⅲ)，因为它们具有最多的未成对电子和较长的电子自旋弛豫时间，目前有四种钆的配合物用于临床诊断。

3. 配合物在化妆品中的应用

研究发现，铜的超氧化物歧化酶(SOD)可作为化妆品的优质添加剂，能透过皮肤吸收，且可保存其活性，不仅有抗皱、祛斑、祛色素等作用，还有抗炎、防晒、延缓皮肤衰老的作用。化妆品中的铁，主要以铁-蛋白质配合物形式加入，该配合物可溶于血液，易复配到皮肤、头发和指甲对铁的吸收，可以起到一定的补充铁的作用。硅是人体皮肤、主动脉、气管和肌腱的重要组成元素，也是影响人体骨架发育的重要因素。通常皮肤表皮的硅含量随年龄的增长而减少，因此，对老化的皮肤需要含硅护肤品来补充。采用硅-蛋白质配合物作为添加剂，使之复配到化妆品基剂中，效果较好，因为配合硅很易于被皮肤、头发和指甲所利用。用硒-蛋白质配合物作为防晒剂或护肤产品中的抗氧化剂，其配合物的蛋白质部分将增加产品湿润性和增加亲合性，有助于硒结合到上层皮肤上。研究还发现，三价铬-蛋白质配合物类化妆品，有利于该微量元素的吸收和同化，使铬更具生物形态。而有机锗化妆品不仅作用于皮肤的表面，而且通过微血管、皮下细胞作用于更深层，更能有效地发挥化妆品中各组分的作用。

另外，自然界中的配合物在农业方面的应用也发挥着极其重要的作用，如，在植物生长中起光合作用的叶绿素，是一种含镁的配合物，参与生物固氮的钒固氮酶也是一种配合物。

习题

1. 命名下列配合物，并指出中心离子、配位体、配位原子和中心离子的配位数。

(1) $Na_2[HgI_4]$；　(2) $[CrCl_2(H_2O)_4]Cl$；　(3) $[Co(NH_3)(en)_2](NO_3)_2$；

(4) $Fe_3[Fe(CN)_6]_2$；　(5) $K[Co(NO_2)_4(NH_3)_2]$；　(6) $Fe(CO)_5$。

2. 已知磁矩，根据价键理论指出下列配离子中心离子的杂化轨道类型和配离子的空间构型。

(1) $[Cd(NH_3)_4]^{2+}$ (μ=0BM)　(2) $[PtCl_4]^{2-}$ (μ=0BM)

(3) $[Mn(CN)_6]^{4-}$ (μ=1.73BM)　(4) $[CoF_6]^{3-}$ (μ=4.9BM)

(5) $[BF_4]^-$ (μ=0BM)　(6) $[Ag(CN)_2]^-$ (μ=0BM)

3. 写出下列配合物的化学式、中心离子的电荷、配位数、空间构型和杂化轨道。

二氰合银(Ⅰ)酸钾　硫酸四氨合铜(Ⅱ)　二氯化四氨合镍(Ⅱ)

六氰合铁(Ⅲ)酸钾　六氰合铁(Ⅲ)酸钙　六硝基合钴(Ⅲ)酸钾

4. 选择适当试剂，实现下列转化。

$Ag \rightarrow AgNO_3 \rightarrow AgCl\downarrow \rightarrow [Ag(NH_3)_2]Cl \rightarrow AgBr\downarrow \rightarrow Na_3[Ag(S_2O_3)_2] \rightarrow AgI\downarrow \rightarrow K[Ag(CN)_2] \rightarrow Ag_2S\downarrow$

5. 用EDTA标准溶液滴定金属离子M，试证明在化学计量点时，

$$pM=\frac{1}{2}[pMY-pK_f'(MY)]$$

6. 向含有 $0.10mol\cdot L^{-1}$ $[Ag(NH_3)_2]^+$、$0.1mol\cdot L^{-1}$ Cl^- 和 $5.0mol\cdot L^{-1}$ $NH_3\cdot H_2O$ 的混合溶液中滴加 HNO_3 至恰好有白色沉淀生成。近似计算此时溶液的pH(忽略体积的变化)。

7. 计算含有 $1.0mol\cdot L^{-1}$ NH_3 的 $1.0\times10^{-3}mol\cdot L^{-1}$ $[Zn(NH_3)_4]^{2+}$ 溶液和含有 $0.10mol\cdot L^{-1}$ NH_3 的 $1.0\times10^{-3}mol\cdot L^{-1}$ $[Zn(NH_3)_4]^{2+}$ 中 Zn^{2+} 的浓度分别是多少？

8. 10mL $0.05mol\cdot L^{-1}$ $[Ag(NH_3)_2]^+$ 溶液与1mL $0.1mol\cdot L^{-1}$ NaCl溶液混合，此混合液中 NH_3 的浓度。

9. 通过计算，判断下列反应的方向。

(1) $[HgCl_4]^{2-}+4I^- \rightleftharpoons [HgI_4]^{2-}+4Cl^-$

(2) $[Cu(CN)_2]^-+2NH_3 \rightleftharpoons [Cu(NH_3)_2]^++2CN^-$

(3) $[Cu(NH_3)_4]^{2+}+Zn^{2+} \rightleftharpoons [Zn(NH_3)_4]^{2+}+Cu^{2+}$

(4) $[FeF_6]^{3-}+6CN^- \rightleftharpoons [Fe(CN)_6]^{3-}+6F^-$

10. 将 100mL 0.020mol·$L^{-1}$$Cu^{2+}$溶液与 100mL 0.28mol·$L^{-1}$氨水混合，求混合溶液中$Cu^{2+}$的平衡浓度。

11. 已知 $[Zn(NH_3)_4]^{2+}$的 $\lg\beta_n$ 为 2.37、4.81、7.31、9.46。试求：

(1) $[Zn(NH_3)]^{2+}$的 $K_f[Zn(NH_3)]^{2+}$值；(2) $[Zn(NH_3)_3]^{2+}$的 $K_f[Zn(NH_3)_3]^{2+}$；(3) $[Zn(NH_3)_4]^{2+}$的 $K_d[Zn(NH_3)_4]^{2+}$。

12. 配合物的稳定常数和条件稳定常数有何不同？为什么引入条件稳定常数？

13. 当 pH=5.0 时，能否用 EDTA 测定Ca^{2+}？在 pH=10.0 时、12.0 时情况又如何？

14. 欲使 0.50g AgCl 完全溶解于 200mL 氨水中，问氨水的初始浓度至少应为多少？

15. 计算 pH 值分别为 5 和 10 时 $\lg K_f'(MgY)$，计算结果说明什么？

16. 在 pH=10 的氨性缓冲溶液中，若 $c(NH_4^+)+c(NH_3)=1.0$mol·L^{-1}，计算：

(1)Zn^{2+}的配位效应系数 α_{Zn}；(2)此时与 EDTA 配合物的条件稳定常数。

17. 在 pH=5.0 的 HAc-Ac^-缓冲溶液中，乙酸总浓度为 0.2mol·L^{-1}，计算 $K_f'(PbY)$。

18. 用 EDTA 滴定Ca^{2+}、Mg^{2+}，采用 EBT 为指示剂。此时，存在少量的Fe^{3+}和Al^{3+}对体系将有何影响？如何消除它们的影响？

19. 若滴定剂及被测离子的浓度均为 1.0×10^{-2}mol·L^{-1}，用 EDTA 标准溶液分别滴定Fe^{3+}、Zn^{2+}、Cu^{2+}、Mg^{2+}时，若要求 $\Delta pM'=\pm0.2$，$E_t=\pm0.1\%$，分别计算滴定的适宜酸度范围。

20. 称取 0.5000g 黏土样品，用碱溶后分离除去SiO_2，用容量瓶配成 250.0mL 溶液。吸取 100.0mL，在 pH=2.0～2.5 的热溶液中，用磺基水杨酸钠作为指示剂，用 0.0200mol·L^{-1} EDTA 滴定Fe^{3+}，用去 7.20mL。滴定Fe^{3+}后的溶液，在 pH=3.0 时加入过量的 EDTA 溶液，再调至 pH=4.0～5.0 煮沸，用 PAN 作为指示剂，以$CuSO_4$标准溶液(每毫升含纯$CuSO_4\cdot5H_2O$ 0.0050g)滴定至溶液呈紫红色。再加入NH_4F，煮沸后，又用$CuSO_4$标准溶液滴定，用去$CuSO_4$标准溶液 25.20mL。计算黏土中Fe_2O_3和Al_2O_3的质量分数。

21. 分析铜锌镁合金，称取 0.5000g 试样，溶解后，用容量瓶配制成 100.00mL 试液。吸收 25.00mL，调至 pH=6.0 时，用 PAN 作为指示剂，用 0.0500mol·L^{-1}EDTA 滴定Cu^{2+}和Zn^{2+}用去 37.30mL。另外又吸取 25.00mL 试液，调至 pH=10.0，加 KCN 以掩蔽Cu^{2+}和Zn^{2+}，用同浓度 EDTA 标准溶液滴定Mg^{2+}，用去 4.10mL。然后再滴加甲醛以解蔽Zn^{2+}，又用同浓度 EDTA 标准溶液滴定，用去 13.40mL。计算试样中Cu^{2+}、Zn^{2+}、Mg^{2+}的质量分数。

22. 1.00mL Ni^{2+}溶液用蒸馏水和NH_3-NH_4Cl缓冲溶液稀释，然后用 15.00mL 0.0100mol·L^{-1} EDTA标准溶液处理。过量的 EDTA 用 0.0150 mol·$L^{-1}$$MgCl_2$标准溶液回滴，用去 4.37mL。计算$Ni^{2+}$溶液的浓度。

23. 称取 0.5000g 煤试样，灼烧并使其中的硫完全氧化成SO_4^{2-}，处理成溶液，除去重金属离子后，加入 0.0500mol·$L^{-1}$$BaCl_2$溶液 20.00mL，使其生成$BaSO_4$沉淀。用 0.0250mol·$L^{-1}$ EDTA 溶液滴定过量的Ba^{2+}，用去 20.00mL。计算煤中含硫质量分数。

24. 取纯钙样 0.1005g，溶解后用 100.00mL 容量瓶定容。吸取 25.00mL，在 pH=12 时，用钙指示剂指示终点，用 EDTA 标准溶液滴定，用去 24.90mL。试计算：(1)EDTA 的浓度；(2)每毫升的 EDTA 溶液相当于多少克 ZnO、Fe_2O_3。

25. 若某金属离子原始浓度为 0.001mol·L^{-1}，用 EDTA 滴定，保证滴定的允许误差不大于 0.1%，计算该金属的 EDTA 配合物的最小条件稳定常数 $K_f'(MY)$值。

第10章

氢及稀有气体

学习要求

① 掌握氢的物理、化学性质；

② 了解稀有气体的性质、用途以及氙的氟化物。

从本章开始学习元素部分。就是要掌握重要元素及其化合物的重要性质。

10.1 氢

10.1.1 氢的概述

氢是宇宙中丰度最大的元素，按原子数计占 90%，按质量计则占 75%。氢的三种同位素质量之间的相对差值特别高，并因此而各有自己的名称，这在周期表元素中绝无仅有。氢原子是周期表中结构最简单的原子，氢化学是内容最丰富的元素化学领域之一。氢形成氢键。如果没有氢键，地球上不会存在液态水，人体内将不存在现在的DNA双螺旋链。

10.1.2 氢的存在和物理性质

早在十六世纪末期，瑞士化学家帕拉塞尔斯注意到一个现象，酸腐蚀金属时会产生一种可以燃烧的气体，也就是说他无意中发现了氢气。直到 1766 年英国科学家亨利·卡文迪什才确认它是与空气不同的一种易燃的新物质。到 1787 年拉瓦锡才命名这种气体为氢，意为“成水元素”，并确认它是一种元素。

氢的同位素主要有 3 种，氕^{1}H(H 稳定同位素)、氘^{2}H(D 稳定同位素)和氚^{3}H(T 放射性同位素)。此外还有瞬间即逝的^{4}H 和^{5}H。存在于自然界中的氢原子的 99.98%是 H，D 重氢(大约 0.02%)以重水(D_2O)的形式存在于天然水中，氚^{3}H 的存量极少。氢的同位素由于电子结构相同，化学性质基本相同，但它们的原子量相差较大，从而引起物理性质上的差异。氢的同位素对比见表 10-1。

表 10-1　氢的同位素对比

物理量	H_2	D_2	H_2O	D_2O
标准沸点/℃	−252.8	−249.7	100.00	101.42
平均键焓/(kJ·mol^{-1})	436.0	443.3	463.5	470.9

10.1.3 氢的成键特征

氢原子的价电子构型为 $1s^1$，电负性为 2.2。因此，当氢同其他元素的原子化合时，其成键特征如下。

(1) 离子键

当它与电负性很小的金属(Na、K、Ca 等)形成氢化物时，获得一个电子形成 H^-(半径为 208pm)，仅存在于离子型氢化物的晶体中，如 NaH。

(2) 共价键

① 非极性共价键，如 H_2。

② 极性共价键，其极性随非金属元素电负性增大而增强。

(3) 独特的键型

氢可以形成多种键型：氢桥键与氢键。

① 氢桥键　在硼氢化合物(如 B_2H_6)和某些过渡金属配合物(如 $H[Cr(CO)_5]_2$) 中均存在氢桥键。氢原子位于两个中心原子之间，正如一座桥一样，把两个中心原子相连，如图 10-1 所示。

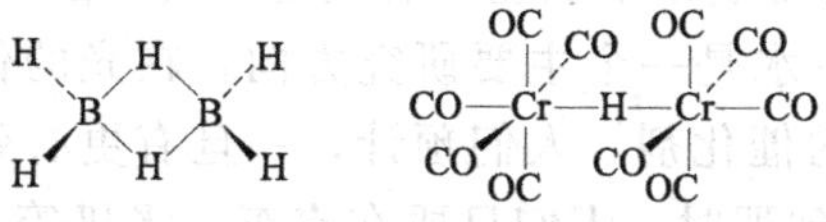

(a) B_2H_6的立体结构　(b) $H[Cr(CO)_5]_2$的立体结构

图 10-1　氢桥键

② 氢键　含有强极性键的共价化合物中，近乎裸露的氢原子核可以定向吸引电负性高的原子上的孤电子对而形成分子间或分子内氢键，如图 10-2 所示。

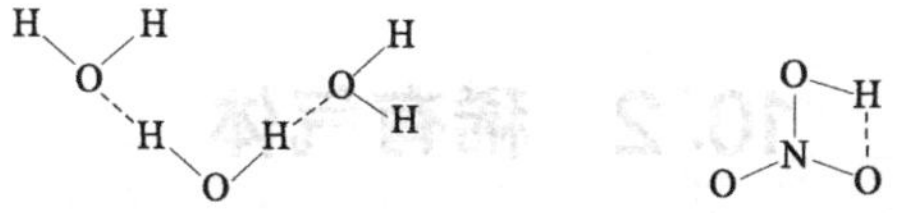

(a) H_2O分子间的氢键　(b) HNO_3分子内氢键

图 10-2　氢键

10.1.4 氢的化学性质和氢化物

单质氢是以共价键结合的双原子分子，在所有分子中分子量最小，密度最小(同温同压下)。常温下，相对来说氢分子具有一定的惰性，与许多元素反应很慢，但在特殊条件下，某些反应也能迅速反应。

与卤素或氧的反应

$$H_2+F_2 \xlongequal{} 2HF \qquad 2H_2+O_2 \xlongequal{} 2H_2O$$

与金属氧化物或金属卤化物的反应

$$WO_3+3H_2 \xlongequal{} W+3H_2O$$

$$TiCl_4+2H_2 \xlongequal{} Ti+4HCl$$

与 CO 的反应

$$2H_2+CO=\!=\!=CH_3OH$$

与活泼金属反应

$$H_2+2Na=\!=\!=2NaH$$

氢与碱金属、碱土金属形成离子型氢化物(或盐型氢化物)，与过渡型金属形成氢化物(或间充氢化物)。在这类氢化物中，氢原子填充在金属的晶格间隙之间，其组成不固定，通常是非化学计量的。如，$PdH_{0.8}$、$LaH_{2.76}$、$TiH_{1.73}$ 等。当然各类金属氢化合物之间没有明显的界线，中间存在着一些过渡性质的氢化合物。

从原子结构观点来观察 H_2 的化学性质和化学反应，无疑氢的化学性质主要体现还原性，氢的用途也都基于这一点。

* 10.1.5 氢能源

当今世界开发新能源迫在眉睫，原因是所用的能源如石油、天然气、煤均属不可再生资源，地球上存量有限，而人类生存又时刻离不开能源，所以必须寻找新的能源。随着化石燃料消耗量的日益增加，其储量日益减少，终有一天这些资源、能源将要枯竭，这就迫切需要寻找一种不依赖化石燃料的储量丰富的新的含能体能源。氢正是这样一种在常规能源危机的出现和开发新的二次能源的同时，人们期待的新的二次能源。氢能是一种二次能源，我国和美国、日本、加拿大、欧盟等都制定了氢能发展规划，世界各国正在研究如何能大量而廉价地生产氢。利用太阳能来分解水是一个主要研究方向，在光的作用下将水分解成氢气和氧气，关键在于找到一种合适的催化剂。人们预计，一旦有更有效的催化剂问世时，水中取“火”——制氢就成为可能，到那时，人们只要在汽车、飞机等油箱中装满水，再加入光水解催化剂，那么，在阳光照射下，水便能不断地分解出氢，成为发动机的能源。

目前，氢能源研究面临的三大问题：氢气的发生(降低生产成本)；氢气的储存；氢气的输送(利用)。氢气的储存和氢气的输送(利用)方面也作了大量研究，存在的诸多问题还需要相当长的一段时间才能解决，但是氢作为新能源拥有广阔的前景。

10.2 稀有气体

10.2.1 稀有气体的发展简史

稀有气体的发现，在元素发现史上是很有趣的。1868 年，天文学家在太阳的光谱中发现一条不同于钠元素的 D1 和 D2 两条黄色谱线的特殊黄色谱线 D3，这条谱线不属于任何已知的元素，后来将这种元素命名为“氦”，意为“太阳元素”。20 多年后，拉姆塞证实了地球上也存在氦元素。1895 年，美国地质学家希尔布兰德观察到钇铀矿放在硫酸中加热会产生一种既不能自燃，也不能助燃的气体。他认为这种气体可能是氮气或氩气，但没有继续研究。拉姆塞知道这一实验后，用钇铀矿重复了这一实验，得到少量气体。在用光谱分析法检验该气体时，意外地发现一条黄线和几条微弱的其他颜色的亮线。拉姆塞把它与已知的谱线对照，没有一种同它相似。拉姆塞请当时英国最著名的光谱专家克鲁克斯帮助检验，证实拉姆塞所得的未知气体即为“太阳元素”气体。1895 年 3 月，拉姆塞在《化学新闻》上首先发表了在地球上发现氦的简报，同年在英国化学年会上正式宣布这一发现。后来，人们在大气中、水中、天然气中、石油气中以及铀的矿石中，甚至在陨石中也发现了氦。拉姆塞继续使用分馏法把液态空气分离成不同的成分以寻找其他的稀有气体。他于 1898 年发现了三种新元素：氪、氖和氙。氡气于1898年由弗里德里希·厄恩斯特·当发现，但当时并未列为稀有气体，直到1904年才发现它的特性与其他稀有气体相似。1902年，德米特里·门捷列夫接受了氦和氩元素的发现，并将这些稀有气体纳入他的元素排列之内，分类为0族。

稀有气体是元素周期表上的0族元素。在常温常压下，它们都是无色无味的单原子气体，很难进行化学反应。稀有气体元素包括氦(He)、氖(Ne)、氩(Ar)、氪(Kr)、氙(Xe)、氡(Rn,放射性)。

10.2.2 稀有气体的性质和用途

稀有气体均为单原子分子；外电子层相对饱和；电子结构相当稳定；电子亲和能接近于零；具有很高电离能；一般条件下不易形成化学键；原子间仅有微弱的范德华力；蒸发热、水中的溶解度都很小。

利用稀有气体极不活跃的化学性质，常用它们来作为保护气。例如，在焊接精密零件或镁、铝等活泼金属，以及制造半导体晶体管的过程中，常用氩气作为保护气。世界上第一盏霓虹灯是填充氖气制成的(霓虹灯的英文原意是“氖灯”)。氖灯射出的红光在空气里透射力很强，可以穿过浓雾。因此，氖灯常用在机场、港口、水陆交通线的灯标上。灯管里充入氩气或氦气，通电时分别发出浅蓝色或淡红色光。在灯管里充入不同含量的氦、氖、氩的混合气体，就能制得五光十色的霓虹灯。人们常用的荧光灯，是在灯管里充入少量水银和氩气，并在内壁涂荧光物质(如卤磷酸钙)而制成的。通电时，管内因水银蒸气放电而产生紫外线，激发荧光物质，使它发出近似日光的可见光，所以又叫作日光灯。充填氙气的高压长弧灯，通电时能发出比荧光灯强几万倍的强光，因此叫作“人造小太阳”，可用于广场、体育场、飞机场等照明。氖气、氪气、氙气还可用于激光技术。氙灯具有强烈的紫外线辐射，可用于医疗技术方面。

氙能溶于细胞质的油脂里，引起细胞的麻醉和膨胀，从而使神经末梢作用暂时停止，达到麻醉作用。人们曾试用80%氙和20%氧组成的混合气体，作为无副作用的麻醉剂。氪、氙的同位素还被用来测量脑血流量等。

氦气与氧气混合制成人造空气，可供潜水员呼吸。因为在压强较大的深海里，用普通空气呼吸，会有较多的氮气溶解在血液里。当潜水员从深海处上升，体内逐渐恢复常压时，溶解在血液里的氮气要放出来形成气泡，对微血管起阻塞作用，引起“气塞症”。而氦气在血液里的溶解度比氮气小得多，用氦跟氧的混合气体(人造空气)代替普通空气，就不会发生上述现象。

氦气是除了氢气以外最轻的气体，不能燃烧也不助燃，而氢气易燃易爆，现在已用氦气代替氢气充填气球、汽艇。

10.2.3 稀有气体的化合物

在稀有气体化合物中主要研究了氙的含氟、含氧的化合物。

(1) 氙的氟化物

氙的氟化物都是强的氧化剂，可将许多物质氧化，如：

$$XeF_2+2I^-=\!=\!=Xe+I_2+2F^-$$

$$XeF_4+2H_2=\!=\!=Xe+4HF$$

$$XeF_4+4Hg=\!=\!=Xe+2Hg_2F_2$$

这些氟化物都可以和水反应：

$$XeF_2 + H_2O = Xe + 1/2O_2 + 2HF$$

$$6XeF_4 + 12H_2O = 2XeO_3 + 4Xe + 24HF + 3O_2$$

$$XeF_6 + H_2O = XeOF_4 + 2HF$$

$$XeF_6 + 3H_2O = XeO_3 + 6HF$$

这几种氟化物是优良且温和的氟化剂：

$$XeF_2 + IF_5 = IF_7 + Xe$$

$$XeF_4 + 2CF_3CF = CF_2 = 2CF_3CF_2CF_3 + Xe$$

$$XeF_4 + 2SF_4 = 2SF_6 + Xe$$

$$2XeF_6 + 3SiO_2 = 2XeO_3 + 3SiF_4$$

氟化能力：$XeF_6 > XeF_4 > XeF_2$

形成配合物：XeF_2 能与共价的氟化物形成配合物。如与 PF_5、AsF_5、SbF_5 和过渡金属氟化物 NbF_5、TaF_5、RuF_5、OsF_5、RbF_5、IrF_5 及 PtF_5 等。

$$XeF_2 + SbF_5 = [XeF]^+ [SbF_6]^-$$

(2) 含氧化合物

目前已知氙的含氧化合物有 XeO_3、XeO_4 以及氙酸根盐和高氙酸盐等。它们的转化关系如下：

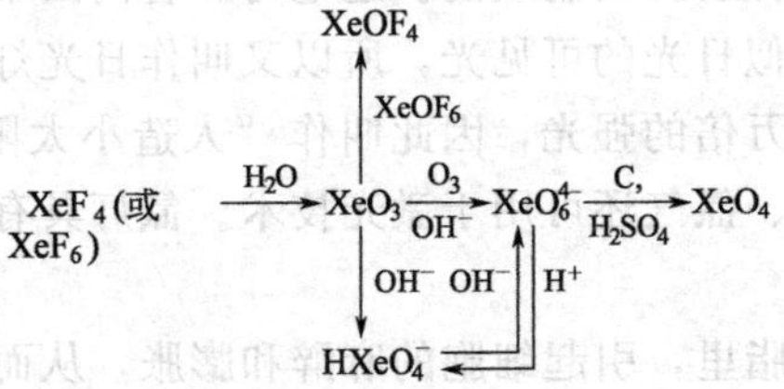

XeO_3 具有很强的氧化性，能将盐酸氧化成氯气，把 Fe^{2+} 氧化成 Fe^{3+}，把 Br^- 氧化成 Br_2，把 Mn^{2+} 氧化成 MnO_4^-。

10.2.4 稀有气体化合物的结构

(1) 杂化轨道法

XeF_2 中的 sp^3d 杂化轨道为三角双锥形，见图 10-3(a)。三对孤对电子指向等边三角形的三个顶角，Xe—F 在垂直于该平面的直线上。

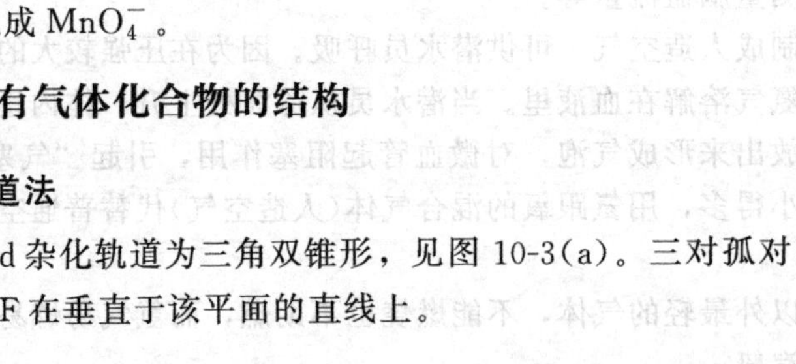

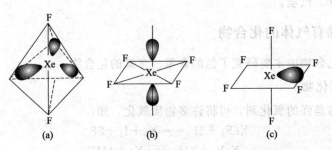

图 10-3　杂化轨道法对氙的氟化物空间结构的描述

XeF_4 中的 sp^3d^2 杂化轨道为正八面体，见图 10-3(b)。四个 F 原子同 Xe 位于同一个平面内，两个孤对电子垂直于平面。

XeF_6 中的 sp^3d^3 杂化轨道为五角双锥，六个 F 原子位于八面体的六个顶点，而另一个孤电子对伸向一个棱边的中点或一个面中心，见图 10-3(c)。

(2) 价层电子对互斥理论

XeF_2 分子构型为直线形，分子中共有五对电子，中心原子 Xe 的价层电子对排列方式见图 10-4(a)；XeF_4 分子构型为平面正方形，分子中共有六对电子，包括四对成键电子与两对孤电子对，中心原子 Xe 的价层电子对排列方式见图 10-4(b)；XeF_6 分子构型为变形八面体，中心原子 Xe 的价层电子对排列方式见图 10-4(c)。

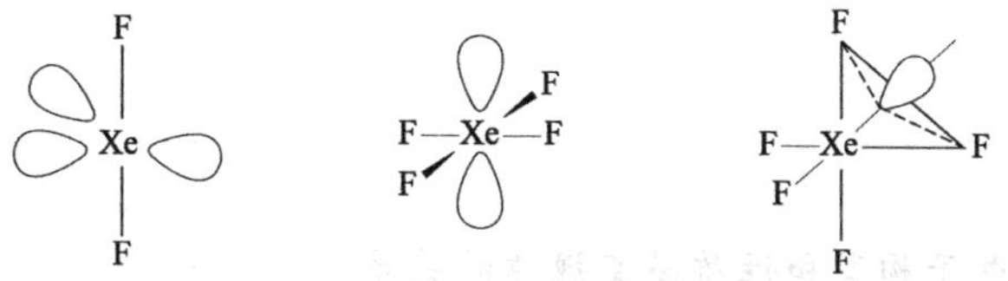

(a) XeF_2(直线形)　(b) XeF_4(平面正方形)　(c) XeF_6(变形八面体)

图 10-4　价层电子对互斥理论对氙的重要化合物的空间结构的描述

习题

1. 为什么说氢是很重要的二级能源？其优点是什么？目前的困难又是什么？
2. 简述稀有气体的性质和用途。
3. 氢有几种成键形式？
4. 完成下列反应方程式：

(1)常温下，$H_2+F_2 \longrightarrow$

(2)高温或光照下，$H_2+Cl_2 \longrightarrow$；$H_2+O_2 \longrightarrow$

(3)高温下，$CuO+H_2 \longrightarrow$；$CH\equiv CH+H_2 \longrightarrow$

5. 完成下列反应方程式：

(1)$XeF_4+ClO_3^-+H_2O \longrightarrow$；(2)$XeF_4+Xe \longrightarrow$；(3)$Na_4XeO_6+MnSO_4+H_2SO_4 \longrightarrow$；

(4)$XeF_4+H_2O \longrightarrow$；(5)$XeO_3+Ba(OH)_2 \longrightarrow$；(6)$XeF_6+SiO_2 \longrightarrow$；

(7)$XeF_2+H_2O \longrightarrow$。

第11章

s区元素

学习要求

① 理解s区元素电子构型和性质递变规律的关系；

② 掌握s区元素氧化物及氢化物的性质；

③ 掌握s区元素氢氧化物的碱性及递变规律；

④ 掌握s区元素盐类的溶解性、含氧酸盐热稳定性的规律；

⑤ 了解Li、Be的特殊性和对角线法则。

11.1 s区元素概述

s区元素包括周期系第ⅠA族碱金属元素和第ⅡA族碱土金属元素。碱金属元素包括锂、钠、钾、铷、铯、钫6种元素，碱土金属元素包括铍、镁、钙、锶、钡、镭6种元素。碱金属和碱土金属原子的价层电子构型分别为ns^1和ns^2。其中锂、铷、铯、铍是稀有金属元素，钫、镭是放射性元素。s区元素是最活泼的金属元素。碱金属最外层只有1个ns电子，而次外层为8电子结构(除锂之外，次外层为2个)，它的原子半径在同周期中是最大的，而核电荷数却是最小的，由于内层电子的屏蔽作用明显，因此，它很容易失去最外层的1个电子，从而第一电离能在同周期中为最低。因此，碱金属是同周期元素中金属性最强的元素。由于碱土金属最外层有2个ns电子，金属性比碱金属稍弱。

在s区元素中，同一族元素(除第二周期元素)随着核电荷数的增加，原子半径、离子半径逐渐增大，电离能逐渐减小，电负性逐渐减小，金属性、还原性逐渐增强。s区元素的一个重要特点是各族元素通常只有一种稳定的氧化态，碱金属元素和碱土金属元素常见的氧化数为+1、+2，这与它们的族序数是一致的。

11.2 s区元素的单质

11.2.1 单质的物理性质

碱金属和碱土金属都是具有金属光泽的银白色(铍为灰色)金属。主要特点为轻、软、低熔点，并具有良好的导电性、导热性，其中的锂、钠、钾能浮在水面上。

11.2.2 单质的化学性质

碱金属和碱土金属是化学活泼性很强或较强的金属元素，它们能直接或间接地与电负性较大的非金属元素形成相应的化合物。同时碱金属有很高的反应活性，在空气中极易形成氧化膜，因此要把它们保存在无水煤油中，锂因为密度很小，能浮在煤油上，所以将其保存在液体石蜡中。

（1）与氧气反应

单质在空气中燃烧，形成相应的氧化物，如 Li_2O、Na_2O、KO_2、RbO_2、CsO_2、BeO、MgO、CaO、SrO、Ba_2O_2。

碱金属氧化物的颜色从 Li_2O 到 Cs_2O 逐渐加深，Li_2O、Na_2O(白色)，K_2O(淡黄色)，Ru_2O(亮黄色)，Cs_2O(橙红色)；碱土金属氧化物都是白色固体，除 BeO 外，均为 NaCl 型的离子化合物，同一族中随原子序数增加，熔点减小。

（2）与水反应

s 区元素的单质(除了铍和镁外)都较易与水反应，形成稳定的氢氧化物，而这些氢氧化物大多是强碱。单质与水反应生成氢气和相应的碱，反应通式：$2M+2H_2O \longrightarrow 2MOH+H_2(g)$。注意：由于 Li 的熔点较高，LiOH 溶解度小，Li 与水的反应剧烈程度不如 K、Na；由于 $Be(OH)_2$、$Mg(OH)_2$ 难溶，Be、Mg 在冷水中反应缓慢。

（3）与液氨的反应

s 区元素的单质(除铍外)都能溶于液氨生成蓝色的还原性溶液。如，碱金属元素能够与液氨反应：

$$2M(s)+2NH_3(l) \rightleftharpoons 2MNH_2+H_2(g)。$$

11.2.3 焰色反应

碱金属和碱土金属中钙、锶、钡及其挥发性的化合物在无色火焰中灼烧时使火焰呈现特征的颜色的反应，称为焰色反应。焰色反应原因是物质原子内部电子高温时被激发，当电子从高能级跃迁到低能级时，相应的能量以光的形式释放出来，呈现出不同的颜色。通俗地说是原子中的电子能量的变化，不涉及物质结构和化学性质的改变，焰色反应是物理变化，它并未生成新物质。

11.3 s 区元素的化合物

11.3.1 氢化物

s 区元素的单质(除 Be、Mg 外)均能与氢形成氢化物，均为白色晶体，热稳定性差。氢化物还原性强，可以用于 Ti 的冶炼：如，

$$4NaH+TiCl_4 = Ti+4NaCl+2H_2；2LiH+TiO_2 = Ti+2LiOH$$

氢化物还剧烈水解：$MH+H_2O = MOH+H_2(g)$；$CaH_2+2H_2O = Ca(OH)_2+2H_2(g)$

形成配位氢化物：$4LiH + AlCl_3 \xrightarrow{（无水）乙醚} Li[AlH_4] + 3LiCl$

11.3.2 氧化物

s区元素可以形成三类氧化物：

普通氧化物(O^{2-})：电子排布式，$1s^22s^22p^6$；

过氧化物(O_2^{2-})：分子轨道式，$KK(\sigma_{2s})^2(\sigma_{2s}^*)^2(\sigma_{2p})^2(\pi_{2p})^4(\pi_{2p}^*)^4$；

超氧化物(O_2^-)：$KK(\sigma_{2s})^2(\sigma_{2s}^*)^2(\sigma_{2p})^2(\pi_{2p})^4(\pi_{2p}^*)^3$，顺磁性的；

稳定性：$O^{2-} > O_2^- > O_2^{2-}$。

(1) 普通氧化物(M_2O)

锂、碱土金属（钡除外）在空气中燃烧，生成普通氧化物。如，

$$4Li + O_2 = 2Li_2O \qquad 2Ca + O_2 = 2CaO$$

大多数氧化物可由其碳酸盐或硝酸盐加热分解得到，但 Na_2O、K_2O 一般只能用过量的金属钠或钾与其过氧化物、超氧化物或硝酸盐反应得到。

$$Na_2O_2 + 2Na = 2Na_2O$$

$$2KNO_3 + 10K = 6K_2O + N_2$$

普通氧化物(M_2O)与水反应生成碱：$M_2O + H_2O = 2MOH$，从 Li 到 Cs 剧烈程度升高。

(2) 过氧化物(M_2O_2)

如，$2Na + O_2 = Na_2O_2$。过氧化物(M_2O_2)与水或稀酸反应，如，

$$Na_2O_2 + 2H_2O = H_2O_2 + 2NaOH$$

$$Na_2O_2 + H_2SO_4 = Na_2SO_4 + H_2O_2$$

$$2Na_2O_2 + 2CO_2 = 2Na_2CO_3 + O_2 \uparrow$$

所以碱金属的过氧化物可以用作强氧化剂、漂白剂，也可用作防毒面具、高空飞行和潜水艇里的供氧剂。

(3) 超氧化物(MO_2)

金属钾、铷、铯在空气中燃烧的产物为超氧化物(MO_2)：

$$K + O_2 = KO_2$$

但是碱土金属的超氧化物是在高压下，将氧气通过加热的过氧化物来制备。

超氧化物(MO_2)可以与水、稀酸、二氧化碳反应：

$$2MO_2 + 2H_2O = O_2 \uparrow + H_2O_2 + 2MOH (M:K、Rb、Cs)$$

$$4MO_2 + 2CO_2 = 2M_2CO_3 + 3O_2 \uparrow (M:K、Rb、Cs)$$

$$2MO_2 + H_2SO_4 = M_2SO_4 + H_2O_2 + O_2$$

所以碱金属的过氧化物可以用于急救器、潜水和登山等方面提供氧。

11.3.3 氢氧化物

碱金属和碱土金属的氢氧化物都是白色固体，在空气中放置可吸收水分和二氧化碳。碱金属的氢氧化物易溶于水和醇类，放热。碱土金属的氢氧化物溶解度较低，表 11-1 是碱土金属氢氧化物溶解度（20℃）。

表 11-1　碱土金属氢氧化物溶解度(20℃)

氢氧化物	$Be(OH)_2$	$Mg(OH)_2$	$Ca(OH)_2$	$Sr(OH)_2$	$Ba(OH)_2$
溶解度/$mol \cdot L^{-1}$	8×10^{-6}	5×10^{-4}	1.8×10^{-2}	6.7×10^{-2}	2×10^{-1}

从表 11-1 中可见，碱土金属的氢氧化物溶解度从 Be 到 Ba 逐渐增大。随金属性增强，碱金属和碱土金属的氢氧化物的碱性逐渐增强。

LiOH(中强)、NaOH(强)、KOH(强)、RbOH(强)、CsOH(强)；

↑ $Be(OH)_2$(两性)、$Mg(OH)_2$(中强)、$Ca(OH)_2$(强)、$Sr(OH)_2$(强)、$Ba(OH)_2$ 强。→

(箭头指向)碱性增强，溶解度增大。

11.3.4　重要盐类及其性质

重要盐类主要有卤化物、硝酸盐、硫酸盐、碳酸盐。绝大多数是离子晶体，但碱土金属卤化物有一定的共价性。例如：Be^{2+} 极化力强，$BeCl_2$ 已过渡为共价化合物。

一般无色或白色，碱金属盐类一般易溶于水；碱土金属盐类除卤化物、硝酸盐外多数溶解度较小。硝酸盐热稳定性差，一般情况下，碱金属碳酸盐的热稳定性高于碱土金属碳酸盐的热稳定性，即热稳定性 $M_2CO_3 > MCO_3$。

碱土金属碳酸盐的稳定性随金属离子半径的增大而增强。

	$BeCO_3$	$MgCO_3$	$CaCO_3$	$SrCO_3$	$BaCO_3$
$t_{分}$/℃	<100	540	900	1290	1360

可以从离子极化的观点来说明：CO_3^{2-} 的结构如图 11-1(a)所示，在金属离子 M^{2+} 的极化作用下，CO_3^{2-} 中靠近它的氧原子的正负端互换，见图 11-1(b)，金属离子就把这个氧原子从 CO_3^{2-} 上分离出来了。$r(M^{2+})$愈小，M^{2+} 极化力愈大，MCO_3 愈不稳定；可以说，金属离子极化力越大，碳酸盐越易分解。

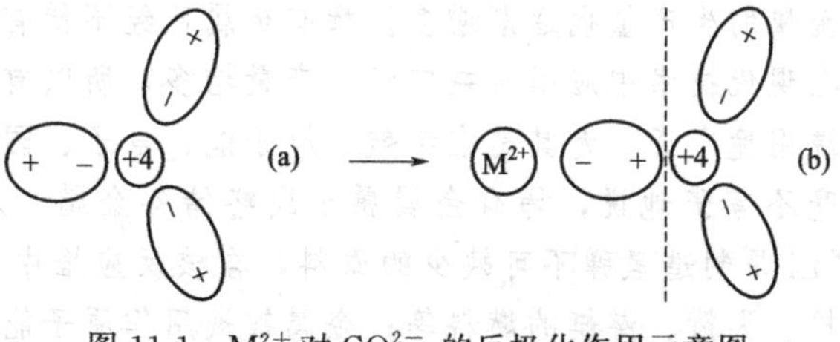

图 11-1　M^{2+} 对 CO_3^{2-} 的反极化作用示意图

当然还可以从热力学角度来解释，利用吉布斯-亥姆霍兹公式，计算出碳酸盐的分解温度，也能判断出碱土金属碳酸盐稳定性。

碱金属的碳酸盐一般都是易溶的，且酸式盐溶解度大于正盐；其他金属(含 Li)的碳酸盐难溶于水。水溶液中存在碳酸盐会发生水解反应(在第 4 章中已有详细阐述)。

11.4　锂、铍的特殊性——对角线规则

ⅠA 族的 Li 与ⅡA 族的 Mg，ⅡA 族的 Be 与ⅢA 族的 Al，ⅢA 族的 B 与ⅣA 族的 Si，这三对元素在周期表中处于对角线位置：

Li　Be　B　C

Na　Mg　Al　Si

相应的两元素及其化合物的性质有许多相似之处。这种相似性称为对角线规则。

Li与Mg的相似性：单质与氧作用生成正常氧化物；氢氧化物均为中强碱，且水中溶解度不大；氟化物、碳酸盐、磷酸盐均难溶；氯化物均能溶于有机溶剂中；碳酸盐受热分解，产物为相应氧化物。

Be与Al的相似性：Be与Al都是两性金属；都能被冷的浓硝酸钝化；氢氧化物均为两性；氯化物均为共价型化合物，易升华，易聚合，易溶于有机溶剂；氧化物均为高熔点、高硬度的物质。

阅读材料：稀有金属

稀有金属是在地壳中含量较少，分布稀散或难以从原料中提取的金属。如锂、铍、钛、钒、锗、铌、钼、铯、镧、钨、镭等。按其物理、化学性质及生产方法上的不同可分为：①稀有轻金属，包括锂、铷、铯、铍等，密度较小，化学活性强；②稀有贵金属，如铂、铱、锇等；③稀有分散金属，如镓、锗等；④稀土金属，包括钪、钇及镧系元素，它们的化学性质非常相似，在矿物中相互伴生；⑤难熔稀有金属，包括钛、锆、铪、钒、铌、钽、钼、钨，熔点较高；⑥放射性稀有金属，包括天然存在的钫、镭、钋和锕系金属中的锕、钍、镤、铀，以及人工制造的锝、钜、锕系其他元素和104～107号元素。

当然上述分类不是十分严格的。有些稀有金属既可以列入这一类，又可列入另一类。例如铼可列入稀散金属也可列入稀有难熔金属。

稀有金属的名称具有一定的相对性，随着人们对稀有金属的广泛研究，新产源及新提炼方法的发现以及它们应用范围的扩大，稀有金属和其他金属的界限将逐渐消失，如有的稀有金属在地壳中的含量比铜、汞、镉等金属还要多。有的稀有金属在物理-化学性质上近似而不容易分离成单一金属。过去制取和使用得很少，因此得名为稀有金属。第二次世界大战以来，由于新技术的发展，需求量的增大，稀有金属研究和应用迅速发展，冶金新工艺不断出现，这些金属的生产量也逐渐增多。稀有金属已经不稀有。稀有金属所包括的金属也在变化，如钛在现代技术中应用日益广泛，产量增多，所以有时也被列入轻金属。

稀有金属矿产资源用途广泛，尤其是在宇航、原子能、电子、国防工业等高科技技术方面应用广泛。可以毫不夸张地说，稀有金属属于战略储备金属，是国家重要的战略资源。如，锂的同位素^{6}Li是制造氢弹不可缺少的原料，在核反应堆中锂作控制棒冷却剂和传热介质，常用作飞机、火箭、潜艇的燃料等；金属铍被用作原子能反应堆的防护材料和制备中子源、高能燃料的添加剂等；铌、钽用于制造电子计算机记忆装置、超导合金制造大功率磁铁等。铟主要用于平板显示器、合金、半导体数据传输、航天产品的制造。铟主要伴生在铅锌矿中，2005年我国原生铟产量也只有410t。铟是一种伴生的金属，在锌精矿里面的含量都是用10^{-6}(百万分之一)计算的，非常少，不能再生。

习题

1. 选择题

(1)下列成对元素中化学性质最相似的是(　　)。

A. Be和Mg　　B. Mg和Al　　C. Li和Be　　D. Be和Al

(2)下列元素中，第一电离能最小的是(　　)。

A. Li　　B. Be　　C. Na　　D. Mg

(3)下列最稳定的过氧化物是(　　)。

A. Li_2O_2　　B. Na_2O_2　　C. K_2O_2　　D. Rb_2O_2

(4)下列化合物中，键的离子性最小的是(　　)。

A. LiCl　　B. NaCl　　C. KCl　　D. $BaCl_2$

(5)下列碳酸盐中，热稳定性最差的是(　　)。

A. $BaCO_3$　　B. $CaCO_3$　　C. K_2CO_3　　D. Na_2CO_3

(6)下列化合物中，在水中溶解度最小的是(　　)。

A. NaF　　B. KF　　C. CaF_2　　D. BaF_2

(7)关于 s 区元素的性质，下列叙述中不正确的是(　　)。

A. 由于 s 区元素的电负性小，所以都形成典型的离子型化合物

B. 在 s 区元素中，Be、Mg 因表面形成致密的氧化物保护膜而对水较稳定

C. s 区元素的单质都有很强的还原性

D. 除 Be、Mg 外，其他 s 区元素的硝酸盐或氯酸盐都可作焰火材料

(8)关于 Mg、Ca、Sr、Ba 及其化合物的性质，下列叙述中不正确的是(　　)。

A. 单质都可以在氮气中燃烧生成氮化物 M_3N_2

B. 单质都易与水、水蒸气反应得到氢气

C. $M(HCO_3)_2$ 在水中的溶解度大于 MCO_3 的溶解度

D. 这些元素几乎总是生成+2 价离子

2. 填空题

(1)金属锂应保存在__________中，金属钠和钾应保存在__________中。

(2)在 s 区金属中，熔点最高的是__________，熔点最低的是__________，密度最小的是__________，硬度最小的是__________。

(3)周期表中，处于斜线位置的 B 与 Si、__________与__________、__________与__________性质十分相似，人们习惯上把这种现象称为“斜线规则”或“对角线规则”。

3. 完成并配平下列反应方程式。

(1)在过氧化钠固体上滴加热水。　　(2)将二氧化碳通入过氧化钠。

(3)将氮化镁投入水中。　　(4)向氯化锂溶液中滴加磷酸氢二钠溶液。

(5)六水合氯化镁受热分解。　　(6)金属钠和氯化钾共热。

(7)金属铍溶于氢氧化钠溶液中。　　(8)用 NaH 还原四氯化钛。

(9)将氢化钠投入水中。

4. 简答题

(1)市售的 NaOH 中为什么常含有 Na_2CO_3 杂质？如何配制不含 Na_2CO_3 杂质的 NaOH 稀溶液？

(2)举例说明镁与锂的相似性。

第12章

p区元素

学习要求

① 理解p区元素电子构型和性质递变规律的关系；
② 掌握p区元素重要化合物的主要化学性质及其变化规律；
③ 了解p区元素的常见氧化物、含氧酸及其酸根的结构；
④ 掌握p区元素各主要氧化态的氧化还原性；
⑤ 理解惰性电子对效应、离域键、氢桥键、等电子体和缺电子原子等重要概念。

12.1 p区元素概述

p区元素包括元素周期表中第ⅢA族元素～第ⅦA族元素。第ⅢA族元素又称为硼族元素，包括硼B、铝Al、镓Ga、铟In、铊Tl等元素；第ⅣA族元素又称作碳族元素，包括碳C、硅Si、锗Ge、锡Sn、铅Pb等元素；第ⅤA族元素又称作氮族元素，包括氮N、磷P、砷As、锑Sb、铋Bi等元素；第ⅥA族元素又称为氧族元素，包括氧O、硫S、硒Se、碲Te、钋Po等元素；第ⅦA族元素又称卤素，包括氟F、氯Cl、溴Br、碘I、砹At等元素。

p区元素的价电子构型为$ns^2np^{1\sim6}$，它们大多有多种氧化态，与s区元素相比，电负性大，容易形成共价化合物。第ⅢA～第ⅤA族元素自上而下，低氧化态化合物的稳定性逐渐增强，高氧化态化合物的稳定性则逐渐减弱。例如，第ⅣA族中的Si(Ⅳ)的化合物很稳定，Si(Ⅱ)的化合物则不稳定；Ge(Ⅳ)的化合物较Ge(Ⅱ)化合物稍稳定些；Pb(Ⅳ)的化合物很不稳定，而Pb(Ⅱ)的化合物则较稳定，Pb(Ⅳ)容易得到电子变为Pb(Ⅱ)，表现出强氧化性。这种同一族元素自上而下低氧化态化合物比高氧化态化合物越来越稳定的现象叫作惰性电子对效应。原因是随着电子层数的增加，外层ns轨道中这对电子的钻穿效应增强，ns电子越来越不容易参与成键，显示出一定的惰性，因此高氧化态化合物易获得2个电子而形成ns^2电子结构。

第二周期的p区元素具有反常性(只有2s、2p轨道)，形成配合物时，配位数最多不超过4，如B是4配位的；第二周期元素单键键能小于第三周期元素单键键能；第四周期元素表现出异样性(d区插入)，例如：溴酸、高溴酸氧化性分别比其他卤酸($HClO_3$、HIO_3)、高卤酸($HClO_4$、H_5IO_6)都强。

12.2 硼族元素

硼族元素(第ⅢA)的价电子构型：ns^2np^1，该族元素及化合物是缺电子的，即价电子数<价层轨道数。例如：BF_3、H_3BO_3(注意：HBF_4 不是缺电子化合物)。

缺电子化合物特点如下。

① 易形成配位化合物，如 HF 和 BF_3 形成 HBF_4；B 的最大配位数是 4，例：HBF_4，其他元素是 6 配位的，例：Na_3AlF_6。

② 易形成双聚物，如 Al_2Cl_6。图 12-1 是 $AlCl_3$ 的二聚体分子结构。

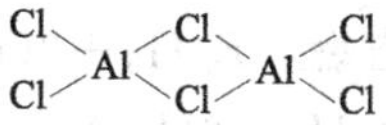

图 12-1 $AlCl_3$ 的二聚体分子结构

硼族元素中，B 为非金属单质，Al、Ga、In、Tl 是金属；氧化态：B、Al、Ga(+3)，In(+1,+3)，Tl(+1)。

12.2.1 硼族元素的单质

硼的单质存在多种同素异形体，无定形硼为棕色粉末，晶体硼呈灰黑色。它们的熔点、沸点都很高。晶体硼较惰性，硬度大，无定形硼则比较活泼。如，α-菱形硼(B_{12})是原子晶体。

铝为自然界分布最广泛的金属元素，主要以铝硅酸盐矿石存在，还有铝土矿和冰晶石。铝单质是银白色轻金属，有延展性。

镓、铟、铊都是软金属，物理性质相似，熔点较低，如，镓的熔点比人体温度还低。镓、铟、铊在自然界中没有单独的矿物，而是以杂质的形式分散于其他矿中。如，铝矾土中含有镓，闪锌矿(ZnS)中含有铟、铊(锌和铟在周期表中处在对角线位置)。

12.2.2 硼的化合物

(1) 硼的氢化物

B 可以生成一系列的共价氢化物，其物理性质类似于烷烃，故称之为硼烷。其中最简单的是乙硼烷 B_2H_6，不存在甲硼烷 BH_3。与 C 的氢化物类似，硼烷分为 B_nH_{n+4} 和 B_nH_{n+6} 两大类。如：B_2H_6、B_5H_9、B_6H_{10} 和 B_3H_9、B_4H_{10}、B_5H_{11} 等。

硼的氢化物中 B 复杂的成键特征，用一般化学键理论是无法理解的。直到 20 世纪 60 年代初，美国科学家利普斯科姆(W. N. Lipscomb)提出多中心键理论，对 B_2H_6 的分子结构有了正确的认识，促进了硼结构化学的发展。利普斯科姆也因此荣获 1976 年的诺贝尔化学奖。

由于 B 的缺电子性，硼烷具有较为复杂的结构。这里只讨论乙硼烷的结构与性质。B_2H_6 的结构如图 12-2 所示。对于 B_2H_6 来说，如果达到八电子稳定结构，最少需要 14 个电子，而 2 个硼原子和 6 个氢原子，只能提供 12 个价电子，B_2H_6 也缺电子，因此不能用一般的共价键来解释其结构。在 B_2H_6 分子中的每个硼原子均为 sp^3 杂化，2 个硼原子与 4 个氢原子形成普通的 σ 键。这 4 个 σ 键在同一平面上，另外 2 个氢原子和这 2 个硼原子形成了

2个垂直于该平面的氢桥键，也称为三中心两电子键。4个普通的σ键用掉8个价电子。每个氢桥键用2个电子，2个氢桥键用掉4个电子，刚好是12个价电子(在 B_2H_6 分子中,除了有B—H共价键外,还有2个B原子与1个H组成的三中心两电子键,这是一种特殊的共价键,称为“氢桥键”)。这样就很好地解释了 B_2H_6 分子结构。

图12-2　B_2H_6 的成键结构示意图

硼烷的毒性很大：吸入乙硼烷会损害肺部；吸入癸硼烷会引起心力减退；水解较慢的硼烷易积聚而使中枢神经系统中毒，并会损害肝脏和肾脏。

硼烷是一种高能燃料，如乙硼烷自燃：$B_2H_6+3O_2 = B_2O_3+3H_2O$

硼烷水解时放出大量的热，如：$B_2H_6+6H_2O = 2B(OH)_3\downarrow+6H_2\uparrow$

从上述的反应可知，硼烷类化合物遇水、遇氧气极不稳定，容易失效，因此硼烷化合物的储存和运输过程要在无水无氧条件下进行。

(2) 硼的含氧化合物

由于B—O键的键能很大($806kJ\cdot mol^{-1}$)，因此其含氧化合物都具有很高的稳定性。

① 三氧化二硼(B_2O_3)　三氧化二硼(又称氧化硼、硼酸酐)，无色玻璃状晶体或粉末，熔点450℃。具有强烈吸水性而转变为硼酸，故应于干燥环境下密闭保存，防止吸水变质导致含量下降。微溶于冷水，易溶于热水中。

制备：$4B(s)+3O_2(g) \xlongequal{\triangle} 2B_2O_3(s)$ 或者 $2H_3BO_3 \xlongequal{\triangle} B_2O_3+3H_2O$

性质：$B_2O_3+3Mg = 2B+3MgO$

② 硼酸(H_3BO_3)　硼酸是一元弱酸(固体酸)，B采用 sp^2 杂化。其水溶液显酸性，溶液中氢离子并不是硼酸自身直接给出的，而是夺取了水分子的羟基，使得水分子给出氢离子。

水解方程式如下：

$$H_3BO_3+H_2O \rightleftharpoons B(OH)_4^-+H^+\quad K_a=5.8\times10^{-10}$$

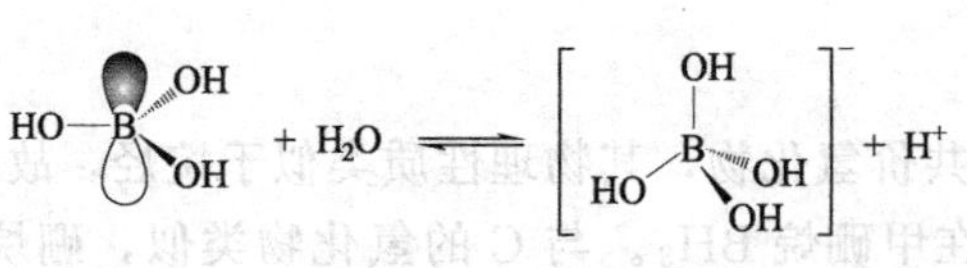

③ 硼砂　硼砂分子式可以写作：$Na_2B_4O_7\cdot10H_2O$ 或 $Na_2B_4O_5(OH)_4\cdot8H_2O$，是非常重要的硼化合物。

水解呈碱性：$[B_4O_5(OH)_4]^{2-}+5H_2O \rightleftharpoons 4H_3BO_3+2OH^- \rightleftharpoons 2H_3BO_3+2B(OH)_4^-$

自身可以构成缓冲溶液　pH=9.24(20℃)。

可以与酸反应制备 H_3BO_3：

$$Na_2B_4O_7+H_2SO_4+5H_2O = 4H_3BO_3+Na_2SO_4$$

脱水反应：　$Na_2B_4O_7\cdot10H_2O \xrightleftharpoons{878℃} B_2O_3+2NaBO_2+10H_2O$

硼砂还可以进行硼砂珠实验，这是一种定性分析方法。用铂丝圈蘸取少许硼砂，灼烧熔融，生成无色玻璃状小珠，再蘸取少量被测试样的粉末或溶液，继续灼烧，小珠即呈现不同的颜色，借此可以检验某些金属元素的存在。此法利用熔融的硼砂能与多数金属元素的氧化物及盐类形成各种不同颜色化合物的特性。

硼砂珠实验：$Na_2B_4O_7 + CoO = Co(BO_2)_2 \cdot 2NaBO_2$（蓝色）

$Na_2B_4O_7 + NiO = Ni(BO_2)_2 \cdot 2NaBO_2$（棕色）

（3）硼的卤化物 BX_3

在 BX_3 中 B 采用 sp^2 杂化，分子构型是平面正三角形。

水解反应：$BX_3 + 3H_2O = H_3BO_3 + 3HX$，（X＝Cl、Br、I）

而 $4BF_3 + 3H_2O = H_3BO_3 + 3H[BF_4]$，原因是 $BF_3 + HF = H[BF_4]$

12.2.3 铝的化合物

（1）氧化铝和氢氧化铝

氧化铝 Al_2O_3 有许多不同的晶体结构，较常见的有 α-Al_2O_3、β-Al_2O_3、γ-Al_2O_3。其中结构不同性质也不同，在 1300℃以上的高温时几乎完全转化为 α-Al_2O_3。α-Al_2O_3 俗名刚玉，硬度大，不溶于水、酸、碱。γ-Al_2O_3：活性氧化铝，可溶于酸、碱，可作为催化剂载体。

氢氧化铝显两性：　$Al(OH)_3 + 3H^+ = Al^{3+} + 3H_2O$；

$Al(OH)_3 + OH^- = [Al(OH)_4]^-$

在碱性溶液中存在 $[Al(OH)_4]^-$ 或 $[Al(OH)_6]^{3-}$，简便书写为 AlO_2^- 或 AlO_3^{3-}。

（2）铝的卤化物

AlF_3 是离子键结合的离子晶体，而 $AlCl_3$、$AlBr_3$、AlI_3 是共价键结合形成的分子晶体。分子晶体熔点低，易挥发，易溶于有机溶剂，易形成双聚物。

如，水解剧烈：

$$AlCl_3 + 3H_2O = Al(OH)_3 + 3HCl$$

因此，在水溶液中无法得到 $AlCl_3$。

（3）铝的含氧酸盐

主要有硫酸铝 $Al_2(SO_4)_3$ 和铝钾矾（明矾）$KAl(SO_4)_2 \cdot 12H_2O$，Al^{3+} 易水解。

Al^{3+} 的鉴定：在氨碱性条件下生成 $Al(OH)_3$，加入茜素，茜素与 $Al(OH)_3$ 生成红色产物。

12.3 碳族元素

12.3.1 碳族元素概述

碳族元素（第ⅣA 族）的价电子构型：ns^2np^2。化合价主要有＋4 和＋2，易形成共价化合物。从上到下，该族元素的金属性增强，非金属性减弱，碳、硅是非金属，锗是金属元素，但金属性较弱，锡和铅是更为典型的金属元素；＋4 价化合物稳定性降低，＋2 价化合物稳定性提高，铅（Ⅱ）化合物稳定性高于铅（Ⅳ），呈现出惰性电子对效应（Pb 常呈现＋2 氧化态）。碳族元素在分布上差异很大，碳和硅在地壳有广泛的分布；锡、铅也较为常见，锗的含量则十分稀少，属于稀散型稀有金属。

12.3.2 碳族元素的单质

碳单质的同素异形体种类很多，有金刚石(C 原子 sp^3 杂化结构，结构见图 12-3)、石墨(C 原子 sp^2 杂化结构，结构见图 12-4)、足球烯或富勒烯(C 原子 sp^2 杂化，结构见图 12-5)等。金刚石是原子晶体，硬度最大，熔点最高。石墨是层状晶体，质软，有金属光泽。足球烯或富勒烯：C_{60}(C 原子 sp^2 杂化)、C_{70} 等。C_{60} 是 1985 年用激光轰击石墨做碳的汽化实验时发现的。C_{60} 是由 12 个五边形和 20 个六边形组成的 32 面体。

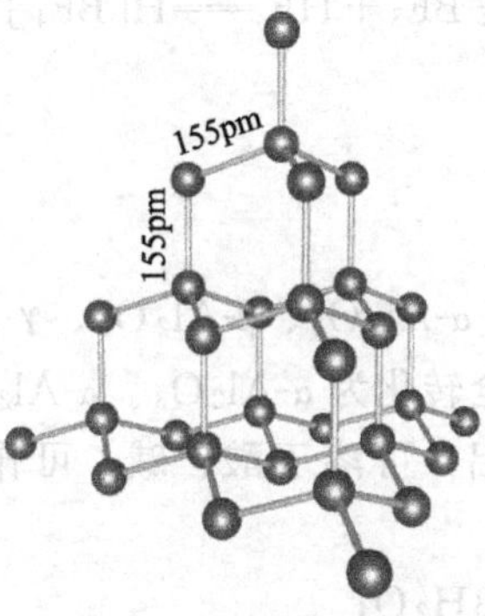

图 12-3 金刚石的结构图

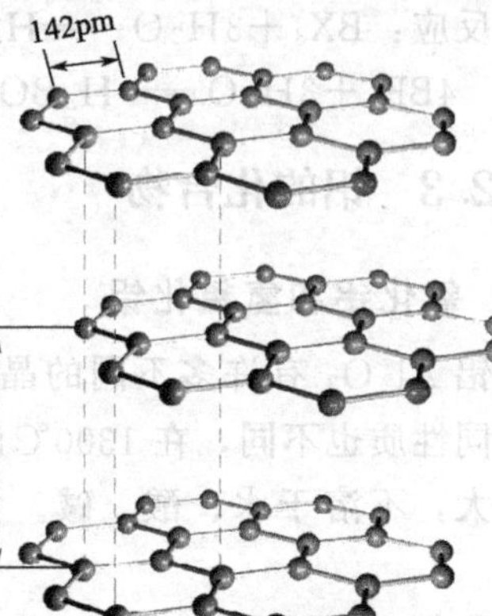

图 12-4 石墨的结构图

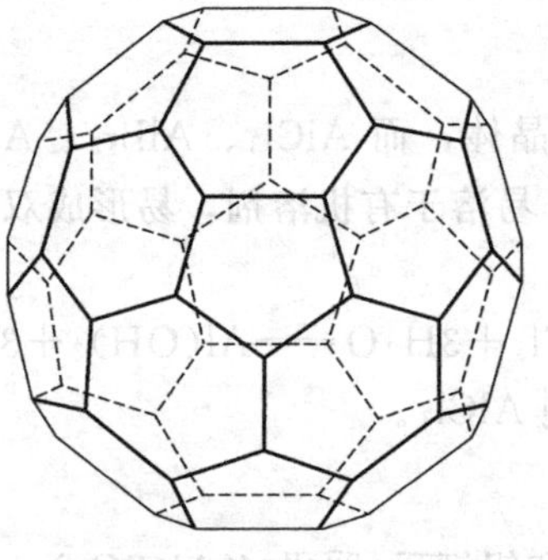

图 12-5 足球烯、富勒烯、C_{60} 的分子结构

硅单质有无定形体和晶体两种，其晶体类似金刚石。锗单质是灰白色金属，硬而脆，结构类似于金刚石。锡和铅主要以氧化物和硫化物矿(如锡石 SnO_2 和方铅矿 PbS)存在于自然界。锡有白锡、灰锡和脆锡三种同素异形体，白锡为银白色带有蓝光的柔软金属，有延展性。加热到 434K 时转变成脆锡。当温度低于 286K 时，白锡可转化为粉末状灰锡，温度越低转化速度越快。所以 Sn 制品在低温下长期放置会自行毁坏，这一现象被称为“锡疫”。铅单质质软，能阻挡 X 射线；可作电缆的包皮、核反应堆的防护屏等。

12.3.3 碳的化合物

(1) 碳的氧化物

① 一氧化碳(CO)　CO 价电子($6+8=14e^-$)与 N_2 分子的价电子($2\times7=14e^-$)相等，两者是等电子体，结构相似。用现代价键理论(VB)分析 CO 成键的情况：CO 内部有一个 σ

键、一个 π 键和一个配位键，结构如下：

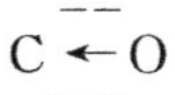

* 分子轨道电子排布式：CO $[KK(\sigma_{2s})^2(\sigma_{2s}^*)^2(\pi_{2p_y})^2(\pi_{2p_z})^2(\sigma_{2p_x})^2]$，一个 σ 键，两个 π 键。

CO 可以作配位体，形成羰基配合物，如，$Fe(CO)_5$、$Ni(CO)_4$、$Co_2(CO)_8$ 等，其中 C 是配位原子。

还可以作还原剂：如，$2CO(g)+O_2(g) = 2CO_2(g)$

$$Fe_2O_3(s)+3CO(g) = 2Fe(s)+3CO_2(g)$$

② 二氧化碳(CO_2)　固体二氧化碳(俗名干冰)，经典的 CO_2 分子结构：O ═C ═O，是线形分子，C 原子采用 sp 杂化，C 与 O 之间 sp^2-p_x 两个 σ 键，C、O 之间还有两个 π_3^4 离域 π 键。

(2) 碳酸及其盐

CO_2 溶于水，大部分 $CO_2 \cdot H_2O$，极小部分 H_2CO_3。

$$H_2CO_3 \rightleftharpoons H^+ + HCO_3^- \quad K_{a_1}=4.4\times10^{-7}$$

$$HCO_3^- \rightleftharpoons H^+ + CO_3^{2-} \quad K_{a_2}=4.7\times10^{-11}$$

采用价层电子对互斥理论，可以推断 CO_3^{2-} 的结构，为平面正三角形；再利用杂化轨道理论分析 CO_3^{2-} 的成键情况：中心 C 原子为 sp^2 杂化，C 与 O 之间 sp^2-$2p_x$ 三个 σ 键，还包含一个 π_4^6 键。CO_3^{2-}($6+3\times8+2=32e^-$)与 BF_3($5+3\times9=32e^-$)为等电子体。

碳酸及其盐的热稳定性：

① $H_2CO_3 < MHCO_3 < M_2CO_3$

$$H_2CO_3 = H_2O+CO_2(g)$$

$$2M^{I}HCO_3 = M_2^{I}CO_3+H_2O+CO_2$$

$$M^{II}CO_3 = M^{II}O+CO_2(g)$$

② 同一族金属的碳酸盐稳定性从上到下增强，如，

	$BeCO_3$	$MgCO_3$	$CaCO_3$	$SrCO_3$	$BaCO_3$
分解 t/℃	100	540	900	1290	1360

③ 过渡金属碳酸盐稳定性差，如，

	$CaCO_3$	$PbCO_3$	$ZnCO_3$	$FeCO_3$
分解 t/℃	900	315	350	282
价电子构型	$8e^-$	$(18+2)e^-$	$18e^-$	$(9\sim17)e^-$

可以从离子极化的观点来说明金属碳酸盐稳定性：M^{2+} 为 $18e^-$、$(18+2)e^-$、$(9\sim17)e^-$ 构型相对于 $8e^-$ 构型的极化力大，过渡金属碳酸盐 MCO_3 相对不稳定。

碳酸盐的溶解性：碱金属的碳酸盐一般都是易溶的，且酸式盐溶解度大于正盐；其他金

属(含 Li)碳酸盐难溶于水。

12.3.4 硅的化合物

(1) 硅的氧化物

硅的氧化物包括无定形体和晶体。石英玻璃、硅藻土、燧石等是无定形体。天然晶体为石英，属于原子晶体，水晶是纯石英；玛瑙，紫晶等是含有杂质的石英。

石英中的 SiO_2 靠 Si—O 键形成三维网格的原子晶体。在此晶体中，每个 Si 原子采取 sp^3 杂化以四个共价键与四个氧原子结合，形成硅氧四面体结构(如图 12-6 所示)，Si∶O＝1∶2，所以二氧化硅的最简式为 SiO_2，它并不表示单个分子。

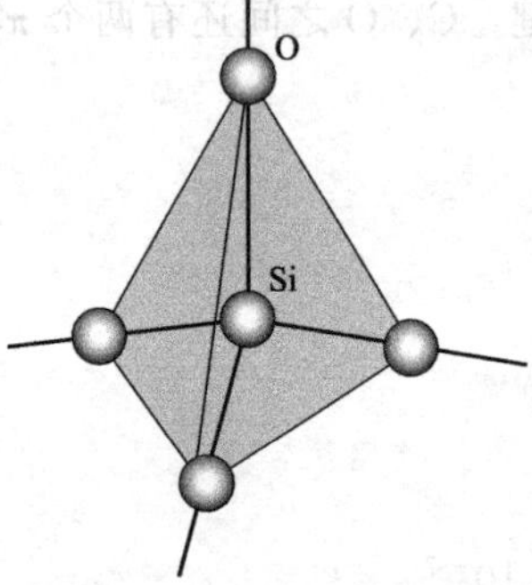

图 12-6 硅氧四面体结构图

① 与碱作用

$$SiO_2+2NaOH \xlongequal{} Na_2SiO_3+H_2O$$

$$SiO_2+Na_2CO_3 \xlongequal{} Na_2SiO_3+CO_2(g)$$

② 与 HF 作用

$$SiO_2+4HF \xlongequal{} SiF_4(g)+2H_2O$$

还可与 HF 和 HNO_3 的混合酸反应，与其他酸不反应。

$$Si+4HF \xlongequal{} SiF_4+2H_2$$

$$3Si+4HNO_3+18HF \xlongequal{} 3H_2SiF_6+4NO+8H_2O$$

(2) 硅酸及其盐

硅酸为二元弱酸，在水中的溶解度较小，溶液呈微弱的酸性。硅酸分子可以聚合成多硅酸 $xSiO_2 \cdot yH_2O$，也就是硅酸溶胶，浓度较大或加入电解质时可以形成凝胶，浸透过 $CoCl_2$ 的硅胶为变色硅胶。硅酸组成比较复杂，随生成条件不同而异，常用 $xSiO_2 \cdot yH_2O$ 表示，原硅酸 H_4SiO_4 脱水形成偏硅酸 H_2SiO_3 和多硅酸。

原硅酸　H_4SiO_4 $x=1$，$y=2$，$SiO_2 \cdot 2H_2O$

偏硅酸　H_2SiO_3 $x=1$，$y=1$，$SiO_2 \cdot H_2O$

焦硅酸　$H_6Si_2O_7$ $x=2$，$y=3$，$2SiO_2 \cdot 3H_2O$

在各种硅酸中，以偏硅酸的组成最简单，所以，常用 H_2SiO_3 代表硅酸。

大部分硅酸盐难溶于水，且有特征颜色。如，$CuSiO_3$ 蓝绿色，$CoSiO_3$ 紫色，$MnSiO_3$ 浅红色，$NiSiO_3$ 翠绿色，$Fe_2(SiO_3)_3$ 棕红色等。

硅酸盐结构复杂，一般写成氧化物形式，它的基本结构单位为硅氧四面体。

如，云石：$K_2O \cdot 3Al_2O_3 \cdot 6SiO_2 \cdot 2H_2O$；泡沸石：$Na_2O \cdot Al_2O_3 \cdot 2SiO_2 \cdot nH_2O$。

(3) 硅的卤化物(SiX_4)

Si 的卤化物主要有 SiF_4 和 $SiCl_4$，SiX_4 为四面体结构的共价非极性分子，熔、沸点都比较低，挥发性也比较大，易于蒸馏提纯。从 SiF_4、$SiCl_4$、$SiBr_4$ 到 SiI_4，随分子量增大，分子间的作用力增大，熔沸点升高。

水解反应(与硼元素的相似性)：

$$SiCl_4+3H_2O \xlongequal{} H_2SiO_3+4HCl$$

$$SiF_4+3H_2O \xlongequal{} H_2SiO_3+4HF$$

$$SiF_4+2HF \xlongequal{} H_2[SiF_6] \text{(氟硅酸)}$$

由对角线规则，硅与硼元素具有相似性，如，单质与氢氧化钠反应都生成氢气，硼酸和硅酸都是弱酸，它们的卤化物水解产物都是相应的酸等。

12.3.5 锡、铅的化合物

（1）锡、铅的氧化物和氢氧化物

锡、铅的氧化物和氢氧化物的溶解性较小。锡、铅的氧化物都有MO和MO_2两类。MO_2都是共价型、两性偏酸性的化合物。铅除了橙黄色的PbO（俗称密陀僧）和橙色的PbO_2之外，还有鲜红色的四氧化三铅（Pb_3O_4，俗名铅丹或红丹），可看作：

$$Pb_2^{II}Pb^{IV}O_4 \text{ 即：} 2PbO \cdot PbO_2$$

$$3PbO_2 \xlongequal{\triangle} Pb_3O_4 + O_2$$

对应的氢氧化物为$M(OH)_2$和$M(OH)_4$，都是两性的化合物。

$$Sn^{2+} \xrightarrow{OH^-} Sn(OH)_2(s,\text{白}) \xrightarrow{OH^-} [Sn(OH)_4]^{2-}$$

$$Pb^{2+} \xrightarrow{OH^-} Pb(OH)_2(s,\text{白}) \xrightarrow{OH^-} [Pb(OH)_3]^-$$

$$Sn^{4+} \xrightarrow{OH^-} \alpha\text{-}H_2SnO_3(s,\text{白}) \xrightarrow{OH^-} [Sn(OH)_6]^{2-}$$

对于锡元素来说，仍保持第ⅣA族的特征，+4氧化数比较稳定，但是铅是+2氧化数比较稳定，+4氧化数的铅具有很强的氧化性（可以用6s电子的惰性电子对效应来说明）。

锡、铅的元素电势图如下：

$$\varphi_A^{\ominus}/V \quad Sn^{4+} \underline{\ 0.154\ } Sn^{2+} \underline{\ -0.136\ } Sn$$

$$\varphi_A^{\ominus}/V \quad PbO_2 \underline{\ 1.45\ } Pb^{2+} \underline{\ -0.126\ } Pb$$

从电势图可以看出，Sn(Ⅱ)的还原性较强，如：

$$SnCl_2 + 2HgCl_2 = Hg_2Cl_2(s,\text{白}) + SnCl_4$$

$$SnCl_2 + Hg_2Cl_2 = 2Hg(l,\text{黑}) + SnCl_4$$

该反应可以作为Sn^{2+}、Hg^{2+}的相互鉴定反应。

Pb(Ⅳ)的氧化性：

$$5PbO_2 + 2Mn^{2+} + 4H^+ = 2MnO_4^- + 5Pb^{2+} + 2H_2O$$

$$PbO_2 + 4HCl(\text{浓}) = PbCl_2 + Cl_2 + 2H_2O$$

（2）锡、铅的盐

Sn^{2+}和Pb^{2+}容易水解，如$SnCl_2$在水中会发生如下反应：

$$SnCl_2 + H_2O \longrightarrow Sn(OH)Cl + HCl$$

（$PbCl_2$水解类似）

加入过量盐酸可以抑制此反应的进行，因此，配制$SnCl_2$溶液，先按所需的浓度计算药品的质量，称取试剂后，溶解到少量浓盐酸中，然后转移到容量瓶中定容。主要是为了防止水解。

从电势图可以看出，长期保存$SnCl_2$溶液要加高纯锡粒防氧化。

铅的盐少数可溶：$Pb(NO_3)_2$，$Pb(Ac)_2$（弱电解质，有甜味，俗称铅糖），铅的可溶性化合物都有毒。

多数难溶：$PbCl_2$，PbI_2，$PbSO_4$，$PbCO_3$，$PbCrO_4$等。

$PbCl_2$溶于热水，也溶于盐酸：

$$PbCl_2 + 2HCl = H_2[PbCl_4]$$

$PbSO_4$ 溶于浓硫酸，生成 $Pb(HSO_4)_2$。PbI_2 溶于浓 KI 溶液中。

Pb^{2+} 的鉴定：利用 CrO_4^-，生成 $PbCrO_4$ 黄色沉淀(俗名铬黄)，该沉淀溶于过量的碱，此点与黄色 $BaCrO_4$ 有别。

***(3) 锡、铅的硫化物**

锡、铅的硫化物有 SnS(棕)、SnS_2(黄)和 PbS(黑)，均不溶于稀盐酸，但可以配位溶解于浓 HCl 中：

$$SnS+4HCl \xlongequal{} H_2SnCl_4+H_2S$$

$$PbS+4HCl \xlongequal{} H_2PbCl_4+H_2S$$

$$SnS_2+6HCl \xlongequal{} H_2SnCl_6+2H_2S$$

PbS 溶于稀 HNO_3 时发生如下反应：

$$3PbS+8HNO_3 \xlongequal{} 3Pb(NO_3)_2+3S\downarrow+2NO\uparrow+4H_2O$$

12.4 氮族元素

12.4.1 氮族元素概述

氮族元素是位于元素周期表第ⅤA 族的元素，包括氮、磷、砷、锑、铋五种元素，这一族元素性质上表现为从典型非金属到典型金属的完整过渡，其中氮、磷是典型的非金属元素，锑、铋是金属元素，处于中间的砷为准金属元素。本族元素价电子构型为 ns^2np^3，最高正价都是+5 价。同族元素自上而下，低氧化态趋于稳定，高氧化态趋于不稳定的现象，元素铋呈现出惰性电子对效应(Bi 常呈现+3 氧化态)，Bi(Ⅴ)化合物在酸性条件下具有很强的氧化性而不稳定，铋不存在 Bi^{5+}。与电负性较大的元素结合时形成氧化态为+3 或+5 的化合物，最低氧化态为−3。

12.4.2 氮族元素的单质

氮气是无色、无臭、无味的气体，单质主要存在空气中，约占空气体积的 78%。沸点为 77K。微溶于水。常温下化学性质极不活泼，加热时与活泼金属 Li、Ca、Mg 等反应，生成离子型化合物。工业上需要的大量氮气主要来自空气的液化、分馏。

实验室需要的少量氮气制备方法：

$$5NH_4NO_3 \xlongequal{\triangle} 4N_2+9H_2O+2HNO_3$$

磷是人体维持骨骼和牙齿的必要物质。磷有白磷、红磷、黑磷三种同素异形体。白磷又叫黄磷，为白色至黄色蜡性固体，其活性很高，必须储存在水里，人误食 0.1g 白磷就会中毒死亡。白磷在没有空气的条件下，加热到 250℃或在光照下就会转变成红磷。红磷无毒，加热到 400℃以上才着火。在高压下，白磷可转变为黑磷，它具有层状网络结构，能导电，是磷的同素异形体中最稳定的。

砷(俗称砒)单质以灰砷、黑砷和黄砷这三种同素异形体的形式存在。黄砷和黑砷由 As_4 构成，黄砷由砷蒸气聚冷而成，在光照下转变为灰砷；黑砷常温下能稳定存在；灰砷具有金属性。锑有多种同素异形体，最稳定的是银白色金属型锑(α-Sb)，层状结构；迅速冷却锑蒸气得到黄锑，还有黑锑等，金属型铋(α-Bi)具有银白色金属光泽；具有层状结构。砷元素广泛存在于自然界，砷与其化合物被运用在农药、除草剂、杀虫剂中。

12.4.3 氮的化合物

12.4.3.1 氮的氢化物

(1) 氨(NH_3)

NH_3 的分子构型为三角锥形，如图 12-7 所示，中心 N 原子采用 sp^3 杂化，NH_3 分子中包含孤电子对，是强极性分子，易形成氢键，中心 N 原子为最低氧化数(−3)。

性质：

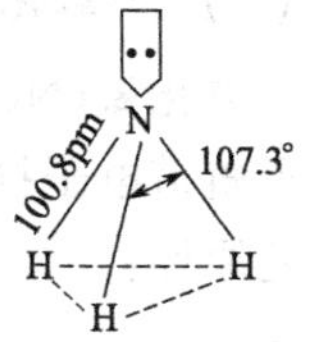

图 12-7 NH_3 的分子构型

① 易溶于水，易形成一元弱碱：

$$NH_3+H_2O \rightleftharpoons NH_3\cdot H_2O \rightleftharpoons NH_4^+ + OH^-$$

② 强还原性

$$4NH_3+3O_2(\text{纯}) = 2N_2+6H_2O$$

$$4NH_3+5O_2(\text{空气}) \xlongequal{Pt} 4NO+6H_2O$$

$2NH_3+3Cl_2 = 6HCl+N_2$ 可用于检验 Cl_2 管道是否漏气。

③ 加合反应(配位反应)

$$H^+ + NH_3 = NH_4^+$$

$$Ag^+ + 2NH_3 = [Ag(NH_3)_2]^+$$

④ 取代反应

$$2NH_3+2Na \xlongequal{570℃} 2NaNH_2+H_2$$

还可生成二取代产物，如 Ag_2NH，以及三取代产物，如 Li_3N。

氮的氢化物中还有联氨(肼 N_2H_4)、羟胺(NH_2OH)和叠氮酸(HN_3)等。N_2H_4 可视为 NH_3 分子中的一个 H 原子被—NH_2 取代后的衍生物；NH_2OH 可视为 NH_3 中的一个 H 被—OH 所取代后的衍生物。

(2) 铵盐

铵盐一般为无色晶体，绝大多数易溶于水，易水解，热稳定性差。铵盐在晶型、颜色、溶解度等方面都与相应的钾盐和铷盐类似。

① NH_4^+ 的结构　N 为 sp^3 杂化，正四面体构型。

② NH_4^+ 的鉴定　法一：石蕊试纸法(红→蓝)；法二：Nessler(奈斯勒)试剂法(K_2HgI_4)，现象：红棕色到深褐色。

挥发性非氧化性酸铵盐热解：

$$NH_4Cl \xlongequal{\triangle} NH_3(g)+HCl(g)$$

$$(NH_4)_2CO_3 \xlongequal{\triangle} 2NH_3(g)+CO_2(g)+H_2O(g)$$

$$NH_4HCO_3 \xlongequal{\triangle} NH_3(g)+CO_2(g)+H_2O(g)$$

非挥发性，非氧化性酸铵盐热解：

$$(NH_4)_3PO_4 \xlongequal{\triangle} 3NH_3(g)+H_3PO_4$$

$$(NH_4)_2SO_4 \xlongequal{\triangle} NH_3(g)+NH_4HSO_4$$

氧化性酸铵盐热解：

$$NH_4NO_2 \xlongequal{\triangle} N_2(g)+2H_2O$$

$$(NH_4)_2Cr_2O_7 \xlongequal{\triangle} N_2(g)+Cr_2O_3(s)+4H_2O$$

$$5NH_4NO_3 \xlongequal{240℃} 4N_2+2HNO_3+9H_2O$$

$$NH_4NO_3 \xlongequal{\triangle} N_2O+2H_2O$$

12.4.3.2 氮的氧化物

氮元素可以有多种价态，所以其氧化物包括：N_2O、NO、N_2O_3、NO_2、N_2O_4、$N_2O_5(s)$。

(1) 一氧化氮(NO)

一氧化氮(NO)是无色气体，水中溶解度较小，分子中含有未成对电子，具有顺磁性。

*分子轨道电子排布式：NO $[KK(\sigma_{2s})^2(\sigma_{2s}^*)^2(\sigma_{2p_x})^2(\pi_{2p_y})^2(\pi_{2p_z})^2(\pi_{2p_y}^*)^1]$。

还原性：
$$2NO+O_2 \longrightarrow 2NO_2$$

$$2NO+Cl_2 \xlongequal{} 2NOCl(\text{氯化亚硝酰})$$

配位反应：
$$Fe^{2+}+NO \xlongequal{} [Fe(NO)]^{2+}$$

(2) 二氧化氮(NO_2)

二氧化氮是有特殊臭味的、有毒的、红棕色气体，低温下，聚合成无色的 N_2O_4 气体。分子结构是 V 形，中心 N 原子采用 sp^2 杂化，形成两个 N—O σ 键，还有 π_3^4 键。

$$2NO_2(\text{红棕色}) \underset{140℃}{\overset{\text{冷却}}{\rightleftharpoons}} N_2O_4(\text{无色})$$

与水反应：

$$3NO_2+H_2O \xlongequal{} 2HNO_3+NO$$

用碱液吸收发生歧化反应：

$$2NO_2+2NaOH \xlongequal{} NaNO_3+NaNO_2+H_2O$$

NO_2 作为氧化剂的产物一般为 NO；作为还原剂的产物为 NO_3^-，主要是作为强氧化剂使用。

12.4.3.3 氮的含氧酸及其盐

(1) 亚硝酸及其盐

图 12-8 是 NO_2^- 的结构，N 采取 sp^2 杂化成键，含有两个 N—O σ 键和一个 π_3^4。

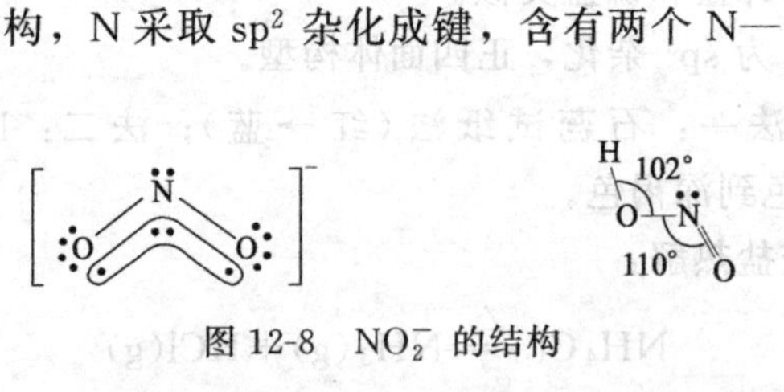

图 12-8 NO_2^- 的结构

HNO_2 不稳定，仅存在于冷的稀溶液中；温度接近 0℃时逐渐分解：

$$2HNO_2 \rightleftharpoons H_2O+\underset{(\text{蓝色})}{N_2O_3} \rightleftharpoons H_2O+NO+NO_2$$

室温下放置有明显的歧化反应发生：

$$3HNO_2 \xlongequal{} HNO_3+2NO+H_2O$$

HNO_2 显示一定的弱酸性，碱金属、NH_4^+ 和碱土金属的亚硝酸盐都是白色晶体，易溶于水，受热时比较稳定(铵盐除外)，碱金属亚硝酸盐直至熔化仍不分解(锂盐除外)。而重金属的亚硝酸盐微溶于水，热分解温度低：

$$AgNO_2\ [淡黄色] \xrightarrow{\geq 100℃} Ag + NO_2$$

$$NH_4NO_2 = N_2 + 2H_2O\ [爆炸分解]$$

HNO_2 和 NO_2^- 的氧化还原能力也与介质的酸碱性、氧化剂与还原剂的特性、浓度及温度等因素有关。酸性介质中，亚硝酸及其盐以氧化性为主，碱性介质中以还原性为主；常见还原产物为 NO，此外还有 N_2O，N_2，NH_4^+ 等；氧化产物通常为 NO_3^-。亚硝酸盐具有很强的毒性，并认为是致癌物。

（2）硝酸和硝酸盐

① 硝酸　图 12-9 是硝酸（HNO_3）及 NO_3^- 的结构图，硝酸及 NO_3^- 中的 N 采取 sp^2 杂化成键，每个 ONO 键角是 120°，存在 1 个 π_3^4，存在分子内氢键，N 的氧化数为＋5。硝酸及 NO_3^- 都是平面型分子。

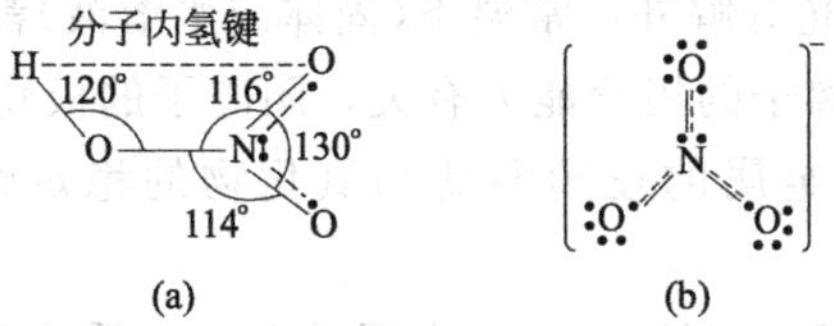

图 12-9　硝酸及 NO_3^- 结构图

纯硝酸是一种无色液体，密度为 $1.53g \cdot cm^{-3}$。浓硝酸含 HNO_3 69%，密度 $1.4g \cdot cm^{-3}$。硝酸挥发而产生白烟——发烟硝酸，溶有过量 NO_2 的浓硝酸产生红烟，且硝酸常带黄色或红棕色。浓硝酸受热、见光都能分解，应储存在棕色试剂瓶中并放于阴凉处。

$$2HNO_3 \xrightarrow{h\nu/受热} 2NO_2 + 1/2O_2 + H_2O$$

HNO_3 最重要的化学特征是氧化性和硝化作用。

氧化作用：HNO_3＋非金属单质⟶相应高价酸＋NO/NO_2

$$10HNO_3 + 3I_2 \xrightarrow{\triangle} 6HIO_3 + 10NO + 2H_2O$$

$$5HNO_3(浓) + As \xrightarrow{\triangle} H_3AsO_4 + 5NO_2 + H_2O$$

$$10HNO_3(浓) + 3I_2 \xrightarrow{\triangle} 6HIO_3 + 10NO + 2H_2O$$

$$6HNO_3(浓) + S \xrightarrow{\triangle} H_2SO_4 + 6NO_2 + 2H_2O$$

$$4HNO_3 + 3C \xrightarrow{\triangle} 3CO_2(g) + 4NO(g) + 2H_2O$$

$$5HNO_3 + 3P + 2H_2O \xrightarrow{\triangle} 3H_3PO_4 + 5NO(g)$$

HNO_3 与金属反应时，硝酸被还原的程度与金属的活泼性和硝酸的浓度有关；除 Au、Pt、Ta、Rh、Ir 等不活泼金属不与 HNO_3 作用外，其余的金属都能与 HNO_3 作用。HNO_3 越稀，金属越活泼，HNO_3 被还原的产物氮的氧化值越低；HNO_3 越稀，氧化性越弱。不活泼的金属与浓硝酸作用主要产物是 NO_2，与稀硝酸（约 $6mol \cdot L^{-1}$）作用，主要产物是 NO。

如，
$$3Cu + 8HNO_3(稀) = 3Cu(NO_3)_2 + 2NO + 4H_2O$$

$$Cu + 4HNO_3(浓) = Cu(NO_3)_2 + 2NO_2 + 2H_2O$$

金属和浓 HNO_3 一旦反应发生，速率就很快，因为生成的 NO_2 对硝酸的氧化反应具催化作用。若加入除去 HNO_2 的物质，如 H_2O_2、$CO(NH_2)_2$ 等，Cu 和 HNO_3 反应速率减慢。作为氧化剂，稀 HNO_3 不同于浓 HNO_3 之处在于稀 HNO_3 的反应速率慢，氧化能力弱，被氧化的物质不能达到最高氧化态。

$$Au+HNO_3(浓)+4HCl \xlongequal{\triangle} H[AuCl_4]+NO+2H_2O$$

$$3Pt+4HNO_3(浓)+18HCl \xlongequal{\triangle} 3H_2[PtCl_6]+4NO+8H_2O$$

Fe、Cr、Al 等和冷、浓的 HNO_3 接触，在金属的表面形成一层致密的氧化物保护膜，从而阻止反应继续进行，这种现象称为金属钝化。

硝酸的硝化作用：$-NO_2$ 取代有机化合物分子中的 H 原子，生成硝基化合物。如，

$$C_6H_6+HNO_3 \xlongequal{H_2SO_4} C_6H_5NO_2+H_2O$$

② 硝酸盐　硝酸根电荷低，对称性高不易变形；大多数硝酸盐是易溶于水的离子晶体；其水溶液几乎没有氧化性，只有酸性介质中才有氧化性。固体硝酸盐在高温时是强氧化剂。硝酸盐中除 Tl^+、Ag^+ 盐见光分解外，常温下(固体或水溶液)都比较稳定。

硝酸盐的热稳定性与阳离子的极化能力有关，阳离子的极化能力愈强，盐愈不稳定；硝酸盐分解反应的产物与相应金属的亚硝酸盐和氧化物的稳定性有关，即与金属的活泼性有关。

a. 金属活泼性位于 Mg(除 Li 外)之前的金属硝酸盐，受热分解生成亚硝酸盐和氧气。

$$2NaNO_3(s) \xlongequal{\triangle} 2NaNO_2+O_2$$

$$Ca(NO_3)_2 \xlongequal{\triangle} Ca(NO_2)_2+O_2$$

b. 金属活泼性位于 Mg～Cu 间(包括 Mg、Cu 以及 Li、Be)的硝酸盐，分解生成金属氧化物、NO_2 及 O_2。

$$2Pb(NO_3)_2 \xlongequal{\triangle} 2PbO+4NO_2+O_2$$

$$4LiNO_3 \xlongequal{\triangle} 2Li_2O+4NO_2+O_2$$

c. 金属活泼性位于 Cu 以后的金属硝酸盐，热分解生成金属单质、NO_2 和 O_2。

$$2AgNO_3 \xlongequal{\triangle} 2Ag+2NO_2+O_2$$

$$Hg_2(NO_3)_2 \xlongequal{100℃} 2HgO+2NO_2$$

$$2HgO \xlongequal{300℃} 2Hg+O_2$$

d. 若硝酸盐的金属阳离子有还原性，分解过程中，阳离子被氧化。

$$NH_4NO_3 \xlongequal{>200℃} N_2O+2H_2O$$

$$2NH_4NO_3 \xlongequal{>300℃} 2N_2+O_2+4H_2O$$

$$Sn(NO_3)_2 \xlongequal{\triangle} SnO_2+2NO_2$$

$$4Fe(NO_3)_2 \xlongequal{\triangle} 2Fe_2O_3+8NO_2+O_2$$

$$Mn(NO_3)_2 \xlongequal{\triangle} MnO_2+2NO_2$$

③ 亚硝酸、硝酸及其盐的性质对比　酸性：$HNO_3>HNO_2$；氧化性：亚硝酸的氧化能力在稀溶液时比 NO_3^- 还强，这一点从它们在酸性溶液中的标准电极电势值可以看出：

$$\varphi^{\ominus}(HNO_2/NO)=1.0V \quad \varphi^{\ominus}(NO_3^-/NO)=0.96V$$

热稳定性：$HNO_3>HNO_2$；活泼金属的盐：$MNO_2>MNO_3$。

12.4.4 磷的化合物

（1）磷的含氧酸

表12-1列出了磷的各种氧化态的含氧酸，磷的各种氧化态的含氧酸中P原子均采用sp^3杂化。酸性：$(HPO_3)_n > H_4P_2O_7 > H_3PO_2 > H_3PO_3 > H_3PO_4$。

表12-1 磷的各种氧化态的含氧酸

名称	磷酸	焦磷酸	三聚磷酸	聚偏磷酸	连二磷酸
化学式	H_3PO_4	$H_4P_2O_7$	$H_5P_3O_{10}$	$(HPO_3)_n$	$H_4P_2O_6$
氧化态	+5	+5	+5	+5	+4
名称	亚磷酸	焦亚磷酸	偏亚磷酸	次磷酸	过二磷酸
化学式	H_3PO_3	$H_4P_2O_5$	HPO_2	H_3PO_2	$H_4P_2O_8$
氧化态	+3	+3	+3	+1	+6

纯净的H_3PO_4为无色晶体，熔点42.3℃，是高沸点的中强酸，无氧化性，能与水以任何比例混溶。磷酸浓溶液具有较大的黏度，这与溶液中存在氢键有关，H_3PO_4不具有氧化性。磷酸根离子（PO_4^{3-}）具有很强的配位能力，能与许多金属离子生成可溶性的配合物。如，Fe^{3+}可以和PO_4^{3-}生成无色的可溶性的配合物$[Fe(PO_4)_2]^{3-}$和$[Fe(HPO_4)_2]^-$，利用PO_4^{3-}的这一性质，分析化学上常用磷酸盐掩蔽铁离子（Fe^{3+}）。

H_3PO_4经强热发生脱水作用，缩合形成焦磷酸、聚磷酸、聚偏磷酸：

$$2H_3PO_4 = H_4P_2O_7 + H_2O$$
$$3H_3PO_4 = H_5P_3O_{10} + 2H_2O$$
$$nH_3PO_4 = nH_2O + (HPO_3)_n$$

同一氧化态的含氧酸中，聚合度越高，酸性越强：

$$(HPO_3)_n > H_4P_2O_7 > H_3PO_4$$

一般含氧酸酸性随成酸元素氧化值增大而增强；但H_3PO_3、H_3PO_2酸性强于H_3PO_4，与这一规律不符。

（2）磷酸盐

大多数$M_3^IPO_4$和$M_2^IHPO_4$难溶（除K^+、Na^+、NH_4^+），且$pH>7$；大多数$M^IH_2PO_4$易溶，且$pH<7$。

*12.4.5 砷分族元素

（1）砷分族元素概述

砷分族的次外层为$(n-1)s^2(n-1)p^6(n-1)d^{10}$，它们的阳离子为$18e^-$或$(18+2)e^-$结构，具有较强的极化作用和变形性，都是亲硫元素，自然界中常以硫化物形式存在。氧化态+3的化合物大部分是共价型的，+5氧化态的化合物都是共价型的。砷分族+5氧化态化合物氧化性较强，易被还原成M(Ⅲ)；Bi(Ⅴ)的化合物是强氧化剂。简单的M^{3+}只有Bi^{3+}和Sb^{3+}存在于少数几种盐的晶体中，在水溶液中易水解成金属氧基离子MO^+，不存在M^{5+}。

（2）砷、锑、铋的单质

砷、锑、铋的熔点较低，随着半径增大，金属键减弱，熔点依次降低。锑、铋其固体的导电性、导热性比相应元素液态的导电、导热性差。说明其熔融态比固态的金属特征更为显著。

常温下砷、锑、铋在水和空气中较稳定，不和非氧化性稀酸作用，但与硝酸和王水等反应。高温下砷、锑、铋可与许多非金属作用。

砷、锑与稀硝酸反应生成+3价化合物 H_3AsO_3 和 $Sb(NO_3)_3$。砷、锑与浓硝酸或过量稀硝酸反应生成+5价化合物 H_3AsO_4 和 $H[Sb(OH)_6]$。铋与硝酸反应只能生成+3价化合物 $Bi(NO_3)_3$。

（3）砷、锑、铋的氢化物(AsH_3、SbH_3、BiH_3)

砷分族的氢化物 MH_3 都是有毒且不稳定的无色气体，$\Delta_f H_m^\ominus > 0$，从 As→Sb→Bi，$\Delta_f H_m^\ominus$ 增大，氢化物按此顺序稳定性减弱，如 BiH_3 在−45℃即分解，AsH_3、SbH_3 在缺氧条件下受热分解为单质。

$$2MH_3 = 2M + 3H_2 (M = As、Sb)$$

室温下，在空气中自燃：$2MH_3 + 3O_2 = M_2O_3 + 3H_2O (M = Sb、As)$

AsH_3 性质的应用，马氏(Marsh)试砷法：

Zn+盐酸+试样，生成的气体导入热玻璃管，若有砷化物存在，则生成的 AsH_3 在热玻璃上分解形成亮黑色的“砷镜”。

$$As_2O_3 + 6Zn + 12H^+ = 2AsH_3 + 6Zn^{2+} + 3H_2O$$

$$2AsH_3 \overset{\triangle}{=} 2As + 3H_2$$

SbH_3 分解时可在试管壁上形成“锑镜”和“砷镜”，不同的是“锑镜”不溶于 NaClO 中，由此可区别砷和锑，MH_3 都是强还原剂，碱性很弱。

古氏(Gutzeit)试砷法：利用 AsH_3 的强还原性，还原 Ag^+。

$$2AsH_3 + 12AgNO_3 + 3H_2O = As_2O_3 + 12HNO_3 + 12Ag(s)$$

（4）砷、锑、铋的氧化物及其水合物

砷、锑、铋可以形成+3和+5价两种氢氧化物。

① M(Ⅲ)的氧化物对比见表12-2。

表12-2 砷、锑、铋(Ⅲ)氧化物对比

项目	As_2O_3(白) 砒霜、剧毒	Sb_2O_3(白)	Bi_2O_3(黄)
水溶性	微溶两性偏酸	难溶两性	极难溶碱性
晶体结构	分子晶体	分子晶体	离子晶体
常温为	As_4O_6	Sb_4O_6	
对应水合物	$As(OH)_3$，H_3AsO_3 两性偏酸	$Sb(OH)_3$ 两性偏碱	$Bi(OH)_3$ 碱性(微两性)

② M(Ⅴ)的氢氧化物对比见表12-3。

表12-3 砷、锑、铋(Ⅴ)氢氧化物对比

As_2O_5(白)	Sb_2O_5(淡黄)	Bi_2O_5(红棕)
H_3AsO_4	$H[Sb(OH)_6]$	极不稳定
三元中强酸	一元弱酸	

③ 砷、锑、铋的化合物的氧化还原性　M(Ⅲ)的还原性由 As 到 Bi 逐渐减弱。

$$AsO_3^{3-} + I_2 + 2OH^- \xrightarrow{4<pH<9} AsO_4^{3-} + 2I^- + H_2O$$

$$Sb(OH)_4^- + Cl_2 + Na^+ + 2OH^- = Na[Sb(OH)_6](s,白) + 2Cl^-$$

$$Bi(OH)_3 + Cl_2 + 3NaOH = NaBiO_3(s,土黄) + 2NaCl + 3H_2O$$

M(Ⅴ)的氧化性由 As 到 Bi 逐渐增强。

$$H_3AsO_4 + 2I^- + 2H^+ \xrightarrow{强酸性} H_3AsO_3 + I_2 + H_2O$$

$$Na[Sb(OH)_6] + 2I^- + 6H^+ = I_2 + Sb^{3+} + 6H_2O + Na^+$$

$$NaBiO_3 + 6HCl(浓) = Cl_2 + BiCl_3 + NaCl + 3H_2O$$

$5NaBiO_3 + 2Mn^{2+} + 14H^+ = 2MnO_4^- + 5Bi^{3+} + 7H_2O + 5Na^+$（可用于鉴定 Mn^{2+}）

④ 砷、锑、铋的盐

盐类水解：

$$As^{3+} + 3H_2O = H_3AsO_3 + 3H^+$$

$$M^{3+} + Cl^- + H_2O = MOCl(s,白) + 2H^+ \quad M=(Sb、Bi)$$

氧化性(弱)：

$$2Sb^{3+} + 3Sn = 2Sb + 3Sn^{2+}（鉴定\ Sb^{3+}）$$

$$2Bi^{3+} + 3[Sn(OH)_4]^{2-} + 6OH^- = 2Bi + 3[Sn(OH)_6]^{2-}（鉴定\ Bi^{3+}）$$

⑤ 砷、锑、铋的硫化物

As_2S_3（黄，俗名雌黄）和 As_2S_5（黄）、Sb_2S_3（橙）和 Sb_2S_5（橙）、Bi_2S_3（黑），不存在 Bi^{5+} 的硫化物。砷、锑、铋的硫化物均不溶于水和稀酸中，锑、铋的硫化物可以与浓 HCl 配位溶解（As_2S_3、As_2S_5 不溶）：

$$Sb_2S_3 + 12Cl^- + 6H^+ = 2[SbCl_6]^{3-} + 3H_2S$$

$$Bi_2S_3 + 8Cl^- + 6H^+ = 2[BiCl_4]^- + 3H_2S$$

$$Sb_2S_5 + 12Cl^- + 10H^+ = 2[SbCl_6]^- + 5H_2S$$

碱溶：NaOH

$$M_2S_3 + 6OH^- = MO_3^{3-} + MS_3^{3-} + 3H_2O$$

$$4M_2S_5 + 24OH^- = 3MO_4^{3-} + 5MS_4^{3-} + 12H_2O$$

（M=As，Sb），Bi_2S_3 不溶于碱。

溶于 Na_2S：

$$M_2S_3 + 3S^{2-} = 2MS_3^{3-} \quad (M=As、Sb)$$

$$M_2S_5 + 3S^{2-} = 2MS_4^{3-} \quad Bi_2S_3\ 不溶$$

12.5 氧族元素

12.5.1 氧族元素概述

氧族元素是位于元素周期表上第ⅥA 族元素，包含氧(O)、硫(S)、硒(Se)、碲(Te)、钋(Po)五种元素，其中钋为金属，碲为准金属，氧、硫、硒是典型的非金属元素。

12.5.2 氧的化合物

过氧化氢分子结构示意图如图 12-10 所示，过氧化氢分子中两个 O 都是 sp^3 杂化。

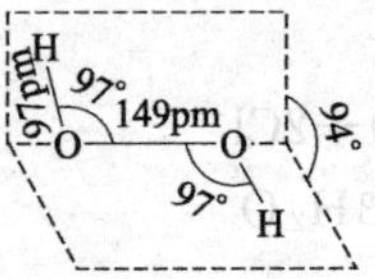

图 12-10　过氧化氢分子结构图

(1)弱酸性

$$H_2O_2 \rightleftharpoons HO_2^- + H^+,\ K_{a_1} = 2.2\times10^{-12}$$

(2)不稳定性

$$2H_2O_2 = 2H_2O + O_2,\ \Delta_r H_m^{\ominus} = -196\mathrm{kJ\cdot mol^{-1}}$$

(3)氧化还原性

$$\varphi_A^{\ominus}/V \quad O_2 \xrightarrow{0.6824} H_2O_2 \xrightarrow{1.776} H_2O$$

$$\varphi_B^{\ominus}/V \quad O_2 \xrightarrow{-0.076} HO_2^- \xrightarrow{0.878} OH^-$$

氧化性(主)：$H_2O_2 + 2H^+ + 2I^- = 2H_2O + I_2$

$$4H_2O_2 + PbS(s,黑) = PbSO_4(s,白) + 4H_2O$$

$$3H_2O_2 + 2CrO_2^- + 2OH^- = 2CrO_4^{2-} + 4H_2O$$

还原性：

$$5H_2O_2 + 2MnO_4^- + 6H^+ = 2Mn^{2+} + 5O_2 + 8H_2O$$

$$Cl_2 + H_2O_2 = 2HCl + O_2$$

12.5.3 硫的化合物

12.5.3.1 金属硫化物

可分为三大类：可溶型、水解型和难溶型。金属硫化物在酸中的溶解情况见表 12-4。

碱金属、碱土金属(BeS 除外)及硫化铵属可溶型硫化物，可溶型硫化物溶液由于硫离子的强烈水解而呈现强碱性。如，

$$Na_2S + H_2O = NaHS + NaOH$$

部分高价金属硫化物在水中完全水解：

$$Al_2S_3 + 6H_2O = 2Al(OH)_3\downarrow + 3H_2S\uparrow$$

$$Cr_2S_3 + 6H_2O = 2Cr(OH)_3\downarrow + 3H_2S\uparrow$$

因此，Al_2S_3、Cr_2S_3 在水溶液中不存在。

其余大多难溶，且具特征颜色：(大多数为黑色，少数需要特殊记忆)SnS 棕、SnS_2 黄、As_2S_3 黄、As_2S_5 黄、Sb_2S_3 橙、Sb_2S_5 橙、MnS 肉、ZnS 白、CdS 黄。

稀酸溶解：MnS，FeS，CoS，NiS，ZnS：

$$MS + 2H^+ \rightleftharpoons M^{2+} + H_2S(g)$$

配位酸溶解(浓 HCl)：

$$SnS + 2H^+ + 4Cl^- \rightleftharpoons [SnCl_4]^{2-} + H_2S$$

$$SnS_2 + 4H^+ + 6Cl^- \rightleftharpoons [SnCl_6]^{2-} + 2H_2S$$

$$PbS + 2H^+ + 4Cl^- \rightleftharpoons [PbCl_4]^{2-} + H_2S$$

$$Sb_2S_3 + 6H^+ + 12Cl^- \rightleftharpoons 2[SbCl_6]^{3-} + 3H_2S$$

$$Sb_2S_5 + 10H^+ + 12Cl^- \rightleftharpoons 2[SbCl_6]^- + 5H_2S$$

$$Bi_2S_3+6H^++8Cl^- \rightleftharpoons 2\ [BiCl_4]^-+3H_2S$$

$$CdS+2H^++4Cl^- \rightleftharpoons [CdCl_4]^{2-}+H_2S$$

表 12-4 金属硫化物在酸中的溶解情况

溶稀盐酸	MnS(肉色)；ZnS(白色)；FeS(黑色)；CoS(黑色)；NiS(黑色)
	$MS+2HCl = MCl_2+H_2S\uparrow$
溶浓盐酸	SnS(褐)；PbS(黑)；CdS(黄)；SnS_2(黄)；Sb_2S_3(橙红)；Bi_2S_3(黑)
	$PbS+4HCl = H_2[PbCl_4]+H_2S\uparrow$
溶浓硝酸	CuS(黑色)；Cu_2S(黑色)；Ag_2S(黑色)；As_2S_3(黄)；As_2S_5(黄)
	$CuS+10HNO_3 = Cu(NO_3)_2+H_2SO_4+8NO_2\uparrow+4H_2O$
溶王水	HgS(黑色)
	$3HgS+2HNO_3+12HCl = 3H_2[HgCl_4]+3S\downarrow+2NO\uparrow+4H_2O$

12.5.3.2 硫的含氧酸及其盐

(1) 二氧化硫、亚硫酸及其盐

① SO_2 的结构 SO_2 分子中 S 采用 sp^2 杂化，有 2 个 σ 键，1 个 π_3^4，∠OSO＝119.5°，S—O 键长 143.2pm，SO_2 是极性分子，见图 12-11。

② SO_2 的性质 气体、无色，有强烈刺激性气味，易溶于水。

③ H_2SO_3 的性质 二元中强酸(只存在水溶液中)。

$H_2SO_3 \rightleftharpoons H^++HSO_3^-$ $K_{a_1}=1.3\times10^{-2}$

$HSO_3^- \rightleftharpoons H^++SO_3^{2-}$ $K_{a_2}=6.1\times10^{-8}$

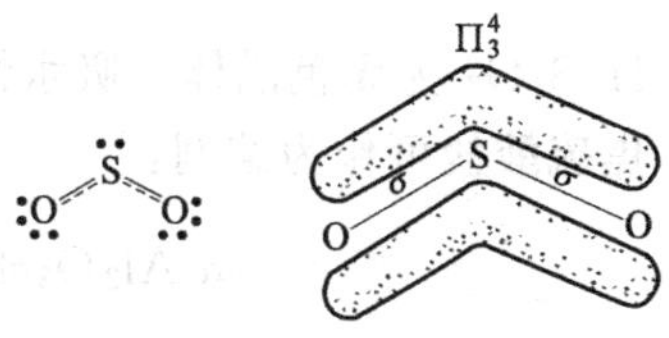

图 12-11 SO_2 分子结构示意图

氧化性：$H_2SO_3+2H_2S = 3S+3H_2O$

还原性(主)：

$$\varphi_A^\ominus(SO_4^{2-}/H_2SO_3)=0.17V,\ \varphi_B^\ominus(SO_4^{2-}/SO_3^{2-})=-0.92V$$

$$H_2SO_3+I_2+H_2O = H_2SO_4+2HI(Cl_2,Br_2)$$

$$2H_2SO_3+O_2 = 2H_2SO_4$$

$$2MnO_4^-+5SO_3^{2-}+6H^+ = 2Mn^{2+}+5SO_4^{2-}+3H_2O$$

具有漂白作用——使品红褪色。

(2) 硫酸及其盐

H_2SO_4 是二元强酸，分子中的 S 是 sp^3 杂化。

浓 H_2SO_4 的性质：具有强吸水性可作干燥剂；具有强脱水性，可从纤维、糖中夺取水，使其碳化。

浓 H_2SO_4 具有强氧化性。

与活泼金属反应：

$$3Zn+4H_2SO_4(浓) = 3ZnSO_4+S+4H_2O$$

$$4Zn+5H_2SO_4(浓) = 4ZnSO_4+H_2S+4H_2O$$

与不活泼金属：

$$Cu+2H_2SO_4(浓) = CuSO_4+2SO_2+2H_2O$$

与非金属：

$$C+2H_2SO_4(浓) = CO_2+2SO_2+2H_2O$$

$$2P+5H_2SO_4(浓) = P_2O_5+5SO_2+5H_2O$$

$$S+2H_2SO_4(浓)=\!=\!=3SO_2+2H_2O$$

(3) 硫的其他含氧酸及其盐

① 硫代硫酸及其盐　硫代硫酸($H_2S_2O_3$)，极不稳定，尚未制得纯品。硫代硫酸盐$Na_2S_2O_3\cdot 5H_2O$，俗名海波、大苏打。图12-12是硫代硫酸根的结构。

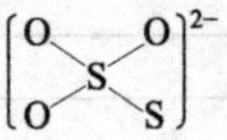

图 12-12　硫代硫酸根的结构

还原性：$2S_2O_3^{2-}+I_2=\!=\!=S_4O_6^{2-}+2I^-$，这也是间接碘量法的反应。

$$S_2O_3^{2-}+4Cl_2+5H_2O=\!=\!=2SO_4^{2-}+8Cl^-+10H^+$$

配位性：

$$AgBr+2S_2O_3^{2-}=\!=\!=[Ag(S_2O_3)_2]^{3-}+Br^-$$

② 焦硫酸及其盐　冷却发烟硫酸时，可以析出焦硫酸晶体

$$SO_3+H_2SO_4=\!=\!=H_2S_2O_7$$

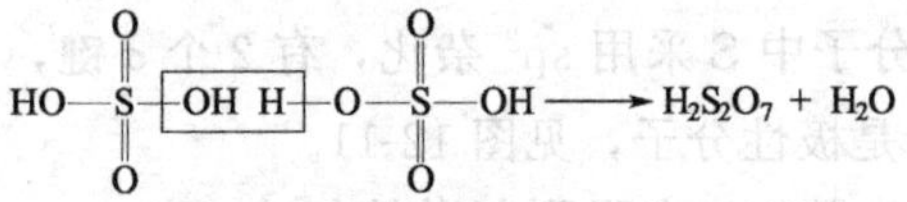

$H_2S_2O_7$为无色晶体，吸水性、腐蚀性比H_2SO_4更强。

焦硫酸盐可作为熔剂：

$$\alpha\text{-}Al_2O_3+3K_2S_2O_7=\!=\!=Al_2(SO_4)_3+3K_2SO_4$$

$$TiO_2+K_2S_2O_7=\!=\!=TiOSO_4+K_2SO_4$$

③ 过硫酸及其盐　过硫酸可以看成过氧化氢中氢被磺酸基取代形成的，取代一个氢是过一硫酸；取代两个氢是过二硫酸。

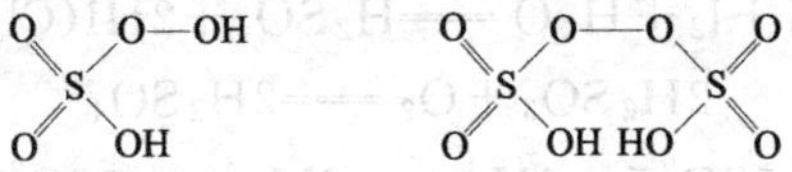

过一硫酸　　过二硫酸

过二硫酸盐：$K_2S_2O_8$，$(NH_4)_2S_2O_8$是强氧化剂，稳定性差。

$$\varphi^{\ominus}(S_2O_8^{2-}/SO_4^{2-})=2.01V$$

$$2Mn^{2+}+5S_2O_8^{2-}+8H_2O\xrightarrow{Ag^+}2MnO_4^-+10SO_4^{2-}+16H^+$$ (Mn^{2+}的鉴定反应)

$$2K_2S_2O_8\xrightarrow{\triangle}2K_2SO_4+2SO_3+O_2$$

④ 连二亚硫酸($H_2S_2O_4$)　可以看是两个失去羟基的亚硫酸分子相连构成的，如下所示：

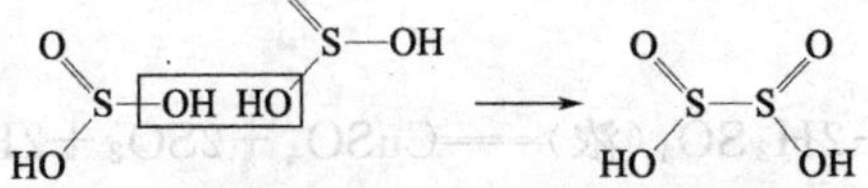

亚硫酸　　连二亚硫酸

它是二元中强酸：　　$K_{a_1}=4.5\times 10^{-1}$

$$K_{a_2}=3.5\times10^{-3}$$

遇水分解：

$$2H_2S_2O_4+H_2O = H_2S_2O_3+2H_2SO_3$$

$$H_2S_2O_3 = S+H_2SO_3$$

连二亚硫酸盐：$Na_2S_2O_4\cdot2H_2O$，俗名保险粉。

还原剂 $Na_2S_2O_4+O_2+H_2O = NaHSO_3+NaHSO_4$

12.6 卤族元素

12.6.1 卤素概述

卤族元素指周期系第ⅦA族元素。包括氟、氯、溴、碘、砹，简称卤素，卤素是最活泼的一族非金属元素，卤素就是“成盐元素”的意思，在自然界只能以化合态的形式存在。氟矿有萤石(CaF_2)、冰晶石(Na_3AlF_6)、磷灰石［$Ca_5F(PO_4)_3$］；氯和溴的盐大量存在于海水中(NaCl、NaBr)。自然界中的碘主要以碘酸钠（$NaIO_3$）的形式存在于智利硝石($NaIO_3$)，碘还富集于海带、海藻中。它们的价电子构型 ns^2np^5，氯、溴、碘三元素的氧化数包括：−1、+1、+3、+5、+7。

12.6.2 卤素单质

卤族元素的单质都是双原子分子，它们的物理性质的改变都是很有规律的，随着分子量的增大，卤素分子间的色散力逐渐增强，颜色变深，它们的熔点、沸点、密度、原子体积也依次递增。卤素单质都有氧化性，单质氧化性从氟到碘逐渐减弱，氟单质的氧化性最强。X_2 都有刺激性；毒性从 F_2 到 I_2 减轻。氟气常温下为淡黄色的气体，有剧毒。氯气常温下为黄绿色气体，可溶于水，1体积水能溶解2体积氯气；与水部分发生反应，生成盐酸(HCl)与次氯酸(HClO)，有毒。液溴，在常温下为深红棕色液体，可溶于水，100g水能溶解约3g溴，挥发性极强，有毒，蒸气强烈刺激眼睛、黏膜等。碘在常温下为紫黑色固体，具有毒性，易溶于汽油、乙醇、苯等溶剂，微溶于水，加碘化物可增加碘的溶解度并加快溶解速度。X_2 化学性质非常活泼，表现具有强氧化性。从 F_2 到 I_2，X_2 的氧化性逐渐减弱，X^- 的还原性逐渐增强，从它们的电极电位很清楚地发现这一点。氧化性顺序：$F_2>Cl_2>Br_2>I_2$。

$$ClO_4^- \xrightarrow{1.21} HClO_2 \xrightarrow{1.64} HClO \xrightarrow{1.63} Cl_2 \xrightarrow{1.358} Cl^-$$

$$BrO_4^- \xrightarrow{1.76} BrO_3^- \xrightarrow{1.50} HBrO \xrightarrow{1.60} Br_2 \xrightarrow{1.065} Br^-$$

$$H_5IO_6 \xrightarrow{1.7} IO_3^- \xrightarrow{1.13} HIO \xrightarrow{1.45} I_2 \xrightarrow{0.535} I^-$$

12.6.3 卤化物

卤化物是卤素与电负性比较小的元素生成的化合物。卤化物分为金属卤化物和非金属卤化物。

(1) 金属卤化物

碱金属、碱土金属(铍除外)和大多数镧系元素的卤化物为离子型；高价金属的卤化物多为共价型；同一金属的不同卤化物，氟化物多为离子型，碘化物多为共价型。不同价态的某一金属，低价态的卤化物常为离子型，高价态的卤化物多为共价型。

如，　　　　NaX，$BaCl_2$，$LaCl_3$ 离子型

$AlCl_3$，$SnCl_4$，$FeCl_3$，$TiCl_4$ 共价型(高氧化值金属)

$AgCl$，$HgCl_2$，共价型(金属离子的极化能力强)

大多数金属卤化物易溶于水，但 $AgCl$、Hg_2Cl_2 难溶，$PbCl_2$ 溶于热水；溴化物、碘化物溶解性同氯化物相似；氟化物特殊，CaF_2 难溶于水；AgF 易溶于水($AgCl$、$AgBr$ 难溶)。

金属卤化物的键型及性质的递变规律：

① 同一周期，从左到右，阳离子电荷数增大，离子半径减小，离子型向共价型过渡，熔沸点下降。

例如：	$NaCl$	$MgCl_2$	$AlCl_3$	$SiCl_4$
沸点/℃	1465	1412	181(升华)	57.6

② 同一金属不同卤素：AlX_3 随着 X 半径的增大，极化率增大，共价成分增多。

例如：	离子键	共价型	共价型	共价型
	AlF_3	$AlCl_3$	$AlBr_3$	AlI_3
沸点/℃	1272	181	253	382

第ⅠA 族的卤化物均为离子键型，随着离子半径的减小，晶格能增大，熔沸点增大。

例如：	NaF	$NaCl$	$NaBr$	NaI
熔点/℃	996	801	755	660

③ 同一金属不同氧化态：高氧化值的卤化物共价性显著，熔沸点相对较低。

例如：	$SnCl_2$	$SnCl_4$	$SbCl_3$	$SbCl_5$
熔点/℃	247	−33	73.4	3.5

金属卤化物对应氢氧化物不是强碱的都易水解，产物为氢氧化物或碱式盐，如：$Sn(OH)Cl$、$SbOCl$、$BiOCl$ 等。

$$BiCl_3 + H_2O = BiOCl\downarrow + 2HCl$$

$$SnCl_2 + H_2O = Sn(OH)Cl\downarrow + HCl$$

$$PCl_3 + 3H_2O = H_3PO_3 + 3HCl$$

$$SiCl_4 + 3H_2O = H_2SiO_3 + 4HCl$$

(2) 非金属卤化物

主要有 BF_3、SiF_4、PCl_5、SF_6，易水解，产物为两种酸：

$$BCl_3 + 3H_2O = H_3BO_3 + 3HCl$$

$$SiCl_4 + 4H_2O = H_4SiO_4 + 4HCl$$

$$PCl_5 + 4H_2O = H_3PO_4 + 5HCl$$

一般情况下：电负性大的元素生成 HX，电负性小的元素生成含氧酸。

12.6.4 卤化氢及氢卤酸

卤化氢皆为无色、有刺激味的气体，暴露在空气中会“冒烟”，这是因为卤化氢与空气中的水蒸气结合成酸雾的缘故。

卤化氢为极性分子，HF 分子的极性最大，这些分子随卤族元素自上而下元素电负性的减弱，极性亦逐渐减弱。所以 HI 分子的极性最小。卤化氢在水中的溶解度很大。卤化氢极易液化，液态卤化氢不导电，卤化氢的水溶液称氢卤酸，除氢氟酸外均为强酸。

氢氯酸俗称盐酸,是最常用的三强酸之一,氢溴酸和氢碘酸也都是强酸,氢氟酸是弱酸,但是氢氟酸还具有很强的腐蚀性:

$$SiO_2 + 4HF = SiF_4\uparrow + 2H_2O$$

$$CaSiO_3 + 6HF = CaF_2 + SiF_4\uparrow + 3H_2O$$

从氟到碘,对应的氢卤酸的还原能力增强,热稳定性降低。还原能力:$I^- > Br^- > Cl^-$,表现在 HCl、HBr 和 HI 都能与氧化剂 MnO_2 反应;HBr、HI 还能与浓 H_2SO_4 反应。

$$2HBr + H_2SO_4(浓) = SO_2 + Br_2 + 2H_2O$$

$$8HI + H_2SO_4(浓) = H_2S + 4I_2 + 4H_2O$$

从氟到碘,对应的氢卤酸的热稳定性降低,热稳定性:HF>HCl>HBr>HI;HI 的热稳定性最差:微热条件下,$2HI = H_2 + I_2$。

12.6.5 卤素的重要含氧酸

卤素可以形成很多种含氧酸:
$HXO(+1)$、$HXO_2(+3)$、$HXO_3(+5)$、$HXO_4(+7)$,X=Cl、Br、I。对同一种卤素来说,它们的酸性、稳定性和氧化性如下:

$$\begin{array}{cccc} +1 & +3 & +5 & +7 \\ HXO & HXO_2 & HXO_3 & HXO_4 \\ 次卤酸 & 亚卤酸 & 卤酸 & 高卤酸 \end{array}$$

$\xrightarrow{\text{酸性(稳定性)增强、氧化性减弱}}$

(1) 氯的各种含氧酸结构式

① 各类卤素含氧酸根的结构(X 为 sp^3 杂化),图 12-13 为各类卤素含氧酸根的结构。

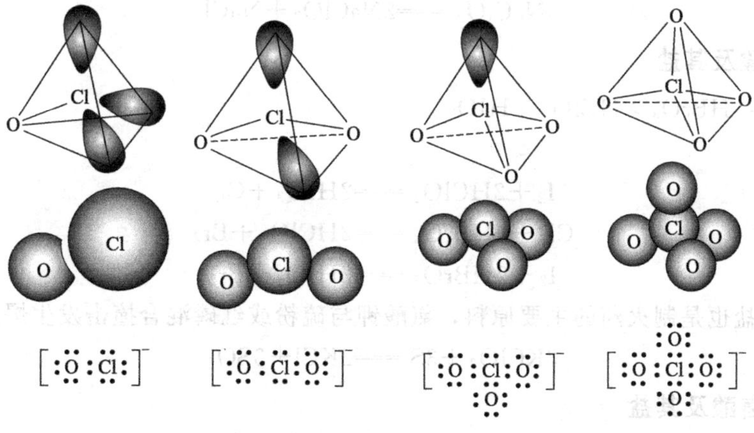

图 12-13 HClO、$HClO_2$、$HClO_3$ 和 $HClO_4$ 空间构型

② 氯的各种含氧酸性质的比较 HClO、$HClO_2$、$HClO_3$ 和 $HClO_4$ 的 pK_a 分别为 7.54、1.94、−2.7、−8。

	HClO	HClO$_2$	HClO$_3$	HClO$_4$
	弱酸	中强酸	强酸	最强酸

电极电势的比较:

	HClO	HClO$_2$	HClO$_3$	HClO$_4$
$\varphi^\ominus$(氧化型/X^-)/V	1.49	1.55	1.45	1.38

可以看出:HClO、$HClO_2$、$HClO_3$ 和 $HClO_4$。从 HClO 到 $HClO_4$ 酸性、稳定性逐渐

增强，氧化性逐渐减弱(除 $HClO_2$)。

(2) 次卤酸

均为一元弱酸，HClO、HBrO 和 HIO 的酸常数为 2.8×10^{-8}、2.6×10^{-9}、2.4×10^{-11}；酸性逐渐减弱，氧化性减弱，稳定性增强。

	HClO	HBrO	HIO
$\varphi^{\ominus}_{(HXO/X^-)}$	1.49V	1.33V	0.99V

次卤酸重要的盐是 NaClO，由 Cl_2 与碱反应得到：$Cl_2+2NaOH \longrightarrow NaClO+NaCl+H_2O$。

常用的漂白粉的有效成分是次卤酸钙，常温下用石灰粉吸收氯气而得到：

$$2Cl_2+3Ca(OH)_2 \longrightarrow Ca(ClO)_2\cdot CaCl_2\cdot Ca(OH)_2\cdot 2H_2O$$

漂白粉遇酸或长期暴露于空气中会失效，因为：

$$Ca(ClO)_2+CO_2+H_2O \longrightarrow CaCO_3+2HClO$$

$$2HClO \longrightarrow 2HCl+O_2$$

$$Ca(ClO)_2+4HCl \longrightarrow CaCl_2+2Cl_2\uparrow+2H_2O$$

次卤酸盐的热稳定性：$ClO^- > BrO^- > IO^-$。

(3) 亚卤酸及其盐

亚卤酸也是一元弱酸，酸性比次卤酸强，同样很不稳定，容易发生歧化反应，它的盐相对较稳定些。比较重要的亚卤酸盐是亚氯酸盐。

纯的亚氯酸盐可由下列反应制备：

$$Na_2O_2+2ClO_2 \longrightarrow 2NaClO_2+O_2$$

固体亚氯酸盐是强氧化剂，加热或敲击可引起爆炸分解：

$$3NaClO_2 \longrightarrow 2NaClO_3+NaCl$$

(4) 卤酸及其盐

氧化能力：$HBrO_3 > HClO_3 > HIO_3$。

表现在：

$$I_2+2HClO_3 \longrightarrow 2HIO_3+Cl_2$$

$$Cl_2+2HBrO_3 \longrightarrow 2HClO_3+Br_2$$

$$I_2+2HBrO_3 \longrightarrow 2HIO_3+Br_2$$

固体氯酸盐也是制火药的主要原料，氯酸钾与硫粉或红磷混合撞击发生爆炸：

$$2KClO_3+3S \longrightarrow 2KCl+3SO_2$$

(5) 高卤酸及其盐

无水 $HClO_4$ 是无色黏稠状液体，H_5IO_6 是白色晶体。

$$KClO_4+H_2SO_4(浓) \longrightarrow KHSO_4\downarrow+HClO_4$$

$Ba_5(IO_6)_2$ 与酸反应制 H_5IO_6：

$$Ba_5(IO_6)_2+5H_2SO_4 \longrightarrow 5BaSO_4\downarrow+2H_5IO_6$$

高卤酸：	$HClO_4$	$HBrO_4$	H_5IO_6
酸性：	最强	强	弱

氧化性

	$HClO_4$	$HBrO_4$	H_5IO_6
$\varphi^{\ominus}(HXO_4/X_2)/V$	1.39	1.59	1.34

$\varphi^{\ominus}(HXO_3/X_2)/V$　　1.47　　1.52　　1.195

可见：氧化性　$HBrO_4 > H_5ClO_6 > H_5IO_6$，而 $HClO_4 < HClO_3$。

重要高卤酸盐：高氯酸盐。高氯酸盐多易溶于水，但 K^+、NH_4^+、Cs^+、Rb^+ 的高氯酸盐的溶解度都很小。

$KClO_4$ 稳定性好，用作炸药比 $KClO_3$ 更稳定。

阅读材料：无机含氧酸的命名规则

常见无机含氧酸的命名：高、正、亚、次、偏、重(chong)、聚、连等。按某元素氧化值不同的系列含氧酸的命名：按成酸元素的氧化值高低顺序冠以"高、正、亚、次"等字命名。最常见的(通常也是最稳定的)一种酸命名为(正)某酸；比正酸中成酸元素氧化值高者称高某酸；比正酸氧化值低者称亚某酸；再低者称次某酸。例如：

$HClO_4$ 高氯酸、$HClO_3$ 氯酸、$HClO_2$ 亚氯酸、$HClO$ 次氯酸；

H_3PO_4 磷酸、H_3PO_3 亚磷酸、H_3PO_2 次磷酸。

某元素含氧酸含化合态水不同的系列的命名：从一分子酸中缩去一分子 H_2O 所得酸，称偏某酸；从两分子酸中缩去一分子 H_2O 所得酸，称焦某酸/重某酸；两个分子以上的同种酸互相聚合缩水所得酸称为同多酸/聚酸。

$$H_3PO_4 \xrightarrow{-H_2O} HPO_3 \text{ [偏磷酸]}$$

$$2H_3PO_4 \xrightarrow{-H_2O} H_4P_2O_7 \text{ [焦磷酸]}$$

$$2H_2CrO_4 \xrightarrow{-H_2O} H_2Cr_2O_7 \text{ [重铬酸/二铬酸]}$$

$$3H_3PO_4 \xrightarrow{-2H_2O} H_5P_3O_{10} \text{ [三聚磷酸]}$$

$$4H_3PO_4 \xrightarrow{-4H_2O} (HPO_3)_4 \text{ [四聚偏磷酸]}$$

同一氧化态的含氧酸中，聚合度越高，酸性越强：$(HPO_3)_n > H_4P_2O_7 > H_3PO_4$；$H_2Cr_2O_7 > H_2CrO_4$。

某酸中引入成酸元素原子间的键合链而成的酸称连酸。如，$HO_3S—SO_3H$ 连二硫酸、$HO_2S—SO_2H$ 连二亚硫酸、$HO_3S—S—S—SO_3H$ 连四硫酸、$H_2O_3P—PO_3H_2$ 连二磷酸等。

习题

1. 判断题

(1)固体铵盐受热分解产物因生成铵盐的酸的性质不同而异。(　　)

(2)由于 HNO_3 具有强氧化性，所有硝酸盐的水溶液也具有强氧化性。(　　)

(3)HNO_3 的浓度越大，其氧化性越强。(　　)

(4)铜与浓 HNO_3 反应生成 NO_2，铜与稀 HNO_3 反应生成 NO，所以稀 HNO_3 的氧化性比浓 HNO_3 强。(　　)

(5)在 KI 水溶液中加入 $NaNO_3$，再加 CCl_4 萃取，CCl_4 层显紫红色。(　　)

(6)氮族元素氢化物的沸点高低的次序为 $NH_3 < PH_3 < AsH_3 < SbH_3 < BiH_3$。(　　)

(7)氮族元素氢化物的碱性强弱次序为 $NH_3 < PH_3 < AsH_3 < SbH_3 < BiH_3$。(　　)

(8)氮族元素氢化物的还原性强弱的次序为 $NH_3 > PH_3 > AsH_3 > SbH_3 > BiH_3$。(　　)

(9)氮族元素氢化物的热稳定性高低次序为 $NH_3 > PH_3 > AsH_3 > SbH_3 > BiH_3$。(　　)

(10)加热 NH_4Cl 和 $NaNO_2$ 的混合溶液可以生成 N_2。(　　)

(11)在任何条件下，P_4O_{10} 与水反应的产物都是 H_3PO_4。(　　)

(12)H_3PO_4 是具有高沸点的三元中强酸，一般情况下没有氧化性。(　　)

(13)NaH_2PO_4、Na_2HPO_4、Na_3PO_4 三种溶液均呈碱性。(　　)

(14)H_3PO_3 是三元弱酸，易发生歧化反应。(　　)

(15)H_3PO_2 是三元弱酸，可以发生歧化反应。(　　)

(16)砷分族最高氧化值为+5。(　　)

(17)砷分族包括 Ge、Sb、Bi 三种元素。(　　)

(18)铋酸钠为土黄色，易溶于水，有强氧化性。(　　)

(19)Bi_2S_5 为黑色硫化物。(　　)

2. 选择题

(1)$NaNO_3$ 受热分解的产物是(　　)。

A. Na_2O，NO_2，O_2　　B. $NaNO_2$，O_2

C. $NaNO_2$，NO_2，O_2　　D. Na_2O，NO，O_2

(2)下列各组气体混合物常温下不能共存于同一密闭容器中的是(　　)。

A. NO 和 NH_3　　B. N_2 和 H_2　　C. N_2 和 O_2　　D. HCl 和 NH_3

(3)下列硝酸盐受热分解，产生相应亚硝酸盐的(　　)。

A. $LiNO_3$　　B. KNO_3　　C. $Cu(NO_3)_2$　　D. $Pb(NO_3)_2$

(4)下列性质中，不能说明 HNO_3 和 H_3PO_4 之间差别的是(　　)。

A. 酸强度　　B. 沸点　　C. 成酸元素的氧化值　　D. 氧化性

(5)下列氮的化合物，酸性最弱的是(　　)。

A. NH_3　　B. HNO_2　　C. N_2H_4　　D. HNO_3

(6)下列硝酸盐受热分解，只能产生一种气体的是(　　)。

A. $Cu(NO_3)_2$　　B. $Pb(NO_3)_2$　　C. $AgNO_3$　　D. $Ba(NO_3)_2$

(7)叠氮酸的分子式为(　　)。

A. N_2H_4　　B. H_3N　　C. HN_3　　D. NH_2OH

(8)酸性介质中，MnO_4^- 与 NO_2^- 的反应产物之一是(　　)。

A. NO　　B. NO_3^-　　C. NH_4^+　　D. NO_2

(9)NO_3^- 中的离域 π 键属于(　　)。

A. π_3^4　　B. π_4^3　　C. π_4^5　　D. π_4^6

(10)NaH_2PO_4 的水溶液呈(　　)。

A. 强碱性　　B. 弱酸性　　C. 弱碱性　　D. 中性

(11)下列各酸中为一元酸的是(　　)。

A. H_3PO_4　　B. H_3PO_3　　C. H_3PO_2　　D. $H_4P_2O_7$

(12)PBr_3 在水中可以(　　)。

A. 反应生成 H_3PO_4 和 HBr　　B. 使水分解为 H_2 和 O_2

C. 反应生成 HBr 及 H_3PO_3　　D. 反应生成 PH_3 及 HBrO

(13)下列氢化物与水反应不产生氢气的(　　)。

A. LiH　　B. SiH_4　　C. B_2H_6　　D. PH_3

(14)下列元素最高氧化值的化合物中，氧化性最强的是(　　)。

A. P(Ⅴ)　　B. As(Ⅴ)　　C. Sb(Ⅴ)　　D. Bi(Ⅴ)

(15)下列氢氧化物能溶于酸但不溶于碱的是(　　)。

A. $Sn(OH)_2$　　B. $Bi(OH)_3$　　C. $Pb(OH)_2$　　D. $Cu(OH)_2$

(16)下列离子在过量 NaOH 溶液中不能生成氢氧化物沉淀的是(　　)。

A. Ca^{2+}　　B. Sb^{3+}　　C. Mg^{2+}　　D. Bi^{3+}

(17)下列硫化物中，不可能存在的是(　　)。

A. Bi_2S_3　　B. Bi_2S_5　　C. Sb_2S_3　　D. Sb_2S_5

(18)下列溶液分别与 Na_2S 溶液混合不生成黑色沉淀的是(　　)。

A. Pb^{2+}　　B. Sb^{3+}　　C. Co^{2+}　　D. Hg^{2+}

(19)下列氢氧化物不为两性的是(　　)。

A. $Pb(OH)_2$　　B. $Sb(OH)_3$　　C. $Be(OH)_2$　　D. $Bi(OH)_3$

(20)下列硫化物既溶于浓盐酸又溶于 Na_2S 的是(　　)。

A. As_2S_5　　B. Bi_2S_3　　C. Sb_2S_3　　D. HgS

(21)下列各组离子在过量 NaOH 溶液中都只能生成氢氧化物沉淀的是(　　)。

A. Ca^{2+}、Bi^{3+}　　B. Sn^{2+}、Mg^{2+}　　C. Sb^{3+}、Bi^{3+}　　D. Pb^{2+}、Sb^{3+}

(22)下列试剂能使酸性 $KMnO_4$ 溶液褪色的是(　　)。

A. Na_3AsO_3　　B. $KClO_3$　　C. PbO_2　　D. NaF

(23)下列各组离子中每种离子分别与过量 NaOH 溶液反应时，都不生成沉淀的是(　　)。

A. Al^{3+}、Sb^{3+}、Bi^{3+}　　B. Be^{2+}、Al^{3+}、Sb^{3+}

C. Pb^{2+}、Mg^{2+}、Be^{2+}　　D. Sn^{2+}、Pb^{2+}、Mg^{2+}

(24)下列各物质在酸性条件下，不能被 $Na_2BiO_3(s)$ 氧化的是(　　)。

A. HClB. Sn^{2+} C. Mn^{2+} D. H [$Sb(OH)_6$]

3. 完成下列反应方程式

(1)$S+2HNO_3$(浓)；(2)$4Zn+10HNO_3$(很稀)；

(3)$3CuS+8HNO_3 \xrightarrow{\triangle}$；(4)$5NO_2^-+2MnO_4^-+6H^+$；

(5)$2NO_2^-+2I^-+4H^+$；(6)$AlCl_3+3H_2O$；

(7)$2AsO_3^{3-}+3H_2S+6H^+$；(8)$SiO_2+Na_2CO_3 \xrightarrow{熔融}$；

(9)$Na_2SiO_3+CO_2+H_2O$；(10)SiO_2+4HF；

(11)$B_2H_6+6H_2O$；(12)$2Al^{3+}+3S^{2-}+6H_2O$；

(13)$Al^{3+}+4OH^-$(过量)；(14)$Al^{3+}+3NH_3\cdot H_2O$(过量)；

(15)$2Al^{3+}+3CO_3^{2-}+3H_2O$

4. 思考题

在 $AgNO_3$ 溶液中滴加 $Na_2S_2O_3$ 溶液时，可观测到先生成白色沉淀，随后沉淀的颜色变深，最后变成黑色。如果往 $Na_2S_2O_3$ 溶液中滴加 $AgNO_3$ 溶液你能观测到什么现象？用化学方程式解释之。

第13章

d区元素

学习要求

① 理解d区元素的特征与其电子结构的关系；
② 掌握第一过渡区钒、铬、锰、铁、钴、镍、铜、锌及其主要化合物的性质；
③ 了解各分族性质递变规律。

13.1 d区元素概述

d区元素包括周期系第ⅢB～ⅦB、Ⅷ、ⅠB和ⅡB元素，不包括镧系和锕系元素。（说明：由于ⅠB和ⅡB的d层是满的，有些教程把ⅠB和ⅡB两族元素称为ds区元素。从本质上讲，ds区是d区元素的一部分，因此本章将第ⅠB、ⅡB两族元素的ds区并为d区元素一起讨论）。

d区元素是元素周期表中的副族元素，都是金属元素。这些元素中具有最高能量的电子是填在d轨道上的。这些元素也被称作过渡金属，它们的价电子层构型：$(n-1)d^{1\sim10}ns^{1\sim2}$。同周期d区元素金属性递变不明显，通常按不同周期将过渡元素分为三个过渡系：将第四周期元素从钪(Sc)到锌Zn称为第一过渡系；将第五周期元素从钇(Y)到镉(Cd)称为第二过渡系；将第六周期元素从镥(Lu)到汞(Hg)称为第三过渡系。在自然界中储量较多的是第一过渡系，且第一过渡系元素的单质比第二、三过渡系元素的单质活泼，它们的单质和化合物在工业上的用途也较广泛。

过渡元素中人体必需的微量元素有铁、锌、铜、铬、锰、钴、镍、钼、钒等。其中有些是蛋白质和酶的关键成分，如铁、铜、锌等；有些在人体内有特殊生理功能；有些是激素不可缺少的成分；有些起激活作用，如，铁使血红蛋白携带氧，供人体活动需要，锌参与促进性腺激素的作用，镍促进胰腺作用，铜使酶具有催化活性，钒、铬、镍等则影响核酸代谢作用。某些过渡元素会影响人体健康，如镉、汞对人体毒害较大，它们进入人体造成积累性中毒。日本发生的"水俣病"和"痛痛病"就是有机汞和含镉废水污染水质而引起的重大中毒事件。人体摄入过量的某些过渡元素也对健康不利，如，锰能引起中毒和肺炎，钼会引起痛风病，镍易使头发变白等。

（1）物理性质

d区元素的物理性质非常相似，除ⅡB族外，过渡元素的单质都是高熔点、高沸点、密度大、导电性和导热性良好的金属。如，铬是最硬的金属，钨是熔点最高的金属，有良好的导热、导电性(如银、铜)，较好的延展性、机械加工性和抗腐蚀性(如金、银)。d 区元素彼此间以及与非过渡金属组成具有多种特性的合金。

(2) d 区元素的化学性质

① 氧化值的多变性　d 区元素最显著的特征之一，是它们有多种氧化值。d 区元素外层 s 电子与次外层 d 电子能级接近，因此 d 与 s 层电子都能参与成键，区别在于，d 电子部分或全部参与成键。表 13-1 是第一过渡系部分元素的氧化数。

表 13-1　第一过渡系部分元素的氧化数

元素	Sc	Ti	V	Cr	Mn	Fe	Co	Ni
氧化态	+3	+2 +3 +4	+2 +3 +4 +5	+2 +3 +6	+2 +3 +4 +6 +7	+2 +3 +6	+2 +3 +4	+2 +3 +4

注：画虚线的表示常见氧化数。

② 与稀酸反应　d 区元素的单质一般都可从稀酸中置换氢，除ⅢB 外其他各族元素自上而下活泼性依次减弱。如，

$$Cr + 2H^+(稀) = Cr^{2+}(蓝) + H_2$$

$$Mn + 2H^+(稀) = Mn^{2+} + H_2$$

③ 氧化物及氢氧化物的碱性　同一周期元素的氧化物及氢氧化物(或水合氧化物)的碱性从左到右逐渐减弱，高氧化态时表现为从碱性到酸性(如 Sc_2O_3 为碱性氧化物，TiO_2 为两性氧化物，CrO_3 是酸酐，Mn_2O_7 在水溶液中是强酸)。在同一族中各元素氧化态相同时自上而下酸性减弱，碱性渐强。同一元素在高氧化态时酸性较强，随着氧化态降低酸性减弱(或碱性增强)。

④ 容易形成配合物　d 区元素与主族元素相比，易形成配合物。因为 d 区元素的离子(或原子)具有能级相近的价电子轨道 [$(n-1)$d、ns、np] 或 [ns、np、nd]，这种构型为接受配体的孤电子对形成配位键创造了条件；同时，由于 d 区元素的离子半径较小，最外层一般为未填满的 d 轨道，而 d 电子对核的屏蔽作用较小，因而有较大的有效核电荷，对配体有较强的吸引力，并对配体有较强的极化作用，所以它们有很强的形成配合物的倾向。

⑤ 第一过渡系金属水合离子的颜色　d 区元素的化合物或离子普遍具有颜色，就第一过渡系元素的水合离子来说，除 d 区电子数为零的 Sc^{3+}、Ti^{4+} 以及 d 电子全满的 Zn^{2+} 外，均具有颜色，而这些水合离子的颜色同它们的 d 轨道未成对电子在晶体场作用下发生跃迁有关。由于 d^{10} 和 d^0 构型的中心离子所形成的配合物，在可见光照射下不发生 d-d 跃迁；而 $d^1 \sim d^9$ 构型的中心离子所形成的配合物，在可见光的照射下会发生 d-d 跃迁，因此呈现出一定的颜色。如，$[Ti(H_2O)_6]^{3+}$ 发生 d-d 跃迁最大吸收峰在 490nm(蓝绿光)处，所以呈紫红色。对于某些具有颜色的含氧酸根离子，如：VO_4^{3-}(淡黄色)、CrO_4^{2-}(黄色)、MnO_4^-(紫色)等，它们的颜色被认为是由电荷迁移引起的。表 13-2 是第一过渡系部分金属水合离子的颜色。

表 13-2 第一过渡系部分金属水合离子的颜色

d电子数	水合离子	水合离子颜色	d电子数	水合离子	水合离子颜色
d^0	$[Sc(H_2O)_6]^{3+}$	无色	d^5	$[Fe(H_2O)_6]^{3+}$	淡紫
d^1	$[Ti(H_2O)_6]^{3+}$	紫	d^6	$[Fe(H_2O)_6]^{2+}$	淡绿
d^2	$[V(H_2O)_6]^{3+}$	绿	d^6	$[Co(H_2O)_6]^{3+}$	蓝
d^3	$[Cr(H_2O)_6]^{3+}$	紫	d^7	$[Co(H_2O)_6]^{2+}$	粉红
d^3	$[V(H_2O)_6]^{2+}$	紫	d^8	$[Ni(H_2O)_6]^{2+}$	绿
d^4	$[Cr(H_2O)_6]^{2+}$	蓝	d^9	$[Cu(H_2O)_6]^{2+}$	蓝
d^4	$[Mn(H_2O)_6]^{3+}$	红	d^{10}	$[Zn(H_2O)_6]^{2+}$	无色
d^5	$[Mn(H_2O)_6]^{2+}$	淡红			

13.2 钛副族和钒副族

13.2.1 钛副族

(1) 钛副族概述

钛副族元素处于周期表第ⅣB族，包括钛 Ti、锆 Zr 和铪 Hf 三种元素。钛在地壳中主要矿石有金红石 TiO_2、钛铁矿 $FeTiO_3$。锆主要矿石有锆英石 $ZrSiO_4$、斜锆石 ZrO_2。元素铪常与锆矿共存。原子的价电子层结构 $(n-1)d^2ns^2$，最稳定的氧化态为+4，其次是+3，而+2 氧化态较少见。化合态的钛，还有可能呈现 0 和−1 的低氧化态。

(2) 钛副族单质

钛副族元素的单质都是有银白色光泽的高熔点金属，熔点均高于铁，并且依周期数增加而升高。钛副族元素的密度也依周期数增加而增大。

(3) 钛副族元素的化学性质

在常温或低温下金属钛是不活泼的，这是因为它的表面生成了一层薄的、致密的、钝性的、能自行修补裂缝的氧化膜，在室温下这种氧化膜不会同酸或碱发生作用。钛能缓慢地溶解在热的浓盐酸或浓硫酸中生成 Ti^{3+}：

$$2Ti + 6HCl(热、浓) = 2TiCl_3 + 3H_2\uparrow$$

$$2Ti + 3H_2SO_4(浓) = Ti_2(SO_4)_3 + 3H_2\uparrow$$

亦可溶于热的硝酸中生成 $TiO_2 \cdot nH_2O$。锆也能溶于热的浓硫酸或王水中。

钛副族元素均可溶于氢氟酸，例如：$Ti + 6HF = [TiF_6]^{2-} + 2H^+ + 2H_2\uparrow$，因为形成配位化合物破坏了表面氧化膜，改变了电极电势，促进金属的溶解。温度高于 600℃时，钛副族金属都很活泼。它们可以通过直接化合生成氧化物、卤化物、氮化物和碳化物等。粉末状的钛副族金属能吸附氢气，并生成 MH_2。钛族元素的氢化物能在空气中稳定存在，且不与水作用。金属钛能在空气中燃烧，且是唯一能在氮气中燃烧的元素。

(4) 钛副族元素的重要化合物

① 氧化物　二氧化钛为白色粉末，俗称钛白粉。自然界中，TiO_2 有三种晶型，分别为金红石、锐钛矿、板钛矿，最常见的是金红石型。所有这些化合物中，Ti 都采取六配位八面体构型，其中金红石的八面体的畸变程度最小。

金红石具有典型的 MX_2 型晶体构型，属四方晶系。其中钛是八面体配位，配位数为 6，氧的配位数为 3。自然界中的金红石是红色或桃红色晶体，有时因含微量的 Fe、Nb、Ta、Sn、Cr 等杂质而呈黑色。

TiO_2 不溶于水或稀酸，但能缓慢地溶于氢氟酸或热浓硫酸中：

$$TiO_2 + 2H_2SO_4(浓) = Ti(SO_4)_2 + 2H_2O$$
$$TiO_2 + 6HF = H_2[TiF_6] + 2H_2O$$

TiO_2 不溶于碱性溶液，但能与熔融的碱作用生成偏钛酸盐：

$$TiO_2 + 2KOH = K_2TiO_3 + H_2O$$

TiO_2 溶于热、浓 H_2SO_4 生成 $TiOSO_4$：

$$TiO_2 + H_2SO_4 = TiOSO_4 + H_2O$$

可见 TiO_2 是两性氧化物。但无论其酸性还是碱性都很弱，因此，K_2TiO_3 和 $TiOSO_4$ 都极易水解，生成 $TiO_2 \cdot nH_2O$。

纯净的 TiO_2 在温度较低时呈白色，受热后则显浅黄色。它是极好的白色涂料，具有折射率高、着色点强、覆盖力大、化学性能稳定、无毒等优点。广泛用于油漆、造纸、塑料、橡胶、化纤、搪瓷等工业，在造纸业中可作为增白剂，高分子化学工业中作为尼龙的退光剂和增白剂。TiO_2 不仅有较强的氧化分解能力，而且自身不分解、几乎可永久地起作用，因此在排气净化、脱臭、水处理、防污等领域有广泛的应用空间。二氧化钛被誉为"环境友好催化剂"。TiO_2 还可作为新型太阳能电池的主要材料。

ZrO_2 至少有两种高温变体，1370K 以上为四方晶型，2570K 以上为立方萤石晶型。ZrO_2 的化学活性低，热膨胀系数也很小，但熔点非常高，因此它是极好的耐火材料。无色透明的立方氧化锆晶体具有与金刚石类似的折射率及非常高的硬度，因此可作为金刚石的替代品用于首饰行业。

② 卤化物

a. 三氯化钛　$TiCl_3$ 水溶液为紫红色，$TiCl_3 \cdot 6H_2O$ 有紫色的 $[Ti(H_2O)_6]Cl_3$ 和绿色的 $[Ti(H_2O)_4Cl_2]Cl \cdot 2H_2O$ 两种异构体。酸性介质中，Ti^{3+} 是比 Sn^{2+} 更强的还原剂：

$$\varphi_A^{\ominus}(TiO_2/Ti^{3+}) = 0.10V$$
$$\varphi_A^{\ominus}(Sn^{4+}/Sn^{2+}) = 0.15V$$

所以 Ti^{3+} 很容易被空气或水所氧化。故保存在酸性溶液中，要在试剂上覆盖乙醚或苯液，并用棕色瓶盛装。

溶液中的 Ti^{3+} 可以用 Fe^{3+} 为氧化剂进行滴定，用 KSCN 作指示剂，当加入稍过量的 Fe^{3+} 时，即生成 $K_3[Fe(SCN)_6]$，表示反应已达到终点。

$$Ti^{3+} + Fe^{3+} + H_2O = TiO^{2+} + Fe^{2+} + 2H^+$$
$$Fe^{3+} + 6SCN^- = [Fe(SCN)_6]^{3-}$$

Ti^{3+} 可以把 $CuCl_2$ 还原成白色的氯化亚铜沉淀：

$$Ti^{3+} + CuCl_2 + H_2O = TiO^{2+} + CuCl + 2H^+ + Cl^-$$

b. 四氯化钛　常温下，$TiCl_4$ 是无色发烟液体，有刺激性气味，极易水解，暴露在潮湿空气中会冒白烟，部分水解生成钛酰氯。

$TiCl_4+H_2O$ ══ $TiOCl_2+2HCl$，利用 $TiCl_4$ 的水解性，可制作烟幕弹。$TiCl_4$ 完全水解生成水合二氧化钛 $TiO(OH)_2$。

③ 钛酸盐　将二氧化钛与碳酸钡一起熔融，可加入氯化钡或碳酸钠作助熔剂，得到偏钛酸钡：

$$TiO_2+BaCO_3 \xlongequal{熔融} BaTiO_3+CO_2$$

偏钛酸钡 $BaTiO_3$，是一种压电材料，具有压电效应，即受到机械压力时两端的表面之间产生电势差。Ti(Ⅳ)的极化能力强，不能从水溶液中得到其含氧酸根的正盐，只能得到水解产物如 $TiOSO_4$ 和 $TiO(NO_3)_2$ 等化合物。

④ 卤素配位化合物　本族元素 M^{4+} 均为典型的 Lewis 硬酸，可与硬碱 F^-、Cl^- 等形成配合物：

$$Ti+6HF = [TiF_6]^{2-}+2H^++2H_2$$

$$TiO_2+6HF = [TiF_6]^{2-}+2H^++2H_2O$$

冶炼中，将锆石英与氟硅酸钾烧结，生成氟锆酸钾：

$$ZrSiO_4+K_2[SiF_6] = K_2[ZrF_6]+2SiO_2$$

* 13.2.2　钒副族元素

(1) 钒副族元素概述

钒副族元素为周期表中第ⅤB族，包括钒 V、铌 Nb、钽 Ta 三种元素，属于稀有金属。原子的价电子构型 $(n-1)d^{3\sim4}ns^{1\sim2}$，最稳定的氧化态为+5。钒的氧化态从−1到+5都存在，铌和钽不但存在最稳定的+5价态，也有低氧化态。

钒在自然界中的矿物主要是绿硫钒矿 VS_2、钒铅矿 $Pb_5(VO_4)_3Cl$ 等。由于化学性质相似，铌和钽总是与多种矿石中共生在一起，如 $(Fe,Mn)M_2O_6$，其中 M＝Nb、Ta。

(2) 钒副族元素的单质

钒、铌、钽熔点较高，且同族中随着周期数增加而升高；三种元素的单质都为银白色、有金属光泽，具有典型的体心立方金属结构。纯净的金属硬度低、有延展性，当含有杂质时则变得硬而脆。

(3) 钒副族元素的化学性质

单质钒在常温下化学活性较低，表面易形成致密的氧化膜而呈钝态。室温下，钒不与空气、水、碱以及除 HF 以外的非氧化性酸发生作用。

钒可以与氢氟酸反应，生成配合物：

$$2V+12HF = 2H_3[VF_6]+3H_2\uparrow$$

高温下钒的活性很高，能同许多非金属反应：

$$4V+5O_2 \xlongequal{>933K} 2V_2O_5$$

$$V+2Cl_2 \xlongequal{\triangle} VCl_4$$

钒能溶于浓 H_2SO_4、HNO_3 和王水等。铌和钽极不活泼，不与除 HF 以外的所有酸作用，但能溶于熔融状态的碱中。

(4) 钒副族元素的重要化合物

① 氧化物　表 13-3 列出了钒副族元素的氧化物。

表 13-3　钒副族元素的氧化物

氧化数	+5	+4	+3	+2
V	V_2O_5	VO_2	V_2O_3	VO
Nb	Nb_2O_5	NbO_2	—	NbO
Ta	Ta_2O_5	TaO_2	—	(TaO)

V_2O_5 颜色由棕黄色到深红色，无臭、无味、有毒、微溶于水。它大约在 670℃ 熔融，冷却时为橙色、正交晶系的针状晶体。V_2O_5 可由 NH_4VO_3 加热分解得到：

$$2NH_4VO_3 = V_2O_5 + 2NH_3\uparrow + H_2O$$

V_2O_5 是以酸性为主的两性氧化物，溶于冷的浓 NaOH 中得到黄色的钒酸根：

$$V_2O_5 + 6OH^- = 2VO_4^{3-} + 3H_2O$$

在热的 NaOH 溶液中生成浅黄色的偏钒酸根：

$$V_2O_5 + 2OH^- = 2VO_3^- + H_2O$$

V_2O_5 氧化性较强，能将浓盐酸氧化成氯气：

$$V_2O_5 + 6HCl = 2VOCl_2 + Cl_2\uparrow + 3H_2O$$

Nb_2O_5 和 Ta_2O_5 都是白色固体，熔点高，很难与酸作用，但和氢氟酸反应能生成配合物：

$$Nb_2O_5 + 12HF = 2HNbF_6 + 5H_2O$$

Nb_2O_5 或 Ta_2O_5 与 NaOH 共熔，生成铌酸盐或钽酸盐：

$$Nb_2O_5 + 10NaOH = 2Na_5NbO_5 + 5H_2O$$

深蓝色的 VO_2 也是两性氧化物，溶于酸生成蓝色的 VO^{2+}，溶于碱生成 $V_4O_9^{2-}$，碱度更高时生成 VO_4^{4-}，颜色由黄到棕。黑色的 V_2O_3 晶体具有刚玉结构，是碱性氧化物。灰色 VO 为非整数比化合物，具有缺陷的 NaCl 结构。

② 含氧酸盐　钒(Ⅴ)可以形成种类繁多的含氧酸盐。如，钒酸盐 VO_4^{3-}、偏钒酸盐 VO_3^-、二聚钒酸盐 $V_2O_7^{4-}$、多聚钒酸 $H_{n+2}V_nO_{3n+1}$ 等。钒(Ⅴ)的存在形式，与体系的 pH 有关，pH 越大，聚合度越低；pH 越小，聚合度越高。

$$VO_4^{3-} \xrightarrow{13.5} V_2O_7^{4-} \xrightarrow{9.5} V_3O_9^{3-}$$
无色　　　　无色　　　　无色

$$\downarrow 7.0$$

$$VO^{2+} \xleftarrow{0.5} V_2O_5 \xleftarrow{2.0} V_{10}O_{28}^{6-}$$
淡黄　　　　红色　　　　橘红

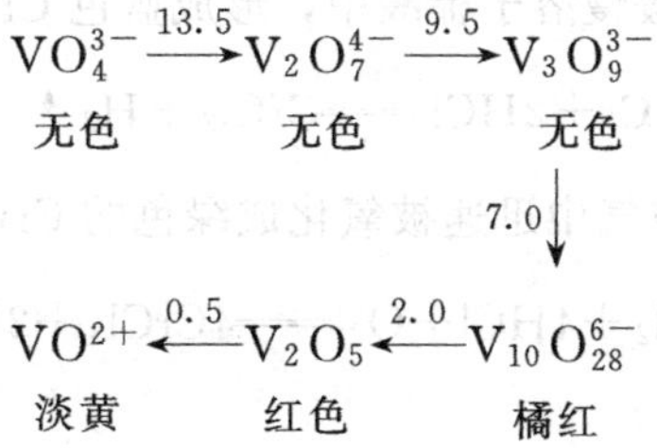

酸性条件下钒酸盐是一个强氧化剂，VO_2^+ 可以被 Fe^{2+}、草酸、酒石酸等还原为 VO^{2+}：

$$VO_2^+ + Fe^{2+} + 2H^+ = VO^{2+} + Fe^{3+} + H_2O\text{(可用于氧化还原容量法测定钒)}$$

$$2VO_2^+ + H_2C_2O_4 + 2H^+ = 2VO^{2+} + 2CO_2 + 2H_2O$$

$$2VO^{2+} + Zn + 4H^+ = 2V^{3+}\text{(绿色)} + Zn^{2+} + 2H_2O$$

$$2VO_2^+ + 3Zn + 8H^+ = 2V^{2+}(\text{紫色}) + 3Zn^{2+} + 4H_2O$$

③ 卤化物　+5 价钒的卤化物中只有 VF_5 能稳定存在，VF_5 为无色液体。+2～+4 价态的卤化物均为已知，且氧化态相同时，随着卤素原子量的增加，卤化物的稳定性下降。钒的卤化物会发生歧化或自氧化还原分解：

$$2VCl_3 = VCl_2 + VCl_4$$

$$2VCl_3 = 2VCl_2 + Cl_2$$

钒的卤化物均有吸湿性，并会水解，且水解趋势随氧化态升高而增加：

$$VCl_4 + H_2O = VOCl_2 + 2HCl$$

铌和钽的五卤化物均为固体，易升华、易水解。钒副族元素的五卤化物气态时都是单体，具有三角双锥结构。

13.3　铬副族和锰副族

13.3.1　铬副族

13.3.1.1　铬副族概述

铬、钼的价电子：$(n-1)d^5ns^1$，钨的价电子：$5d^46s^2$。常见氧化数：铬+3，+6；钼、钨+6。铬的主要矿物是铬铁矿 $Fe(CrO_2)_2$，钼的主要矿物是辉钼矿 MoS_2，钨的主要矿物是黑钨矿 $(Fe,Mn)WO_4$、白钨矿 $CaWO_4$。

13.3.1.2　铬及其化合物

（1）铬单质

铬的单电子多，金属键强，决定了金属铬的熔点高，可达 1907℃，沸点高达 2671℃，也决定了金属铬的硬度极高，是硬度最高的金属。在室温条件下，铬的化学性质稳定，在潮湿空气中不会被腐蚀，保持光亮的金属光泽。高纯度的铬可以抵抗稀硫酸的侵蚀，与硝酸甚至王水作用会使铬钝化。

升高温度，铬的反应活性增强，可与多种非金属，如 X_2、O_2、S、C、N_2 等直接化合，一般生成 Cr(Ⅲ)化合物。铬可缓慢溶于稀酸中，形成蓝色 Cr^{2+}：

$$Cr + 2HCl = CrCl_2 + H_2\uparrow$$

Cr(Ⅱ)的还原性很强，在空气中迅速被氧化成绿色的 Cr(Ⅲ)：

$$4CrCl_2 + 4HCl + O_2 = 4CrCl_3 + 2H_2O$$

Cr 可用于制造不锈钢。

金属铬可以通过铬铁矿 $FeCr_2O_4$ 制取，用焦炭还原可制得铬铁合金：

$$FeCr_2O_4 + 4C = Fe + 2Cr + 4CO\uparrow$$

如果要制取不含铁的铬单质，可将铬铁矿与碳酸钠的混合物加强热，从而生成水溶性的铬酸盐和不溶性的 Fe_2O_3：

$$4FeCr_2O_4 + 8Na_2CO_3 + 7O_2 = 8Na_2CrO_4 + 2Fe_2O_3 + 8CO_2\uparrow$$

之后用水浸取出 Na_2CrO_4，酸化析出重铬酸盐。使重铬酸盐与碳共热还原而得 Cr_2O_3：

$$Na_2Cr_2O_7 + 2C \xlongequal{} Cr_2O_3 + Na_2CO_3 + CO\uparrow$$

然后用铝热法还原 Cr_2O_3 得到金属铬：

$$Cr_2O_3 + 2Al \xlongequal{} 2Cr + Al_2O_3$$

也可以用硅还原 Cr_2O_3 制取金属铬：

$$2Cr_2O_3 + 3Si \xlongequal{} 4Cr + 3SiO_2$$

（2） Cr(Ⅲ)的化合物

① 氧化物和氢氧化物　三氧化二铬（Cr_2O_3）为深绿色固体，熔点很高，难溶于水，常用作绿色染料，俗称铬绿。与 γ-Al_2O_3 相似，Cr_2O_3 具有两性。

可溶于酸：

$$Cr_2O_3 + 3H_2SO_4 \xlongequal{} Cr_2(SO_4)_3 + 3H_2O$$

也可溶于强碱：

$$Cr_2O_3 + 2NaOH + 3H_2O \xlongequal{} 2Na[Cr(OH)_4]$$

向 Cr^{3+} 盐的溶液中加入适量 NaOH 溶液，生成灰蓝色 $Cr(OH)_3$ 沉淀。与 $Al(OH)_3$ 相似，$Cr(OH)_3$ 具有两性，与酸、碱均可以发生反应：

$$Cr(OH)_3 + 3H^+ \xlongequal{} Cr^{3+} + 3H_2O$$

$$Cr(OH)_3 + OH^- \xlongequal{} [Cr(OH)_4]^-$$

$Cr(OH)_3$ 在水中存在如下平衡：

$$\underset{\substack{(\text{紫色})\\ 0.1mol\cdot L^{-1}}}{Cr^{3+}} \underset{H^+}{\overset{OH^-}{\rightleftharpoons}} \underset{\substack{(\text{灰蓝色})\\ pH=4.9\sim6.8}}{Cr(OH)_3} \underset{H^+}{\overset{OH^-}{\rightleftharpoons}} \underset{\substack{(\text{绿色})\\ pH=12\sim15}}{[Cr(OH)_4]^-}$$

② 盐类和配合物　Cr(Ⅲ)与相应 Al(Ⅲ)盐的结晶水个数相同：

$CrCl_3\cdot6H_2O$ 绿色，$AlCl_3\cdot6H_2O$ 白色

$Cr_2(SO_4)_3\cdot18H_2O$ 紫色，$Al_2(SO_4)_3\cdot18H_2O$ 白色

$K_2SO_4\cdot Cr_2(SO_4)_3\cdot24H_2O$ 紫色，$K_2SO_4\cdot Al_2(SO_4)_3\cdot24H_2O$ 白色

$CrCl_3\cdot6H_2O$ 是配位化合物，由于内界的配体不同而有不同的颜色：

$[Cr(H_2O)_6]Cl_3$　紫色

$[Cr(H_2O)_5Cl]Cl_2\cdot H_2O$　浅绿色

$[Cr(H_2O)_4Cl_2]Cl\cdot2H_2O$　深绿色

若 $[Cr(H_2O)_6]^{3+}$ 内界中的 H_2O 逐步被 NH_3 取代后，配离子颜色变化：

$[Cr(H_2O)_6]^{3+}$ 紫　　　　$[Cr(NH_3)_6]^{3+}$ 黄

$\downarrow NH_4^+ / NH_3$　　　　$\uparrow NH_4^+ / NH_3$

$[Cr(NH_3)_2(H_2O)_4]^{3+}$ 紫红　　　　$[Cr(NH_3)_5(H_2O)]^{3+}$ 橙黄

$\downarrow NH_4^+ / NH_3$　　　　$\uparrow NH_4^+ / NH_3$

$$[Cr(NH_3)_3(H_2O)_3]^{3+} \xrightarrow[NH_4^+]{NH_3} [Cr(NH_3)_4(H_2O)_2]^{3+}$$

浅红　　　　　　　　　　橙红

必须注意的是，Cr^{3+}形成氨配合物的反应并不完全，故分离 Al^{3+} 和 Cr^{3+} 时并不采用 $NH_3 \cdot H_2O$ 生成配合物的方法。

③ 其他重要的 Cr(Ⅲ)化合物或配位化合物：

CrF_3	绿	$Cr_2(SO_4)_3 \cdot 5H_2O$	绿
$CrBr_3$	深绿	$[Cr_2(H_2O)_6]Br$	紫
$CrCl_3$	紫	$[Cr_2(NH_3)_6]Br_3$	黄
CrI_3	深绿	$K_3[Cr(CN)_6]$	黄
$Cr(NO_3)_3$	绿	$K_3[Cr(C_2O_4)_3] \cdot H_2O$	红紫
$Cr_2(SO_4)_3$	棕红	$K_3[Cr(NCS)_6] \cdot 4H_2O$	紫

碱性溶液中，Cr(Ⅲ)很容易被 H_2O_2、I_2 等氧化：

$$2Cr(OH)_3 + 3I_2 + 10OH^- = 2CrO_4^{2-} + 6I^- + 8H_2O$$

$$10Cr^{3+} + 6MnO_4^- + 11H_2O = 5Cr_2O_7^{2-} + 6Mn^{2+} + 22H^+$$

酸性溶液中，Cr(Ⅲ)还原性差：

$$Cr_2O_7^{2-} + 14H^+ + 6e^- = 2Cr^{3+} + 7H_2O \quad \varphi_A^\ominus = 1.38V$$

(3) Cr(Ⅵ)的化合物

Cr(Ⅵ)的主要存在形式见表 13-4。

表 13-4　Cr(Ⅵ)的主要存在形式

CrO_4^{2-}	$Cr_2O_7^{2-}$	CrO_3	CrO_2Cl_2
黄色	橙色	红色	深红色

向 $K_2Cr_2O_7$ 饱和溶液中加入过量浓 H_2SO_4，即得到铬酸洗液，同时有 CrO_3 红色针状晶体析出：

$$K_2Cr_2O_7 + 2H_2SO_4(浓) = 2KHSO_4 + 2CrO_3 + H_2O$$

H_2CrO_4 只存在于水溶液中，它的酸性较强：

$$H_2CrO_4 = H^+ + HCrO_4^- \quad K^\ominus = 0.18$$

酸性介质中，$Cr_2O_7^{2-}$ 是强氧化剂，可以将 HBr、HI、H_2S、H_2SO_3 等氧化：

$$K_2Cr_2O_7 + 14HBr = 2CrBr_3 + 2KBr + 3Br_2 + 7H_2O$$

$$Cr_2O_7^{2-} + 3H_2S + 8H^+ = 2Cr^{3+} + 3S\downarrow + 7H_2O$$

加热时，$Cr_2O_7^{2-}$ 可以氧化浓盐酸：

$$K_2Cr_2O_7 + 14HCl = 2KCl + 2CrCl_3 + 3Cl_2\uparrow + 7H_2O$$

$Cr_2O_7^{2-} + 6Fe^{2+} + 14H^+ = 2Cr^{3+} + 6Fe^{3+} + 7H_2O$(该反应可用于定量测定铁含量)

除碱金属、铵、镁的铬酸盐易溶外，其他铬酸盐均难溶。常见的难溶铬酸盐有：Ag_2CrO_4(砖红色)、$PbCrO_4$(黄色)、$BaCrO_4$(黄色)、$SrCrO_4$(黄色)等。

铬酸的难溶盐均溶于强酸。重铬酸盐溶解度远大于铬酸盐，因此，不会生成重铬酸盐沉淀。

$$2Pb^{2+} + Cr_2O_7^{2-} + H_2O = 2PbCrO_4\downarrow + 2H^+$$
$$2Ba^{2+} + Cr_2O_7^{2-} + H_2O = 2BaCrO_4\downarrow + 2H^+$$

*（4）含铬废水的处理

铬的化合物以 Cr(Ⅱ)、Cr(Ⅲ)、Cr(Ⅵ) 的形式存在，其中 Cr(Ⅵ) 毒性最强，Cr(Ⅵ) 对人体具有致癌、致突变的作用，是国际公认的致癌金属物之一，我国对铬排放标准是，$c[Cr(Ⅵ)]<0.5\text{mg·L}^{-1}$，总铬量低于 1.5mg·L^{-1}。

常用的处理方法：

① 药剂还原沉淀法　采用 SO_2、铁粉或者硫酸亚铁为还原剂，之后再转成 $Cr(OH)_3$ 沉淀。

$$3SO_2 + Cr_2O_7^{2-} + 2H^+ = 2Cr^{3+} + 3SO_4^{2-} + H_2O$$
$$Cr_2O_7^{2-} + 6Fe^{2+} + 14H^+ = 2Cr^{3+} + 6Fe^{3+} + 7H_2O$$
$$Cr_2O_7^{2-} + 2Fe + 14H^+ = 2Cr^{3+} + 2Fe^{3+} + 7H_2O$$
$$Cr^{3+} + 3OH^- = Cr(OH)_3\downarrow$$

② 钡盐法　利用溶解积原理，向含铬废水中投加溶度积比铬酸钡大的钡盐或钡的易溶化合物，使铬酸根与钡离子形成溶度积很小的铬酸钡沉淀而将铬酸根除去。废水中残余 Ba^{2+} 再通过石膏过滤，形成硫酸钡沉淀，再利用微孔过滤器分离沉淀物。反应式是：

$$BaCO_3 + H_2CrO_4 = BaCrO_4\downarrow + CO_2 + H_2O$$
$$Ba^{2+} + CaSO_4 = BaSO_4\downarrow + Ca^{2+}$$

③ 离子交换法　离子交换法是借助于离子交换剂上的离子和水中的离子进行交换反应除去水中有害离子。目前在水处理中广泛使用的是离子交换树脂。对含铬废水先调 pH 值，沉淀一部分 Cr^{3+} 后再行处理。将废水通过 H 型阳离子交换树脂层，使废水中的阳离子交换成 H^+ 而变成相应的酸，然后再通过 OH 型阴离子交换成 OH^-，与留下的 H^+ 结合生成水。吸附饱和后的离子交换树脂，用 NaOH 进行再生。

*13.3.1.3　钼、钨及其化合物

（1）钼和钨的单质

钼、钨都是高熔点、高沸点的重金属，可用于制作特殊钢；钨是所有金属中熔点最高的，故被用作灯丝，钼、钨都能溶于硝酸和氢氟酸的溶液中，但钨的溶解非常慢。

（2）钼和钨的含氧化合物

MoO_3 为浅黄色粉末，WO_3 为黄色粉末。MoO_3 和 WO_3 可由金属或硫化物以及低价的氧化物在空气或氧气中加热得到：

$$2MoS_2 + 7O_2 = 2MoO_3 + 4SO_2$$

也可以由含氧酸或其铵盐加热分解得到：

$$H_2MoO_4 = MoO_3 + H_2O$$
$$(NH_4)_2MoO_4 = MoO_3 + 2NH_3 + H_2O$$

钼和钨的氧化物易溶于碱而生成盐：

$$WO_3+2NaOH \longrightarrow Na_2WO_4+H_2O$$

氧化物溶于热的浓氨水，冷却后得到钼酸铵或钨酸铵的结晶：

$$MoO_3+2NH_3+H_2O \longrightarrow (NH_4)_2MoO_4$$

将钼酸盐或钨酸盐溶液调节为强酸性，相应得到黄色的钼酸和白色的钨酸。钼和钨不仅形成简单含氧酸，而且在一定条件下能脱水缩合成多酸(由同种简单含氧酸分子脱水缩合形成的多酸称为同多酸)。通常，在钼酸和钨酸溶液中加入强酸会形成缩合度不等的多钼酸和多钨酸，随着溶液酸度的增加，同多酸的聚合度也增大。如：

$$\underset{\text{正钼酸根}}{[MoO_4]^{2-}} \xrightarrow{pH=6} \underset{\text{仲钼酸根}}{[Mo_7O_{24}]^{6-}} \xrightarrow{pH=1.5\sim2.9} \underset{\text{八钼酸根}}{[Mo_8O_{26}]^{4-}} \xrightarrow{pH<1} \underset{\text{钼酸}}{MoO_3\cdot 2H_2O}$$

13.3.2 锰副族

(1) 锰副族概述

锰族是元素周期表中的第ⅦB，包括：锰 Mn、锝 Tc、铼 Re，价电子层结构：$(n-1)d^5ns^2$。常见氧化数：锰+2；锝、铼+7。本族中，自上而下高氧化态的稳定性递增，低氧化态的稳定性递减。

锰的主要矿物是软锰矿 MnO_2、黑锰矿 Mn_2O_3 和方锰矿 MnO 以及 $MnCO_3$；锝是第一种人造元素，在自然界尚未发现。铼是最后一种被发现的非人造金属元素，属于稀有分散元素。

(2) 锰及其化合物

① 锰的单质　金属锰为银白色，粉末状的锰为灰色。纯锰是通过铝热反应用 Al 还原 MnO_2 或 Mn_3O_4 来制备的：

$$3MnO_2+4Al \longrightarrow 3Mn+2Al_2O_3,$$
$$3Mn_3O_4+8Al \longrightarrow 9Mn+4Al_2O_3$$

室温下，锰对非金属的反应活性不高，但加热时很容易发生反应。在空气中加热生成 Mn_2O_3。高温时，Mn 可以和 X_2、S、C、P 等非金属直接化合。更高温度时，Mn 可和 N_2 直接化合。

锰是活泼金属，能溶解在冷的非氧化性的稀酸中：

$$Mn+2HCl \longrightarrow MnCl_2+H_2\uparrow$$

Mn 在热水中生成 $Mn(OH)_2$ 并放出氢气，这一性质类似于金属镁。

② 锰的化合物

a. Mn(Ⅱ)的化合物　Mn(Ⅱ)的强酸盐易溶，如 $MnSO_4$、$MnCl_2$ 和 $Mn(NO_3)_2$ 等。较浓的 Mn^{2+} 水溶液为粉红色，稀溶液为无色；Mn^{2+} 水合盐多数是粉红色或玫瑰色。

Mn(Ⅱ)的氢氧化物和多数弱酸盐难溶，表 13-5 为 Mn(Ⅱ)的化合物溶度积常数。

表 13-5　Mn(Ⅱ)的化合物溶度积常数 K_{sp}

$MnCO_3$	$Mn(OH)_2$	MnS	MnC_2O_4
白色	白色	绿色	白色
2.3×10^{-11}	1.9×10^{-13}	2.5×10^{-13}	1.7×10^{-7}

易溶于强酸中，这是过渡元素的一般规律。在碱中 Mn(Ⅱ)氧化性较强，易被还原成 Mn(Ⅰ)。

向 Mn^{2+} 溶液加 NaOH 或 $NH_3 \cdot H_2O$ 都能生成碱性、近白色的 $Mn(OH)_2$ 沉淀：

$$Mn^{2+} + 2OH^- \xlongequal{} Mn(OH)_2 \downarrow$$

在酸性溶液中，Mn^{2+} 还原性较弱，只有用强氧化剂 $NaBiO_3$、PbO_2、$(NH_4)_2S_2O_8$ 等，才能将 Mn^{2+} 氧化为 Mn^{7+}：

$$2Mn^{2+} + 5BiO_3^- + 14H^+ \xlongequal{} 2MnO_4^- + 5Bi^{3+} + 7H_2O$$

$$2Mn^{2+} + 5PbO_2 + 4H^+ \xlongequal{} 2MnO_4^- + 5Pb^{2+} + 2H_2O$$

b. Mn(Ⅳ)的化合物　MnO_2 是最常见的 Mn(Ⅳ)化合物，通常情况下，MnO_2 很稳定，不溶于水、稀酸和稀碱，且在酸和碱中均不发生歧化反应。

MnO_2 在强酸中有较强的氧化性，与浓盐酸共热生成氯气：

$$MnO_2 + 4HCl(浓) \xlongequal{} MnCl_2 + Cl_2 \uparrow + 2H_2O$$

在碱性条件下，MnO_2 有还原性，可被氧化至 Mn(Ⅵ)：

$$2MnO_2 + 4KOH + O_2 \xlongequal{} 2K_2MnO_4 + 2H_2O$$

c. Mn(Ⅶ)的化合物　最重要的 Mn(Ⅶ)化合物是高锰酸钾。$KMnO_4$ 紫黑色晶体，其水溶液颜色与浓度有关，按浓度由低到高依次为粉红色、红色、紫红色、紫色、紫黑色。

$KMnO_4$ 是常用的强氧化剂，它的氧化能力和还原产物因介质的酸碱性不同而不同。

酸性：　$2MnO_4^- + 5H_2SO_3 \xlongequal{} 2Mn^{2+} + 5SO_4^{2-} + 4H^+ + 3H_2O$

中性：

$$2MnO_4^- + 3SO_3^{2-} + H_2O \xlongequal{} 2MnO_2 + 3SO_4^{2-} + 2OH^-$$

碱性：

$$2MnO_4^- + SO_3^{2-} + 2OH^- \xlongequal{} 2MnO_4^{2-} + SO_4^{2-} + H_2O$$

因此在高锰酸钾氧化滴定法中，要求在酸性环境下进行。

酸性条件下，$KMnO_4$ 与 $H_2C_2O_4$ 定量反应，用于标定 $KMnO_4$ 溶液的浓度：

$$2MnO_4^- + 6H^+ + 5H_2C_2O_4 \xlongequal{} 2Mn^{2+} + 10CO_2 + 8H_2O$$

$KMnO_4$ 与 Fe^{2+} 定量反应，用于测定 Fe^{2+} 的含量：

$$MnO_4^- + 8H^+ + 5Fe^{2+} \xlongequal{} Mn^{2+} + 5Fe^{3+} + 4H_2O$$

高锰酸盐氧化性强，不稳定，酸性溶液中分解明显：

$$4MnO_4^- + 4H^+ \xlongequal{} 4MnO_2 \downarrow + 3O_2 \uparrow + 2H_2O$$

中性或微碱性溶液中缓慢分解：$4MnO_4^- + 4OH^- \xlongequal{} 4MnO_4^{2-} + O_2 \uparrow + 2H_2O$

在固相中，$KMnO_4$ 的稳定性高于在溶液中，受热时也分解：

$$2KMnO_4 \xlongequal{} K_2MnO_4 + MnO_2 + O_2 \uparrow$$

向试管中加入少量水后摇动试管，试管壁为绿色，说明有 K_2MnO_4 生成。加入大量水后溶液立即变为紫色，因为 K_2MnO_4 歧化，有 $KMnO_4$ 生成。

*（3）铼的化合物

Tc 和 Re 除了含氧离子 TcO_4^- 和 ReO_4^- 之外基本没有水溶液中的离子化合物。Re 在过量的氧中燃烧最终产物是黄色的 Re_2O_7，其熔点为 300℃。

13.4 铁系元素和铂系元素

13.4.1 第Ⅷ族元素概述

第Ⅷ族元素在周期表中是特殊的一族，包含三个周期的九种元素，在九种元素中，虽然也存在着一般的垂直相似性，如铁、钌、锇，但水平相似性比垂直相似性更突出，如铁、钴、镍。因此，为了便于研究，通常把这九种元素分成两组，把位于第 4 周期的铁、钴、镍三种元素称为铁系元素，其余六种元素则称为铂系元素。由于镧系收缩的缘故，位于第 5 周期的钌、铑、钯与位于第 6 周期的锇、铱、铂非常相似而与第 4 周期的铁、钴、镍差别较大。铂系元素被列为稀有元素，和金、银一起称为贵金属，见表 13-6。

表 13-6 第Ⅷ族元素

Fe	Co	Ni	铁系
Ru	Rh	Pd	铂系
Os	Ir	Pt	

13.4.2 铁系元素

（1）铁系元素概述

铁、钴、镍三种元素的最外层都有两个 4s 电子，只是次外层的 3d 电子数不同，分别为 6、7、8，它们的原子半径十分相似，所以它们的性质很相似。铁系元素的原子半径、离子半径、电离势等性质基本上随原子序数的增加而有规律地变化。

由于第一过渡系列元素原子的电子填充过渡到第Ⅷ族时，3d 电子已经超过 5 个，所以它们的价电子全部参加成键的可能性减少，因而铁系元素已经不再呈现出与族数相当的最高氧化态。一般条件下，铁的常见氧化态是＋2 和＋3，与强氧化剂作用，铁可以生成不稳定的＋6 氧化态的高铁酸盐。一般条件下，钴和镍的常见氧化态都是＋2，与强氧化剂作用，钴可以生成不稳定的＋3 氧化态，而镍的＋3 氧化态则少见。铁系元素总结见表 13-7。

表 13-7 铁系元素

项目	Fe(铁)	Co(钴)	Ni(镍)
价电子构型	$3d^64s^2$	$3d^74s^2$	$3d^84s^2$
常见氧化数	+2、+3、+6、(+8)	+2、+3	+2、+3
主要矿物	磁铁矿(Fe_3O_4) 赤铁矿(Fe_2O_3) 黄铁矿(FeS_2)	辉钴矿 (CoAsS) 砷钴矿 ($CoAs_2$)	镍黄铁矿 (NiS·FeS) 硅镁镍矿
主要用途	钢铁工业最重要的产品 和原材料制造合金	制造合金	制造合金 金属制品的保护层

(2) 铁系元素单质

铁系元素单质都是具有金属光泽的白色金属。钴略带灰色。它们的密度都比较大，熔点也比较高，它们的熔点随原子序数的增加而降低，这可能是因为3d轨道中成单电子数按Fe、Co、Ni的顺序依次减少(4、3、2)，金属键依次减弱的缘故。空气和水对钴、镍和纯铁稳定，含杂质铁在潮湿空气中形成棕色铁锈($Fe_2O_3 \cdot xH_2O$)。钴和镍在空气中可形成一层薄而致密的氧化膜。

冷、浓硝酸可使铁、钴、镍钝化，可用铁制品储运浓硝酸；铁能被浓碱溶液侵蚀，钴、镍对浓碱稳定。实验室常用镍坩埚熔融碱性物质。

钴比较硬而脆，铁和镍却有很好的延展性。它们都表现有铁磁性，它们的合金是很好的磁性材料。

(3) 铁系元素化学性质

铁、钴、镍的元素电势图如下：

$$\varphi_A^{\ominus}/V:\ FeO_4^{2-}\ \underline{2.20}\ Fe^{3+}\ \underline{0.771}\ Fe^{2+}\ \underline{-0.44}\ Fe$$

$$Co^{3+}\ \underline{1.92}\ Co^{2+}\ \underline{-0.227}\ Co$$

$$NiO_2\ \underline{1.59}\ Ni^{2+}\ \underline{-0.257}\ Ni$$

由铁系元素的标准电极电势看，它们都是中等活泼的金属。它们的化学性质表现在以下几个方面。

① 与酸反应　在酸性溶液中，Fe^{2+}、Co^{2+}和Ni^{2+}分别是铁、钴、镍离子的最稳定状态。

$$M+2H^+(稀)=\!=\!=M^{2+}(aq)+H_2\ [Co、Ni溶解较慢]$$

空气中的氧能把酸性溶液中的Fe^{2+}氧化成Fe^{3+}，但是不能氧化Co^{2+}和Ni^{2+}成为Co^{3+}和Ni^{3+}。由此看出，高氧化态的铁(Ⅵ)、钴(Ⅲ)、镍(Ⅲ)在酸性溶液中都是很强的氧化剂。

② 与非金属反应　$$Fe+O_2 \xrightarrow{150℃} Fe_2O_3 和 Fe_3O_4$$

$$Co+O_2 \xrightarrow{500℃} Co_3O_4 和 CoO$$

$$2Ni+O_2 \xlongequal{500℃} 2NiO$$

$$M+S \xlongequal{\triangle} MS(M=Fe、Co、Ni)$$

$$2Fe+3X_2 \xlongequal{200\sim300℃} 2FeX_3(X=F、Cl、Br)$$

$$M+Cl_2 \xlongequal{\triangle} MCl_2(M=Co、Ni)$$

$$6Fe+4H_2O(g) \xlongequal{550\sim570℃} 2Fe_3O_4+4H_2(g)$$

$$2Fe+3H_2O(g) \xlongequal{赤热} Fe_2O_3+3H_2(g)$$

(4) 铁系元素的简单化合物

① 氧化物和氢氧化物　表13-8为铁系元素的氧化物总结，氢氧化物见表13-9。

表 13-8　铁系元素的氧化物

氧化物	FeO	Fe_2O_3	Fe_3O_4	CoO	$Co_2O_3^*$	NiO	$Ni_2O_3^*$
颜色	黑色	砖红色	黑色	灰绿	黑色	暗绿	黑色
氧化性					强		强
酸碱性	碱性	两性		碱性	碱性	碱性	碱性

MCO_3 隔绝空气加热生成 MO 和 CO_2(M=Fe、Co、Ni)。

MO 溶于强酸不溶于水和碱：

$$MO+H_2SO_4 \xlongequal{} MSO_4+H_2O(M=Fe、Co、Ni)$$

Co_2O_3 和 Ni_2O_3 在酸性介质中是强氧化剂：

$$M_2O_3+6HCl \xlongequal{} 2MCl_2+Cl_2+3H_2O$$

$$2M_2O_3+4H_2SO_4 \xlongequal{} 4MSO_4+O_2+4H_2O(M=Co、Ni)$$

Fe_3O_4 是一种铁氧体磁性物质，具有高的导电性和反尖晶石结构 $[Fe^{Ⅲ}]_t[Fe^{Ⅱ}Fe^{Ⅲ}]_oO_4$；不溶于水和酸。

$$2Fe(OH)_3 \xlongequal{473K} \alpha-Fe_2O_3+3H_2O$$

α-Fe_2O_3 是顺磁性，用作防锈漆，自然界存在的赤铁矿是 α-Fe_2O_3。

$$Fe_3O_4 \xrightarrow{O_2\ 细心氧化} \gamma-Fe_2O_3(铁磁性,磁性材料)$$

Fe_2O_3 不溶于水能溶于酸和浓热的强碱：

$$Fe_2O_3+6H^+ \xlongequal{} 2Fe^{3+}+3H_2O$$

$$Fe_2O_3+2KOH(浓,热) \xlongequal{} 2KFeO_2+H_2O$$

表 13-9　铁系元素的氢氧化物

氢氧化物	$Fe(OH)_2$	$Fe(OH)_3$	$Co(OH)_2$	$Co(OH)_3$	$Ni(OH)_2$	$Ni(OH)_3$
颜色	白色	棕红色	粉红色	棕褐色	绿色	黑色
氧化还原性	还原性		还原性	氧化性	弱还原性	强氧化性
酸碱性	碱性	两性偏碱	两性偏碱	碱性	碱性	碱性

$$M^{2+}+2OH^- \xlongequal{} M(OH)_2(s)\quad M=Fe、Co、Ni$$

$Co(OH)_3$、$Ni(OH)_3$、Co_2O_3、Ni_2O_3 溶于酸得不到相应的 Co(Ⅲ)和 Ni(Ⅲ)盐，酸介质中，H_2O 被 Ni^{3+}、Co^{3+} 氧化为 O_2：

$$4M^{3+}+2H_2O \xlongequal{} 4M^{2+}+4H^++O_2(M=Co、Ni)$$

因此，$[Co(H_2O)_6]^{3+}$、$[Ni(H_2O)_6]^{3+}$ 不能在水溶液中稳定存在。

综上可以看出：Fe^{2+}、Fe^{3+}、Co^{2+}、Ni^{2+} 可以在水溶液中稳定存在，并且，还原性：Fe(Ⅱ)>Co(Ⅱ)>Ni(Ⅱ)；氧化性：Fe(Ⅲ)<Co(Ⅲ)<Ni(Ⅲ)。

铁系元素 M(Ⅱ)离子与强酸酸根，如 Cl^-、NO_3^-、SO_4^{2-}、ClO_4^- 等生成易溶性盐，从水溶液中结晶出来时，往往带有同数目的结晶水，见表 13-10。

表 13-10　铁系元素 M(Ⅱ)离子的颜色

M^{2+}水合离子颜色	$[Fe(H_2O)_6]^{2+}$ 浅绿色	$[Co(H_2O)_6]^{2+}$ 粉红色	$[Ni(H_2O)_6]^{2+}$ 亮绿色
M^{2+}无水盐颜色	Fe^{2+} 白色	Co^{2+} 蓝色	Ni^{2+} 黄色

M^{2+}与弱酸根，如 CO_3^{2-}、PO_4^{3-}、S^{2-}、$C_2O_4^{2-}$ 等生成难溶盐。

$[M(H_2O)_6]^{2+}$水解程度微弱：

$$[Co(H_2O)_6]^{2+} \rightleftharpoons [Co(OH)(H_2O)_5]^+ + H^+ \qquad K^{\ominus}=10^{-12.20}$$

$$[Ni(H_2O)_6]^{2+} \rightleftharpoons [Ni(OH)(H_2O)_5]^+ + H^+ \qquad K^{\ominus}=10^{-10.64}$$

铁系元素中 Fe(Ⅲ)的盐能稳定存在，Co(Ⅲ)的盐只能存在于固态，稳定性远远低于 Fe(Ⅲ)盐，溶于水迅速分解为 Co(Ⅱ)盐；Ni(Ⅲ)简单的盐只有 NiF_3，加热至 25℃前分解释放出 F_2 和 NiF_2。氧化态为+3 的钴和镍只能存在于固态物质或碱性介质中，或存在于某些配位化合物中。

② 亚硫酸盐和硫酸盐

$$MO + H_2SO_4 = MSO_4 + H_2O\ (M=Fe、Co、Ni)$$

$$MCO_3 + H_2SO_4 = MSO_4 + H_2O + CO_2$$

$$2Ni + 2H_2SO_4 + 2HNO_3 = 2NiSO_4 + NO_2 + NO + 3H_2O$$

$CoSO_4 \cdot 7H_2O$ 为红色，$NiSO_4 \cdot 7H_2O$ 为暗绿色，复盐 $A_2SO_4 \cdot MSO_4 \cdot 6H_2O$。

$A=NH_4^+$，碱金属阳离子；$M=Fe^{2+}$、Co^{2+}、Ni^{2+}。用电解法或用 O_3 或 F_2 对 $CoSO_4$ 氧化，可得到一种蓝色晶体：$Co_2(SO_4)_3 \cdot 18H_2O$，在干燥态比较稳定，但遇水分解释放出 O_2 和 $CoSO_4$。

硫酸亚铁 $FeSO_4 \cdot 7H_2O$(绿矾)：

$$2FeS_2(黄铁矿) + 7O_2 + 2H_2O = 2FeSO_4 + 2H_2SO_4$$

$$Fe_2O_3 + 3H_2SO_4 = Fe_2(SO_4)_3 + 3H_2O$$

$$Fe_2(SO_4)_3 + Fe = 3FeSO_4$$

硫酸亚铁铵 $(NH_4)_2Fe(SO_4)_2 \cdot 6H_2O$(Mohr 盐)：

相比 $FeSO_4$，Mohr 盐不易失水和被空气氧化，这是由于大量的氢键网络保护中心金属离子[参见 F. A. Cotton, Inorg. Chem. 32(1993)，4861-4867]，在分析化学中用以配制 Fe(Ⅱ)的标准溶液。

硫酸铁 $Fe_2(SO_4)_3$：

$$Fe_2O_3 + 3H_2SO_4 = Fe_2(SO_4)_3 + 3H_2O$$

无水硫酸铁是淡黄色固体，常见的水合物有 12 和 9 结晶水(紫色晶体)。

$Fe_2(SO_4)_3$ 在 pH 较小条件下发生水解不产生氢氧化铁沉淀，而是产生一些双聚体离子：$Fe_2(OH)_2^{4+}$，$Fe_2(OH)_4^{2+}$。

③ 卤化物　$FeCl_3$ 有明显的共价性，易溶于水和有机溶剂；易潮解变成 $FeCl_3 \cdot xH_2O$，$x=6$、3、5、2。表 13-11 列举了 Fe、Co 和 Ni 卤化物的热稳定性。

表 13-11 Fe、Co 和 Ni 卤化物的热稳定性

M	MF_3	MCl_3	MBr_3	MI_3
Fe	927℃升华	500℃分解	200℃分解	×
Co	350℃分解	室温分解	×	×
Ni	>25℃分解	×	×	×

$$如,2FeCl_3 \xrightarrow{>500℃,真空} 2FeCl_2 + Cl_2$$

$CoCl_2·6H_2O + H_2SiO_3$ 变色硅胶，卤化镍从溶液中结晶，均带有 6 个结晶水，绿色晶体，灼烧失水可得到无水卤化物；$NiCl_2$ 在有机溶剂的溶解度通常比 $CoCl_2$ 小，由此可分离钴和镍。

④ 硫化物 铁系元素硫化物的 K_{sp} 列于表 13-12。

表 13-12 铁系元素硫化物的 K_{sp}

项目	FeS(黑色)	CoS(黑色)	NiS(黑色)
K_{sp}	6.3×10^{-18}	$4\times10^{-21}(\alpha)$ $2\times10^{-25}(\beta)$	$3.2\times10^{-19}(\alpha)$ $1.0\times10^{-24}(\beta)$ $2.0\times10^{-26}(\gamma)$

铁系元素硫化物不溶于水，新制沉淀溶于稀酸。

$$FeS + 2H^+ = H_2S(g) + Fe^{2+}$$

CoS、NiS 形成后由于晶型转变(α→β)，而不再溶于非氧化性强酸中，仅溶于硝酸。

$$3CoS + 2NO_3^- + 8H^+ = 3Co^{2+} + 3S\downarrow + 2NO + 4H_2O$$

⑤ 配位化合物 $Fe^{2+}(d^6)$、$Fe^{3+}(d^5)$都是很好的形成体，Fe(Ⅱ)常生成八面体或四面体配合物；Fe(Ⅲ)主要形成八面体配合物，在弱场中也可形成四面体，如：$[FeCl_4]^-$。

Fe^{2+}、Fe^{3+}与氨水生成氢氧化物，不生成配合物。

$$Fe^{2+} + 2NH_3·H_2O = Fe(OH)_2\downarrow + 2NH_4^+$$
$$Fe^{3+} + 3NH_3·H_2O = Fe(OH)_3\downarrow + 3NH_4^+$$

a. 与氨的配合物 Fe^{2+}、Fe^{3+} 的无水盐与氨气作用可得到氨的配合物 $[Fe(NH_3)_6]^{2+}$、$[Fe(NH_3)_6]^{3+}$，但遇水即分解：

$$[Fe(NH_3)_6]Cl_2 + 6H_2O = Fe(OH)_2\downarrow + 4NH_3·H_2O + 2NH_4Cl$$
$$[Fe(NH_3)_6]Cl_3 + 6H_2O = Fe(OH)_3\downarrow + 3NH_3·H_2O + 3NH_4Cl$$

$Co^{2+}(d^7)$可分两类：一类是粉红色或紫红色为特征的八面体配合物，另一类是以蓝色为特征的四面体的配合物。

$$CoCl_2 \xrightarrow{适量 NH_3} Co(OH)Cl(s)蓝色 \xrightarrow{过量 NH_3} [Co(NH_3)_6]^{2+}(土黄色)$$
$$\xrightarrow{活性炭,O_2/H_2O_2} [Co(NH_3)_6]^{3+}(橙黄色)$$

$$K_f([Co(NH_3)_6]^{3+}) = 1.6\times10^{35} \gg K_f([Co(NH_3)_6]^{2+}) = 1.28\times10^5$$

$$4[Co(NH_3)_6]^{2+} + O_2 + 2H_2O = 4[Co(NH_3)_6]^{3+} + 4OH^-$$

在盐酸溶液中，Fe^{3+}与Cl^-形成黄色$[FeCl_4]^-$，$FeCl_3·6H_2O$实际上是$[FeCl_2(H_2O)_4]Cl·2H_2O$，随着溶液中Cl^-浓度不同，可以形成$[FeCl]^{2+}$、$[FeCl_2]^+$、$[FeCl_4]^-$等配离子。Fe^{3+}与Br^-形成的配合物是热不稳定的，与I^-不形成配合物。

b. 与硫氰酸根离子(SCN^-)的配合物 $Fe^{3+} + nSCN^- = [Fe(SCN)_n]^{3-n}$(血红色)

这是Fe^{3+}的一个灵敏反应，用来鉴定Fe^{3+}。溶液中Fe^{2+}与SCN^-不发生作用。

$[FeF_3(H_2O)_3]$(无色) $K_f[FeF_3(H_2O)_3] = 1.15\times10^{12}$

$$[Fe(SCN)_6]^{3-}+6F^- = [FeF_6]^{3-}+6SCN^-$$

常用氟化物作 Fe^{3+} 的掩蔽剂。

$$Co^{2+}+4SCN^- \xlongequal{丙酮} [Co(NCS)_4]^{2-}$$（天蓝），用来鉴定 Co^{2+}。

$[Co(SCN)_4]^{2-}+Hg^{2+} = Hg[Co(SCN)_4]\downarrow$，这也是重量法测钴的反应。

c. 铁与氰（CN^-）的配合物 $Fe^{2+}+2CN^- = Fe(CN)_2$(s,白色)

$$Fe(CN)_2+4CN^- = [Fe(CN)_6]^{4-}\ [浅黄色]$$

$K_4[Fe(CN)_6]\cdot 3H_2O$ 为黄色晶体，称为黄血盐，在 373K 失去全部结晶水，为白色粉末。

$$K_4[Fe(CN)_6] \xlongequal{\triangle} 4KCN+FeC_2+N_2$$

$[Fe(CN)_6]^{4-}$ 可以作沉淀剂，在实验室常用它来鉴定 Cu^{2+}：

$$2Cu^{2+}+[Fe(CN)_6]^{4-} = Cu_2[Fe(CN)_6]\ (s,红棕色)$$

$[Fe(CN)_6]^{4-}$ 可以作沉淀剂来鉴定多种金属离子，见表 13-13。

表 13-13 利用 $[Fe(CN)_6]^{4-}$ 鉴定常见金属离子

难溶化合物	K_{sp}	颜色
$Cu_2[Fe(CN)_6]$	1.3×10^{-16}	红棕
$Cd_2[Fe(CN)_6]$	3.2×10^{-17}	白
$Co_2[Fe(CN)_6]$	1.8×10^{-15}	绿
$Mn_2[Fe(CN)_6]$	7.9×10^{-13}	白
$Ni_2[Fe(CN)_6]$	1.3×10^{-15}	绿
$Pb_2[Fe(CN)_6]$	3.5×10^{-15}	白
$Zn_2[Fe(CN)_6]$	4.1×10^{-16}	白

$$4Fe^{3+}+3[Fe(CN)_6]^{4-} = Fe_4^{III}[Fe^{II}(CN)_6]_3(s)\ (布鲁士蓝)$$

该反应用于 Fe^{3+} 的鉴定（酸性条件）。

$$3Fe^{2+}+4[Fe(CN)_6]^{3-} = Fe_4^{III}[Fe^{II}(CN)_6]_3(s)+6CN^-\ (腾氏蓝)$$

该反应用于 Fe^{2+} 的鉴定。

$K_3[Fe(CN)_6]$ 为红色晶体，俗称赤血盐，有毒。$K_4[Fe(CN)_6]\cdot 3H_2O$ 为黄色晶体，称为黄血盐。赤血盐的溶解度比黄血盐大，在碱性介质中有氧化作用，在中性溶液中有微弱的水解：

$$4K_3[Fe(CN)_6]+4KOH\ [浓] = 4K_4[Fe(CN)_6]+O_2+2H_2O$$

$$K_3[Fe(CN)_6]+3H_2O = Fe(OH)_3(s)+3KCN+3HCN$$

$$[Fe(CN)_6]^{4-}\ [\lg K_f=35];\ [Fe(CN)_6]^{3-}\ [\lg K_f=42],$$

$[Fe(CN)_6]^{4-}$ $[\lg k_f=35]$；$[Fe(CN)_6]^{3-}$ $[\lg k_f=42]$，但是处理含 CN^- 废水时，常选用 Fe^{2+} 盐，这是因为 $[Fe(CN)_6]^{4-}$ 在动力学是惰性的，很难与水中其他配体交换，CN^- 难以解离；$[Fe(CN)_6]^{3-}$ 在动力学上是活性的，使得 $[Fe(CN)_6]^{3-}$ 的二次毒性大。因此处理含 CN^- 废水时，常选用 Fe^{2+} 盐。

向 $FeCl_3$ 溶液中加入磷酸，溶液由黄色变为无色，生成了无色的 $[Fe(PO_4)_3]^{6-}$、$[Fe(HPO_4)_3]^{3-}$ 配离子，常用于分析化学中对 Fe^{3+} 的掩蔽。

$$Co^{2+}(aq) \xrightarrow{KCN} Co(CN)_2\downarrow(浅棕色) \xrightarrow{KCN} K_4[Co(CN)_6]\ (紫色)$$

$[Co(CN)_6]^{4-}$ 具有强的还原性：$2[Co(CN)_6]^{4-}+2H_2O = 2[Co(CN)_6]^{3-}+2OH^-+H_2$

d. 与 CO 分子的配合物 金属羰基化合物是金属特别是过渡元素与中性配体 CO 分子

形成的一类化合物，如 $Ni(CO)_4$。在这类化合物中，金属原子处于低氧化态(氧化态为 0 或负值)，存在 σ 配键和反馈 π 键。

$$Fe(活性粉)+5CO \xlongequal{200℃} Fe(CO)_5(黄色)$$

$Fe(CO)_5$：三角双锥，抗磁性。羰基化合物的熔点、沸点比一般常见的金属化合物低，易挥发、受热分解为金属和 CO，常用于分离和提纯金属。羰基化合物有毒，吸入羰基化合物后，血红素便与 CO 相结合，并把胶态金属带到全身各器官，这种中毒很难治疗，因此，制备羰基化合物必须在与外界隔离的密封容器中进行。

e. 与有机配体的螯合物　Fe^{2+} 与 1，10-二氮菲(phen)作用生成红色配合物，$[Fe(phen)_3]^{2+}$ 在水溶液中为红色，通过氧化可以转化为蓝色的 $[Fe(phen)_3]^{3+}$，利用这种颜色变化，可以作为氧化还原滴定的指示剂。

Ni^{2+} 和丁二肟作用生成鲜红色配合物二(丁二肟)合镍：

$$Ni^{2+}+2DMG(丁二肟)+2NH_3 = Ni(DMG)_2(s)(鲜红色)+2NH_4^+$$

该反应可用于 Ni^{2+} 离子的鉴定。

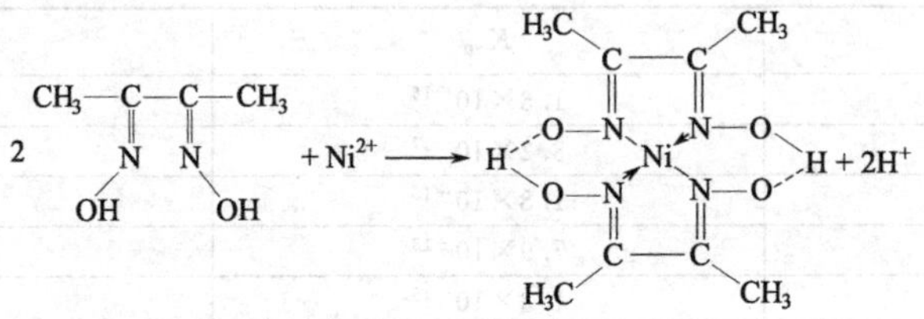

二(丁二肟)合镍的结构如图 13-1 所示。

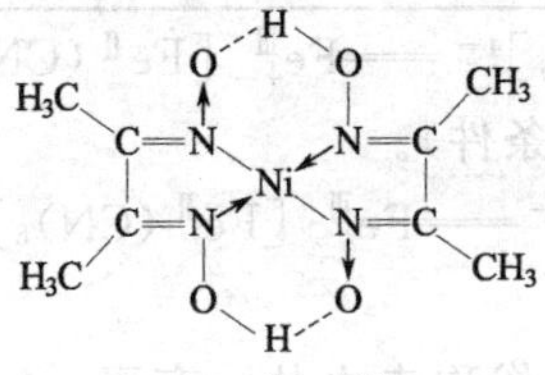

图 13-1　二(丁二肟)合镍的结构图

⑥ Fe^{2+}、Fe^{3+} 的水解性、氧化还原性　Fe^{2+} 的还原性：$4Fe^{2+}+O_2+4H^+ = 4Fe^{3+}+2H_2O$

因此保存 Fe^{2+} 溶液应加入 Fe。

$$6Fe^{2+}+Cr_2O_7^{2-}+14H^+ = 6Fe^{3+}+2Cr^{3+}+7H_2O$$

$$5Fe^{2+}+MnO_4^-+8H^+ = 5Fe^{3+}+Mn^{2+}+4H_2O$$

Fe^{3+} 的氧化性：$2Fe^{3+}+Cu = Cu^{2+}+2Fe^{2+}$

$$2Fe^{3+}+Sn^{2+} = Sn^{4+}+2Fe^{2+}$$

$$2Fe^{3+}+H_2S = 2Fe^{2+}+S+2H^+$$

Fe^{2+} 在水溶液中存在微弱的水解：$[Fe(H_2O)_6]^{2+} \rightleftharpoons [Fe(OH)(H_2O)_5]^++H^+$

Fe^{3+} 的水解性：$[Fe(H_2O)_6]^{3+} \rightleftharpoons [Fe(OH)(H_2O)_5]^{2+}+H^+$　$K^\ominus=8.91\times10^{-4}$

$[Fe(OH)(H_2O)_5]^{2+} \rightleftharpoons [Fe(OH)_2(H_2O)_4]^++H^+$　$K^\ominus=5.5\times10^{-4}$

Fe^{3+} 水解最终产物：$Fe(OH)_3$。

*13.4.3 铂系元素

(1) 铂系元素概述

铂系金属都是稀有元素，按密度可分为轻铂系：Ru、Rh、Pd；重铂系：Os、Ir、Pt。它们与 Au、Ag 一起称为贵金属。从价层电子结构来看，ns 轨道除了 Os 和 Ir 有两个电子外，其余都只有一个或没有电子，属特例排布，电子填加在$(n-1)$d 轨道上。铂系金属都是高熔点难熔金属，同一周期熔点从左到右逐渐降低，这可能与$(n-1)$d 轨道中成单电子数从左到右逐渐减少，金属键逐渐减弱有关。

铂系元素的原子半径相差不大，主要是由于镧系收缩效应。

铂系元素价壳层电子能量相差不大，故呈现出多种氧化态；每一周期中形成高氧化态的倾向从左至右逐渐降低；重铂系形成高氧化态的倾向比轻铂系大。除 Os 和 Ru 外，其他铂系元素最高氧化态均小于其族号；受价层电子结构差异的影响，它们最常见的氧化态也不大一样，见表 13-14。

表 13-14　铂系元素最常见的氧化态

Ru	Rh	Pd
+4、+8	+3	+2
Os	Ir	Pt
+6、+8	+3、+4	+2、+4

铂系元素易于变价，与不同反应物生成不同的中间体，因而是优良的催化剂；由于存在未充满电子的 d 轨道，形成的化合物常有颜色，有非常强的生成配合物的倾向，化合物常表现为顺磁性等。

铂系元素几乎完全以单质状态存在，高度分散在各种矿石中，并共生在一起。

形成高氧化态的倾向从左向右(由钌到钯，由锇到铂)逐渐降低。这一点和铁系元素是一样的。铂系元素的第 6 周期各元素形成高氧化态的倾向比第 5 周期相应各元素大。其中只有钌和锇表现出了与族数相一致的+8 氧化态。

(2) 铂系元素的单质

Os 蓝灰色，其余铂系金属为银白色；Ru 和 Os 硬而脆，其余均有延展性；Os、Ir、Pt 的密度均超过 $20g\cdot cm^{-3}$，Os 是已知的密度最大的金属。

(3) 化学性质

化学惰性是铂系金属的显著特点，常温下一般不与 X_2、S、O_2 等发生作用；在高温下和氧化性强的卤素 F_2、Cl_2 能发生化合。铂系金属对酸的化学稳定性很高。

块状的钌和锇、铑和铱常温下不仅不溶于普通强酸，甚至对王水呈现出一定的惰性，特别是 Rh 和 Ir。铂不溶于单一的无机酸但可溶于王水；钯可溶于氧化性酸及王水中。

$$Pd+4HNO_3(浓)=\!=\!=Pd(NO_3)_2+2NO_2+2H_2O$$

$$3Pt+4HNO_3+18HCl=\!=\!=3H_2[PtCl_6]+4NO+8H_2O$$

粉状的 Os 在室温下的空气中会缓慢氧化为挥发性的 OsO_4；其他铂系金属需在高温下才能与 O_2 作用，Pt 抵抗氧的能力最强；高温下铂系金属能与 P、Si、Pb、As、Sb、S、Te 和 Se 作用；它们均不和 N_2 作用。

在使用铂制器皿时，要避免熔融的强碱或碱金属过氧化物或热的 P、S、Se、Te、As、Si、Pb、Sb 以及它们的化合物在还原条件下对 Pt 的腐蚀。

大多数铂系金属能吸收气体；特别是 H_2，其中 Pd 吸收 H_2 能力最强(体积比 1∶700)；Pt 较易吸收 O_2；铂系金属吸收气体并使其活化的特性与它们的高催化性能有密切的关系。

13.5 铜族和锌族元素

13.5.1 铜族元素

13.5.1.1 铜族元素概述

铜族元素(ⅠB)包括 Cu、Ag、Au，价电子构型：$(n-1)d^{10}ns^1$，原子次外层有 18 个电子，其原子半径比同周期的碱金属小，电离能大。因此活泼性远不如碱金属，是不活泼金属，并按 Cu、Ag、Au 的顺序递减，原因是从 Cu→Au，原子半径增加不大，而核电荷却明显增加，次外层 18 电子的屏蔽效应又较小，亦即有效核电荷对价电子的吸引力增大，因而金属活泼性依次减弱。铜副族元素常见氧化态：铜(+1，+2)，银(+1)，金(+1，+3)。

铜副族元素化合物多为共价型，原因是 18 电子层结构的离子，具有很强的极化力和明显的变形性，所以本族元素容易形成共价性化合物，易形成配合物。铜、银主要以矿物的形式存在，如黄铜矿 $CuFeS_2$、赤铜矿 Cu_2O、闪银矿 Ag_2S 等。金主要以游离态存在，也有矿物形式，如，碲金矿 $AuTe_2$。

13.5.1.2 铜族元素的单质

(1) 物理性质

铜族金属单质密度大、熔点较高，是优良导体，延展性很好，Cu、Ag、Au 金属单质的颜色分别为红色、银白色和黄色。特别是金，1g 金能抽成长达 3km 金丝，或压成厚约 0.0001mm 的金箔。Ag 导电性第一，铜的导电性能仅次银居第二位，能与许多金属形成合金，如，铜的合金：青铜(铜、锡合金)、黄铜(铜、锌合金)和白铜(铜、镍合金)

(2) 化学性质

Cu 在干燥空气中稳定，在含有 CO_2 的潮湿空气中表面生成铜绿：

$$2Cu+O_2+H_2O+CO_2 = Cu_2(OH)_2CO_3$$

Ag 在室温时不与氧气和水作用，若与含 H_2S 空气接触，表面蒙上一层 Ag_2S：

$$4Ag+2H_2S+O_2 = 2Ag_2S+2H_2O$$

与酸作用不能置换稀酸中的 H^+；生成难溶物或配合物，使单质还原能力增强：

$$2Ag+2H^++4I^- = 2AgI_2^-+H_2(g)$$

$$4Ag+2H_2S+O_2 = 2Ag_2S+2H_2O$$

$$4M+O_2+2H_2O+8CN^- = 4[M(CN)_2]^-+4OH^- \quad M=Cu、Ag、Au$$

$$4Cu+O_2+2H_2O+8NH_3 = 4[Cu(NH_3)_2]^+(无色)+4OH^- \xrightarrow{O_2} [Cu(NH_3)_4]^{2+}(蓝)$$

所以不可用铜器盛氨水。

Cu、Ag 与氧化性酸作用：

$$Cu+4HNO_3(浓) = Cu(NO_3)_2+2NO_2+2H_2O$$

$$3Cu+8HNO_3(稀) = 3Cu(NO_3)_2+2NO+4H_2O$$

$$Cu+2H_2SO_4(浓) = CuSO_4+SO_2+2H_2O$$

$$2Ag+2H_2SO_4(浓)=\!=\!=Ag_2SO_4+SO_2+2H_2O$$

$$Ag+2HNO_3(65\%)=\!=\!=AgNO_3+NO_2+H_2O$$

Au：溶于王水。

$$Au+HNO_3+4HCl=\!=\!=H[AuCl_4]+NO+2H_2O$$

与 X_2 作用：$Cu+Cl_2$ 常温下反应；$Ag+Cl_2$ 常温下反应较慢；$Au+Cl_2$ 只能在加热条件下进行。

13.5.1.3 铜族元素的重要化合物

（1）铜的化合物

Cu(Ⅰ)的化合物呈白色或无色，这是因为 Cu^+ 价电子构型为 d^{10}，不发生 d-d 跃迁。Cu(Ⅱ)的化合物呈现颜色，Cu^{2+} 价电子构型为 d^9，发生 d-d 跃迁。Cu(Ⅲ)的化合物：K_3CuF_6（淡绿色），具有强氧化性。

① 铜(Ⅰ)的化合物　Cu^+ 在溶液中不稳定：

$$2Cu^+=\!=\!=Cu^{2+}+Cu \qquad K^{\ominus}=1.0\times10^6$$

固态 Cu(Ⅰ)化合物比 Cu(Ⅱ)化合物稳定性高：

$$2CuO(s)\xlongequal{1100℃}Cu_2O(s,暗红)+\frac{1}{2}O_2\xlongequal{1800℃}2Cu(s)+\frac{1}{2}O_2$$

$$CuCl_2(s)\xlongequal{990℃}CuCl(s)+\frac{1}{2}Cl_2$$

Cu(Ⅰ)化合物难溶于水，溶解度相对大小：$CuCl>CuBr>CuI>CuSCN>CuCN>Cu_2S$。

Cu(Ⅰ)配合物的配位数多为 2，配位体浓度增大时，也可能形成配位数为 3 或 4 的配合物。

$$2Cu^{2+}+4I^-=\!=\!=2CuI\downarrow(白色)+I_2$$

$$2Cu^{2+}+4CN^-=\!=\!=2CuCN\downarrow(白色)+(CN)_2\xlongequal{CN^-}[Cu(CN)_2]^-$$

$$2Cu^{2+}+SO_2+2Cl^-+2H_2O=\!=\!=2CuCl\downarrow+SO_4^{2-}+4H^+\xlongequal{I^-}CuI_2^-(无色)$$

氯化亚铜(CuCl)的制备：在热、浓 HCl 溶液中，用 Cu 粉还原 $CuCl_2$。

$$Cu^{2+}+Cu+4Cl^-=\!=\!=2[CuCl_2]^-$$

再用水稀释：

$$2[CuCl_2]^-=\!=\!=2CuCl\downarrow(白色)+2Cl^-$$

总反应：　$Cu^{2+}+Cu+2Cl^-=\!=\!=2CuCl\downarrow$

② 铜(Ⅱ)的化合物　$Cu(OH)_2$ 的性质及 Cu(Ⅱ)的氧化性

$$Cu^{2+}+2OH^-=\!=\!=Cu(OH)_2(s)\xlongequal{80\sim90℃}CuO(s)+H_2O$$

$$Cu(OH)_2+2OH^-(过量,浓)=\!=\!=[Cu(OH)_4]^{2-}$$

Cu^{2+} 的鉴定：在酸性或中性溶液中，用 $K_4[Fe(CN)_6]$ 试剂。

$$2Cu^{2+} + [Fe(CN)_6]^{4-} = Cu_2[Fe(CN)_6] \downarrow$$ (红褐色)

无水 $CuCl_2$ 为棕黄色固体，是共价化合物，见图 13-2。

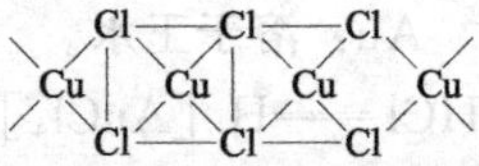

图 13-2 $CuCl_2$ 的多聚体结构示意图

$CuCl_2$ 溶液随 $c(Cl^-)$不同而呈不同颜色：

$$\underset{\text{(黄色)}}{[CuCl_4]^{2-}} + 4H_2O = \underset{\text{(浅蓝色)}}{[Cu(H_2O)_4]^{2+}} + 4Cl^-$$

$CuSO_4 \cdot 5H_2O$：$CuSO_4 \cdot 5H_2O$ 称为胆矾，呈蓝色。

无水 $CuSO_4$ 为白色粉末，易溶于水，吸水性强，吸水后呈蓝色，可检验有机液体中的微量水分。

Cu^{2+} 易水解，水溶液呈酸性：

$$Cu^{2+} + H_2O \rightleftharpoons Cu(OH)^+ + H^+$$

Cu(Ⅱ)常见配位数 4，如，$[Cu(H_2O)_4]^{2+}$、$[CuCl_4]^{2-}$、$[Cu(NH_3)_4]^{2+}$。

Cu(Ⅱ)配合物不如 Cu(Ⅰ)配合物稳定。

(2) 银和金的化合物

氧化值+1：Ag_2O、$AgNO_3$、Ag_2SO_4；氧化值+2(强氧化性)：AgO、AgF_2；氧化值+3(强氧化性)：Ag_2O_3。

① 银(Ⅰ)化合物的特点

a. 稳定性差　热稳定性较差：

$$2Ag_2O \xlongequal{300℃} 4Ag + O_2$$

$$2AgCN \xlongequal{320℃} 2Ag + (CN)_2$$

$$2AgNO_3 \xlongequal{440℃} 2Ag + 2NO_2 + O_2$$

对光敏感：

$$AgX \xlongequal{光} Ag + \frac{1}{2}X_2 \text{(X=Cl、Br、I)}$$

AgI 可用于人工增雨，AgBr 用于照相底片，因 $AgNO_3$ 受热或见光易分解，应保存在棕色瓶中，在分析化学中的标准溶液配制后不能久放。

b. 熔解性　难溶于水的居多，易溶于水有：$AgClO_4$、AgF、$AgNO_3$、$AgBF_4$ 等；难溶于水：白色的 Ag_2CO_3、黄色的 Ag_3PO_4、浅黄色的 $Ag_4Fe(CN)_6$、橘黄色的 $Ag_3Fe(CN)_6$、砖红色的 Ag_2CrO_4 等。

② Ag(Ⅰ)的反应　配位反应：可与 X^-、NH_3、$S_2O_3^{2-}$、SCN^-、CN^- 等形成配位数为 2 的配合物，并且稳定性依次增强。这些配离子常常是无色的，主要是由于 Ag^+ 的价电子构型为 d^{10}，d 轨道全充满，不存在 d-d 跃迁。

$$2Ag^+ + 2NH_3 + H_2O = Ag_2O(s) + 2NH_4^+$$

$$Ag_2O + 2NH_4^+ + 2NH_3 = 2\ [Ag(NH_3)_2]^+ + H_2O$$

银镜反应：

$2\ [Ag(NH_3)_2]^+ + HCHO + 3OH^- = HCOO^- + 2Ag + 4NH_3 + 2H_2O$，该反应常用来鉴定醛

$$2\ [Ag(NH_3)_2]^+ + C_6H_{12}O_6 + 2OH^- = C_6H_{12}O_7 + 2Ag + 4NH_3 + H_2O$$

$$4Ag^+ + Cr_2O_7^{2-} + H_2O = 2Ag_2CrO_4(s) + 2H^+$$

$$Ag_2CrO_4 + 4NH_3 = 2\ [Ag(NH_3)_2]^+ + CrO_4^{2-}$$

$$Ag^+ + 2S_2O_3^{2-}(\text{过量}) = [Ag(S_2O_3)_2]^{3-}$$

$$2Ag^+ + S_2O_3^{2-}(\text{少量}) = Ag_2S_2O_3\ (s，白) \xrightarrow{H_2O} Ag_2S(s，黑)$$

Ag^+的鉴定：

$$Ag^+ \xrightarrow{HCl} AgCl(s) \xrightarrow{NH_3} [Ag(NH_3)_2]^+ \xrightarrow{HNO_3} AgCl(s，白)$$

13.5.2 锌族元素

13.5.2.1 锌族元素概述

锌副族元素，即ⅡB族元素，包括锌(Zn)、镉(Cd)、汞(Hg)三种元素，价电子构型：$(n-1)d^{10}ns^2$。ⅡB族元素与其他过渡元素相比，其一个重要的特点是熔、沸点低，原因是其元素的金属键弱。锌和镉的常见氧化态为+2价。汞的常见氧化数有+1、+2，两种不同氧化数的化合物都非常重要。锌、镉、汞的化学活泼性随着原子序数的增大而递减，但是比铜族强。单质活泼性顺序为Zn>Cd>Hg；Zn>Cu，Cd>Ag，Hg>Au，Zn是ds区最活泼的金属。

在自然界主要以氧化物、硫化物存在重要的矿石有：闪锌矿(ZnS)、红锌矿(ZnO)、菱锌矿($ZnCO_3$)。

13.5.2.2 锌族元素的单质

熔、沸点较低，并按Zn、Cd、Hg顺序降低，常温下Hg为液态。Zn：419℃，Cd：321℃，Hg：−39℃。汞是室温下唯一的液态金属，都易形成合金，如Na-Hg，Au-Hg，Ag-Hg等，汞齐中的其他金属仍保持原有金属性质，可用于提取贵金属。空气中含微量Hg蒸气，对人体健康不利。撒落在地上的Hg可用锡箔将其沾起(形成锡汞齐)，也可撒上硫粉形成无毒HgS。储存Hg时，上面需加水封，以防Hg蒸发。

Zn、Cd为中等活泼金属，Hg为不活泼金属(电离能的差别)，与O_2的作用：在干燥空气中稳定；潮湿环境：$4Zn + 2O_2 + CO_2 + 3H_2O = ZnCO_3 \cdot 3Zn(OH)_2$(碱式碳酸锌)

加热：

$$2Zn + O_2 = 2ZnO(s，白)$$

$$2Cd + O_2 = 2CdO(s，红棕色)$$

$$2Hg+O_2 \underset{470℃}{\overset{360℃}{\rightleftharpoons}} 2HgO(s,红、黄)$$

与 S 的作用：

$$M+S = MS\ [ZnS(白)、CdS(黄)、HgS(红、朱砂)或(黑、辰砂)]$$

与酸反应：

$$M+2H^+(稀) = M^{2+}+H_2\ (M=Zn、Cd)$$

$$Hg+2H_2SO_4(浓) = HgSO_4+SO_2+2H_2O$$

$$Hg+4HNO_3(浓) = Hg(NO_3)_2+2NO_2+2H_2O$$

$$3Hg+8HNO_3(稀,过量) = Hg(NO_3)_2+2NO+4H_2O$$

Zn 与碱的反应：

$$Zn+2OH^-+2H_2O = [Zn(OH)_4]^{2-}+H_2$$

$$Zn+4NH_3+2H_2O = [Zn(NH_3)_4]^{2+}+H_2+2OH^-$$

13.5.2.3 锌族元素的化合物

锌、镉的化合物，氧化值多为+2，性质比较相似。汞的化合物，氧化值为+2、+1。其性质与锌、镉的化合物有许多不同之处。

(1) 锌、镉的化合物

① Zn^{2+}、Cd^{2+} 的水解

$$[Zn(H_2O)_6]^{2+} \rightleftharpoons [Zn(OH)(H_2O)_5]^+ + 2H^+ \qquad K^\ominus=10^{-9.66}$$

$$[Cd(H_2O)_6]^{2+} \rightleftharpoons [Cd(OH)(H_2O)_5]^+ + 2H^+ \qquad K^\ominus=10^{-9.0}$$

② 氢氧化物和氧化物

a. 制备 $$Zn^{2+}+2OH^- = Zn(OH)_2\downarrow(白)$$

$$Cd^{2+}+2OH^- = Cd(OH)_2\downarrow(白)$$

$$Hg^{2+}+2OH^- = HgO\downarrow(黄)+H_2O$$

氢氧化汞极不稳定，常温下立即分解为氧化物。

锌和镉的氧化物可由碳酸盐热分解得到，也可由氢氧化物热分解得到：

$$M(OH)_2 \overset{\triangle}{=} MO+H_2O\ (Zn、Cd)$$

$$MCO_3 \overset{\triangle}{=} MO+CO_2\uparrow\ (Zn、Cd)$$

$$Hg(NO_3)_2+2OH^- \overset{\triangle}{=} HgO(s)+2NO_3^-+H_2O$$

b. 酸碱性　ZnO 和 $Zn(OH)_2$ 两性：

$$ZnO+2H^+ = Zn^{2+}+H_2O$$

$$ZnO+2OH^-+H_2O = [Zn(OH)_4]^{2-}$$

$$Zn^{2+} \underset{H^+}{\overset{OH^-(适量)}{\rightleftharpoons}} Zn(OH)_2(s) \underset{H^+}{\overset{OH^-(过量)}{\rightleftharpoons}} Zn(OH)_4^{2-}$$

CdO 和 $Cd(OH)_2$ 为碱性：$CdO + 2H^+ = Cd^{2+} + H_2O$

$$Cd(OH)_2 + 2H^+ = Cd^{2+} + 2H_2O$$

HgO 弱碱性：

$$HgO + 2HNO_3 = Hg(NO_3)_2 + H_2O$$

③ 硫化物　ZnS（白色），CdS（黄），HgS（黑），其 K_{sp} 依次为：1.2×10^{-23}、3.6×10^{-29} 和 3.5×10^{-52}。

制备方法：　$M^{2+} + H_2S = MS(s) + 2H^+$（Zn、Cd）

$$Hg + S = HgS$$

$Cd^{2+} + H_2S = CdS(s,黄色) + 2H^+$，CdS 是稀酸不溶性硫化物，作为鉴定镉离子的特征反应。

$ZnSO_4(aq) + BaS(aq) = ZnS\cdot BaSO_4(s,白)$，锌钡白（立德粉）是优良的白色颜料。

④ 配合物　Zn^{2+}、Cd^{2+} 与 X^-、NH_3、CN^- 形成配合物 $[Zn(NH_3)_4]^{2+}$、$[Cd(NH_3)_4]^{2+}$、$[Zn(CN)_4]^{2-}$、$[Cd(CN)_4]^{2-}$、$[CdCl_4]^{2-}$ 等。特点：配位数为 4，稳定，四面体构型，多为无色。Cd^{2+} 的配合物相对 Zn^{2+} 的同配体配合物稳定。

例如：	F^-	Cl^-	Br^-	I^-
Zn^{2+} $\lg K_{f1}^{\ominus}$	0.73	0.43	−0.60	<−1
Cd^{2+} $\lg K_{f1}^{\ominus}$	0.46	1.95	1.75	2.10

（2）汞的化合物

① Hg（Ⅰ）的化合物　Hg_2Cl_2 氯化亚汞（甘汞）无毒，难溶于水；$Hg_2(NO_3)_2$ 硝酸亚汞易溶于水。

② Hg（Ⅱ）的化合物　$HgCl_2$ 氯化汞（升汞），直线形共价分子、剧毒；$Hg(NO_3)_2$ 硝酸汞，剧毒，易溶于水；HgO 氧化汞 400℃分解为 Hg 和 O_2。

③ 汞的重要反应　与 OH^- 的反应：

$$Hg^{2+} \xrightarrow{OH^-} HgO(s,黄) \xrightarrow{400℃} Hg(s) + \frac{1}{2}O_2$$

$$Hg_2^{2+} \longrightarrow Hg_2O(s,褐) \longrightarrow HgO(s) + Hg$$

与 S^{2-} 的反应：

$$Hg^{2+} + S^{2-} = HgS(s,黑)$$

$$3Hg^{2+} + 2NO_3^- + 2S^{2-} = Hg(NO_3)_2\cdot 2HgS(s,黄色)$$

$$Hg_2^{2+} + S^{2-} = HgS + Hg$$

$$Hg^{2+}\ \underline{0.9083V}\ \ Hg_2^{2+}\ \underline{0.7955V}\ \ Hg$$

Hg_2^{2+} 不歧化，

$$Hg^{2+} + Hg = Hg_2^{2+}$$

与 NH_3 的反应：$HgCl_2 + 2NH_3 = NH_2HgCl(s,白)(氨基氯化汞) + NH_4^+ + Cl^-$

$$HgCl_2 + 2NH_3 = [Hg(NH_3)_2]Cl_2$$

$$Hg_2Cl_2 + 2NH_3 = NH_2HgCl(s) + Hg(l) + NH_4Cl$$

与 I^- 的反应：

$$Hg^{2+} + 2I^- = HgI_2(s,\text{金红色})$$

$$HgI_2 + 2I^- = [HgI_4]^{2-}(aq,\text{无色})$$

$[HgI_4]^{2-}$ 是 Nessler 试剂的主要成分，可用于检验 NH_4^+：

$$\underset{\text{(奈斯勒试剂)}}{2[HgI_4]^{2-}} + 4OH^- + NH_4^+ = \underset{\text{(褐色)}}{OHg_2NH_2I} + 7I^- + 3H_2O$$

$$2[HgI_4]^{2-} + 3OH^- + NH_4^+ = \underset{\text{(深褐色)}}{HOHgIHgNH_2I} + 6I^- + 2H_2O$$

$$2[HgI_4]^{2-} + 2OH^- + NH_4 = \underset{\text{(红棕色)}}{(IHg)_2NH_2I} + 5I^- + 2H_2O$$

与 SCN^- 的反应：$Hg^{2+} + 2SCN^- = Hg(SCN)_2(s)$

$$Hg(SCN)_2 + 2SCN^- = [Hg(SCN)_4]^{2-}(aq,\text{无色})$$

Hg^{2+} 的鉴定：

$$2Hg^{2+} + Sn^{2+} + 8Cl^- = Hg_2Cl_2(s,\text{白}) + [SnCl_6]^{2-}$$

$$Hg_2Cl_2(s) + Sn^{2+} + 4Cl^- = 2Hg(l,\text{黑}) + [SnCl_6]^{2-}$$

反之：可利用 $HgCl_2$ 鉴定 Sn^{2+}。

HgS 的溶解：$K_{sp}^{\ominus} = 1.6 \times 10^{-52}$

$$3HgS + 2HNO_3 + 12HCl = 3H_2[HgCl_4] + 2NO + 3S + 4H_2O$$

$$HgS + S^{2-} = [HgS_2]^{2-}$$

阅读材料：过渡金属元素材料

金属钛是一种新兴的结构材料，有着极其优良的性能。其密度小、强度大，金属钛的强度/质量值是金属材料中最大的，兼有钢（强度高）和铝（质地轻）的优点。耐高温和低温，金属钛的熔点高达1680℃，新型钛合金能在600℃或更高的温度下长期使用，仍保持高强度。钛的耐低温性能也很好，避免了金属的冷脆性，是低温容器等设备的理想材料。抗腐蚀性强，常温下，不受硝酸、王水、潮湿氯气、稀硫酸、稀盐酸及稀碱的侵蚀，是制造飞机、火箭和宇宙飞船等的最好材料。

钛被誉为宇宙金属，具有广泛的用途。金属钛特有的银灰色调不论是采用高抛光、丝光，还是亚光方式处理，都有上好的表面效果。钛是除贵金属以外最合适的首饰材料，在国外现代首饰设计中经常使用，市场上俗称钛金。金属钛无磁性、无毒，与生物体组织相容性好，结合牢固，用于接骨和制造人工关节，故称为“生物金属”。钛的抗阻尼性强，可作音叉、医学上的超声粉碎机振动元件和高级音响扬声器的振动薄膜等。液体钛几乎能溶解所有的金属，与多种金属形成合金。其中，钛-镍合金有较强的形状记忆应变性、较好的恢复应力和较高的记忆寿命，被公认是最佳形状记忆合金。

钛-铌合金在低于临界温度4K时，呈现出零电阻的超导功能，是目前制造高场超导磁体的主要材料。

锆粉有较好的吸收气体性能，可吸收氧气、氢气、氮气、一氧化碳和二氧化碳等。Zr和Sn、Fe、Os、Nb等元素形成合金，具有良好的耐蚀性和较高的强度，是理想的热中子反应堆堆芯材料。

铪只能溶于浓硫酸，在普通酸、碱介质中，腐蚀速率每年只有2～12μm，是很好的耐腐蚀材料，主要用来制作核反应堆的控制棒。铪及其化合物具有熔点高、抗氧化性强的特点，可作喷气发动机和导弹上的结构材料及高熔点金属熔炼坩埚的内衬。

钒钢具有强度大、弹性好、抗磨损、抗冲击等优点，是汽车和飞机制造业中特别重要的材料。金属铌具有良好的耐腐蚀性、冷加工性能和较强的热传导性，可以用于制造不锈钢和超导Nb-Ti合金等。金属钽的反应活性低及不会被人体排斥，常用于制作修复严重骨折所需的金属板、螺钉和金属丝等。

铬是人体必需的微量元素，铬在天然食品中的含量较低，均以＋3价的形式存在。＋3价的铬对人体有益，但＋6价铬是有毒的。铬在肌体的糖代谢和脂代谢中发挥特殊作用，降低血中胆固醇和甘油三酯的含量，可预防心血管病。钼是目前已发现的第二、第三过渡系列元素中唯一的生物体必需的微量元素。钼是大脑必需的七种微量元素之一，钼缺乏将导致神经异常，智力发育迟缓，影响骨骼生长。黄嘌呤氧化酶也是含钼的金属酶，其活性受钼支配，肌体贫钼会使黄嘌呤氧化酶活性下降，肝脏解毒功能下降，以致造成肝损伤。钼是豆科植物根瘤中固氮酶的组分，它可以使游离态的氮在常温常压下转化为能够被植物吸收利用的硝酸氮和氨态氮。

锰是所有生物的必需元素。锰的生理功能主要有：促进骨骼的生长发育，保护细胞中线粒体的完整，保持正常的脑功能，维持正常的糖代谢和脂肪代谢及改善肌体的造血功能等。但锰在体内含量过多时，会引起一系列的锰中毒症状：头痛头晕、肌肉痉挛、疲乏无力、动作笨拙、语言障碍等。

习题

1. 解释$TiCl_3$和$[Ti(O_2)OH(H_2O)_4]^+$有颜色的原因。

2. 完成并配平下列反应方程式。

(1) $Ti + HF$

(2) $TiO_2 + H_2SO_4$

(3) $TiCl_4 + H_2O$

(4) $FeTiO_3 + H_2SO_4$

(5) $TiO_2 + BaCO_3$

(6) $TiO_2 + C + Cl_2$

3. 根据下列实验写出有关的反应方程式：将一瓶$TiCl_4$打开瓶塞时立即冒白烟。向瓶中加入浓HCl溶液和金属锌时生成紫色溶液，缓慢地加入NaOH溶液直至溶液呈碱性，于是出现紫色沉淀。沉淀过滤后，先用HNO_3处理，然后用稀碱溶液处理，生成白色沉淀。

4. 利用标准电极电势数据判断H_2S、SO_2、$SnCl_2$和金属Al能否把TiO^{2+}还原成Ti^{3+}？

5. 完成并配平下列反应方程式。

(1) $V_2O_5 + NaOH \longrightarrow$

(2) $V_2O_5 + HCl \longrightarrow$

(3) $VO_4^{3-} + H^+(过量) \longrightarrow$

(4) $VO_2^+ + Fe^{2+} + H^+ \longrightarrow$

(5) $VO_2^+ + H_2C_2O_4 + H^+ \longrightarrow$

6. 根据下述各实验现象，写出相应的化学反应方程式。

(1)往 $Cr_2(SO_4)_3$ 溶液中滴加 NaOH 溶液，先析出葱绿色絮状沉淀，后又溶解，此时加入溴水，溶液就由绿色变为黄色。用 H_2O_2 代替溴水，也得到同样结果。

(2)当黄色 $BaCrO_4$ 沉淀溶解在浓 HCl 溶液中时得到一种绿色溶液。

(3)在酸性介质中，用锌还原 Cr_2O 时，溶液颜色由橙色经绿色而变成蓝色。放置时又变回绿色。

(4)把 H_2S 通入已用 H_2SO_4 酸化的 $K_2Cr_2O_7$ 溶液中时，溶液颜色由橙变绿，同时析出乳白色沉淀。

7. 在含有 Cl^- 和 CrO_4^{2-} 的混合溶液中逐滴加入 $AgNO_3$ 溶液，若 $[Cl^-]$ 及 $[CrO_4^{2-}]$ 均为 $1mol \cdot L^{-1}$，那么谁先沉淀？两者能否基本分离出来。

8. 用 H_2S 或硫化物设法将下列离子从它们的混合溶液中分离出来。

Hg^{2+}，Al^{3+}，Cu^{2+}，Ag^+，Cd^{2+}，Ba^{2+}，Zn^{2+}，Pb^{2+}，Cr^{3+}。

9. 利用标准电极电势，判断下列反应的方向：

$$6MnO_4^- + 10Cr^{3+} + 11H_2O = 5Cr_2O_3 + 6Mn^{2+} + 22H^+$$

10. 试求下列反应的平衡常数，并估计反应是否可逆

$$MnO_4^- + 5Fe^{2+} + 8H^+ = Mn^{2+} + 5Fe^{3+} + 4H_2O$$

11. 根据下列电势图

$$MnO_4^- \xrightarrow{1.69} MnO_2 \xrightarrow{1.23} Mn;\ IO \xrightarrow{1.19} I_2 \xrightarrow{0.535} I$$

写出当溶液的 pH=0 时，在下列条件下，高锰酸钾和碘化钾反应的方程式：

(1)碘化钾过量；

(2)高锰酸钾过量。

12. 称取 10.00g 含铬和锰的刚样，经适当处理后，铬和锰被氧化为 Cr_2O 和 MnO 的溶液，共 $250.0cm^3$。精确量取上述溶液 $10.00cm^3$，加入 $BaCl_2$ 溶液并调节酸度使铬全部沉淀下来，得到 0.0549g $BaCrO_4$。另取一份上述溶液 $10.00cm^3$，在酸性介质中用 Fe^{2+} 溶液 $0.075mol \cdot dm^{-3}$ 滴定，用去 $15.95cm^3$。计算刚样铬和锰的质量分数。

13. 某溶液 $1dm^3$，其中含有 $KHC_2O_4 \cdot H_2C_2O_4 \cdot 2H_2O$ 50.00g。有 $KMnO_4$ 溶液 $40.00cm^3$ 可氧化若干体积的该溶液，而同样这些体积的溶液刚好中和 $30.00cm^3$ 的 $0.5mol \cdot dm^{-3}$ NaOH 溶液。试求：(1)该溶液的 H^+ 的浓度；(2) $KMnO_4$ 溶液的浓度($mol \cdot dm^{-3}$)。

14. 为什么在实验室中常用 $CoCl_2$ 作吸湿剂和空气湿度指示剂。

15. 写出下列实验的现象和反应的化学方程式。

(1)向黄血盐溶液中滴加碘水。

(2)将 $3mol \cdot L^{-1}$ 的 $CoCl_2$ 溶液加热，再滴入 $AgNO_3$ 溶液。

(3)将 $[Ni(NH_3)_6]SO_4$ 溶液水浴加热一段时间后再加入氨水。

16. 在空气存在的条件下，Pt 在 HCl 中是否溶解？若能，写出其化学反应方程式。

17. 试从原子结构方面说明铜族元素和碱金属元素在化学性质上的差异。

18. 利用金属的电极电势值，说明铜、银、金在碱性氰化物水溶液中被溶解的原因，空气中的氧对溶解过程有何影响，CN^- 在溶解液中的作用是什么？

19. 将黑色的 CuO 粉末加热到一定温度以后，就转变为红色 Cu_2O，加热到更高温度时，Cu_2O 又转变为金属铜，试用热力学观点解释这种实验现象，并估计这些变化发生时的温度。

20. 用银和硝酸反应制取 $AgNO_3$ 为了充分利用硝酸，问采用浓硝酸还是稀硝酸有利？

21. 当含有 Cu^{2+} 的溶液与含有 CN^- 的溶液相混合时，将发生什么变化，若 CN^- 过量时，又出现什么现象，为什么？写出有关反应方程式。

22. 以 $AgNO_3$ 滴定氰离子，当加入 28.72mL $0.0100mol \cdot L^{-1}$ 的 $AgNO_3$ 溶液时刚刚出现沉淀，此沉

淀是什么物质？产生沉淀以前溶液中的银呈什么状态？问原样品中含 NaCN 多少克？

23. 为什么 Cu^{+} 不稳定，易歧化，而 Hg_2^{2+} 则较稳定。试用电极电势的数据和化学平衡的观点加以阐述。

24. 试选用配位剂分别将下列各种沉淀物溶解并写出反应方程式。

CuCl、CuS、HgC_2O_4、HgS、$Cu(OH)_2^-$、AgBr、$Zn(OH)_2$、HgI_2。

25. (1)用一种方法区别锌盐和铝盐。

(2)用两种方法区别锌盐和镉盐。

(3)用三种方法区别镁盐和锌盐。

26. 解释下列实验事实。

(1)加热分解 $CuCl_2 \cdot 2H_2O$ 时得不到无水 $CuCl_2$。

(2)HgC_2O_4 难溶于水，但可溶于含 Cl^- 的溶液中。

27. 为防止 $Hg_2(NO_3)_2$ 溶液被氧化，常在溶液中加入少量汞，为什么？根据相应的 $E^{\ominus}$ 值计算 $Hg^{2+} + Hg \longrightarrow Hg_2^{2+}$ 的平衡常数。

*第14章 f区元素

学习要求

① 了解镧系收缩及其影响；
② 了解镧系元素重要化合物的性质。

14.1 f区元素概述

f区元素包括镧系元素 Ln(57～71号)和锕系元素 Ac(89～103号)，价电子构型：$(n-2)f^{0\sim14}(n-1)d^{0\sim1}ns^2$，大多数元素具有最高能量的电子是排布在f轨道上的。镧系元素是否包括镧，锕系元素中是否包括 Ac，至今还没有一致的意见。一种认为镧元素和锕元素中没有f电子，因此把镧排除在镧系元素之外，锕元素除在锕系元素之外；镧系元素只包括14种元素(58～71号)，锕系元素只包括14种元素(90～103号)；另一种意见认为，镧元素和锕元素尽管没有f电子，但镧和锕与它们后面的14种元素性质很相似，所以应该把镧和锕元素归为镧系元素和锕系元素中。本书把57～71号的元素称为镧系元素(用 Ln 表示)，把89～103号元素称为锕系元素。

这一区中同周期的元素之间的性质差别很小。一般认为镧系元素的特征氧化态是+3。

14.2 镧系元素

在周期表的同周期中随原子序数增加，原子半径逐渐减小，这是一个普遍规律。但镧系元素的原子半径缩小缓慢，这就是所谓的镧系收缩。由于镧系收缩使得 Y 的原子半径和 Y^{3+} 半径接近铽 Tb 和镝 Dy 的原子半径和离子半径，因此，钇在矿中与镧系共生，通常把钇和镧系元素称为稀土元素。镧系收缩使得镧系元素后的第三过渡系的离子半径接近于第二过渡系同族，如 Zr^{4+}(80pm)和 Hf^{4+}(81pm)，Nb^{5+}(70pm)和 Ta^{5+}(73pm)，Mo^{6+}(62pm)和 W^{6+}(65pm)，化学性质相似，矿物中共生，分离困难。

(1) 镧系元素的氧化态

镧系金属单质都是活泼金属，活泼性随原子序数增加而增大。金属都是强还原剂，还原性仅次于碱金属，与镁相近，比铝和锌强。

一般认为镧系元素的特征氧化态是+3。Ce、Tb 可以呈现+4 价，Eu、Yb 可以呈现+2 价。

(2) 镧系元素水合离子颜色

一些镧系金属三价离子具有很漂亮的颜色，见表 14-1，如果阴离子无色，其结晶后仍保持水合离子的颜色。

表 14-1 Ln^{3+} 在晶体或水溶液中的颜色

原子序	离子	4f 电子数	颜色	原子序	离子	4f 电子数	颜色
57	La^{3+}	0	无	71	Lu^{3+}	14	无
58	Ce^{3+}	1	无	70	Yb^{3+}	13	无
59	Pr^{3+}	2	黄绿	69	Tm^{3+}	12	淡绿
60	Nd^{3+}	3	红紫	68	Er^{3+}	11	淡红
61	Pm^{3+}	4	粉红	67	Ho^{3+}	10	淡黄
62	Sm^{3+}	5	淡黄	66	Dy^{3+}	9	浅黄绿
63	Eu^{3+}	6	浅粉红	65	Tb^{3+}	8	浅粉红
64	Gd^{3+}	7	无	64	Gd^{3+}	7	无

可以简单地认为离子的颜色与 $4f$ 亚层中的电子跃迁有关：$La^{3+}(4f^0)$和 $Lu^{3+}(4f^{14})$为无色，因为不可能发生 f-f 跃迁；另一稳定组态的离子 $Gd^{3+}(4f^7)$和接近稳定组态的 $Ce^{3+}(4f^1)$、$Eu^{3+}(4f^6)$、$Tb^{3+}(4f^7)$和 $Yb^{3+}(4f^{13})$的吸收峰在紫外区或红外区，因而显示无色或浅色。

(3) 镧系元素重要化合物

① 氢氧化物和氧化物　Ln(Ⅲ)的盐溶液中加入 NaOH 或 $NH_3 \cdot H_2O$ 均可沉淀出 $Ln(OH)_3$，它是一种胶状沉淀。$Ln(OH)_3$ 为离子型碱性氢氧化物，碱性比 $Ca(OH)_2$ 弱，但比 $Al(OH)_3$ 强。$Ln(OH)_3$ 受热分解为 LnO(OH)，继续受热变成 Ln_2O_3。

$$Ln(OH)_3 \longrightarrow LnO(OH) \longrightarrow Ln_2O_3$$

$Ce(OH)_4$ 为棕色沉淀物，溶度积很小($K_{sp}=4\times10^{-51}$)，使 $Ce(OH)_4$ 沉淀的 pH 值为 0.7～1.0，而使 $Ce(OH)_3$ 沉淀需近中性条件。如用足量的 H_2O_2(或 O_2、Cl_2、O_3 等)则可把 Ce(Ⅲ)完全氧化成 $Ce(OH)_4$，这是从 Ln^{3+} 中分离出 Ce 的一种有效方法。

② 镧系元素盐的溶解性　镧系元素的强酸盐大多可溶(SO_4^{2-} 盐微溶)，弱酸盐难溶。

可溶盐：$LnCl_3 \cdot nH_2O$、$Ln(NO_3) \cdot H_2O$、$Ln_2(SO_4)_3$ 等；难溶盐：$Ln_2(C_2O_4)_3$、$Ln_2(CO_3)_3$、LnF_3、$LnPO_4$ 等。

镧系无水盐的制备是比较麻烦的，因为直接加热会发生部分水解：

$$LnCl_3 \cdot nH_2O \xlongequal{\triangle} LnOCl\downarrow + 2HCl + (n-1)H_2O$$

通常在氯化氢气流中或氯化铵存在下或真空脱水的方法制备。

氯化铵存在下会抑制 LnOCl 的生成：

$$LnOCl + 2NH_4Cl \xlongequal{\triangle} LnCl_3 + H_2O + 2NH_3$$

$$Ln_2O_3 + 3C + 3Cl_2 \xlongequal{\triangle} 2LnCl_3 + 3CO$$

$$Ln_2O_3 + 3SOCl_2 \xlongequal{\triangle} 2LnCl_3 + 3SO_2\uparrow$$

$$Ln_2O_3 + 6NH_4Cl \xlongequal{\triangle} 2LnCl_3 + 6NH_3\uparrow + 3H_2O$$

加热 $Ln_2(C_2O_4)_3$ 可产生 Ln_2O_3、3CO 和 $3CO_2$。

③ 氧化态为+4 和+2 的化合物　铈(Ce)、镨(Pr)、铽(Tb)、镝(Dy)都能形成+4 氧化态的化合物，其中以四价铈的化合物最重要。

$$\varphi^{\ominus}(Ce^{4+}/Ce^{3+}) = 1.26V$$

在酸性溶液中，Ce(Ⅳ)有很强的氧化能力；而在弱酸性或碱性介质中，Ce(Ⅲ)却易被氧化为 Ce(Ⅳ)。

$$2CeO_2 + 8HCl \xlongequal{} 2CeCl_3 + Cl_2 + 4H_2O$$

$$4Ce(NO)_3 + O_2 + 2H_2O \xlongequal{\triangle} 4Ce(OH)_4$$

氧化还原滴定法中的铈量法：　$Ce^{4+} + Fe^{2+} \xlongequal{H^+} Ce^{3+} + Fe^{3+}$。

钐(Sm)、铕(Eu)和镱(Yb)能形成+2 氧化态化合物，Sm^{2+}、Eu^{2+}、Yb^{2+} 具有不同程度的还原性，铕(Ⅱ)盐的结构类似于 Ba、Sr 相应的化合物，如 $EuSO_4$ 同 $BaSO_4$ 结构相同，难溶于水。

14.3 锕系元素

锕系元素都是放射性元素，Am 以后的元素为人工合成元素，其中铀后(93 以后)元素称为超铀元素。锕系元素相同氧化态的离子半径随原子序数的增加而逐渐减小，但减小缓慢，从 Th 到 Cf 共减小 10pm，这就是锕系收缩。

Ac 系元素氧化态多样性，这是 Ac 系与 Ln 系的不同之处。

锕系元素的单质都是银白色金属，金属性强，易与水和氧作用，可以用碱金属或碱土金属热还原其相应的氟化物或熔盐电解法来制备。

(1) 钍及其化合物

钍存在于硅酸钍矿 $ThSiO_4$、独居石等。钍的制备过程，从矿石转化为 $Th(OH)_4$，加热生成 ThO_2，然后用 Ca 热还原氧化物。

钍是活泼金属，空气中着火，$Th + O_2 \xlongequal{\triangle} ThO_2$，能与沸水反应。

钍的化合物最重要的是 $Th(NO_3)_4 \cdot 5H_2O$。

(2) 铀及其化合物

铀存在于沥青铀矿中以 U_3O_8 存在。制备：铀矿经酸碱处理后用沉淀法、溶剂萃取或离子交换法得到 $UO_2(NO_3)_2$，经还原得到 UO_2，再转化为 UF_4，最后用镁热还原。

铀是银白色金属，非常活泼，空气中自燃，能与很多元素化合。

铀的化合物最重要的是 UO_3，溶于酸生成铀酰离子。水中黄绿色的离子能与许多配体发生配位反应，如，形成稳定的 $[UO_2(NO_3)_2(H_2O)_4]$，在有机溶剂中可溶，用溶剂萃取法将铀与其他元素分离。

阅读材料：环境污染

环境污染指自然的或人为的破坏，向环境中添加某种物质而超过环境的自净能力而产生危害的行为。(或由于人为的因素,环境受到有害物质的污染,使生物的生长繁殖和人类的正常生活受到有害影响。)由于人为因素使环境的构成或状态发生变化，环境素质下降，从而扰乱和破坏了生态系统和人类的正常生产和生活条件的现象。

按环境要素分为大气污染、水体污染、土壤污染、噪声污染、农药污染、辐射污染、热污染等。按属性分类：显性污染、隐性污染。按人类活动分类：工业环境污染、城市环境污染、农业环境污染。按造成环境污染的性质来源分类：化学污染、生物污染、物理污染(噪声污染、放射性污染、电磁波污染等)固体废物污染、液体废物污染、能源污染。

大气污染：是指空气中污染物的浓度达到或超过了有害程度，导致破坏生态系统和人类的正常生存和发展，对人和生物造成危害。大气污染物对人体的危害是多方面的，表现为呼吸系统受损、生理机能障碍、消化系统紊乱、神经系统异常、智力下降、致癌、致残。

大气气态污染物，尤其是硫氧化物、氮氧化物、碳氢有机物、氟化物等大气中污染物的浓度很高时，会造成急性污染中毒，或使病状恶化，甚至在几天内夺去几千人的生命。其实，即使大气中污染物浓度不高，但人体成年累月呼吸这种污染了的空气，也会引起慢性支气管炎、支气管哮喘、肺气肿及肺癌等疾病。对植物的危害是十分严重的，当污染物浓度很高时，会对植物产生急性危害，使植物叶表面产生伤斑，或者直接使叶枯萎脱落；当污染物浓度不高时，会对植物产生慢性危害，使植物叶片褪绿，或者表面上看不见什么危害症状，但植物的生理机能已受到了影响，造成植物产量下降，品质变坏。

铅及其化合物是大气固态污染物之一，进入人体后大部分蓄积于人的骨骼中，损害骨骼造血系统和神经系统，对男性的生殖腺也有一定的损害。引起临床症状为贫血、末梢神经炎，出现运动和感觉异常。

大气污染物对天气和气候的影响是十分显著的，如，形成酸雨：主要是大气中的污染物硫氧化物和氮氧化物，随自然界的降水下落形成的；酸雨能使大片森林和农作物毁坏，还能对很多材料和建筑等造成腐蚀、破坏。引起破坏臭氧层和产生“温室效应”等全球性气候异常现象。

水体污染：是指水体因某种物质的介入，而导致其化学、物理、生物或者放射性污染等方面特性的改变，从而影响水的有效利用，危害人体健康或者破坏生态环境，造成水质恶化的现象。

噪声污染：是指所产生的环境噪声超过国家规定的环境噪声排放标准，并干扰他人正常工作、学习、生活的现象。

放射线污染：是指由于人类活动造成物料、人体、场所、环境介质表面或者内部出现超过国家标准的放射性物质或者射线。

环境污染是各种污染因素本身及其相互作用的结果。同时，环境污染还受社会评价的影响而具有社会性。它的特点可归纳如下。

① 公害性　环境污染不受地区、种族、经济条件的影响、一律受害。

② 潜伏性　许多污染不易及时发现，一旦爆发后果严重。

③ 长久性　许多污染长期连续不断的影响，危害人们的健康和生命，并不易消除。

环境污染会给生态系统造成直接的破坏和影响，比如：沙漠化、森林破坏，也会给人类社会造成间接的危害，有时这种间接的环境效应的危害比当时造成的直接危害更大，也更难消除。

习题

1. 由电子构型阐述镧系元素化学性质的相似性。

2. 为什么镧系元素的特征氧化态是+3?

3. 镧系和锕系元素在电子构型上有何形似之处？在氧化态方面有何差异？

附　录

附录Ⅰ　常见单质和无机物的 $\Delta_f H_m^{\ominus}$、$\Delta_f G_m^{\ominus}$ 和标准摩尔熵 $S_m^{\ominus}$（298.15K，100kPa）

物质	$\Delta_f H_m^{\ominus}$	$\Delta_f G_m^{\ominus}$	$S_m^{\ominus}$
	$kJ \cdot mol^{-1}$	$kJ \cdot mol^{-1}$	$J \cdot K^{-1} mol^{-1}$
Ag(s)	0	0	42.712
Ag_2CO_3(s)	−506.14	−437.09	167.36
Ag_2O(s)	−30.56	−10.82	121.71
Al(s)	0	0	28.315
Al(g)	313.80	273.2	164.553
Al_2O_3-α	−1669.8	−2213.16	0.986
$Al_2(SO_4)_3$(s)	−3434.98	−3728.53	239.3
Br_2(g)	111.884	82.396	175.021
Br_2(g)	30.71	3.109	245.455
Br_2(l)	0	0	152.3
C(g)	718.384	672.942	158.101
C(金刚石)	1.896	2.866	2.439
C(石墨)	0	0	5.694
CO(g)	−110.525	−137.285	198.016
CO_2(g)	−393.511	−394.38	213.76
Ca(s)	0	0	41.63
CaC_2(s)	−62.8	−67.8	70.2
$CaCO_3$(方解石)	−1206.87	−1128.70	92.8
$CaCl_2$(s)	−795.0	−750.2	113.8
CaO(s)	−635.6	−604.2	39.7
$Ca(OH)_2$(s)	−986.5	−896.89	76.1
$CaSO_4$(硬石膏)	−1432.68	−1320.24	106.7
Cl^-(aq)	−167.456	−131.168	55.10
Cl_2(g)	0	0	222.948
Cu(s)	0	0	33.32
CuO(s)	−155.2	−127.1	43.51
Cu_2O-α	−166.69	−146.33	100.8
F_2(g)	0	0	203.5
Fe-α	0	0	27.15
$FeCO_3$(s)	−747.68	−673.84	92.8
FeO(s)	−266.52	−244.3	54.0
Fe_2O_3(s)	−822.1	−741.0	90.0

物质	$\Delta_f H_m^{\ominus}$	$\Delta_f G_m^{\ominus}$	$S_m^{\ominus}$
	$kJ \cdot mol^{-1}$	$kJ \cdot mol^{-1}$	$J \cdot K^{-1} mol^{-1}$
Fe_3O_4(s)	−117.1	−1014.1	146.4
H(g)	217.94	203.122	114.724
H_2(g)	0	0	130.695
D_2(g)	0	0	144.884
HBr(g)	−36.24	−53.22	198.60
HBr(aq)	−120.92	−102.80	80.71
HCl(g)	−92.311	−95.265	186.786
HCl(aq)	−167.44	−131.17	55.10
H_2CO_3(aq)	−698.7	−623.37	191.2
Hl(g)	−25.94	−1.32	206.42
H_2O(g)	−241.825	−228.577	188.823
H_2O(l)	−285.838	−237.142	69.940
H_2O(s)	−291.850	(−234.03)	(39.4)
H_2O_2(l)	−187.61	−118.04	102.26
H_2S(g)	−20.146	−33.040	205.75
H_2SO_4(l)	−811.35	(−866.4)	156.85
H_2SO_4(aq)	−811.32		
HSO_4(aq)	−885.75	−752.99	126.86
l_2(g)	0	0	116.7
I_2(g)	62.242	19.34	260.60
N_2(g)	0	0	191.598
NH_3(g)	−46.19	−16.603	192.61
NO(g)	89.860	90.37	210.309
NO_2(g)	33.85	51.86	240.57
N_2O(g)	81.55	103.62	220.10
N_2O_4(g)	9.660	98.39	304.42
N_2O_5(g)	2.51	110.5	342.4
O(g)	247.521	230.095	161.063
O_2(g)	0	0	205.138
O_3(g)	142.3	163.45	237.7
OH^-(aq)	−229.940	−157.297	−10.539
S(单斜)	0.29	0.096	32.55
S(斜方)	0	0	31.9

附录Ⅱ 弱酸、弱碱在水中的解离常数(25℃、I=0)

弱酸	分子式	K_a	pK_a
硼酸	H_3BO_3	5.8×10^{-10}	9.24
碳酸	$H_2CO_3(CO_2+H_2O)$	$4.2\times10^{-7}(K_{a_1})$ $5.6\times10^{-11}(K_{a_2})$	6.38 10.25
氢氰酸	HCN	6.2×10^{-10}	9.21
氢氟酸	HF	6.6×10^{-4}	3.18
磷酸	H_3PO_4	$7.6\times10^{-3}(>K_{a_1})$ $6.3\times10^{-3}(K_{a_2})$ $4.4\times10^{-13}(K_{a_3})$	2.12 7.2 12.36
氢硫酸	H_2S	$1.3\times10^{-7}(K_{a_1})$ $7.1\times10^{-15}(K_{a_2})$	6.88 14.15
硫酸	HSO_4^-	$1.0\times10^{-2}(K_{a_1})$	1.99
亚硫酸	$H_3SO_3(SO_2+H_2O)$	$1.3\times10^{-2}(K_{a_1})$ $6.3\times10^{-8}(K_{a_2})$	1.90 7.20

续表

弱酸	分子式	K_a	pK_a
甲酸	HCOOH	1.8×10^{-4}	3.74
乙酸	CH_3COOH	1.8×10^{-5}	4.74
草酸	$H_2C_2O_4$	$5.9\times10^{-2}(K_{a_1})$ $6.4\times10^{-5}(K_{a_2})$	1.22 4.19
乙二胺四乙酸	$H_6\text{-}EDTA^{2+}$ $H_5\text{-}EDTA^{+}$ $H_4\text{-}EDTA$ $H_3\text{-}EDTA^{-}$ $H_2\text{-}EDTA^{2-}$ $H\text{-}EDTA^{3-}$	$0.1(K_{a_1})$ $3\times10^{-2}(K_{a_2})$ $1\times10^{-2}(K_{a_3})$ $2.1\times10^{-3}(K_{a_4})$ $6.9\times10^{-7}(K_{a_5})$ $5.5\times10^{-11}(K_{a_6})$	0.9 1.6 2.0 2.67 6.17 10.26
氨水	NH_3	1.8×10^{-5}	4.74
乙二胺	$H_2NHC_2CH_2NH_2$	$8.5\times10^{-5}(K_{b_1})$ $7.1\times10^{-8}(K_{b_2})$	4.07 7.15

附录Ⅲ 难溶电解质的溶度积常数(18～25℃)*

名称	化学式	K_{sp}	名称	化学式	K_{sp}
氯化银	AgCl	1.56×10^{-10}	氢氧化铁	$Fe(OH)_3$	1.1×10^{-36}
溴化银	AgBr	7.7×10^{-13}	硫化铁	FeS	3.7×10^{-19}
碘化银	AgI	1.5×10^{-16}	氯化亚汞	Hg_2Cl_2	2×10^{-18}
铬酸银	Ag_2CrO_4	9.0×10^{-12}	溴化亚汞	Hg_2Br_2	1.3×10^{-21}
碳酸钡	$BaCO_3$	8.1×10^{-9}	碘化亚汞	Hg_2I_2	1.2×10^{-28}
铬酸钡	$BaCrO_4$	1.6×10^{-10}	硫化汞	HgS	$4\times10^{-53}\sim2\times10^{-49}$
硫酸钡	$BaSO_4$	1.08×10^{-10}	碳酸锂	Li_2CO_3	1.7×10^{-3}
碳酸钙	$CaCO_3$	8.7×10^{-9}	碳酸镁	$MgCO_3$	2.6×10^{-5}
草酸钙	CaC_2O_4	2.57×10^{-9}	氢氧化镁	$Mg(OH)_2$	1.2×10^{-11}
氟化钙	CaF_2	3.95×10^{-11}	氢氧化锰	$Mn(OH)_2$	4×10^{-14}
硫酸钙	$CaSO_4$	1.96×10^{-4}	硫化锰	MnS	1.4×10^{-15}
硫化镉	CdS	3.6×10^{-29}	碳酸铅	$PbCO_3$	3.3×10^{-14}
硫化铜	CuS	8.5×10^{-45}	铬酸铅	$PbCrO_4$	1.77×10^{-14}
硫化亚铜	Cu_2S	2×10^{-47}	碘化铅	PbI_2	1.39×10^{-8}
氯化亚铜	CuCl	1.02×10^{-6}	硫酸铅	$PbSO_4$	1.06×10^{-8}
溴化亚铜	CuBr	4.15×10^{-8}	硫化铅	PbS	3.4×10^{-28}
碘化亚铜	CuI	5.06×10^{-12}	氢氧化锌	$Zn(OH)_2$	1.8×10^{-14}
氢氧化亚铁	$Fe(OH)_2$	1.64×10^{-14}	硫化锌	ZnS	1.2×10^{-23}

本数据摘自《Handbook of Chemistry and Physics》1982～1983. 63th Edition. B-242。

附录Ⅳ 标准电极电势表

1. 在酸性溶液中(298K)		
电对	方程式	E/V
Li(Ⅰ)−(0)	$Li^+ + e^- = Li$	−3.0401
Cs(Ⅰ)−(0)	$Cs^+ + e^- = Cs$	−3.026
Rb(Ⅰ)−(0)	$Rb^+ + e^- = Rb$	−2.98
K(Ⅰ)−(0)	$K^+ + e^- = K$	−2.931
Ba(Ⅱ)−(0)	$Ba^{2+} + 2e^- = Ba$	−2.912
Sr(Ⅱ)−(0)	$Sr^{2+} + 2e^- = Sr$	−2.89
Ca(Ⅱ)−(0)	$Ca^{2+} + 2e^- = Ca$	−2.868
Na(Ⅰ)−(0)	$Na^+ + e^- = Na$	−2.71

1. 在酸性溶液中(298K)		
La(Ⅲ)-(0)	$La^{3+}+3e^- = La$	-2.379
Mg(Ⅱ)-(0)	$Mg^{2+}+2e^- = Mg$	-2.372
Ce(Ⅲ)-(0)	$Ce^{3+}+3e^- = Ce$	-2.336
H(0)-(-Ⅰ)	$H_2(g)+2e^- = 2H^-$	-2.23
Al(Ⅲ)-(0)	$AlF_6^{3-}+3e^- = Al+6F^-$	-2.069
Be(Ⅱ)-(0)	$Be^{2+}+2e^- = Be$	-1.847
Al(Ⅲ)-(0)	$Al^{3+}+3e^- = Al$	-1.662
Ti(Ⅱ)-(0)	$Ti^{2+}+2e^- = Ti$	-1.630
Si(Ⅳ)-(0)	$[SiF_6]^{2-}+4e^- = Si+6F^-$	-1.24
Mn(Ⅱ)-(0)	$Mn^{2+}+2e^- = Mn$	-1.185
Cr(Ⅱ)-(0)	$Cr^{2+}+2e^- = Cr$	-0.913
Ti(Ⅲ)-(Ⅱ)	$Ti^{3+}+e^- = Ti^{2+}$	-0.9
B(Ⅲ)-(0)	$H_3BO_3+3H^++3e^- = B+3H_2O$	-0.8698
Ti(Ⅳ)-(0)	$TiO_2+4H^++4e^- = Ti+2H_2O$	-0.86
Zn(Ⅱ)-(0)	$Zn^{2+}+2e^- = Zn$	-0.7618
Cr(Ⅲ)-(0)	$Cr^{3+}+3e^- = Cr$	-0.744
As(0)-(-Ⅲ)	$As+3H^++3e^- = AsH_3$	-0.608
Ga(Ⅲ)-(0)	$Ga^{3+}+3e^- = Ga$	-0.549
P(Ⅰ)-(0)	$H_3PO_2+H^++e^- = P+2H_2O$	-0.508
P(Ⅲ)-(Ⅰ)	$H_3PO_3+2H^++2e^- = H_3PO_2+H_2O$	-0.499
* C(Ⅳ)-(Ⅲ)	$2CO_2+2H^++2e^- = H_2C_2O_4$	-0.49
Fe(Ⅱ)-(0)	$Fe^{2+}+2e^- = Fe$	-0.447
Cr(Ⅲ)-(Ⅱ)	$Cr^{3+}+e^- = Cr^{2+}$	-0.407
Cd(Ⅱ)-(0)	$Cd^{2+}+2e^- = Cd$	-0.4030
Se(0)-(-Ⅱ)	$Se+2H^++2e^- = H_2Se(aq)$	-0.399
Pb(Ⅱ)-(0)	$PbI_2+2e^- = Pb+2I^-$	-0.365
Pb(Ⅱ)-(0)	$PbSO_4+2e^- = Pb+SO_4^{2-}$	-0.3588
In(Ⅲ)-(0)	$In^{3+}+3e^- = In$	-0.3382
Tl(Ⅰ)-(0)	$Tl^++e^- = Tl$	-0.336
Co(Ⅱ)-(0)	$Co^{2+}+2e^- = Co$	-0.28
P(V)-(Ⅲ)	$H_3PO_4+2H^++2e^- = H_3PO_3+H_2O$	-0.276
Pb(Ⅱ)-(0)	$PbCl_2+2e^- = Pb+2Cl^-$	-0.2675
Ni(Ⅱ)-(0)	$Ni^{2+}+2e^- = Ni$	-0.257
V(Ⅲ)-(Ⅱ)	$V^{3+}+e^- = V^{2+}$	-0.255
Ge(Ⅳ)-(0)	$H_2GeO_3+4H^++4e^- = Ge+3H_2O$	-0.182
Ag(Ⅰ)-(0)	$AgI+e^- = Ag+I^-$	-0.15224
Sn(Ⅱ)-(0)	$Sn^{2+}+2e^- = Sn$	-0.1375
Pb(Ⅱ)-(0)	$Pb^{2+}+2e^- = Pb$	-0.1262
* C(Ⅳ)-(Ⅱ)	$CO_2(g)+2H^++2e^- = CO+H_2O$	-0.12
P(0)-(-Ⅲ)	$P(white)+3H^++3e^- = PH_3(g)$	-0.063
Hg(Ⅰ)-(0)	$Hg_2I_2+2e^- = 2Hg+2I^-$	-0.0405
Fe(Ⅲ)-(0)	$Fe^{3+}+3e^- = Fe$	-0.037
H(Ⅰ)-(0)	$2H^++2e^- = H_2$	0.0000
Ag(Ⅰ)-(0)	$AgBr+e^- = Ag+Br^-$	0.07133
S(2.5)-(Ⅱ)	$S_4O_6^{2-}+2e^- = 2S_2O_3^{2-}$	0.08
* Ti(Ⅳ)-(Ⅲ)	$TiO^{2+}+2H^++e^- = Ti^{3+}+H_2O$	0.1
S(0)-(-Ⅱ)	$S+2H^++2e^- = H_2S(aq)$	0.142
Sn(Ⅳ)-(Ⅱ)	$Sn^{4+}+2e^- = Sn^{2+}$	0.151
Sb(Ⅲ)-(0)	$Sb_2O_3+6H^++6e^- = 2Sb+3H_2O$	0.152
Cu(Ⅱ)-(Ⅰ)	$Cu^{2+}+e^- = Cu^+$	0.153

续表

1. 在酸性溶液中(298K)		
Bi(Ⅲ)-(0)	$BiOCl+2H^{+}+3e^{-}=Bi+Cl^{-}+H_2O$	0.1583
S(Ⅵ)-(Ⅳ)	$SO_4^{2-}+4H^{+}+2e^{-}=H_2SO_3+H_2O$	0.172
Sb(Ⅲ)-(0)	$SbO^{+}+2H^{+}+3e^{-}=Sb+H_2O$	0.212
Ag(Ⅰ)-(0)	$AgCl+e^{-}=Ag+Cl^{-}$	0.22233
As(Ⅲ)-(0)	$HAsO_2+3H^{+}+3e^{-}=As+2H_2O$	0.248
Hg(Ⅰ)-(0)	$Hg_2Cl_2+2e^{-}=2Hg+2Cl^{-}$(饱和 KCl)	0.26808
Bi(Ⅲ)-(0)	$BiO^{+}+2H^{+}+3e^{-}=Bi+H_2O$	0.320
U(Ⅵ)-(Ⅳ)	$UO_2^{2+}+4H^{+}+2e^{-}=U^{4+}+2H_2O$	0.327
C(Ⅳ)-(Ⅲ)	$2HCNO+2H^{+}+2e^{-}=(CN)_2+2H_2O$	0.330
V(Ⅳ)-(Ⅲ)	$VO^{2+}+2H^{+}+e^{-}=V^{3+}+H_2O$	0.337
Cu(Ⅱ)-(0)	$Cu^{2+}+2e^{-}=Cu$	0.3419
Re(Ⅶ)-(0)	$ReO_4^{-}+8H^{+}+7e^{-}=Re+4H_2O$	0.368
Ag(Ⅰ)-(0)	$Ag_2CrO_4+2e^{-}=2Ag+CrO_4^{2-}$	0.4470
S(Ⅳ)-(0)	$H_2SO_3+4H^{+}+4e^{-}=S+3H_2O$	0.449
Cu(Ⅰ)-(0)	$Cu^{+}+e^{-}=Cu$	0.521
I(0)-(-Ⅰ)	$I_2+2e^{-}=2I^{-}$	0.5355
I(0)-(-Ⅰ)	$I_3^{-}+2e^{-}=3I^{-}$	0.536
As(Ⅴ)-(Ⅲ)	$H_3AsO_4+2H^{+}+2e^{-}=HAsO_2+2H_2O$	0.560
Sb(Ⅴ)-(Ⅲ)	$Sb_2O_5+6H^{+}+4e^{-}=2SbO^{+}+3H_2O$	0.581
Te(Ⅳ)-(0)	$TeO_2+4H^{+}+4e^{-}=Te+2H_2O$	0.593
U(Ⅴ)-(Ⅳ)	$UO_2^{+}+4H^{+}+e^{-}=U^{4+}+2H_2O$	0.612
Hg(Ⅱ)-(Ⅰ)	$2HgCl_2+2e^{-}=Hg_2Cl_2+2Cl^{-}$	0.63
Pt(Ⅳ)-(Ⅱ)	$[PtCl_6]^{2-}+2e^{-}=[PtCl_4]^{2-}+2Cl^{-}$	0.68
O(0)-(-Ⅰ)	$O_2+2H^{+}+2e^{-}=H_2O_2$	0.695
Pt(Ⅱ)-(0)	$[PtCl_4]^{2-}+2e^{-}=Pt+4Cl^{-}$	0.755
* Se(Ⅳ)-(0)	$H_2SeO_3+4H^{+}+4e^{-}=Se+3H_2O$	0.74
Fe(Ⅲ)-(Ⅱ)	$Fe^{3+}+e^{-}=Fe^{2+}$	0.771
Hg(Ⅰ)-(0)	$Hg_2^{2+}+2e^{-}=2Hg$	0.7973
Ag(Ⅰ)-(0)	$Ag^{+}+e^{-}=Ag$	0.7996
Os(Ⅷ)-(0)	$OsO_4+8H^{+}+8e^{-}=Os+4H_2O$	0.8
N(Ⅴ)-(Ⅳ)	$2NO_3^{-}+4H^{+}+2e^{-}=N_2O_4+2H_2O$	0.803
Hg(Ⅱ)-(0)	$Hg^{2+}+2e^{-}=Hg$	0.851
Si(Ⅳ)-(0)	(quartz)$SiO_2+4H^{+}+4e^{-}=Si+2H_2O$	0.857
Cu(Ⅱ)-(Ⅰ)	$Cu^{2+}+I^{-}+e^{-}=CuI$	0.86
N(Ⅲ)-(Ⅰ)	$2HNO_2+4H^{+}+4e^{-}=H_2N_2O_2+2H_2O$	0.86
Hg(Ⅱ)-(Ⅰ)	$2Hg^{2+}+2e^{-}=Hg_2^{2+}$	0.920
N(Ⅴ)-(Ⅲ)	$NO_3^{-}+3H^{+}+2e^{-}=HNO_2+H_2O$	0.934
Pd(Ⅱ)-(0)	$Pd^{2+}+2e^{-}=Pd$	0.951
N(Ⅴ)-(Ⅱ)	$NO_3^{-}+4H^{+}+3e^{-}=NO+2H_2O$	0.957
N(Ⅲ)-(Ⅱ)	$HNO_2+H^{+}+e^{-}=NO+H_2O$	0.983
I(Ⅰ)-(-Ⅰ)	$HIO+H^{+}+2e^{-}=I^{-}+H_2O$	0.987
V(Ⅴ)-(Ⅳ)	$VO_2^{+}+2H^{+}+e^{-}=VO^{2+}+H_2O$	0.991
V(Ⅴ)-(Ⅳ)	$V(OH)_4^{+}+2H^{+}+e^{-}=VO^{2+}+3H_2O$	1.00
Au(Ⅲ)-(0)	$[AuCl_4]^{-}+3e^{-}=Au+4Cl^{-}$	1.002
N(Ⅳ)-(Ⅱ)	$N_2O_4+4H^{+}+4e^{-}=2NO+2H_2O$	1.035
N(Ⅳ)-(Ⅲ)	$N_2O_4+2H^{+}+2e^{-}=2HNO_2$	1.065
I(Ⅴ)-(-Ⅰ)	$IO_3^{-}+6H^{+}+6e^{-}=I^{-}+3H_2O$	1.085
Br(0)-(-Ⅰ)	$Br_2(aq)+2e^{-}=2Br^{-}$	1.0873
Se(Ⅵ)-(Ⅳ)	$SeO_4^{2-}+4H^{+}+2e^{-}=H_2SeO_3+H_2O$	1.151
Cl(Ⅴ)-(Ⅳ)	$ClO^{3-}+2H^{+}+e^{-}=ClO_2+H_2O$	1.152

1. 在酸性溶液中(298K)		
Pt(Ⅱ)-(0)	$Pt^{2+}+2e^-$ ══ Pt	1.18
Cl(Ⅶ)-(Ⅴ)	$ClO_4^-+2H^++2e^-$ ══ $ClO_3^-+H_2O$	1.189
I(Ⅴ)-(0)	$2IO_3^-+12H^++10e^-$ ══ I_2+6H_2O	1.195
Cl(Ⅴ)-(Ⅲ)	$ClO_3^-+3H^++2e^-$ ══ $HClO_2+H_2O$	1.214
Mn(Ⅳ)-(Ⅱ)	$MnO_2+4H^++2e^-$ ══ $Mn^{2+}+2H_2O$	1.224
O(0)-(-Ⅱ)	$O_2+4H^++4e^-$ ══ $2H_2O$	1.229
Tl(Ⅲ)-(Ⅰ)	$Tl^{3+}+2e^-$ ══ Tl^+	1.252
Cl(Ⅳ)-(Ⅲ)	$ClO_2+H^++e^-$ ══ $HClO_2$	1.277
N(Ⅲ)-(Ⅰ)	$2HNO_2+4H^++4e^-$ ══ N_2O+3H_2O	1.297
Cr(Ⅵ)-(Ⅲ)	$Cr_2O_7^{2-}+14H^++6e^-$ ══ $2Cr^{3+}+7H_2O$	1.33
Br(Ⅰ)-(-Ⅰ)	$HBrO+H^++2e^-$ ══ Br^-+H_2O	1.331
Cr(Ⅵ)-(Ⅲ)	$HCrO_4^-+7H^++3e^-$ ══ $Cr^{3+}+4H_2O$	1.350
Cl(0)-(-Ⅰ)	$Cl_2(g)+2e^-$ ══ $2Cl^-$	1.35827
Cl(Ⅶ)-(-Ⅰ)	$ClO_4^-+8H^++8e^-$ ══ Cl^-+4H_2O	1.389
Cl(Ⅶ)-(0)	$ClO_4^-+8H^++7e^-$ ══ $1/2Cl_2+4H_2O$	1.39
Au(Ⅲ)-(Ⅰ)	$Au^{3+}+2e^-$ ══ Au^+	1.401
Br(Ⅴ)-(-Ⅰ)	$BrO_3^-+6H^++6e^-$ ══ Br^-+3H_2O	1.423
I(Ⅰ)-(0)	$2HIO+2H^++2e^-$ ══ I_2+2H_2O	1.439
Cl(Ⅴ)-(-Ⅰ)	$ClO_3^-+6H^++6e^-$ ══ Cl^-+3H_2O	1.451
Pb(Ⅳ)-(Ⅱ)	$PbO_2+4H^++2e^-$ ══ $Pb^{2+}+2H_2O$	1.455
Cl(Ⅴ)-(0)	$ClO_3^-+6H^++5e^-$ ══ $1/2Cl_2+3H_2O$	1.47
Cl(Ⅰ)-(-Ⅰ)	$HClO+H^++2e^-$ ══ Cl^-+H_2O	1.482
Br(Ⅴ)-(0)	$BrO_3^-+6H^++5e^-$ ══ $1/2Br_2+3H_2O$	1.482
Au(Ⅲ)-(0)	$Au^{3+}+3e^-$ ══ Au	1.498
Mn(Ⅶ)-(Ⅱ)	$MnO_4^-+8H^++5e^-$ ══ $Mn^{2+}+4H_2O$	1.507
Mn(Ⅲ)-(Ⅱ)	$Mn^{3+}+e^-$ ══ Mn^{2+}	1.5415
Cl(Ⅲ)-(-Ⅰ)	$HClO_2+3H^++4e^-$ ══ Cl^-+2H_2O	1.570
Br(Ⅰ)-(0)	$HBrO+H^++e^-$ ══ $1/2Br_2(aq)+H_2O$	1.574
N(Ⅱ)-(Ⅰ)	$2NO+2H^++2e^-$ ══ N_2O+H_2O	1.591
Ⅰ(Ⅶ)-(Ⅴ)	$H_5IO_6+H^++2e^-$ ══ $IO_3^-+3H_2O$	1.601
Cl(Ⅰ)-(0)	$HClO+H^++e^-$ ══ $1/2Cl_2+H_2O$	1.611
Cl(Ⅲ)-(Ⅰ)	$HClO_2+2H^++2e^-$ ══ $HClO+H_2O$	1.645
Ni(Ⅳ)-(Ⅱ)	$NiO_2+4H^++2e^-$ ══ $Ni^{2+}+2H_2O$	1.678
Mn(Ⅶ)-(Ⅳ)	$MnO_4^-+4H^++3e^-$ ══ MnO_2+2H_2O	1.679
Pb(Ⅳ)-(Ⅱ)	$PbO_2+SO_4^{2-}+4H^++2e^-$ ══ $PbSO_4+2H_2O$	1.6913
Au(Ⅰ)-(0)	Au^++e^- ══ Au	1.692
Ce(Ⅳ)-(Ⅲ)	$Ce^{4+}+e^-$ ══ Ce^{3+}	1.72
N(Ⅰ)-(0)	$N_2O+2H^++2e^-$ ══ N_2+H_2O	1.766
O(-Ⅰ)-(-Ⅱ)	$H_2O_2+2H^++2e^-$ ══ $2H_2O$	1.776
Co(Ⅲ)-(Ⅱ)	$Co^{3+}+e^-$ ══ Co^{2+} ($2mol\cdot L^{-1}$ H_2SO_4)	1.83
Ag(Ⅱ)-(Ⅰ)	$Ag^{2+}+e^-$ ══ Ag^+	1.980
S(Ⅶ)-(Ⅵ)	$S_2O_8^{2-}+2e^-$ ══ $2SO_4^{2-}$	2.010
O(0)-(-Ⅱ)	$O_3+2H^++2e^-$ ══ O_2+H_2O	2.076
O(Ⅱ)-(-Ⅱ)	$F_2O+2H^++4e^-$ ══ H_2O+2F^-	2.153
Fe(Ⅵ)-(Ⅲ)	$FeO_4^{2-}+8H^++3e^-$ ══ $Fe^{3+}+4H_2O$	2.20
O(0)-(-Ⅱ)	$O(g)+2H^++2e^-$ ══ H_2O	2.421
F(0)-(-Ⅰ)	F_2+2e^- ══ $2F^-$	2.866
	$F_2+2H^++2e^-$ ══ $2HF$	3.053

2. 在碱性溶液中(298K)		
电对	方程式	E/V
Ca(Ⅱ)-(0)	$Ca(OH)_2+2e^-$ ══ $Ca+2OH^-$	-3.02
Ba(Ⅱ)-(0)	$Ba(OH)_2+2e^-$ ══ $Ba+2OH^-$	-2.99
La(Ⅲ)-(0)	$La(OH)_3+3e^-$ ══ $La+3OH^-$	-2.90
Sr(Ⅱ)-(0)	$Sr(OH)_2\cdot 8H_2O+2e^-$ ══ $Sr+2OH^-+8H_2O$	-2.88
Mg(Ⅱ)-(0)	$Mg(OH)_2+2e^-$ ══ $Mg+2OH^-$	-2.690
Be(Ⅱ)-(0)	$Be_2O_3^{2-}+3H_2O+4e^-$ ══ $2Be+6OH^-$	-2.63
Hf(Ⅳ)-(0)	$HfO(OH)_2+H_2O+4e^-$ ══ $Hf+4OH^-$	-2.50
Zr(Ⅳ)-(0)	$H_2ZrO_3+H_2O+4e^-$ ══ $Zr+4OH^-$	-2.36
Al(Ⅲ)-(0)	$H_2AlO_3^-+H_2O+3e^-$ ══ $Al+OH^-$	-2.33
P(Ⅰ)-(0)	$H_2PO_2^-+e^-$ ══ $P+2OH^-$	-1.82
B(Ⅲ)-(0)	$H_2BO_3^-+H_2O+3e^-$ ══ $B+4OH^-$	-1.79
P(Ⅲ)-(0)	$HPO_3^{2-}+2H_2O+3e^-$ ══ $P+5OH^-$	-1.71
Si(Ⅳ)-(0)	$SiO_3^{2-}+3H_2O+4e^-$ ══ $Si+6OH^-$	-1.697
P(Ⅲ)-(Ⅰ)	$HPO_3^{2-}+2H_2O+2e^-$ ══ $H_2PO_2^-+3OH^-$	-1.65
Mn(Ⅱ)-(0)	$Mn(OH)_2+2e^-$ ══ $Mn+2OH^-$	-1.56
Cr(Ⅲ)-(0)	$Cr(OH)_3+3e^-$ ══ $Cr+3OH^-$	-1.48
Zn(Ⅱ)-(0)	$[Zn(CN)_4]^{2-}+2e^-$ ══ $Zn+4CN^-$	-1.26
Zn(Ⅱ)-(0)	$Zn(OH)_2+2e^-$ ══ $Zn+2OH^-$	-1.249
Ga(Ⅲ)-(0)	$H_2GaO_3^-+H_2O+2e^-$ ══ $Ga+4OH^-$	-1.219
Zn(Ⅱ)-(0)	$ZnO_2^{2-}+2H_2O+2e^-$ ══ $Zn+4OH^-$	-1.215
Cr(Ⅲ)-(0)	$CrO_2^-+2H_2O+3e^-$ ══ $Cr+4OH^-$	-1.2
Te(0)-(-Ⅰ)	$Te+2e^-$ ══ Te^{2-}	-1.143
P(Ⅴ)-(Ⅲ)	$PO_4^{3-}+2H_2O+2e^-$ ══ $HPO_3^{2-}+3OH^-$	-1.05
Zn(Ⅱ)-(0)	$[Zn(NH_3)_4]^{2+}+2e^-$ ══ $Zn+4NH_3$	-1.04
W(Ⅵ)-(0)	$WO_4^{2-}+4H_2O+6e^-$ ══ $W+8OH^-$	-1.01
Ge(Ⅳ)-(0)	$HGeO_3^-+2H_2O+4e^-$ ══ $Ge+5OH^-$	-1.0
Sn(Ⅳ)-(Ⅱ)	$[Sn(OH)_6]^{2-}+2e^-$ ══ $HSnO_2^-+H_2O+3OH$	-0.93
S(Ⅵ)-(Ⅳ)	$SO_4^{2-}+H_2O+2e^-$ ══ $SO_3^{2-}+2OH^-$	-0.93
Se(0)-(-Ⅱ)	$Se+2e^-$ ══ Se^{2-}	-0.924
Sn(Ⅱ)-(0)	$HSnO_2^-+H_2O+2e^-$ ══ $Sn+3OH^-$	-0.909
P(0)-(-Ⅲ)	$P+3H_2O+3e^-$ ══ $PH_3(g)+3OH^-$	-0.87
N(Ⅴ)-(Ⅳ)	$2NO_3^-+2H_2O+2e^-$ ══ $N_2O_4+4OH^-$	-0.85
H(Ⅰ)-(0)	$2H_2O+2e^-$ ══ H_2+2OH^-	-0.8277
Cd(Ⅱ)-(0)	$Cd(OH)_2+2e^-$ ══ $Cd(Hg)+2OH^-$	-0.809
Co(Ⅱ)-(0)	$Co(OH)_2+2e^-$ ══ $Co+2OH^-$	-0.73
Ni(Ⅱ)-(0)	$Ni(OH)_2+2e^-$ ══ $Ni+2OH^-$	-0.72
As(Ⅴ)-(Ⅲ)	$AsO_4^{3-}+2H_2O+2e^-$ ══ $AsO_2^-+4OH^-$	-0.71
Ag(Ⅰ)-(0)	Ag_2S+2e^- ══ $2Ag+S^{2-}$	-0.691
As(Ⅲ)-(0)	$AsO_2^-+2H_2O+3e^-$ ══ $As+4OH^-$	-0.68
Sb(Ⅲ)-(0)	$SbO_2^-+2H_2O+3e^-$ ══ $Sb+4OH^-$	-0.66
* Re(Ⅶ)-(Ⅳ)	$ReO_4^-+2H_2O+3e^-$ ══ ReO_2+4OH^-	-0.59
* Sb(Ⅴ)-(Ⅲ)	$SbO_3^-+H_2O+2e^-$ ══ $SbO_2^-+2OH^-$	-0.59
Re(Ⅶ)-(0)	$ReO_4^-+4H_2O+7e^-$ ══ $Re+8OH^-$	-0.584
* S(Ⅳ)-(Ⅱ)	$2SO_3^{2-}+3H_2O+4e^-$ ══ $S_2O_3^{2-}+6OH^-$	-0.58
Te(Ⅳ)-(0)	$TeO_3^{2-}+3H_2O+4e^-$ ══ $Te+6OH^-$	-0.57
Fe(Ⅲ)-(Ⅱ)	$Fe(OH)_3+e^-$ ══ $Fe(OH)_2+OH^-$	-0.56
S(0)-(-Ⅱ)	$S+2e^-$ ══ S^{2-}	-0.47627
Bi(Ⅲ)-(0)	$Bi_2O_3+3H_2O+6e^-$ ══ $2Bi+6OH^-$	-0.46
N(Ⅲ)-(Ⅱ)	$NO_2^-+H_2O+e^-$ ══ $NO+2OH^-$	-0.46
* Co(Ⅱ)-C(0)	$[Co(NH_3)_6]^{2+}+2e^-$ ══ $Co+6NH_3$	-0.422

2. 在碱性溶液中(298K)		
Se(Ⅳ)－(0)	$SeO_3^{2-}+3H_2O+4e^-=Se+6OH^-$	－0.366
Cu(Ⅰ)－(0)	$Cu_2O+H_2O+2e^-=2Cu+2OH^-$	－0.360
Tl(Ⅰ)－(0)	$Tl(OH)+e^-=Tl+OH^-$	－0.34
*Ag(Ⅰ)－(0)	$[Ag(CN)_2]^-+e^-=Ag+2CN^-$	－0.31
Cu(Ⅱ)－(0)	$Cu(OH)_2+2e^-=Cu+2OH^-$	－0.222
Cr(Ⅵ)－(Ⅲ)	$CrO_4^{2-}+4H_2O+3e^-=Cr(OH)_3+5OH^-$	－0.13
*Cu(Ⅰ)－(0)	$[Cu(NH_3)_2]^++e^-=Cu+2NH_3$	－0.12
O(0)－(－Ⅰ)	$O_2+H_2O+2e^-=HO_2^-+OH^-$	－0.076
Ag(Ⅰ)－(0)	$AgCN+e^-=Ag+CN^-$	－0.017
N(Ⅴ)－(Ⅲ)	$NO_3^-+H_2O+2e^-=NO_2^-+2OH^-$	0.01
Se(Ⅵ)－(Ⅳ)	$SeO_4^{2-}+H_2O+2e^-=SeO_3^{2-}+2OH^-$	0.05
Pd(Ⅱ)－(0)	$Pd(OH)_2+2e^-=Pd+2OH^-$	0.07
S(2.5)－(Ⅱ)	$S_4O_6^{2-}+2e^-=2S_2O_3^{2-}$	0.08
Hg(Ⅱ)－(0)	$HgO+H_2O+2e^-=Hg+2OH^-$	0.0977
Co(Ⅲ)－(Ⅱ)	$[Co(NH_3)_6]^{3+}+e^-=[Co(NH_3)_6]^{2+}$	0.108
Pt(Ⅱ)－(0)	$Pt(OH)_2+2e^-=Pt+2OH^-$	0.14
Co(Ⅲ)－(Ⅱ)	$Co(OH)_3+e^-=Co(OH)_2+OH^-$	0.17
Pb(Ⅳ)－(Ⅱ)	$PbO_2+H_2O+2e^-=PbO+2OH^-$	0.247
I(Ⅴ)－(－Ⅰ)	$IO_3^-+3H_2O+6e^-=I^-+6OH^-$	0.26
Cl(Ⅴ)－(Ⅲ)	$ClO_3^-+H_2O+2e^-=ClO_2^-+2OH^-$	0.33
Ag(Ⅰ)－(0)	$Ag_2O+H_2O+2e^-=2Ag+2OH^-$	0.342
Fe(Ⅲ)－(Ⅱ)	$[Fe(CN)_6]^{3-}+e^-=[Fe(CN)_6]^{4-}$	0.358
Cl(Ⅶ)－(Ⅴ)	$ClO_4^-+H_2O+2e^-=ClO_3^-+2OH^-$	0.36
Ag(Ⅰ)－(0)	$[Ag(NH_3)_2]^++e^-=Ag+2NH_3$	0.373
O(0)－(－Ⅱ)	$O_2+2H_2O+4e^-=4OH^-$	0.401
I(Ⅰ)－(－Ⅰ)	$IO^-+H_2O+2e^-=I^-+2OH^-$	0.485
Ni(Ⅳ)－(Ⅱ)	$NiO_2+2H_2O+2e^-=Ni(OH)_2+2OH^-$	0.490
Mn(Ⅶ)－(Ⅵ)	$MnO_4^-+e^-=MnO_4^{2-}$	0.558
Mn(Ⅶ)－(Ⅳ)	$MnO_4^-+2H_2O+3e^-=MnO_2+4OH^-$	0.595
Mn(Ⅵ)－(Ⅳ)	$MnO_4^{2-}+2H_2O+2e^-=MnO_2+4OH^-$	0.60
Ag(Ⅱ)－(Ⅰ)	$2AgO+H_2O+2e^-=Ag_2O+2OH^-$	0.607
Br(Ⅴ)－(－Ⅰ)	$BrO_3^-+3H_2O+6e^-=Br^-+6OH^-$	0.61
Cl(Ⅴ)－(－Ⅰ)	$ClO_3^-+3H_2O+6e^-=Cl^-+6OH^-$	0.62
Cl(Ⅲ)－(Ⅰ)	$ClO_2^-+H_2O+2e^-=ClO^-+2OH^-$	0.66
I(Ⅶ)－(Ⅴ)	$H_3IO_6^{2-}+2e^-=IO_3^-+3OH^-$	0.7
Cl(Ⅲ)－(－Ⅰ)	$ClO_2^-+2H_2O+4e^-=Cl^-+4OH^-$	0.76
Br(Ⅰ)－(－Ⅰ)	$BrO^-+H_2O+2e^-=Br^-+2OH^-$	0.761
Cl(Ⅰ)－(－Ⅰ)	$ClO^-+H_2O+2e^-=Cl^-+2OH^-$	0.841
Cl(Ⅳ)－(Ⅲ)	$ClO_2(g)+e^-=ClO_2^-$	0.95
O(0)－(－Ⅱ)	$O_3+H_2O+2e^-=O_2+2OH^-$	1.24

数据主要摘自 David R. Lide，Handbook of Chemistry and Physics，78th。

附录Ⅴ　常见金属配合物的累积稳定常数($I=0$，20～25℃)

序号	配位体	金属离子	配位体数目 n	$\lg\beta_n$
1	NH_3	Ag^+	1,2	3.24,7.05
		Cd^{2+}	1,2,3,4,5,6	2.65,4.75,6.19,7.12,6.80,5.14
		Co^{2+}	1,2,3,4,5,6	2.11,3.74,4.79,5.55,5.73,5.11
		Co^{3+}	1,2,3,4,5,6	6.7,14.0,20.1,25.7,30.8,35.2
		Cu^+	1,2	5.93,10.86
		Cu^{2+}	1,2,3,4,5	4.31,7.98,11.02,13.32,12.86
		Fe^{2+}	1,2	1.4,2.2
		Hg^{2+}	1,2,3,4	8.8,17.5,18.5,19.28
		Mn^{2+}	1,2	0.8,1.3
		Ni^{2+}	1,2,3,4,5,6	2.80,5.04,6.77,7.96,8.71,8.74
		Zn^{2+}	1,2,3,4	2.37,4.81,7.31,9.46
2	Br^-	Ag^+	1,2,3,4	4.38,7.33,8.00,8.73
		Bi^{3+}	1,2,3,4,5,6	2.37,4.20,5.90,7.30,8.20,8.30
		Cd^{2+}	1,2,3,4	1.75,2.34,3.32,3.70,
		Cu^{2+}	1	0.30
		Hg^{2+}	1,2,3,4	9.05,17.32,19.74,21.00
		In^{3+}	1,2	1.30,1.88
		Pb^{2+}	1,2,3,4	1.77,2.60,3.00,2.30
		Sn^{2+}	1,2,3	1.11,1.81,1.46
3	Cl^-	Ag^+	1,2,4	3.04,5.04,5.30
		Bi^{3+}	1,2,3,4	2.44,4.7,5.0,5.6
		Cd^{2+}	1,2,3,4	1.95,2.50,2.60,2.80
		Co^{3+}	1	1.42
		Cu^+	2,3	5.5,5.7
		Cu^{2+}	1,2	0.1,−0.6
		Fe^{2+}	1	1.17
		Fe^{3+}	2	9.8
		Hg^{2+}	1,2,3,4	6.74,13.22,14.07,15.07
		In^{3+}	1,2,3,4	1.62,2.44,1.70,1.60
		Pb^{2+}	1,2,3	1.42,2.23,3.23
		Pd^{2+}	1,2,3,4	6.1,10.7,13.1,15.7
		Pt^{2+}	2,3,4	11.5,14.5,16.0
		Sb^{3+}	1,2,3,4	2.26,3.49,4.18,4.72
		Sn^{2+}	1,2,3,4	1.51,2.24,2.03,1.48
		Tl^{3+}	1,2,3,4	8.14,13.60,15.78,18.00
		Zn^{2+}	1,2,3,4	0.43,0.61,0.53,0.20
4	CN^-	Ag^+	2,3,4	21.1,21.7,20.6
		Au^+	2	38.3
		Cd^{2+}	1,2,3,4	5.48,10.60,15.23,18.78
		Cu^+	2,3,4	24.0,28.59,30.30
		Fe^{2+}	6	35.0
		Fe^{3+}	6	42.0
		Hg^{2+}	4	41.4
		Ni^{2+}	4	31.3
		Zn^{2+}	1,2,3,4	5.3,11.70,16.70,21.60

续表

序号	配位体	金属离子	配位体数目 n	$\lg\beta_n$
5	F^-	Al^{3+}	1,2,3,4,5,6	6.11,11.12,15.00,18.00,19.40,19.80
		Be^{2+}	1,2,3,4	4.99,8.80,11.60,13.10
		Bi^{3+}	1	1.42
		Co^{2+}	1	0.4
		Cr^{3+}	1,2,3	4.36,8.70,11.20
		Cu^{2+}	1	0.9
		Fe^{2+}	1	0.8
		Fe^{3+}	1,2,3,5	5.28,9.30,12.06,15.77
		Mg^{2+}	1	1.30
		Mn^{2+}	1	5.48
		Ni^{2+}	1	0.50
		Pb^{2+}	1,2	1.44,2.54
		Sb^{3+}	1,2,3,4	3.0,5.7,8.3,10.9
		Sn^{2+}	1,2,3	4.08,6.68,9.50
		Zn^{2+}	1	0.78
6	I^-	Ag^+	1,2,3	6.58,11.74,13.68
		Bi^{3+}	1,4,5,6	3.63,14.95,16.80,18.80
		Cd^{2+}	1,2,3,4	2.10,3.43,4.49,5.41
		Cu^+	2	8.85
		Fe^{3+}	1	1.88
		Hg^{2+}	1,2,3,4	12.87,23.82,27.60,29.83
		Pb^{2+}	1,2,3,4	2.00,3.15,3.92,4.47
		Pd^{2+}	4	24.5
7	OH^-	Ag^+	1,2	2.0,3.99
		Al^{3+}	1,4	9.27,33.03
		As^{3+}	1,2,3,4	14.33,18.73,20.60,21.20
		Be^{2+}	1,2,3	9.7,14.0,15.2
		Bi^{3+}	1,2,4	12.7,15.8,35.2
		Ca^{2+}	1	1.3
		Cd^{2+}	1,2,3,4	4.17,8.33,9.02,8.62
		Ce^{3+}	1	4.6
		Ce^{4+}	1,2	13.28,26.46
		Co^{2+}	1,2,3,4	4.3,8.4,9.7,10.2
		Cr^{3+}	1,2,4	10.1,17.8,29.9
		Cu^{2+}	1,2,3,4	7.0,13.68,17.00,18.5
		Fe^{2+}	1,2,3,4	5.56,9.77,9.67,8.58
		Fe^{3+}	1,2,3	11.87,21.17,29.67
		Hg^{2+}	1,2,3	10.6,21.8,20.9
		Mg^{2+}	1	2.58
		Mn^{2+}	1,3	3.9,8.3
		Ni^{2+}	1,2,3	4.97,8.55,11.33
		Pb^{2+}	1,2,3	7.82,10.85,14.58
		Pd^{2+}	1,2	13.0,25.8
		Sn^{2+}	1	10.4
		Ti^{3+}	1	12.71
		Zn^{2+}	1,2,3,4	4.40,11.30,14.14,17.66

续表

序号	配位体	金属离子	配位体数目 n	$\lg\beta_n$
8	NO_3^-	Ba^{2+}	1	0.92
		Bi^{3+}	1	1.26
		Ca^{2+}	1	0.28
		Cd^{2+}	1	0.40
		Fe^{3+}	1	1.0
		Hg^{2+}	1	0.35
		Pb^{2+}	1	1.18
9	SCN^-	Ag^+	1,2,3,4	4.6,7.57,9.08,10.08
		Bi^{3+}	1,2,3,4,5,6	1.67,3.00,4.00,4.80,5.50,6.10
		Cd^{2+}	1,2,3,4	1.39,1.98,2.58,3.6
		Cr^{3+}	1,2	1.87,2.98
		Cu^+	1,2	12.11,5.18
		Cu^{2+}	1,2	1.90,3.00
		Fe^{3+}	1,2,3,4,5,6	2.21,3.64,5.00,6.30,6.20,6.10
		Hg^{2+}	1,2,3,4	9.08,16.86,19.70,21.70
		Ni^{2+}	1,2,3	1.18,1.64,1.81
		Pb^{2+}	1,2,3	0.78,0.99,1.00
		Sn^{2+}	1,2,3	1.17,1.77,1.74
		Th^{4+}	1,2	1.08,1.78
		Zn^{2+}	1,2,3,4	1.33,1.91,2.00,1.60
10	$S_2O_3^{2-}$	Ag^+	1,2	8.82,13.46
		Cd^{2+}	1,2	3.92,6.44
		Cu^+	1,2,3	10.27,12.22,13.84
		Fe^{3+}	1	2.10
		Hg^{2+}	2,3,4	29.44,31.90,33.24
		Pb^{2+}	2,3	5.13,6.35
11	EDTA	Na^+	1	1.66
		Li^+	1	2.79
		Ag^+	1	7.32
		Ba^{2+}	1	7.86
		Be^{2+}	1	9.20
		Ca^{2+}	1	10.69
		Mn^{2+}	1	13.87
		Fe^{2+}	1	14.32
		Al^{3+}	1	16.3
		Co^{2+}	1	16.31
		Zn^{2+}	1	16.4
		Cd^{2+}	1	16.46
		Pb^{2+}	1	18.04
		Ni^{2+}	1	18.60
		Cu^{2+}	1	18.8
		Hg^{2+}	1	21.7
		Sn^{2+}	1	22.11
		Cr^{3+}	1	23.4
		Fe^{3+}	1	25.1
		Bi^{3+}	1	27.94
		Co^{3+}	1	36.0

附录Ⅵ　EDTA酸效应系数

pH	$\lg\alpha_{Y(H)}$	pH	$\lg\alpha_{Y(H)}$	pH	$\lg\alpha_{Y(H)}$
0.0	23.64	4.5	7.44	9.0	1.28
0.5	20.75	5.0	6.45	9.5	0.83
1.0	18.01	5.5	5.51	10.0	0.45
1.5	15.55	6.0	4.65	10.5	0.20
2.0	13.51	6.5	3.92	11.0	0.07
2.5	11.90	7.0	3.32	11.5	0.02
3.0	10.63	7.5	2.78	12.0	0.01
3.5	9.48	8.0	2.27	13.0	0.0008
4.0	8.44	8.5	1.77	13.9	0.0001

附录Ⅶ　原子(离子)半径(pm)

原子(离子)半径(pm)周期表

元素符号 → B 82 ← 原子半径；共 82 ← 共价半径；M^{3+} 20 ← 离子半径

H 32																
Li 123 M^{+} 60	Be 89 M^{2+} 31											B 82 共 82 M^{3+} 20	C 77 共 77 M^{4+} 16	N 70 共 75 M^{3-} 171 M^{5+} 11	O 66 共 73 M^{2-} 140 M^{6+} 9	F 64 共 71 x^{-} 136
Na 154 M^{+} 95	Mg 136 M^{2+} 65											Al 118 共 118 M^{3+} 50	Si 117 共 118 M^{4+} 42	P 110 共 110 M^{3-} 212 M^{5+} 34	S 104 共 102 M^{2-} 184 M^{6+} 29	Cl 99 共 99 x^{-} 181
K 203 M^{+} 133	Ca 174 M^{2+} 99	Sc 144 M^{3+} 81	Ti 132 M^{2+} 90 M^{3+} 76 M^{4+} 68	V 122 M^{2+} 88 M^{3+} 74	Cr 118 M^{2+} 84 M^{3+} 69	Mn 117 M^{2+} 80 M^{3+} 66	Fe 117 M^{2+} 76 M^{3+} 64	Co 116 M^{2+} 74 M^{3+} 63	Ni 115 M^{2+} 72 M^{3+} 62	Cu 117 M^{+} 96 M^{2+} 72	Zn 125 M^{2+} 74	Ga 126 共 126 M^{+} 113 M^{3+} 62	Ge 122 共 122 M^{4+} 53 M^{2+} 73	As 121 共 122 M^{3-} 222 M^{3+} 69 M^{5+} 47	Se 117 共 117 M^{2-} 198 M^{6+} 42	Br 114 共 114 x^{-} 195
Rb 216 M^{+} 148	Sr 191 M^{2+} 113	Y 162	Zr 145 M^{4+} 80	Nb 134 M^{5+} 70	Mo 130 M^{6+} 62	Tc 127	Ru 125 共 125 M^{2+} 81	Rh 125 共 125 M^{2+} 80	Pd 128 共 128 M^{2+} 85	Ag 134 M^{+} 126 M^{2+} 89	Cd 148 M^{2+} 97	In 144 共 144 M^{+} 132 M^{3+} 81	Sn 140 共 141 M^{4+} 71 M^{2+} 93	Sb 141 共 143 M^{3-} 245 M^{3+} 92 M^{5+} 62	Te 137 共 135 M^{2-} 221 M^{6+} 56	I 133 共 133 x^{-} 216
Cs 235 M^{+} 169	Ba 198 M^{2+} 135	La-Lu	Hf 144 M^{4+} 79	Ta 134 M^{5+} 69	W 130 M^{6+} 62	Re 128	Os 126 共 126 M^{2+} 88	Ir 127 共 127 M^{2+} 92	Pt 130 共 130 M^{2+} 124	Au 134 M^{+} 137 M^{3+} 85	Hg 144 M^{2+} 110	Tl 148 共 148 M^{+} 140 M^{3+} 95	Pb 147 共 154 M^{4+} 84 M^{2+} 120	Bi 146 共 152 M^{3+} 108 M^{5+} 74	Po 146	At 145

La 187.7 共 169 M^{3+}106.1	Ce 182.4 共 165 M^{3+} 103.4 M^{4+} 92	Pr 182.8 共 164 M^{3+} 101.3 M^{4+} 90	Nd 182.1 共 164 M^{3+} 99.5	Pm 181.0 共 163 M^{3+} 97.9	Sm 180.2 共 182 M^{2+} 111 M^{3+} 96.4	Eu 204.2 共 185 M^{2+} 109 M^{3+} 95.0	Gd 180.2 共 162 M^{3+} 93.8	Tb 178.2 共 161 M^{3+} 92.3 M^{4+} 84	Dy 177.3 共 160 M^{3+} 90.8	Ho 176.6 共 158 M^{3+} 89.4	Er 175.7 共 158 M^{3+} 88.1	Tm 74.6 共 158 M^{2+} 94 M^{3+} 86.9	Yb 194.0 共 170 M^{2+} 93 M^{3+} 85.8	Lu 173.4 共 158 M^{3+} 84.8

附录Ⅷ　元素的电负性

H 2.1																	He
Li 1.0	Be 1.6											B 2.0	C 2.5	N 3.0	O 3.5	F 4.0	Ne
Na 0.9	Mg 1.2											Al 1.5	Si 1.8	P 2.1	S 2.5	Cl 3.0	Ar
K 0.8	Ca 1.0	Sc 1.3	Ti 1.5	V 1.6	Cr 1.6	Mn 1.5	Fe 1.8	Co 1.9	Ni 1.9	Cu 1.9	Zn 1.6	Ga 1.6	Ge 1.8	As 2.0	Se 2.4	Br 2.8	Kr
Rb 0.8	Sr 1.0	Y 1.2	Zr 1.4	Nb 1.6	Mo 1.8	Tc 1.9	Ru 2.2	Rh 2.2	Pd 2.2	Ag 1.9	Cd 1.7	In 1.7	Sn 1.8	Sb 1.9	Te 2.1	I 2.5	Xe
Cs 0.7	Ba 0.9	La 1.0	Hf 1.3	Ta 1.5	W 1.7	Re 1.9	Os 2.2	Ir 2.2	Pt 2.2	Au 2.4	Hg 1.9	Tl 1.8	Pb 1.9	Bi 1.9	Po 2.0	At 2.1	Rn

附录Ⅸ　某些试剂溶液的配制

试剂	浓度/$mol \cdot L^{-1}$	配制方法
三氯化铋 $BiCl_3$	0.1	溶解 31.6g $BiCl_3$ 于 330mL 6$mol \cdot L^{-1}$ HCl 中,加水稀释至 1L
三氯化锑 $SbCl_3$	0.1	溶解 22.8g $SbCl_3$ 于 330mL 6$mol \cdot L^{-1}$HCl 中,加水稀释至 1L
氯化亚锡 $SnCl_2$	0.1	溶解 22.6g $SnCl_2 \cdot 2H_2O$ 于 330mL 6$mol \cdot L^{-1}$HCl 中,加水稀释至 1L,加入数粒纯锡,以防氧化
硝酸汞 $Hg(NO_3)_2$	0.1	溶解 33.4g $Hg(NO_3)_2 \cdot 1/2\ H_2O$ 于 0.6$mol \cdot L^{-1}$ HNO_3 中，加水稀释至 1L
硝酸亚汞 $Hg_2(NO_3)_2$	0.1	溶解 56.1g $Hg_2(NO_3)_2 \cdot 1/2\ H_2O$ 于 0.6$mol \cdot L^{-1}$ HNO_3 中，加水稀释至 1L，并加入少许金属汞
碳酸铵$(NH_4)_2CO_3$	1	96g 研细的$(NH_4)_2CO_3$ 溶于 1L 2$mol \cdot L^{-1}$氨水
硫酸铵$(NH_4)_2SO_4$	饱和	50g$(NH_4)_2SO_4$ 溶于 100mL 热水，冷却后过滤
硫酸亚铁 $FeSO_4$	0.5	溶解 69.5g $FeSO_4 \cdot 7H_2O$ 于适量水中，加入 5mL18$mol \cdot L^{-1}$ H_2SO，用水稀释至 1L，置入小铁钉数枚
六羟基锑酸钠 $Na[Sb(OH)_6]$	0.1	溶解 12.2g 锑粉于 50mL 浓 HNO_3 微热，使锑粉全部作用成白色粉末，用倾析法洗涤数次，然后加入 50mL 6$mol \cdot L^{-1}$ NaOH 溶解，稀释至 1L
六硝基钴酸钠 $Na_3[Co(NO_2)_6]$		溶解 230g $NaNO_2$ 于 500mL 水中，加入 165mL 6$mol \cdot L^{-1}$HAc 和 30g $Co(NO_3)_2 \cdot 6H_2O$ 放置 24 小时，取其清液，稀释至 1L，保存在棕色瓶中。此溶液应呈橙色，若变成红色，表示已分解，应重新配制
硫化钠 Na_2S	2	溶解 240g $Na_2S \cdot 9H_2O$ 和 40g NaOH 于水中，稀释至 1L
仲钼酸铵	0.1	溶解 124g$(NH_4)_6Mo_7O_{24} \cdot 4H_2O$ 于 1L 水中，将所得溶液倒入 1L 6$mol \cdot L^{-1}$ HNO_3 中，放置 24 小时，取其澄清溶液
硫化铵$(NH_4)_2S$	3	取一定量氨水，将其平均分配成两份，把其中一份通入 H_2S 至饱和，而后与另一份氨水混合
铁氰化钾 $K_3[Fe(CN)_6]$		取铁氰化钾约 0.7～1g 溶解于水中，稀释至 100mL(使用前临时配制)
铬黑 T		将铬黑 T 和烘干的 NaCl 按 1∶100 的比例研细，均匀混合，储于棕色瓶中
二苯胺		将 1g 二苯胺在搅拌下溶于 100mL 密度 1.84$g \cdot cm^{-3}$硫酸或 100mL 1.7$g \cdot cm^{-3}$磷酸中(该溶液可保存较长时间)
镍试剂		溶解 10g 镍试剂于 1L 95%的酒精中
镁试剂		溶解 0.01g 镁试剂于 1L 1$mol \cdot L^{-1}$的 NaOH 溶液中
铝试剂		1g 铝试剂溶于 1L 水中
镁铵试剂		将 100g $MgCl_2 \cdot 6H_2O$ 和 100g NH_4Cl 溶于水中，加 50mL 浓氨水，用水稀释至 1L
奈氏试剂		溶解 115g HgI 和 80g KI 于水中，稀释至 500mL，加入 500mL 6$mol \cdot L^{-1}$NaOH 溶液，静置后取其清液，保存在棕色瓶中
五氰氧铵合铁(Ⅲ)酸钠 $Na_2[Fe(CN)_5NO]$		10g 钠亚硝酰铁氰酸钠溶解于 100mL H_2O 中，保存在棕色瓶中，如果溶液变绿就不能用了
格里斯试剂		(1)在加热下溶解 0.5g 对-氨基苯磺酸于 50mL 30% HAc 中，储于暗处保存；(2)将 0.4g α-奈胺与 100mL 水混合煮沸，在从蓝色渣滓中倾出的无色溶液中加入 6mL 80% HAc，使用前将(1)、(2)两液体等体积混合
二苯缩氨硫脲		溶解 0.1g 打萨宗于 1L CCl_4 或 $CHCl_3$ 中
甲基红		每升 60%乙醇中溶解 2g
甲基橙	0.1%	每升水中溶解 1g
酚酞		每升 90%乙醇中溶解 1g

续表

试剂	浓度/$mol \cdot L^{-1}$	配制方法
溴甲酚蓝(溴甲酚绿)		0.1g该指示剂与2.9mL 0.05$mol \cdot L^{-1}$ NaOH一起搅匀，用水稀释至250mL；或每升20%乙醇中溶解1g该指示剂
石蕊		2g石蕊溶于50mL水中，静置一昼夜后过滤，在溴液中加30mL 95%乙醇，再加水稀释至100mL
氯水		在水中通入氯气直至饱和，该溶液使用时临时配制
溴水		在水中滴入液溴至饱和
碘液	0.01	溶解1.3g碘和5g KI于尽可能少量的水中，加水稀释至1L
品红溶液		0.01%的水溶液
淀粉溶液	0.2%	将0.2g淀粉和少量冷水调成糊状，倒入100mL沸水中，煮沸后冷却即可
NH_3-NH_4Cl缓冲液		20g NH_4Cl溶于适量水中，加入100mL氨水(密度0.9$g \cdot cm^{-3}$)，混合后稀释至1L，即为pH=10的缓冲溶液

参考文献

[1] 大连理工无机化学教研室编．大学化学(第五版)．北京：高等教育出版社，2005.

[2] 北京师范大学等编．无机化学(第四版)．北京：高等教育出版社，2002.

[3] 武汉大学，吉林大学．无机化学(第三版)．北京：高等教育出版社，1994.

[4] 武汉大学．分析化学(第五版)．北京：高等教育出版社，2005.

[5] 天津大学．无机化学(第四版)北京：高等教育出版社，2010.

[6] 傅献彩主编．大学化学(上、下册)．北京：高等教育出版社，1999.

[7] 武汉大学．分析化学(第四版)．北京：高等教育出版社，2000.

[8] 武汉大学《无机及分析化学》编写组．无机分析化学(第三版)．北京：高等教育出版社，2007.

[9] 南京大学．《无机及分析化学》编写组．无机分析化学(第四版)．北京：高等教育出版社，2004.

[10] 魏琴主编．无机及分析化学．北京：科学出版社，2010.

[11] (美)米斯乐、塔尔编写．无机化学(英文版-原书第 4 版)．北京：机械工业出版社，2012.

[12] 北京师范大学，华中师范大学，南京师范大学无机化学教研室编．无机化学(第二版)．北京：高等教育出版社，1985.